2022 개정 교육과정에 맞춰
백점 수학은 이렇게 바뀌었어요.

<table>
<tr><th>2022 교육과정 주요 변화</th><th>백점 수학</th></tr>
<tr><td>

자기주도학습 강조

학생 스스로 공부 계획을 세워 실천하고 평가
할 수 있도록 자기주도성을 키웁니다.

</td><td>

하루 4쪽 학습 구성

하루 4쪽 학습으로 학생 스스로 계획을 세우고
학습을 관리할 수 있습니다.

</td></tr>
<tr><td>

기초 소양 교육 강화

미래 변화에 대응하기 위해 필요한 역량으로
언어 소양, 수리 소양, 디지털 소양 교육을
강화합니다.

언어 소양
텍스트의 맥락을 이해하여 글쓰기 등으로
표현하고 소통하는 능력

수리 소양
다양한 상황에서 수학적 정보를 이해하고
해석하며 활용하는 능력

디지털 소양
디지털 도구를 사용하여 정보를 수집하고
분석하여 문제를 해결하는 능력

</td><td>

어휘와 문해력 학습 제공

과목별 교과 어휘 학습과 디지털 문해력
학습으로 언어 소양과 디지털 소양 역량을
키웁니다.

교과 어휘

디지털 문해력

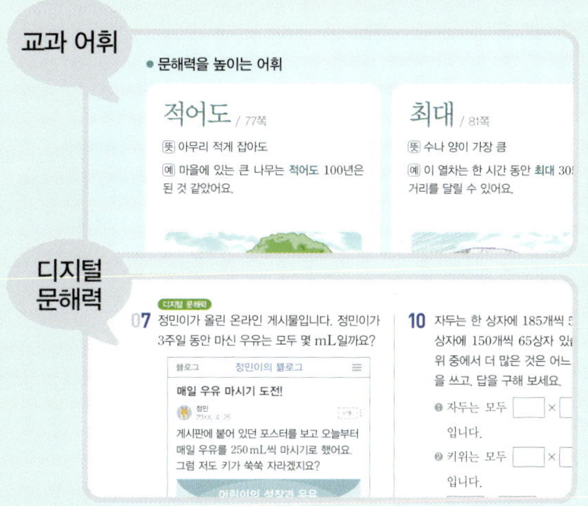

</td></tr>
<tr><td>

평가 방식 다양화

학생들의 학습 성취도에 따라 개인별 맞춤형
평가 및 서술형 평가를 확대합니다.

</td><td>

수행 평가 및 수준별 단원 평가 제공

다양한 서술형 유형 및 수행 평가 비중을 확대
하였습니다.

맞춤형 평가에 대비하여 수준별 단원 평가를
단원별 A단계, B단계 2회 제공합니다.

서술형

수행 평가

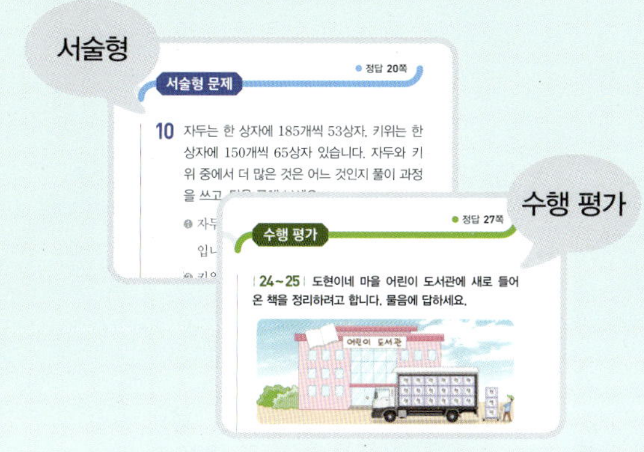

</td></tr>
</table>

1. 분수의 덧셈과 뺄셈

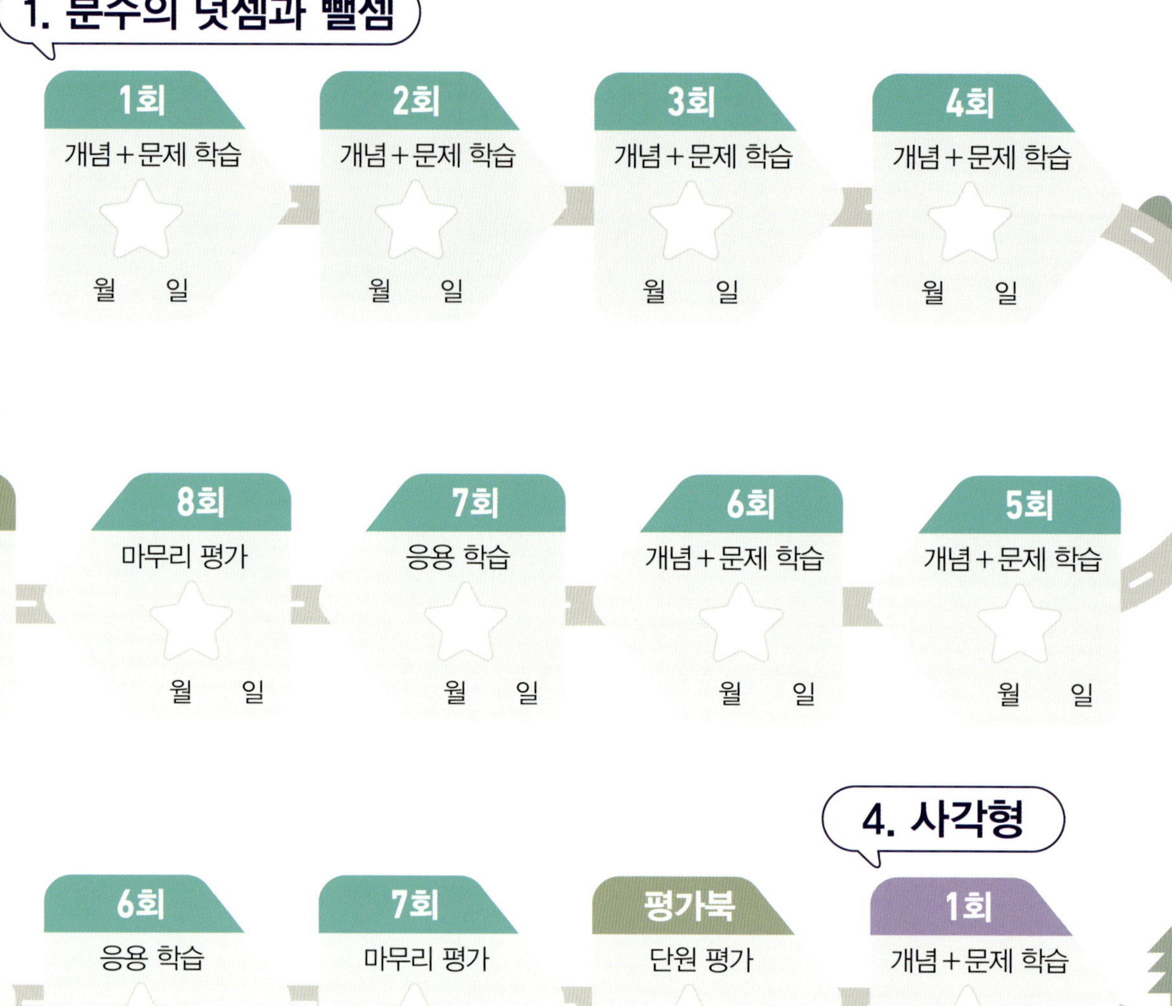

4. 사각형

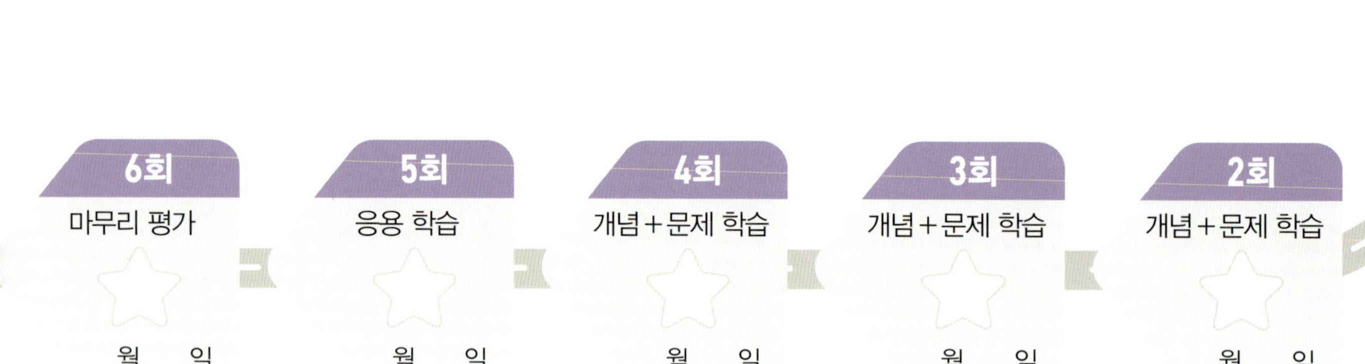

백점 수학 4·2

학습 진도표

이용 방법
• 계획한 날짜를 쓰기
• 학습을 끝낸 후 색칠하기

2. 삼각형

5회 마무리 평가 / 월 일
4회 응용 학습 / 월 일
3회 개념＋문제 학습 / 월 일
2회 개념＋문제 학습 / 월 일
1회 개념＋문제 학습 / 월 일

3. 소수의 덧셈과 뺄셈

평가북 단원 평가 / 월 일
1회 개념＋문제 학습 / 월 일
2회 개념＋문제 학습 / 월 일
3회 개념＋문제 학습 / 월 일
4회 개념＋문제 학습 / 월 일

5. 꺾은선그래프

4회 개념＋문제 학습 / 월 일
3회 개념＋문제 학습 / 월 일
2회 개념＋문제 학습 / 월 일
1회 개념＋문제 학습 / 월 일
평가북 단원 평가 / 월 일

6. 다각형

5회 응용 학습 / 월 일
6회 마무리 평가 / 월 일
평가북 단원 평가 / 월 일
1회 개념＋문제 학습 / 월 일
2회 개념＋문제 학습 / 월 일

백점

수학 4·2

개념북

구성과 특징

개념북 자기주도학습을 위한 **"하루 4쪽"** 구성

(**개념** 학습 + **문제** 학습)　　　　(**응용** 학습)

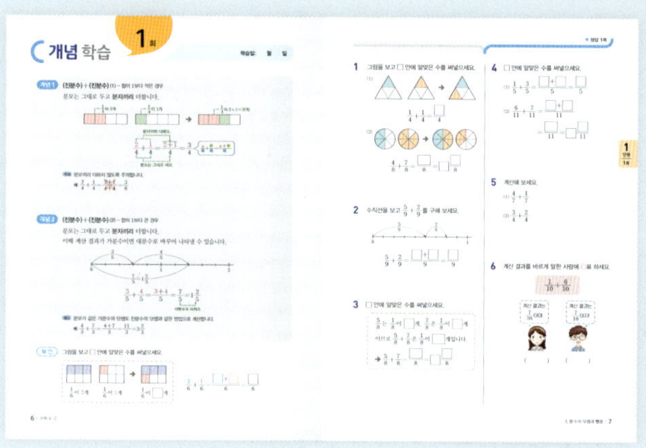

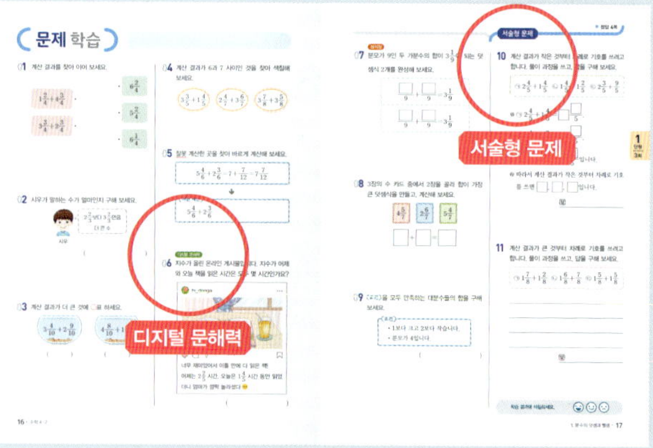

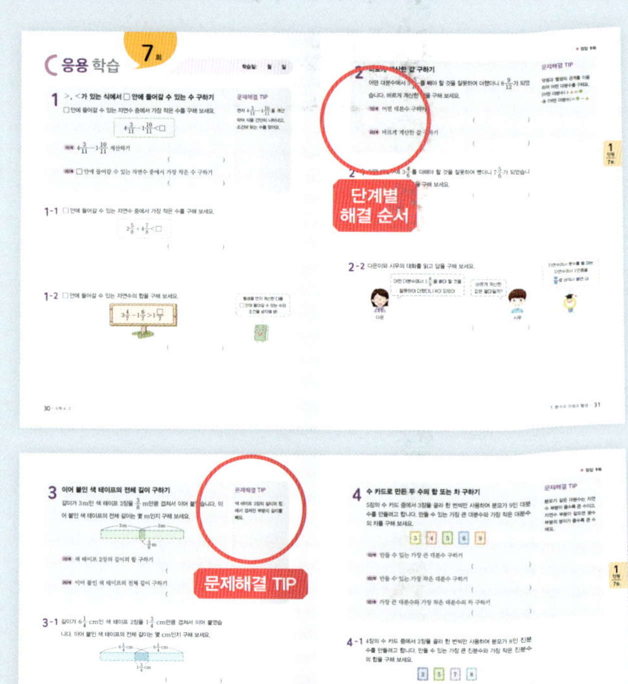

| **개념 학습** | 핵심 개념과 개념 확인 예제로 개념을 쉽게 이해할 수 있습니다.

| **문제 학습** | 핵심 유형 문제와 서술형 연습 문제로 실력을 쌓을 수 있습니다.
디지털 문해력: 디지털 매체 소재에 대한 문제

응용 유형의 문제를 **단계별 해결 순서**와 **문제해결 TIP**을 이용하여 응용력을 높일 수 있습니다.

문해력을 높이는 어휘
교과서 어휘를 그림과 쓰이는
예시 문장을 통해 문해력 향상

맞춤형 평가 대비
수준별 단원 평가

(마무리 평가)

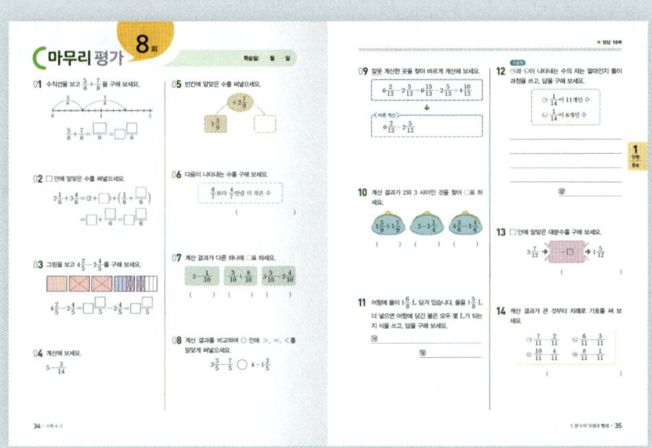

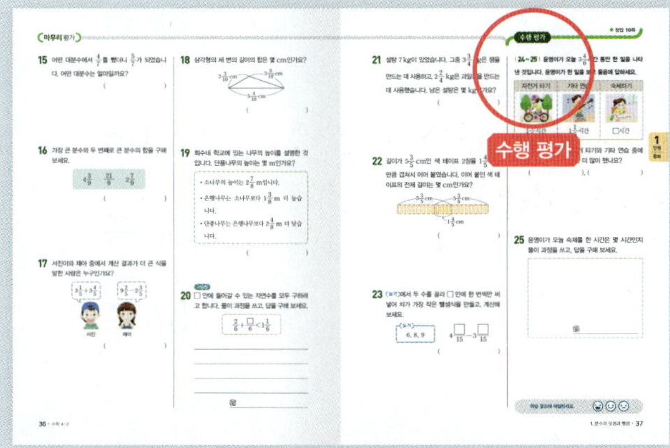

한 단원을 마무리하며 실력을 점검할 수 있습니다.
수행 평가: 학교 수행 평가에 대비할 수 있는 문제

단원 평가 A단계, B단계

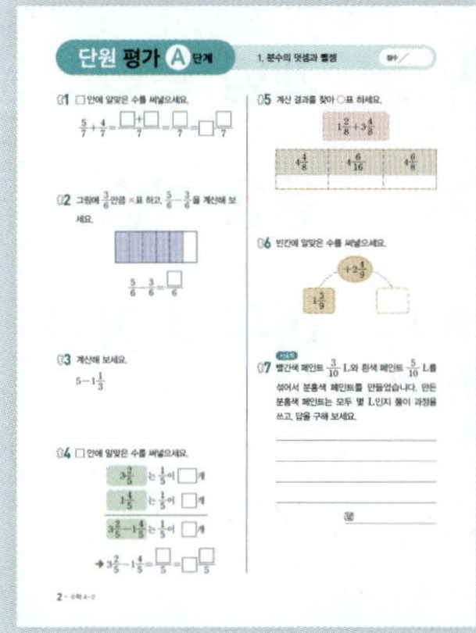

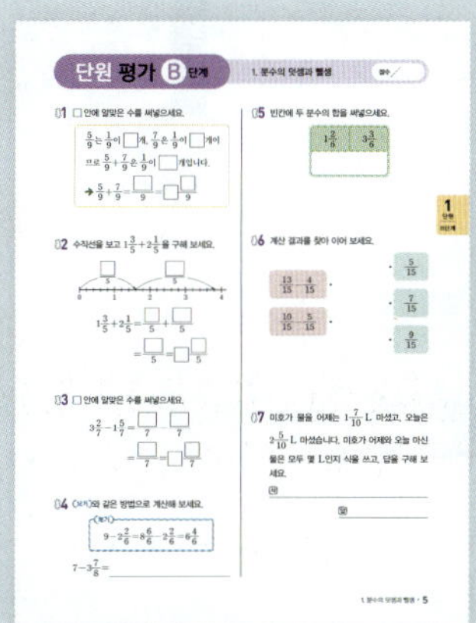

단원별 학습 성취도를 확인하고, 학교 단원 평가에 대비
할 수 있도록 수준별로 A단계, B단계로 구성하였습니다.

2학기 총정리 개념

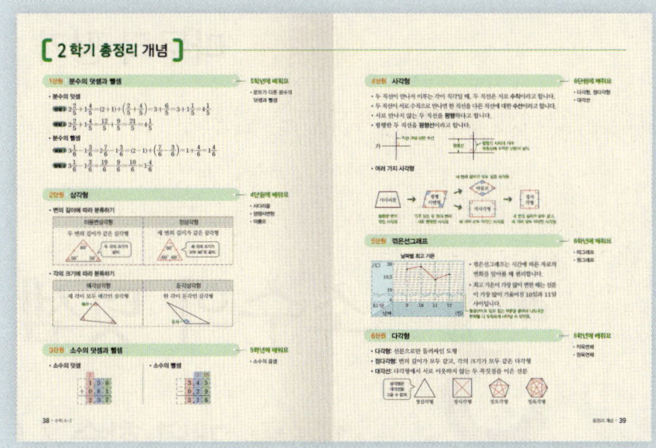

2학기를 마무리하며 개념을 총정리하고, 다음에 배울 내
용을 확인할 수 있습니다.

하루 4쪽 학습으로
자기주도학습 완성

1 분수의 덧셈과 뺄셈

● 이번에 배울 내용

그대로

뜻 변함없이 그 모양으로

예 '무궁화 꽃이 피었습니다.' 놀이는 술래가 "무궁화 꽃이 피었습니다."라고 말하고 뒤돌아볼 때 **그대로** 멈춰 있어야 해요.

이틀 / 16쪽

뜻 하루가 두 번 있는 시간의 길이

예 건강을 위해서 **이틀**에 한 번은 줄넘기를 하고 있어요.

재료 / 20쪽

뜻 어떤 물건을 만드는 데 필요한 것

예 선생님께서 강낭콩 키우기 활동에 필요한 **재료**인 강낭콩, 흙, 화분을 나누어 주셨어요.

인화 / 28쪽

뜻 찍은 사진을 사진용 종이에 나타나도록 하는 것

예 친구들과 찍은 사진을 **인화**해서 게시판에 붙여 놓았어요.

개념 1　(진분수)＋(진분수) (1) – 합이 1보다 작은 경우

분모는 그대로 두고 **분자끼리** 더합니다.

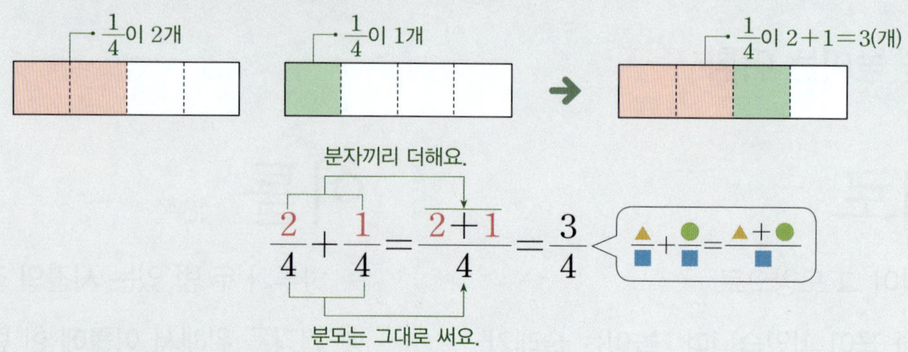

주의 분모끼리 더하지 않도록 주의합니다.

(예) $\frac{2}{4}+\frac{1}{4}=\frac{2+1}{4+4}=\frac{3}{8}$

개념 2　(진분수)＋(진분수) (2) – 합이 1보다 큰 경우

분모는 그대로 두고 **분자끼리** 더합니다.

이때 계산 결과가 가분수이면 대분수로 바꾸어 나타낼 수 있습니다.

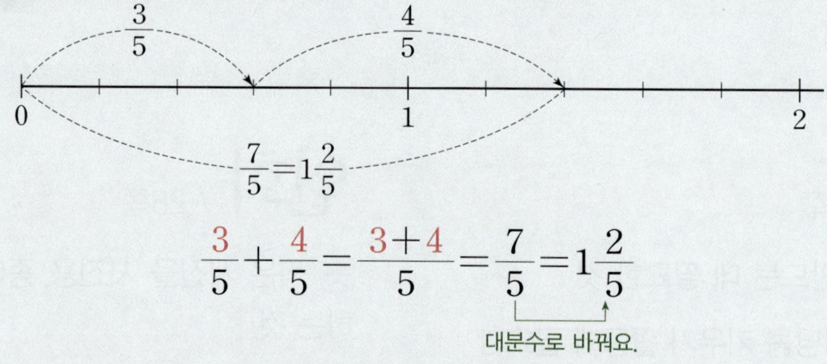

$$\frac{3}{5}+\frac{4}{5}=\frac{3+4}{5}=\frac{7}{5}=1\frac{2}{5}$$

대분수로 바꿔요.

참고 분모가 같은 가분수의 덧셈도 진분수의 덧셈과 같은 방법으로 계산합니다.

(예) $\frac{4}{3}+\frac{7}{3}=\frac{4+7}{3}=\frac{11}{3}=3\frac{2}{3}$

확 인　그림을 보고 □ 안에 알맞은 수를 써넣으세요.

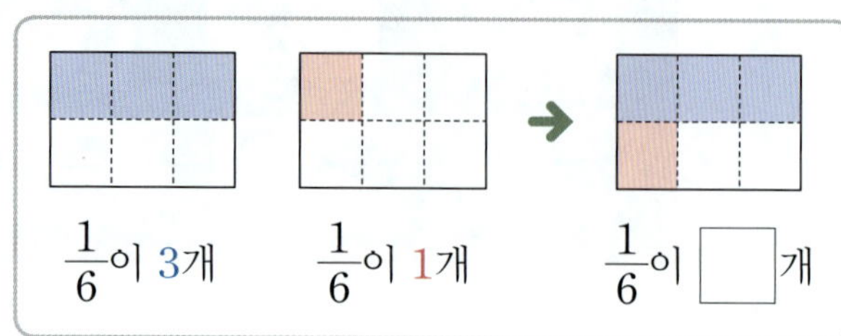

$$\frac{3}{6}+\frac{1}{6}=\frac{\boxed{}+\boxed{}}{6}=\frac{\boxed{}}{6}$$

1 그림을 보고 □ 안에 알맞은 수를 써넣으세요.

(1)

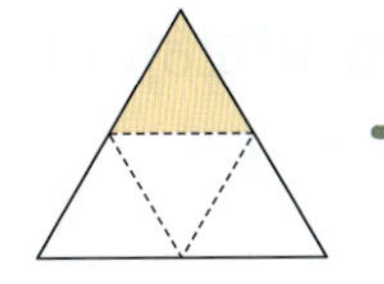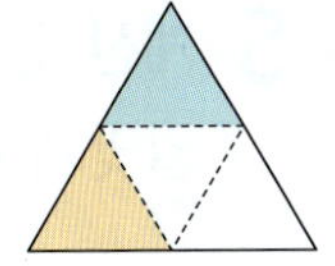

$$\frac{1}{4}+\frac{1}{4}=\frac{\Box}{4}$$

(2)

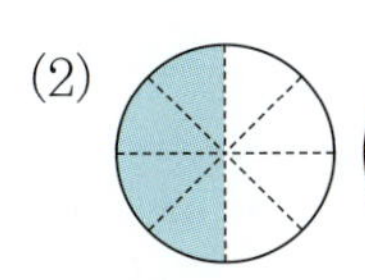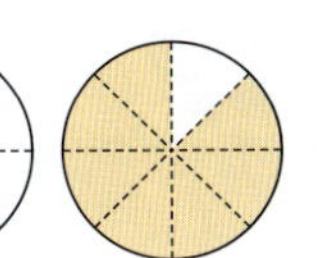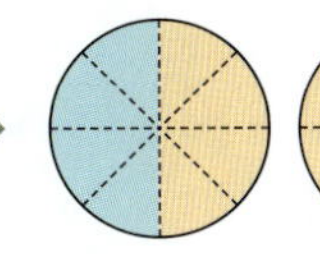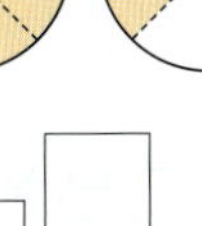

$$\frac{4}{8}+\frac{7}{8}=\frac{\Box}{8}=\Box\frac{\Box}{8}$$

2 수직선을 보고 $\frac{5}{9}+\frac{2}{9}$ 를 구해 보세요.

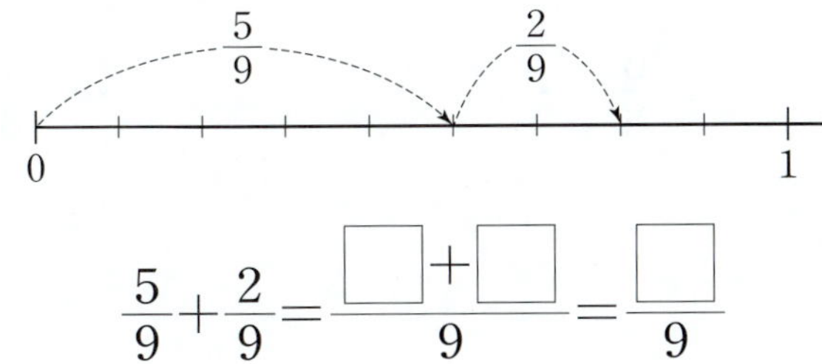

$$\frac{5}{9}+\frac{2}{9}=\frac{\Box+\Box}{9}=\frac{\Box}{9}$$

3 □ 안에 알맞은 수를 써넣으세요.

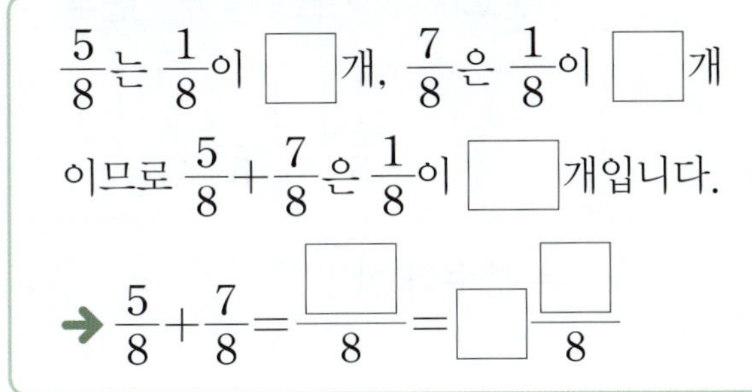

$\frac{5}{8}$ 는 $\frac{1}{8}$ 이 □ 개, $\frac{7}{8}$ 은 $\frac{1}{8}$ 이 □ 개

이므로 $\frac{5}{8}+\frac{7}{8}$ 은 $\frac{1}{8}$ 이 □ 개입니다.

→ $\frac{5}{8}+\frac{7}{8}=\frac{\Box}{8}=\Box\frac{\Box}{8}$

4 □ 안에 알맞은 수를 써넣으세요.

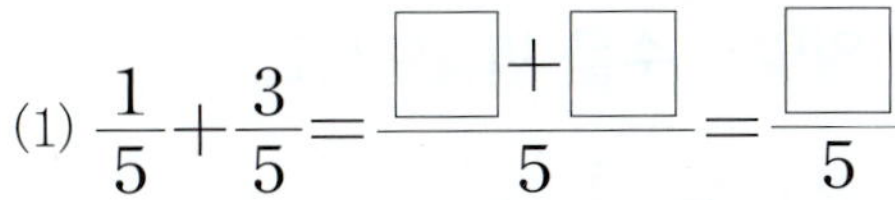

(1) $\frac{1}{5}+\frac{3}{5}=\frac{\Box+\Box}{5}=\frac{\Box}{5}$

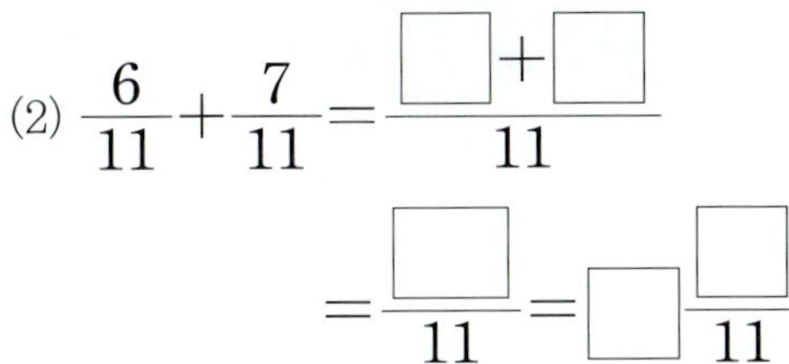

(2) $\frac{6}{11}+\frac{7}{11}=\frac{\Box+\Box}{11}$

$$=\frac{\Box}{11}=\Box\frac{\Box}{11}$$

5 계산해 보세요.

(1) $\frac{4}{7}+\frac{1}{7}$

(2) $\frac{3}{4}+\frac{2}{4}$

6 계산 결과를 바르게 말한 사람에 ○표 하세요.

$$\frac{1}{10}+\frac{6}{10}$$

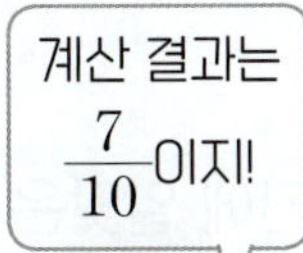

(　　　)　　　　(　　　)

문제 학습

01 빈칸에 알맞은 수를 써넣으세요.

$\frac{2}{11}$ | $+\frac{8}{11}$ | $\square$

02 다음이 나타내는 수를 구해 보세요.

$\frac{6}{14}$보다 $\frac{9}{14}$만큼 더 큰 수

(　　　　　　　)

03 계산 결과가 다른 하나를 찾아 ○표 하세요.

$\frac{2}{7}+\frac{4}{7}$　　$\frac{3}{7}+\frac{2}{7}$　　$\frac{1}{7}+\frac{5}{7}$

(　　)　(　　)　(　　)

04 빈칸에 알맞은 수를 써넣으세요.

$\frac{3}{10}$ → $+\frac{3}{10}$ → $\square$ → $+\frac{7}{10}$ → $\square$

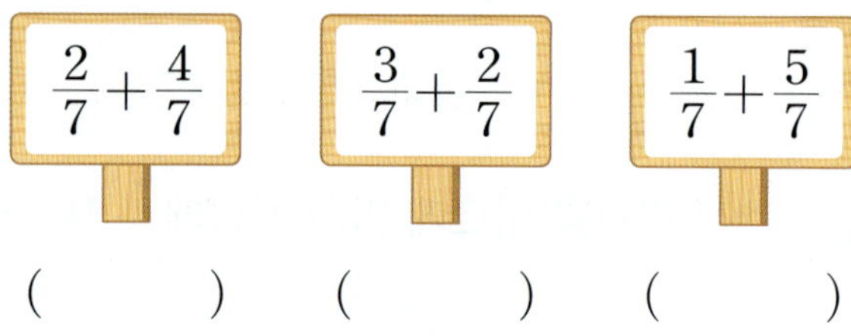

05 계산 결과를 비교하여 ○ 안에 >, =, <를 알맞게 써넣으세요.

$$\frac{7}{9}+\frac{5}{9} \bigcirc \frac{4}{9}+\frac{8}{9}$$

06 두 분수의 합이 $\frac{7}{8}$이 되도록 이어 보세요.

$\frac{5}{8}$ •　　　　• $\frac{1}{8}$

$\frac{3}{8}$ •　　　　• $\frac{2}{8}$

$\frac{6}{8}$ •　　　　• $\frac{4}{8}$

창의형

07 분모가 5인 서로 다른 두 진분수를 쓰고, 두 분수의 합을 구해 보세요.

분모가 5인 서로 다른 두 진분수

$\frac{\square}{5}$, $\frac{\square}{5}$

두 분수의 합 (　　　　　　　)

서술형 문제

08 정사각형의 네 변의 길이의 합은 몇 m인가요?

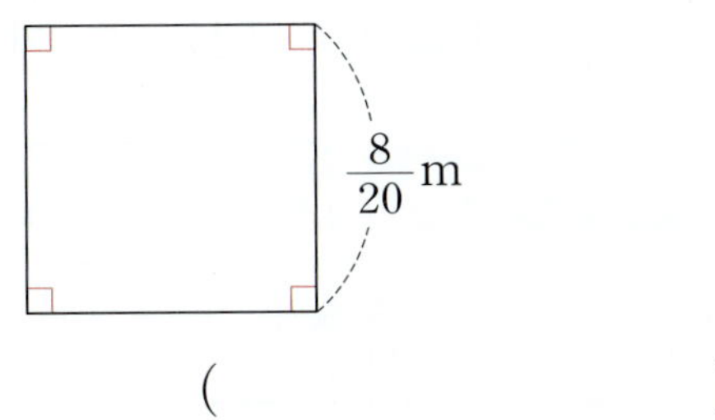

(   )

09 다음 덧셈의 계산 결과는 진분수입니다. □ 안에 들어갈 수 있는 자연수를 모두 구해 보세요.

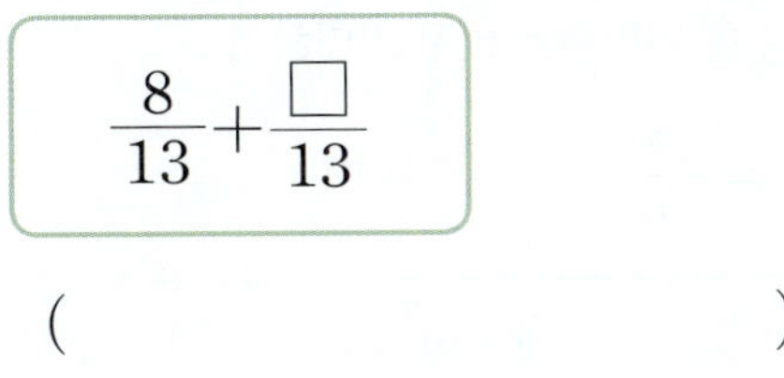

(   )

10 4장의 수 카드 중에서 2장을 골라 분모가 10인 가장 큰 진분수와 가장 작은 진분수를 만들고, 두 분수의 합을 구해 보세요.

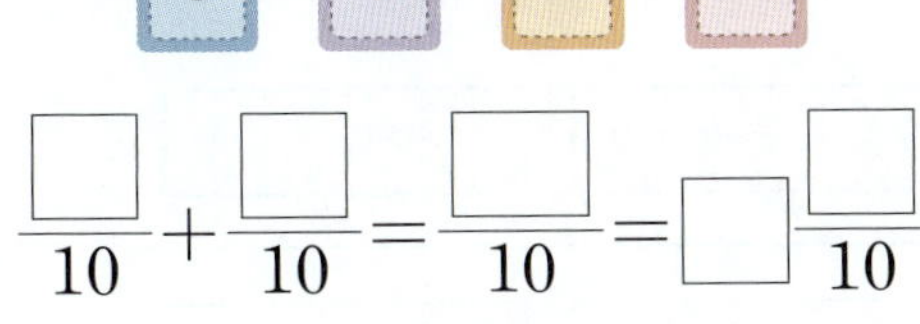

$$\dfrac{\square}{10} + \dfrac{\square}{10} = \dfrac{\square}{10} = \square\dfrac{\square}{10}$$

11 가장 큰 분수와 가장 작은 분수의 합은 얼마인지 풀이 과정을 쓰고, 답을 구해 보세요.

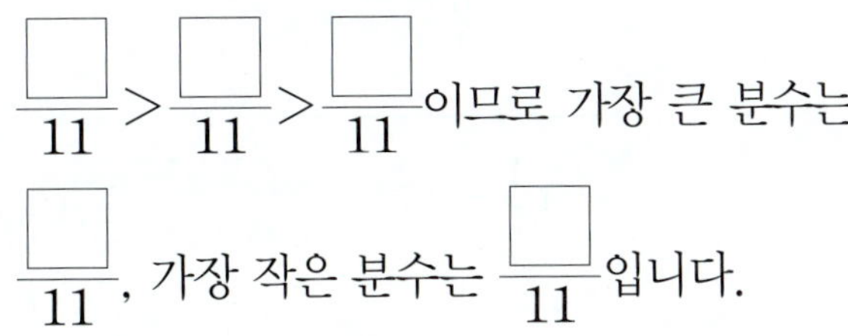

❶ 분수의 크기를 비교하면

$$\dfrac{\square}{11} > \dfrac{\square}{11} > \dfrac{\square}{11}$$ 이므로 가장 큰 분수는 $\dfrac{\square}{11}$, 가장 작은 분수는 $\dfrac{\square}{11}$입니다.

❷ 따라서 가장 큰 분수와 가장 작은 분수의 합은 $\dfrac{\square}{11} + \dfrac{\square}{11} = \dfrac{\square}{11} = \square\dfrac{\square}{11}$입니다.

답 _________________

12 가장 큰 분수와 가장 작은 분수의 합은 얼마인지 풀이 과정을 쓰고, 답을 구해 보세요.

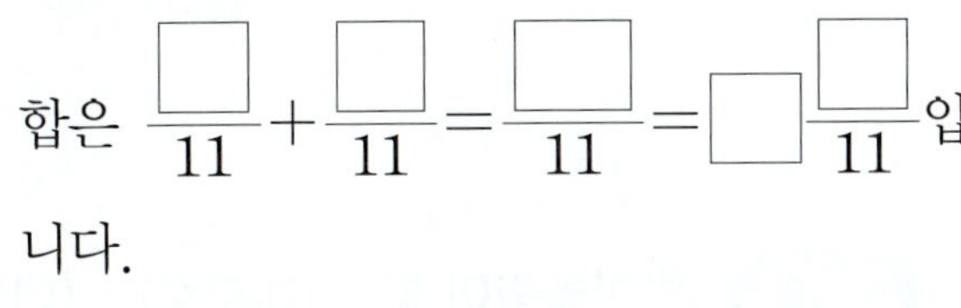

____

____

____

답 _________________

학습 결과에 색칠하세요.   

1단원 1회

개념 1 받아올림이 없는 (대분수)+(대분수) (1) – 자연수 부분끼리 더하고, 분수 부분끼리 더하기

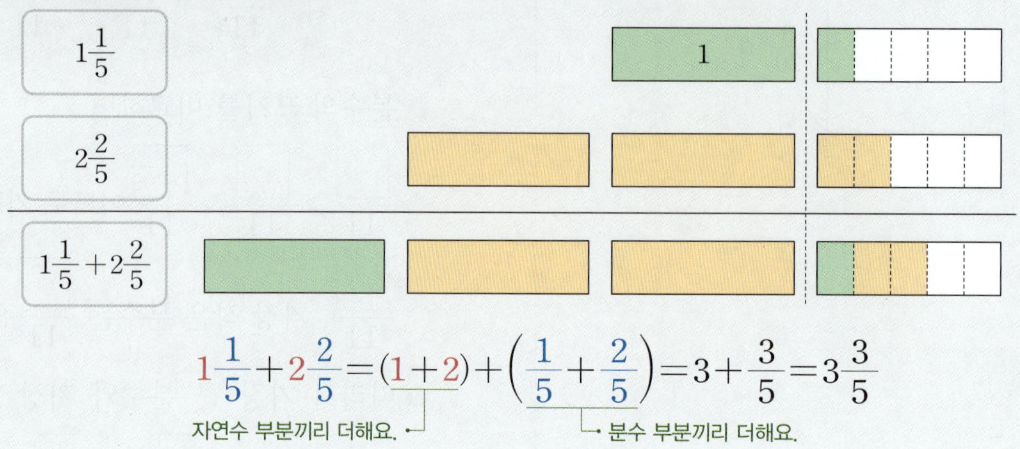

$$1\frac{1}{5}+2\frac{2}{5}=(1+2)+\left(\frac{1}{5}+\frac{2}{5}\right)=3+\frac{3}{5}=3\frac{3}{5}$$

자연수 부분끼리 더해요. → ← 분수 부분끼리 더해요.

개념 2 받아올림이 없는 (대분수)+(대분수) (2) – 대분수를 가분수로 바꾸어 더하기

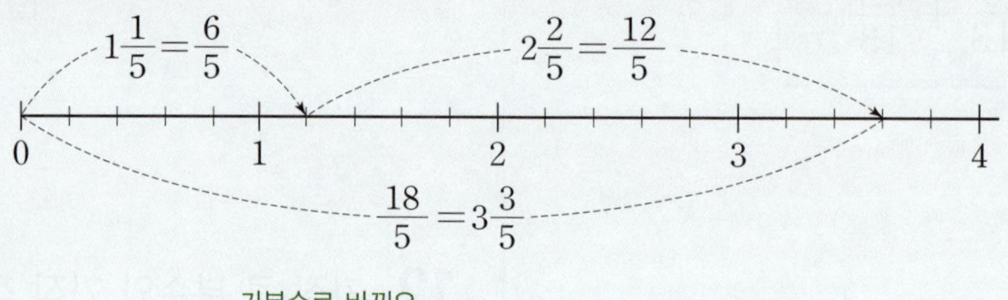

가분수로 바꿔요.

$$1\frac{1}{5}+2\frac{2}{5}=\frac{6}{5}+\frac{12}{5}=\frac{18}{5}=3\frac{3}{5}$$

가분수로 바꿔요. 대분수로 바꿔요.

확인 그림을 보고 ☐ 안에 알맞은 수를 써넣으세요.

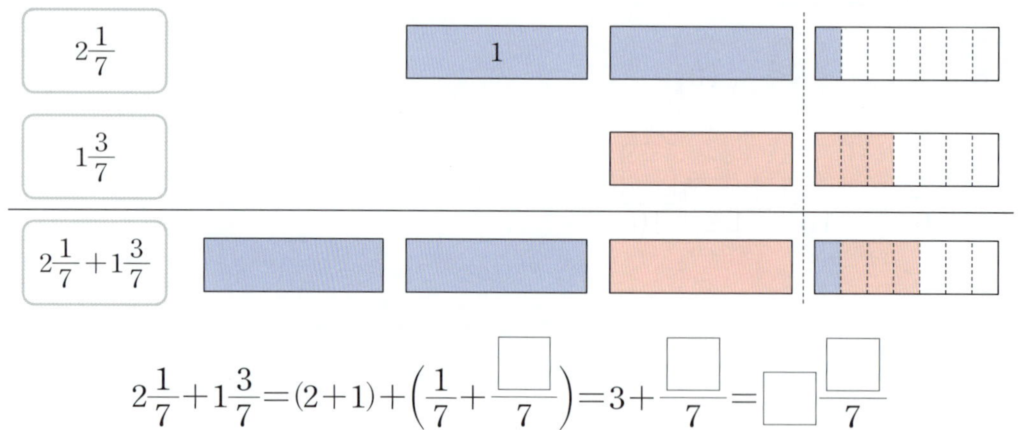

$$2\frac{1}{7}+1\frac{3}{7}=(2+1)+\left(\frac{1}{7}+\frac{\square}{7}\right)=3+\frac{\square}{7}=\square\frac{\square}{7}$$

1 그림을 보고 $1\frac{1}{3}+1\frac{1}{3}$ 을 구해 보세요.

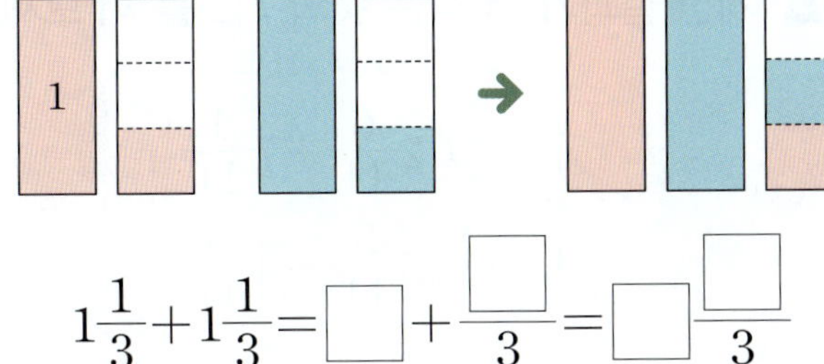

$$1\frac{1}{3}+1\frac{1}{3}=\boxed{}+\frac{\boxed{}}{3}=\boxed{}\frac{\boxed{}}{3}$$

2 수직선을 보고 $1\frac{2}{9}+1\frac{5}{9}$ 를 구해 보세요.

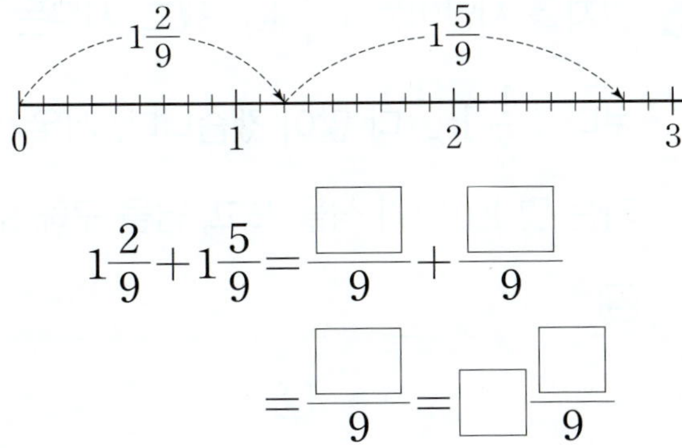

$$1\frac{2}{9}+1\frac{5}{9}=\frac{\boxed{}}{9}+\frac{\boxed{}}{9}$$
$$=\frac{\boxed{}}{9}=\boxed{}\frac{\boxed{}}{9}$$

3 ☐ 안에 알맞은 수를 써넣으세요.

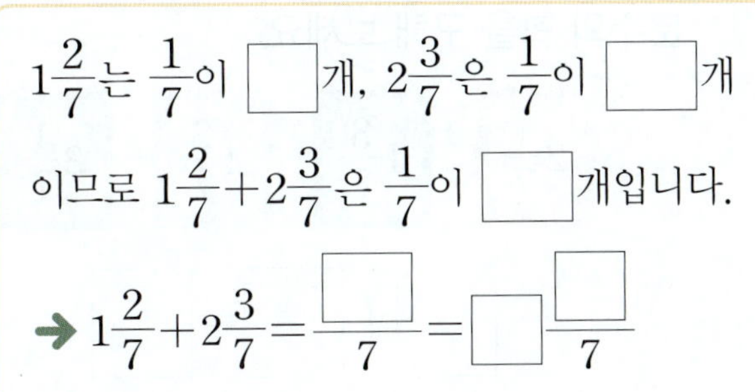

$1\frac{2}{7}$ 는 $\frac{1}{7}$ 이 $\boxed{}$ 개, $2\frac{3}{7}$ 은 $\frac{1}{7}$ 이 $\boxed{}$ 개 이므로 $1\frac{2}{7}+2\frac{3}{7}$ 은 $\frac{1}{7}$ 이 $\boxed{}$ 개입니다.

$$\rightarrow 1\frac{2}{7}+2\frac{3}{7}=\frac{\boxed{}}{7}=\boxed{}\frac{\boxed{}}{7}$$

4 ☐ 안에 알맞은 수를 써넣으세요.

(1) $2\frac{1}{4}+1\frac{1}{4}=(2+1)+\left(\frac{1}{4}+\frac{1}{4}\right)$
$$=\boxed{}+\frac{\boxed{}}{4}=\boxed{}\frac{\boxed{}}{4}$$

(2) $2\frac{4}{8}+2\frac{3}{8}=\frac{\boxed{}}{8}+\frac{\boxed{}}{8}$
$$=\frac{\boxed{}}{8}=\boxed{}\frac{\boxed{}}{8}$$

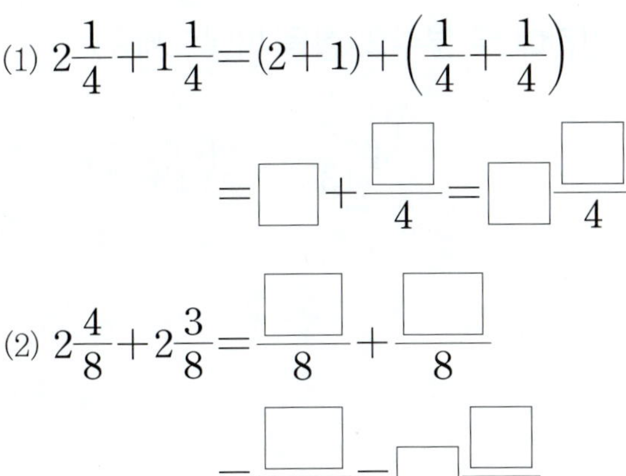

5 〈보기〉와 같은 방법으로 계산해 보세요.

〈보기〉
$$1\frac{3}{9}+3\frac{2}{9}=(1+3)+\left(\frac{3}{9}+\frac{2}{9}\right)$$
$$=4+\frac{5}{9}=4\frac{5}{9}$$

$$2\frac{1}{6}+1\frac{4}{6}=\underline{\hspace{5cm}}$$
$$=\underline{\hspace{5cm}}$$

6 계산해 보세요.

(1) $1\frac{2}{5}+3\frac{1}{5}$

(2) $4\frac{1}{3}+3\frac{1}{3}$

01 빈칸에 두 분수의 합을 써넣으세요.

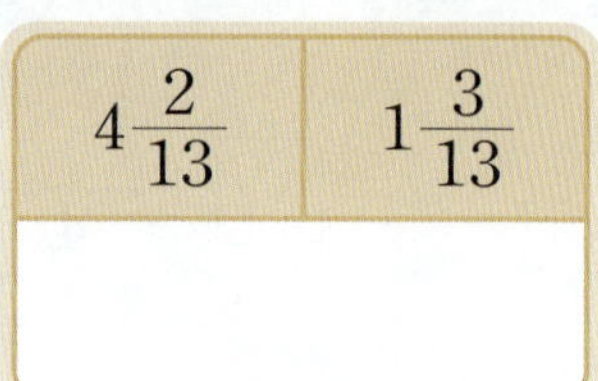

$$4\frac{2}{13} \qquad 1\frac{3}{13}$$

02 빈칸에 알맞은 수를 써넣으세요.

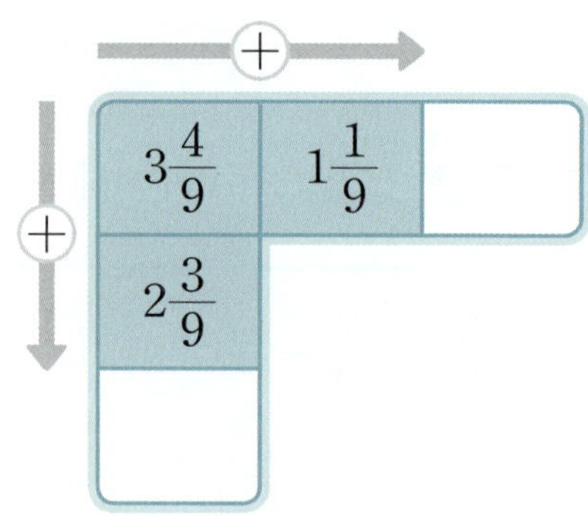

03 바르게 계산한 사람은 누구인가요?

( )

04 계산 결과가 더 작은 것의 기호를 써 보세요.

$$\text{㉠ } 2\frac{6}{11}+7\frac{1}{11}$$
$$\text{㉡ } 5\frac{5}{11}+4\frac{3}{11}$$

( )

05 감자를 지안이는 $1\frac{3}{8}$ kg 캤고, 서우는 지안이보다 $1\frac{1}{8}$ kg 더 많이 캤습니다. 서우가 캔 감자는 몇 kg인지 식을 쓰고, 답을 구해 보세요.

식 ______________________________

답 ______________________________

창의형

06 4장의 수 카드 중에서 2장을 골라 써넣고, 두 분수의 합을 구해 보세요.

$$\boxed{} + \boxed{} = \boxed{}$$

서술형 문제

07 주호네 집에서 놀이터를 지나 도서관까지 가는 거리는 몇 km인가요?

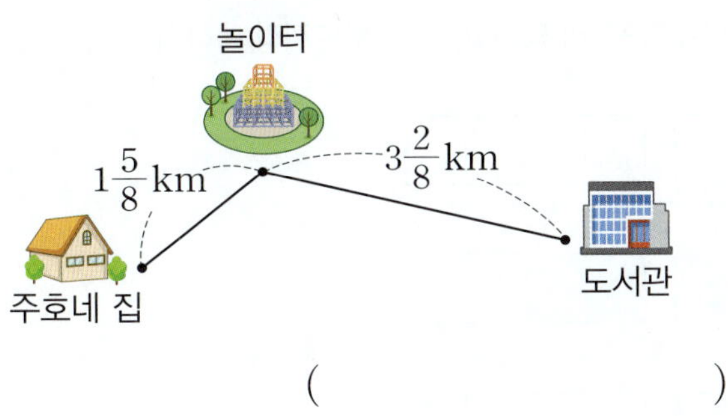

( )

08 □ 안에 알맞은 수를 써넣으세요.

$$4\frac{1}{4}+1\frac{\boxed{}}{4}=5\frac{3}{4}$$

09 설명하는 두 분수의 합을 구해 보세요.

2보다 $\frac{3}{9}$만큼 더 큰 수

$\frac{1}{9}$이 28개인 수

( )

10 다음을 읽고 다 주머니의 무게는 몇 kg인지 풀이 과정을 쓰고, 답을 구해 보세요.

- 가 주머니의 무게는 $2\frac{2}{10}$ kg입니다.
- 나 주머니의 무게는 가 주머니의 무게보다 $1\frac{4}{10}$ kg 더 무겁습니다.
- 다 주머니의 무게는 나 주머니의 무게보다 $\frac{1}{10}$ kg 더 무겁습니다.

❶ 나 주머니의 무게는

$$2\frac{2}{10}+\boxed{}\frac{\boxed{}}{10}=\boxed{}\frac{\boxed{}}{10}\text{(kg)}$$입니다.

❷ 따라서 다 주머니의 무게는

$$\boxed{}\frac{\boxed{}}{10}+\frac{\boxed{}}{10}=\boxed{}\frac{\boxed{}}{10}\text{(kg)}$$입니다.

답

11 대화를 읽고 희수가 마신 물의 양은 몇 L인지 풀이 과정을 쓰고, 답을 구해 보세요.

- 연우: 나는 오늘 물을 $1\frac{2}{5}$ L 마셨어.
- 수호: 나는 연우보다 $1\frac{1}{5}$ L 더 많이 마셨어.
- 희수: 나는 수호보다 $\frac{1}{5}$ L 더 많이 마셨어.

____

____

____

____

답

학습 결과에 색칠하세요. 

개념 1 받아올림이 있는 (대분수)＋(대분수) (1) – 자연수 부분끼리 더하고, 분수 부분끼리 더하기

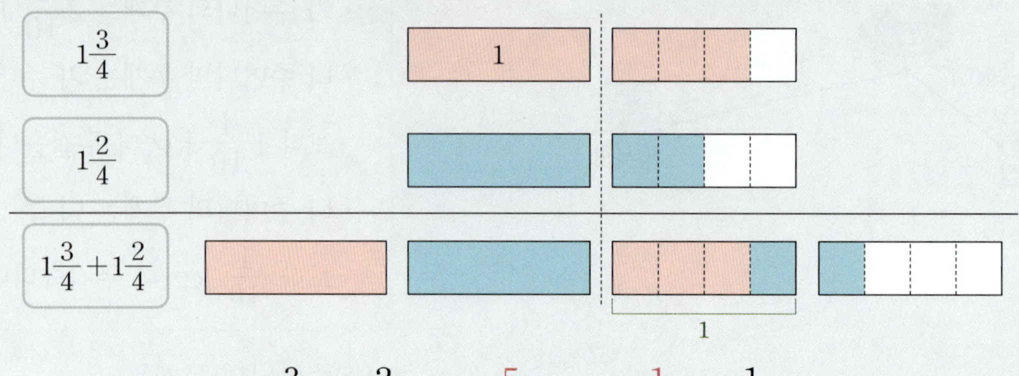

$$1\frac{3}{4}+1\frac{2}{4}=2+\frac{5}{4}=2+1\frac{1}{4}=3\frac{1}{4}$$

분수 부분끼리 더한 결과가 가분수이면 대분수로 바꿔요.

주의 계산 결과를 자연수와 가분수 형태로 나타내지 않도록 주의합니다.

예 $1\frac{3}{4}+1\frac{2}{4}=2+\frac{5}{4}=2\frac{5}{4}$ ✗

개념 2 받아올림이 있는 (대분수)＋(대분수) (2) – 대분수를 가분수로 바꾸어 더하기

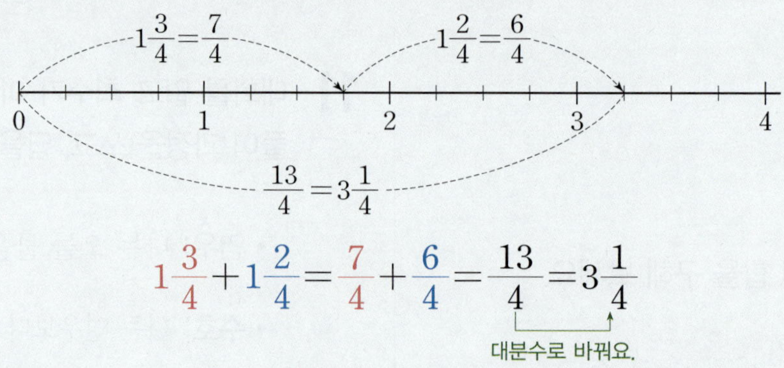

$$1\frac{3}{4}+1\frac{2}{4}=\frac{7}{4}+\frac{6}{4}=\frac{13}{4}=3\frac{1}{4}$$

대분수로 바꿔요.

확 인 그림을 보고 □ 안에 알맞은 수를 써넣으세요.

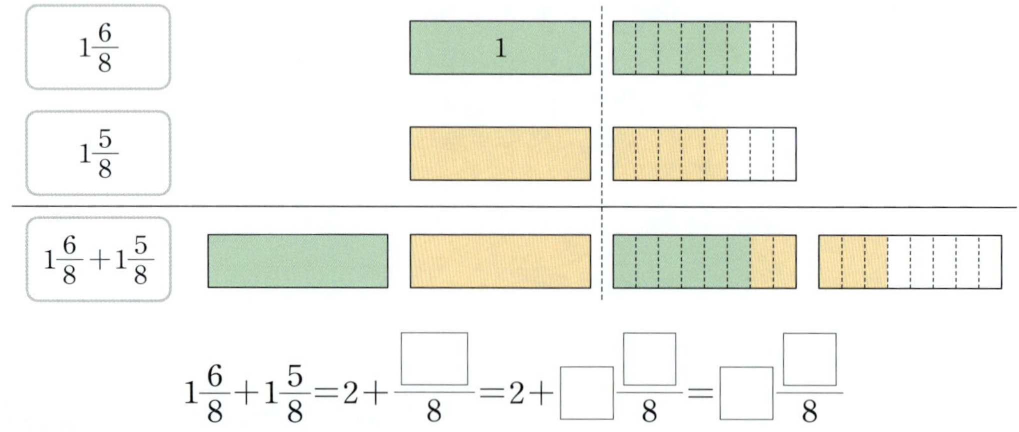

$$1\frac{6}{8}+1\frac{5}{8}=2+\frac{\square}{8}=2+\square\frac{\square}{8}=\square\frac{\square}{8}$$

1 그림을 보고 $1\dfrac{3}{5}+1\dfrac{4}{5}$ 를 구해 보세요.

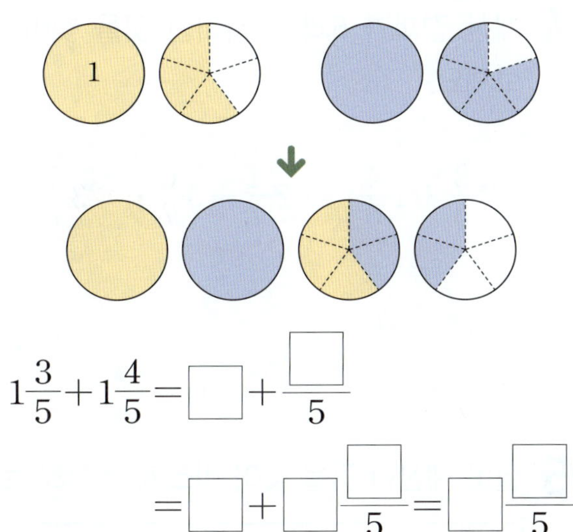

$$1\dfrac{3}{5}+1\dfrac{4}{5}=\boxed{}+\dfrac{\boxed{}}{5}$$

$$=\boxed{}+\boxed{}\dfrac{\boxed{}}{5}=\boxed{}\dfrac{\boxed{}}{5}$$

2 수직선을 보고 $1\dfrac{5}{6}+1\dfrac{3}{6}$ 을 구해 보세요.

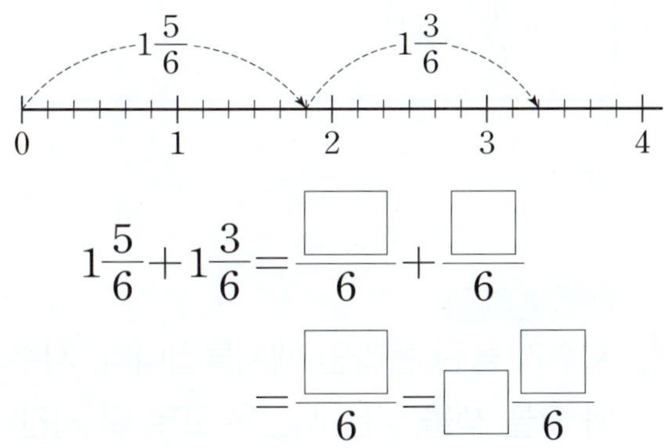

$$1\dfrac{5}{6}+1\dfrac{3}{6}=\dfrac{\boxed{}}{6}+\dfrac{\boxed{}}{6}$$

$$=\dfrac{\boxed{}}{6}=\boxed{}\dfrac{\boxed{}}{6}$$

3 □ 안에 알맞은 수를 써넣으세요.

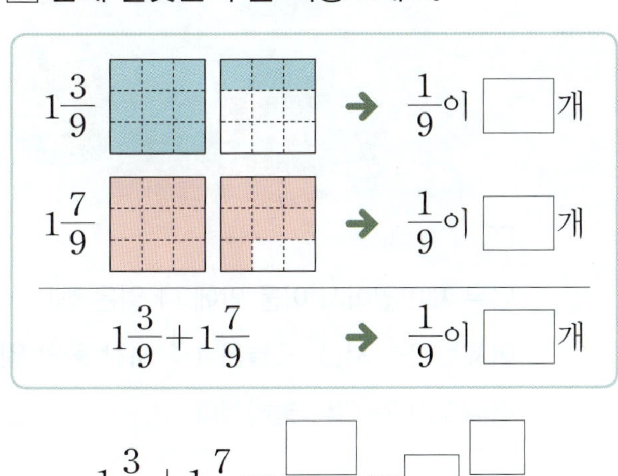

$$1\dfrac{3}{9}+1\dfrac{7}{9}=\dfrac{\boxed{}}{9}=\boxed{}\dfrac{\boxed{}}{9}$$

4 $2\dfrac{4}{7}+2\dfrac{5}{7}$ 를 두 가지 방법으로 계산해 보세요.

(1) $2\dfrac{4}{7}+2\dfrac{5}{7}=4+\dfrac{\boxed{}}{7}$

$$=4+\boxed{}\dfrac{\boxed{}}{7}=\boxed{}\dfrac{\boxed{}}{7}$$

(2) $2\dfrac{4}{7}+2\dfrac{5}{7}=\dfrac{\boxed{}}{7}+\dfrac{\boxed{}}{7}$

$$=\dfrac{\boxed{}}{7}=\boxed{}\dfrac{\boxed{}}{7}$$

5 계산해 보세요.

(1) $3\dfrac{6}{8}+2\dfrac{6}{8}$

(2) $5\dfrac{8}{11}+2\dfrac{5}{11}$

6 계산 결과를 찾아 ○표 하세요.

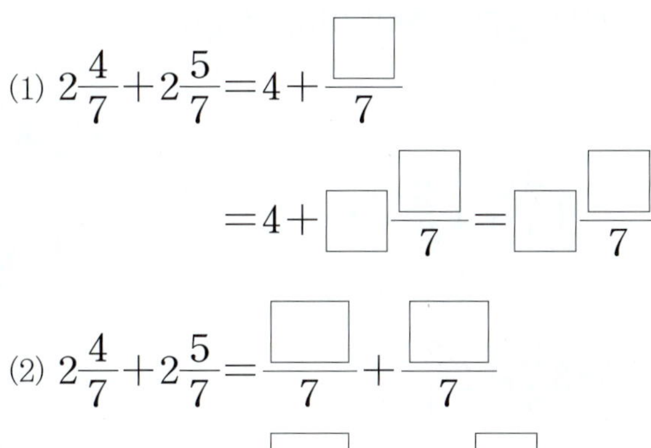

$$3\dfrac{2}{4}+2\dfrac{3}{4}$$

$5\dfrac{5}{8}$	$6\dfrac{1}{4}$	$5\dfrac{1}{4}$

문제 학습

01 계산 결과를 찾아 이어 보세요.

$1\frac{2}{4} + 4\frac{3}{4}$ ·

$3\frac{3}{4} + 2\frac{3}{4}$ ·

· $6\frac{2}{4}$

· $5\frac{2}{4}$

· $6\frac{1}{4}$

02 시우가 말하는 수가 얼마인지 구해 보세요.

(   )

03 계산 결과가 더 큰 것에 ◯표 하세요.

$3\frac{4}{10} + 2\frac{9}{10}$

$4\frac{8}{10} + 1\frac{6}{10}$

(   )   (   )

04 계산 결과가 6과 7 사이인 것을 찾아 색칠해 보세요.

$3\frac{3}{5} + 1\frac{4}{5}$ $2\frac{4}{7} + 3\frac{6}{7}$ $3\frac{7}{8} + 3\frac{5}{8}$

05 <u>잘못</u> 계산한 곳을 찾아 바르게 계산해 보세요.

$$5\frac{4}{6} + 2\frac{3}{6} = 7 + \frac{7}{12} = 7\frac{7}{12}$$

↓

(바른 계산)

$$5\frac{4}{6} + 2\frac{3}{6}$$

디지털 문해력

06 지수가 올린 온라인 게시물입니다. 지수가 어제와 오늘 책을 읽은 시간은 모두 몇 시간인가요?

(   )

07 분모가 9인 두 가분수의 합이 $3\dfrac{1}{9}$이 되는 덧셈식 2개를 완성해 보세요.

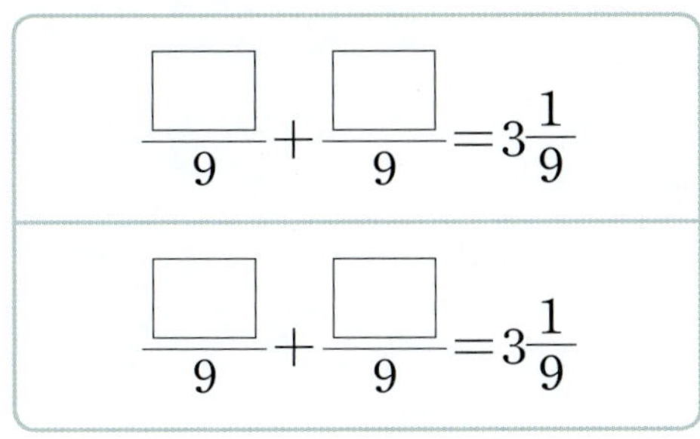

08 3장의 수 카드 중에서 2장을 골라 합이 가장 큰 덧셈식을 만들고, 계산해 보세요.

$$\boxed{}+\boxed{}=\boxed{}$$

09 (조건)을 모두 만족하는 대분수들의 합을 구해 보세요.

(조건)
• 1보다 크고 2보다 작습니다.
• 분모가 4입니다.

(   )

10 계산 결과가 작은 것부터 차례로 기호를 쓰려고 합니다. 풀이 과정을 쓰고, 답을 구해 보세요.

$$\bigcirc\ 2\dfrac{4}{5}+1\dfrac{4}{5}\quad\bigcirc\ 1\dfrac{4}{5}+1\dfrac{2}{5}\quad\bigcirc\ 2\dfrac{3}{5}+\dfrac{9}{5}$$

❶ $\bigcirc\ 2\dfrac{4}{5}+1\dfrac{4}{5}=\boxed{}\dfrac{\boxed{}}{5},$

$\bigcirc\ 1\dfrac{4}{5}+1\dfrac{2}{5}=\boxed{}\dfrac{\boxed{}}{5},$

$\bigcirc\ 2\dfrac{3}{5}+\dfrac{9}{5}=\boxed{}\dfrac{\boxed{}}{5}$입니다.

❷ 따라서 계산 결과가 작은 것부터 차례로 기호를 쓰면 $\boxed{}$, $\boxed{}$, $\boxed{}$입니다.

답

11 계산 결과가 큰 것부터 차례로 기호를 쓰려고 합니다. 풀이 과정을 쓰고, 답을 구해 보세요.

$$\bigcirc\ 1\dfrac{7}{8}+1\dfrac{2}{8}\quad\bigcirc\ 1\dfrac{6}{8}+\dfrac{7}{8}\quad\bigcirc\ 1\dfrac{5}{8}+1\dfrac{5}{8}$$

답

학습 결과에 색칠하세요.  

개념 1 (진분수)−(진분수)

분모는 그대로 두고 **분자끼리** 뺍니다.

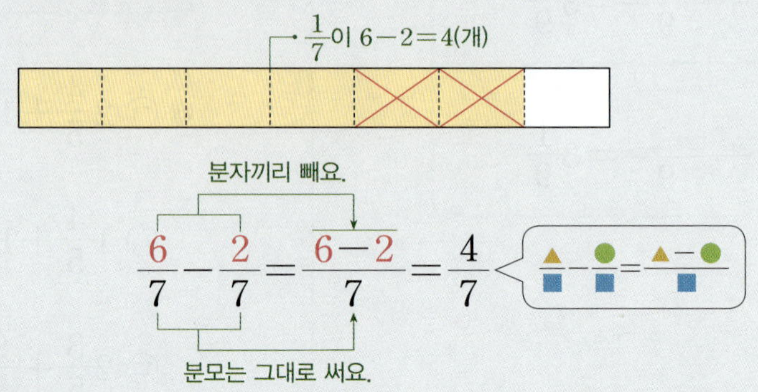

개념 2 받아내림이 없는 (대분수)−(대분수)

방법 1 자연수 부분끼리 빼고, 분수 부분끼리 뺍니다.

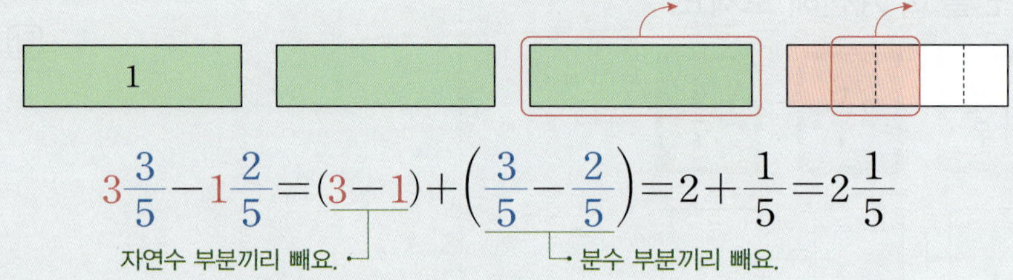

방법 2 대분수를 가분수로 바꾸어 뺍니다.

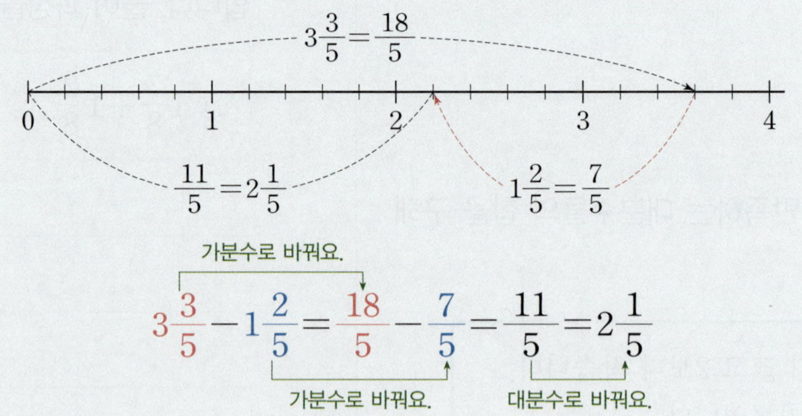

확인 그림을 보고 □ 안에 알맞은 수를 써넣으세요.

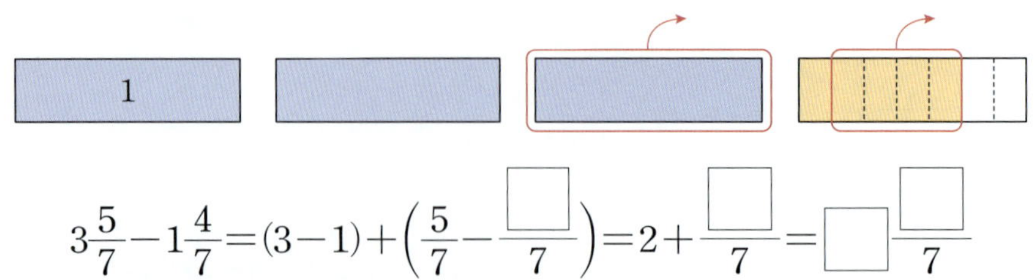

$$3\dfrac{5}{7}-1\dfrac{4}{7}=(3-1)+\left(\dfrac{5}{7}-\dfrac{\square}{7}\right)=2+\dfrac{\square}{7}=\square\dfrac{\square}{7}$$

1 그림을 보고 $\dfrac{5}{8}-\dfrac{2}{8}$ 를 구해 보세요.

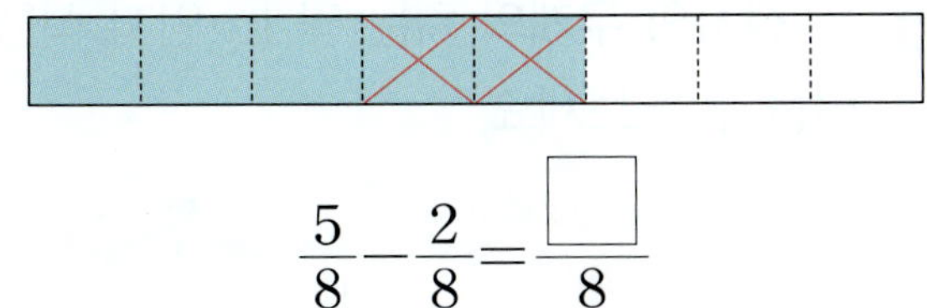

$$\dfrac{5}{8}-\dfrac{2}{8}=\dfrac{\square}{8}$$

2 수직선을 보고 $2\dfrac{3}{4}-1\dfrac{1}{4}$ 을 구해 보세요.

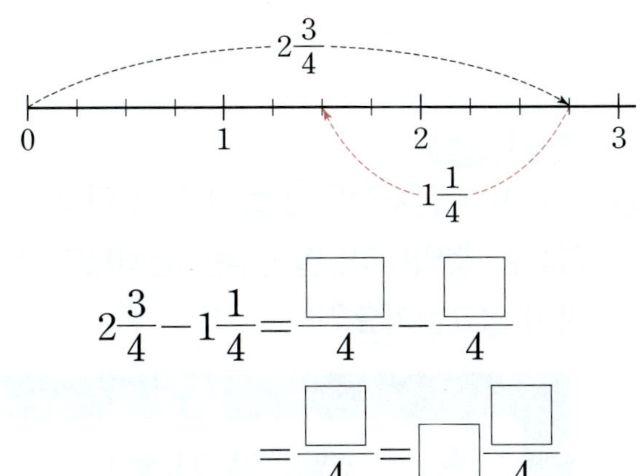

$$2\dfrac{3}{4}-1\dfrac{1}{4}=\dfrac{\square}{4}-\dfrac{\square}{4}$$
$$=\dfrac{\square}{4}=\square\dfrac{\square}{4}$$

3 □ 안에 알맞은 수를 써넣으세요.

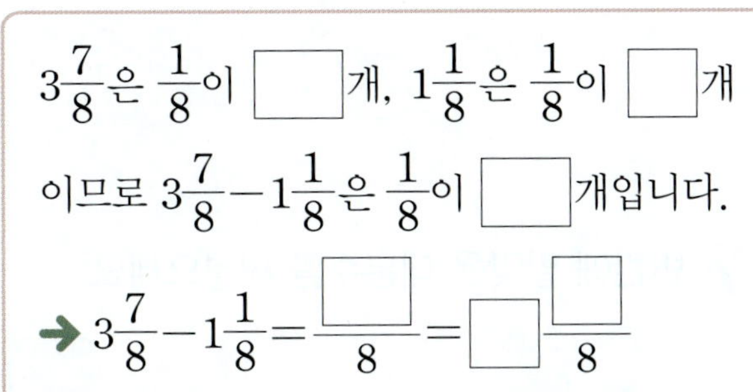

$3\dfrac{7}{8}$ 은 $\dfrac{1}{8}$ 이 $\square$ 개, $1\dfrac{1}{8}$ 은 $\dfrac{1}{8}$ 이 $\square$ 개

이므로 $3\dfrac{7}{8}-1\dfrac{1}{8}$ 은 $\dfrac{1}{8}$ 이 $\square$ 개입니다.

➡ $3\dfrac{7}{8}-1\dfrac{1}{8}=\dfrac{\square}{8}=\square\dfrac{\square}{8}$

4 □ 안에 알맞은 수를 써넣으세요.

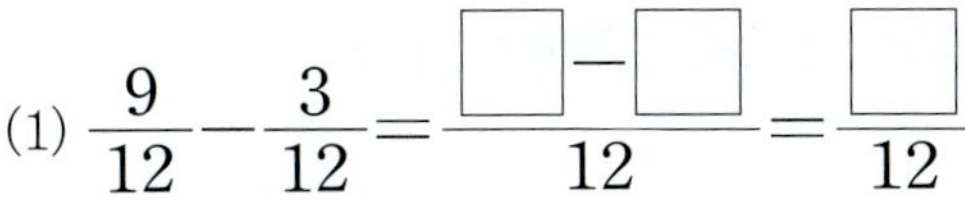

(1) $\dfrac{9}{12}-\dfrac{3}{12}=\dfrac{\square-\square}{12}=\dfrac{\square}{12}$

(2) $2\dfrac{4}{6}-1\dfrac{2}{6}=(2-1)+\left(\dfrac{4}{6}-\dfrac{2}{6}\right)$

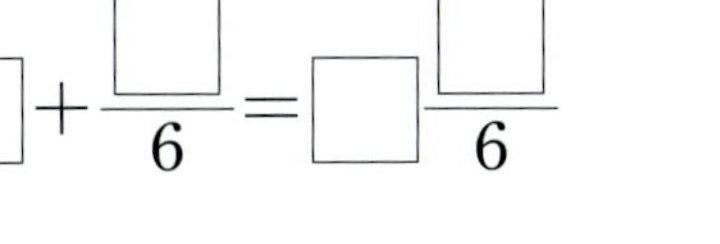

$$=\square+\dfrac{\square}{6}=\square\dfrac{\square}{6}$$

5 계산해 보세요.

(1) $\dfrac{5}{9}-\dfrac{3}{9}$

(2) $4\dfrac{3}{5}-2\dfrac{1}{5}$

6 (보기)와 같이 그림에 ✕표 하고, □ 안에 알맞은 수를 써넣으세요.

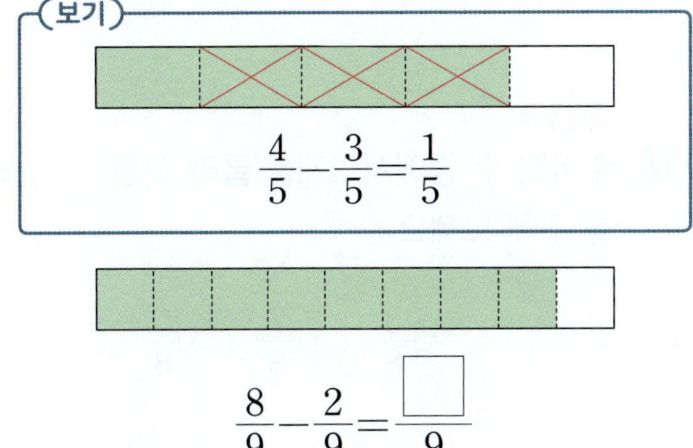

(보기)

$$\dfrac{4}{5}-\dfrac{3}{5}=\dfrac{1}{5}$$

$$\dfrac{8}{9}-\dfrac{2}{9}=\dfrac{\square}{9}$$

문제 학습

01 두 분수의 차를 구해 보세요.

$$\dfrac{11}{13} \qquad \dfrac{5}{13}$$

(   )

02 계산 결과가 $1\dfrac{2}{9}$인 칸을 모두 찾아 색칠해 보세요.

$6\dfrac{8}{9}-5\dfrac{4}{9}$	$4\dfrac{6}{9}-3\dfrac{4}{9}$
$3\dfrac{5}{9}-2\dfrac{3}{9}$	$5\dfrac{7}{9}-3\dfrac{5}{9}$

03 계산 결과를 비교하여 ○ 안에 >, =, <를 알맞게 써넣으세요.

$$5\dfrac{3}{7}-2\dfrac{1}{7} \quad \bigcirc \quad 4\dfrac{5}{7}-1\dfrac{4}{7}$$

창의형

04 주어진 수 중에서 2개를 골라 고른 두 수의 차를 구해 보세요.

$$\dfrac{3}{8} \qquad \dfrac{7}{8} \qquad \dfrac{6}{8}$$

$$\boxed{}-\boxed{}=\boxed{}$$

05 두 상자의 무게의 차는 몇 kg인지 식을 쓰고, 답을 구해 보세요.

$$3\dfrac{6}{10}\,\text{kg} \qquad 5\dfrac{8}{10}\,\text{kg}$$

식 ___________________________

답 ___________________________

디지털 문해력

06 지훈이가 김치전을 만들기 위해 필요한 재료를 검색한 것입니다. 밀가루는 김치보다 몇 컵 더 많이 필요한가요?

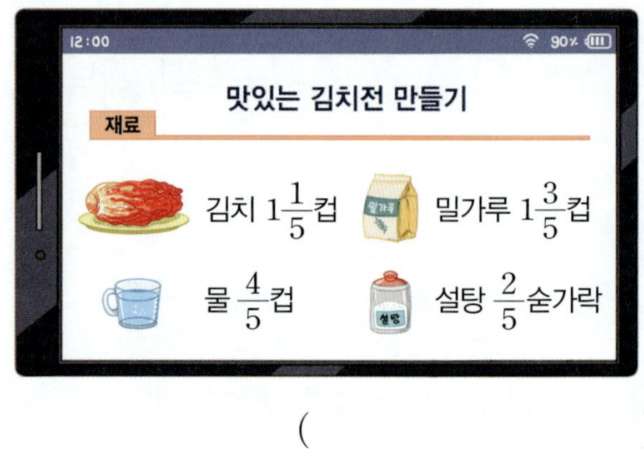

(   )

07 빈칸에 알맞은 대분수를 써넣으세요.

  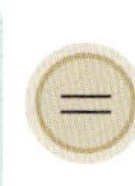

$$\boxed{5\dfrac{7}{11}} \; - \; \boxed{} \; = \; \boxed{2\dfrac{1}{11}}$$

08 윤서네 집에서 공원까지의 거리와 마트까지의 거리입니다. 공원과 마트 중 윤서네 집에서 더 가까운 곳은 어디이고, 몇 km 더 가까운가요?

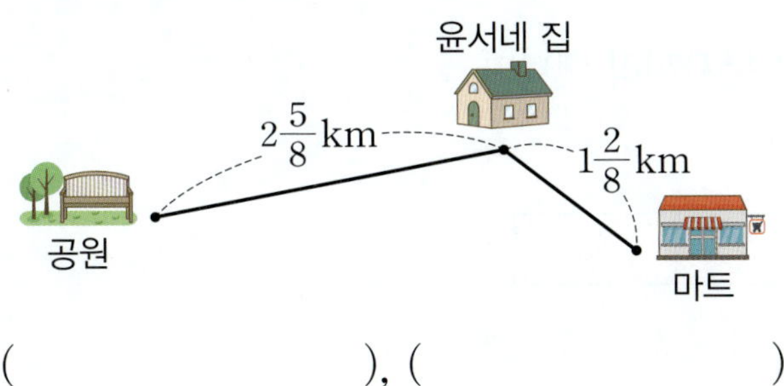

(   ), (   )

09 어떤 대분수에 $3\dfrac{4}{7}$ 를 더했더니 $5\dfrac{6}{7}$ 이 되었습니다. 어떤 대분수는 얼마일까요?

(   )

10 서진이와 다은이가 설명하는 두 진분수를 구해 보세요.

(   )

11 ㉠과 ㉡이 나타내는 수의 차는 얼마인지 풀이 과정을 쓰고, 답을 구해 보세요.

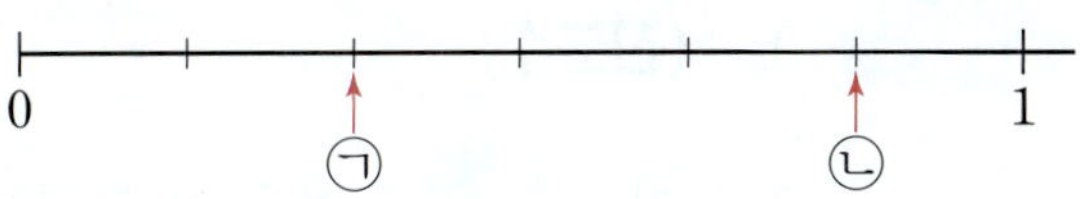

❶ 작은 눈금 한 칸의 크기는 $\dfrac{1}{\Box}$ 이므로

㉠ = $\Box$, ㉡ = $\Box$ 입니다.

❷ 따라서 ㉠과 ㉡이 나타내는 수의 차는

$\Box - \Box = \Box$ 입니다.

답 ______________

12 ㉠과 ㉡이 나타내는 수의 차는 얼마인지 풀이 과정을 쓰고, 답을 구해 보세요.

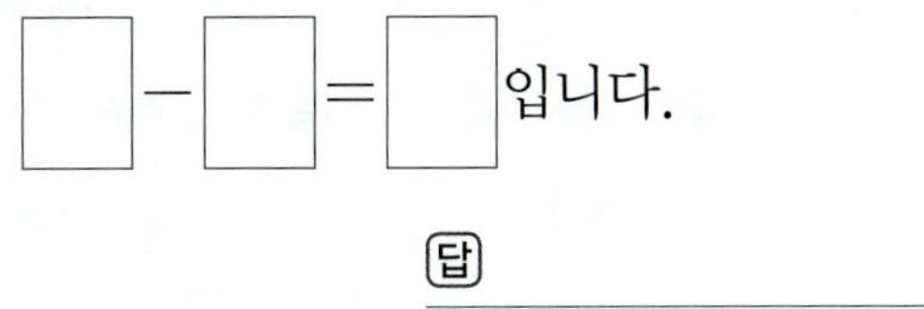

____

____

____

답 ______________

개념 1 1-(진분수)

1을 가분수 ▮로 바꾸어 분모는 그대로 두고 **분자끼리** 뺍니다.

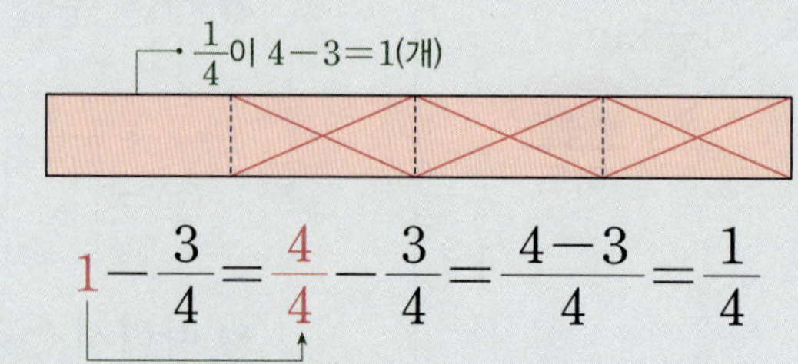

$$1-\frac{3}{4}=\frac{4}{4}-\frac{3}{4}=\frac{4-3}{4}=\frac{1}{4}$$

1을 분모가 4인 가분수로 바꿔요.

참고 1을 가분수로 바꿀 때는 빼는 분수와 분모가 같은 가분수로 바꿉니다.

예 $1-\frac{1}{2}=\frac{2}{2}-\frac{1}{2}=\frac{1}{2}$, $1-\frac{1}{3}=\frac{3}{3}-\frac{1}{3}=\frac{2}{3}$

개념 2 (자연수)-(분수)

방법 1 자연수에서 1만큼을 가분수로 바꾸어 뺍니다.

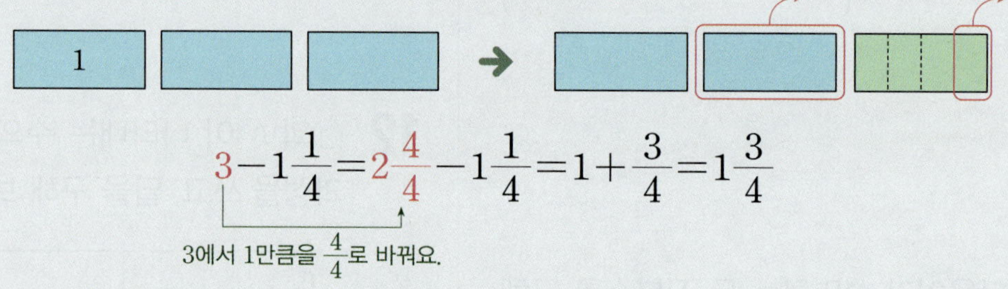

$$3-1\frac{1}{4}=2\frac{4}{4}-1\frac{1}{4}=1+\frac{3}{4}=1\frac{3}{4}$$

3에서 1만큼을 $\frac{4}{4}$로 바꿔요.

방법 2 자연수와 대분수를 가분수로 바꾸어 뺍니다.

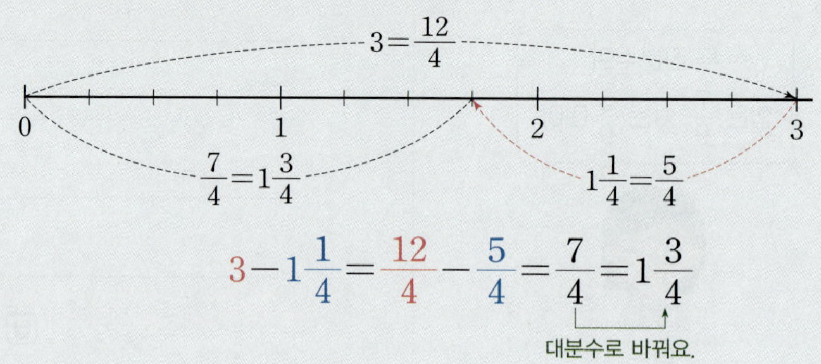

$$3-1\frac{1}{4}=\frac{12}{4}-\frac{5}{4}=\frac{7}{4}=1\frac{3}{4}$$

대분수로 바꿔요.

확 인 그림을 보고 □ 안에 알맞은 수를 써넣으세요.

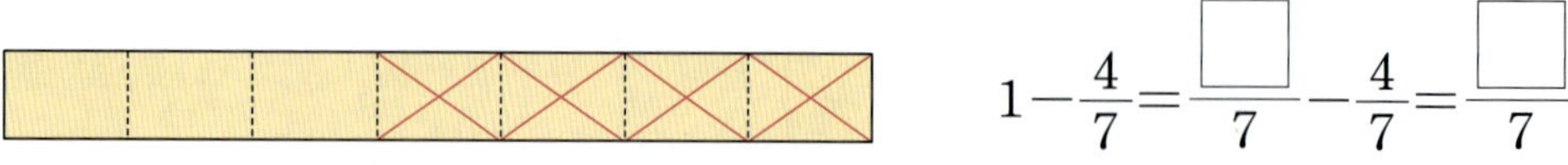

$$1-\frac{4}{7}=\frac{\square}{7}-\frac{4}{7}=\frac{\square}{7}$$

1 그림을 보고 $3 - \dfrac{1}{3}$ 을 구해 보세요.

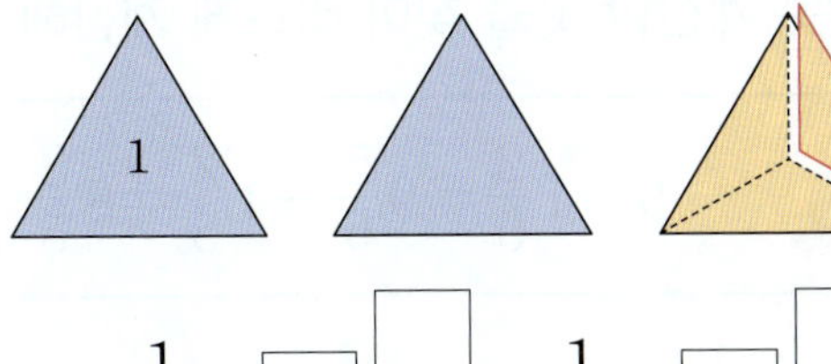

$$3 - \frac{1}{3} = \frac{\boxed{}\ \boxed{}}{3} - \frac{1}{3} = \frac{\boxed{}\ \boxed{}}{3}$$

2 수직선을 보고 $2 - 1\dfrac{2}{4}$ 를 구해 보세요.

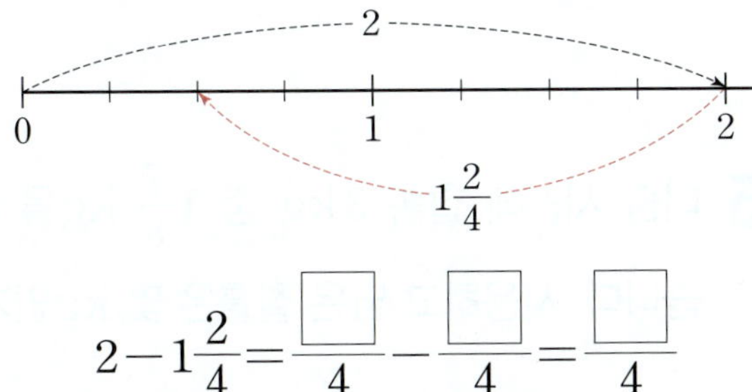

$$2 - 1\frac{2}{4} = \frac{\boxed{}}{4} - \frac{\boxed{}}{4} = \frac{\boxed{}}{4}$$

3 □ 안에 알맞은 수를 써넣으세요.

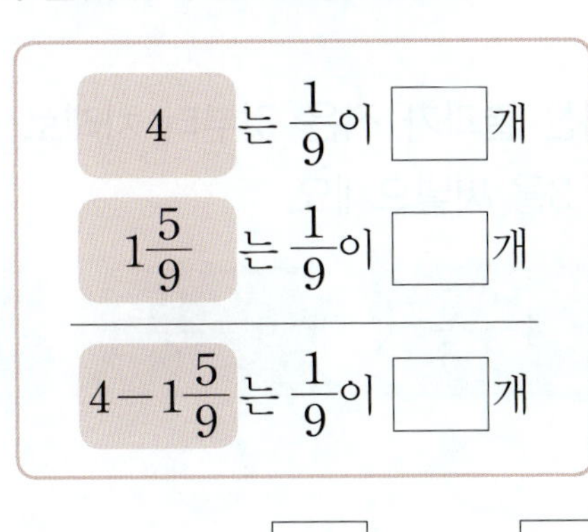

➡ $4 - 1\dfrac{5}{9} = \dfrac{\boxed{}}{9} = \boxed{}\dfrac{\boxed{}}{9}$

4 □ 안에 알맞은 수를 써넣으세요.

(1) $1 - \dfrac{2}{5} = \dfrac{5}{5} - \dfrac{\boxed{}}{5} = \dfrac{\boxed{}}{5}$

(2) $4 - 2\dfrac{5}{6} = \boxed{}\dfrac{\boxed{}}{6} - 2\dfrac{5}{6}$

$$= \boxed{} + \dfrac{\boxed{}}{6} = \boxed{}\dfrac{\boxed{}}{6}$$

(3) $3 - 1\dfrac{3}{8} = \dfrac{\boxed{}}{8} - \dfrac{\boxed{}}{8}$

$$= \dfrac{\boxed{}}{8} = \boxed{}\dfrac{\boxed{}}{8}$$

5 (보기)와 같은 방법으로 계산해 보세요.

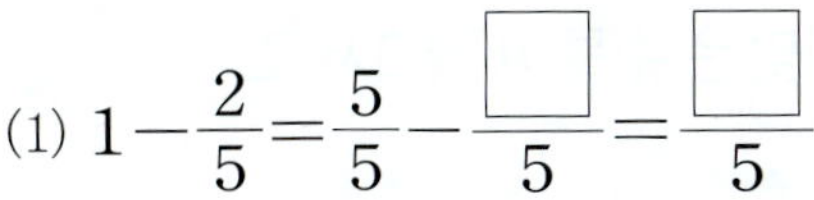
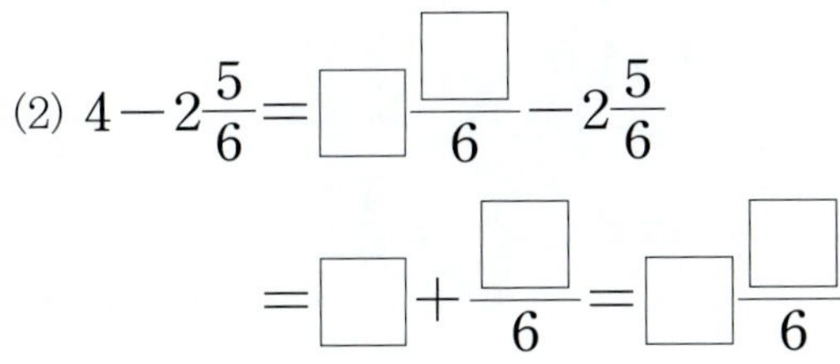

(보기)
$$6 - 1\frac{3}{7} = \frac{42}{7} - \frac{10}{7} = \frac{32}{7} = 4\frac{4}{7}$$

$8 - 4\dfrac{1}{5} = $ ________________

6 계산해 보세요.

(1) $1 - \dfrac{7}{8}$

(2) $5 - 3\dfrac{1}{2}$

01 빈칸에 알맞은 수를 써넣으세요.

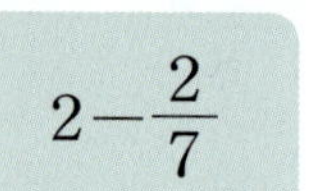

| 1 | $\dfrac{3}{5}$ | |
| 8 | $3\dfrac{5}{8}$ | |

02 계산 결과를 찾아 이어 보세요.

$2-\dfrac{2}{7}$ ·　　　　· $1\dfrac{5}{7}$

$4-\dfrac{8}{7}$ ·　　　　· $\dfrac{3}{7}$

$3-2\dfrac{4}{7}$ ·　　　　· $2\dfrac{6}{7}$

03 $8-1\dfrac{6}{10}$ 을 2가지 방법으로 계산해 보세요.

방법 1

방법 2

04 잘못 계산한 곳을 찾아 바르게 계산해 보세요.

$$9-1\dfrac{2}{5}=9\dfrac{5}{5}-1\dfrac{2}{5}=8\dfrac{3}{5}$$

바른 계산

$$9-1\dfrac{2}{5}$$

05 미술 시간에 찰흙 $3\,\mathrm{kg}$ 중 $1\dfrac{7}{8}\,\mathrm{kg}$ 을 사용했습니다. 사용하고 남은 찰흙은 몇 kg인가요?

(　　　　　　　　)

06 계산 결과가 작은 것부터 차례로 ◯ 안에 1, 2, 3을 써넣으세요.

$4-\dfrac{5}{6}$　　$9-\dfrac{15}{6}$　　$7-1\dfrac{3}{6}$

◯　　　　◯　　　　◯

창의형

07 색 테이프 $2\,\text{m}$가 있습니다. 사용할 색 테이프의 길이를 정해 그 길이만큼 그림에 $\times$표 하고, 남는 색 테이프의 길이는 몇 m인지 구해 보세요. (단, $2\,\text{m}$를 모두 사용하지 않습니다.)

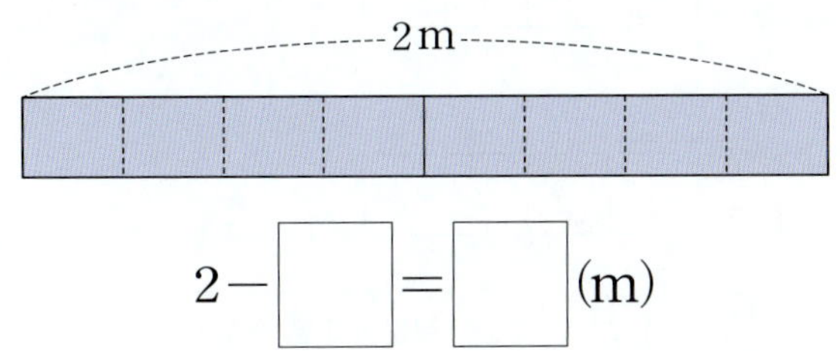

$$2 - \boxed{} = \boxed{}\ (\text{m})$$

08 가장 큰 수와 가장 작은 수의 차를 구해 보세요.

(   )

09 ㉠과 ㉡에 알맞은 수의 차를 구해 보세요.

$$\cdot\ \text{㉠} - 2\frac{5}{10} = 1\frac{5}{10}$$
$$\cdot\ 1\frac{9}{10} - \text{㉡} = \frac{6}{10}$$

(   )

10 새미와 연우가 가지고 있는 수 카드입니다. 수 카드에 적힌 두 수의 차가 더 큰 사람은 누구인지 풀이 과정을 쓰고, 답을 구해 보세요.

❶ 수 카드에 적힌 두 수의 차를 각각 구하면

$$\text{새미는 } 4 - \boxed{}\frac{\boxed{}}{9} = \boxed{}\frac{\boxed{}}{9},$$

$$\text{연우는 } 7 - \boxed{}\frac{\boxed{}}{9} = \boxed{}\frac{\boxed{}}{9}\text{입니다.}$$

❷ 따라서 수 카드에 적힌 두 수의 차가 더 큰 사람은 $\boxed{}$입니다.

답 ________________

11 재현이와 수린이가 가지고 있는 수 카드입니다. 수 카드에 적힌 두 수의 차가 더 작은 사람은 누구인지 풀이 과정을 쓰고, 답을 구해 보세요.

____

____

____

답 ________________

학습 결과에 색칠하세요.   

개념 1   **받아내림이 있는 (대분수) − (대분수)** (1) – 자연수에서 1만큼을 가분수로 바꾸어 빼기

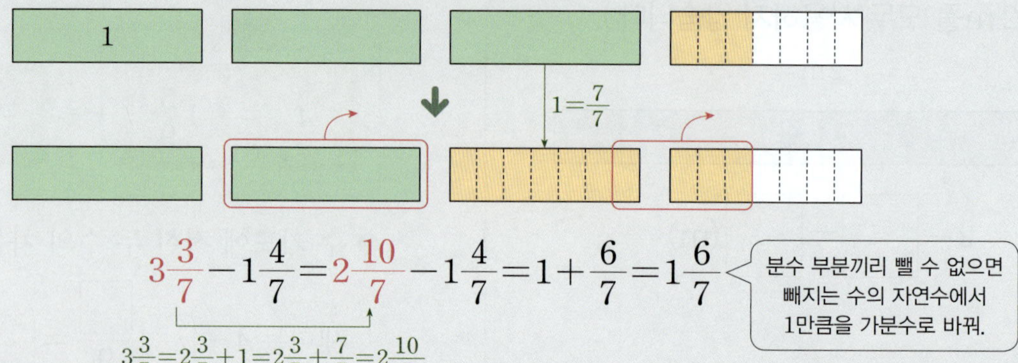

$$3\frac{3}{7}-1\frac{4}{7}=2\frac{10}{7}-1\frac{4}{7}=1+\frac{6}{7}=1\frac{6}{7}$$

> 분수 부분끼리 뺄 수 없으면 빼지는 수의 자연수에서 1만큼을 가분수로 바꿔.

$$3\frac{3}{7}=2\frac{3}{7}+1=2\frac{3}{7}+\frac{7}{7}=2\frac{10}{7}$$

주의 분수 부분끼리 뺄 수 없을 때 큰 진분수에서 작은 진분수를 빼지 않도록 주의합니다.

예 $3\frac{3}{7}-1\frac{4}{7}=(3-1)+\left(\frac{4}{7}\ \times\ \frac{3}{7}\right)=2+\frac{1}{7}=2\frac{1}{7}$

개념 2   **받아내림이 있는 (대분수) − (대분수)** (2) – 대분수를 가분수로 바꾸어 빼기

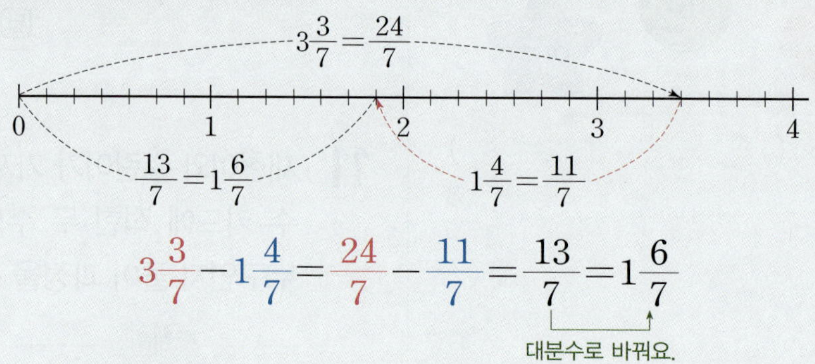

$$3\frac{3}{7}-1\frac{4}{7}=\frac{24}{7}-\frac{11}{7}=\frac{13}{7}=1\frac{6}{7}$$

대분수로 바꿔요.

확인   그림을 보고 ☐ 안에 알맞은 수를 써넣으세요.

(1)
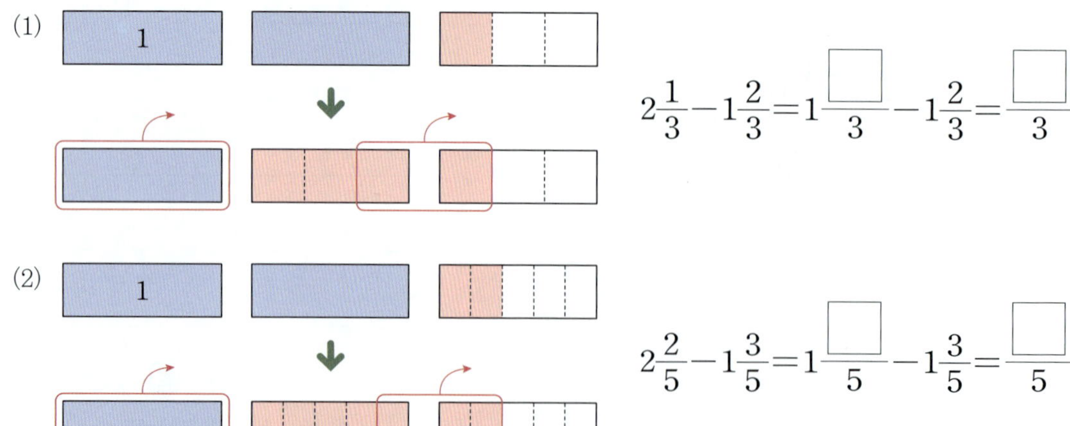

$$2\frac{1}{3}-1\frac{2}{3}=1\frac{\boxed{}}{3}-1\frac{2}{3}=\frac{\boxed{}}{3}$$

(2)

$$2\frac{2}{5}-1\frac{3}{5}=1\frac{\boxed{}}{5}-1\frac{3}{5}=\frac{\boxed{}}{5}$$

1 그림을 보고 $3\dfrac{3}{8}-1\dfrac{6}{8}$ 을 구해 보세요.

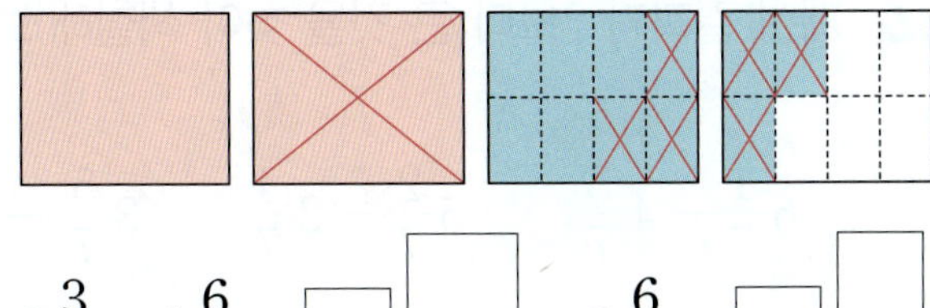

$$3\dfrac{3}{8}-1\dfrac{6}{8}=\boxed{}\dfrac{\boxed{}}{8}-1\dfrac{6}{8}=\boxed{}\dfrac{\boxed{}}{8}$$

2 수직선을 보고 $2\dfrac{2}{6}-1\dfrac{5}{6}$ 를 구해 보세요.

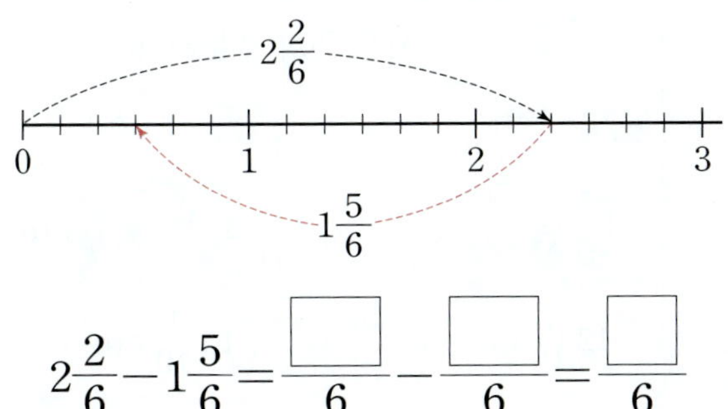

$$2\dfrac{2}{6}-1\dfrac{5}{6}=\dfrac{\boxed{}}{6}-\dfrac{\boxed{}}{6}=\dfrac{\boxed{}}{6}$$

3 □ 안에 알맞은 수를 써넣으세요.

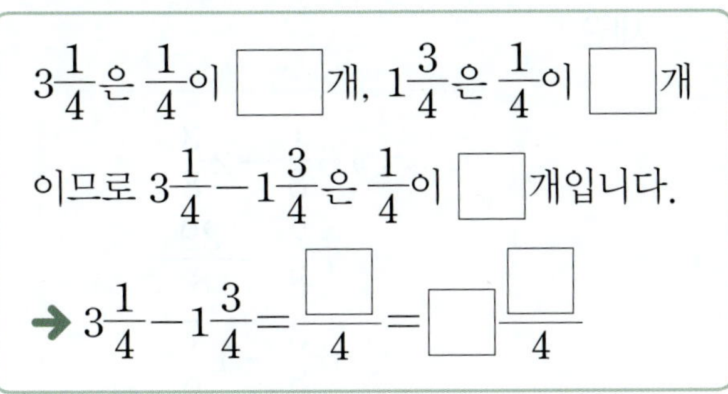

$3\dfrac{1}{4}$ 은 $\dfrac{1}{4}$ 이 $\boxed{}$ 개, $1\dfrac{3}{4}$ 은 $\dfrac{1}{4}$ 이 $\boxed{}$ 개

이므로 $3\dfrac{1}{4}-1\dfrac{3}{4}$ 은 $\dfrac{1}{4}$ 이 $\boxed{}$ 개입니다.

➔ $3\dfrac{1}{4}-1\dfrac{3}{4}=\dfrac{\boxed{}}{4}=\boxed{}\dfrac{\boxed{}}{4}$

4 $3\dfrac{3}{5}-1\dfrac{4}{5}$ 를 두 가지 방법으로 계산해 보세요.

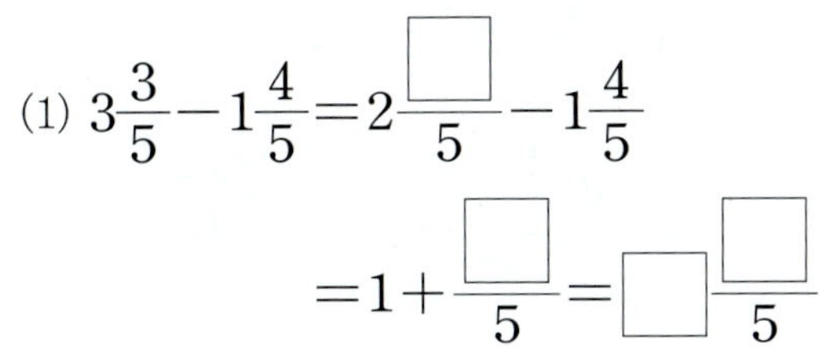

(1) $3\dfrac{3}{5}-1\dfrac{4}{5}=2\dfrac{\boxed{}}{5}-1\dfrac{4}{5}$

$$=1+\dfrac{\boxed{}}{5}=\boxed{}\dfrac{\boxed{}}{5}$$

(2) $3\dfrac{3}{5}-1\dfrac{4}{5}=\dfrac{\boxed{}}{5}-\dfrac{\boxed{}}{5}$

$$=\dfrac{\boxed{}}{5}=\boxed{}\dfrac{\boxed{}}{5}$$

5 계산해 보세요.

(1) $4\dfrac{5}{9}-1\dfrac{6}{9}$

(2) $5\dfrac{2}{8}-3\dfrac{5}{8}$

6 $4\dfrac{2}{7}-2\dfrac{5}{7}$ 를 소율이가 설명하는 방법으로 계산해 보세요.

$$4\dfrac{2}{7}-2\dfrac{5}{7}=\underline{}$$

01 두 분수의 차를 구해 보세요.

(   )

02 계산 결과가 $2\dfrac{7}{9}$인 뺄셈을 쓴 사람은 누구인가요?

(   )

03 빈칸에 알맞은 수를 써넣으세요.

$$10\dfrac{1}{5} \quad -5\dfrac{3}{5} \quad \boxed{} \quad -1\dfrac{4}{5} \quad \boxed{}$$

04 계산 결과가 2보다 큰 것을 찾아 색칠해 보세요.

05 도윤이가 온라인 사진관에 사진 인화 주문을 하려고 합니다. 2번 사진은 1번 사진보다 가로와 세로가 각각 몇 cm 더 긴가요?

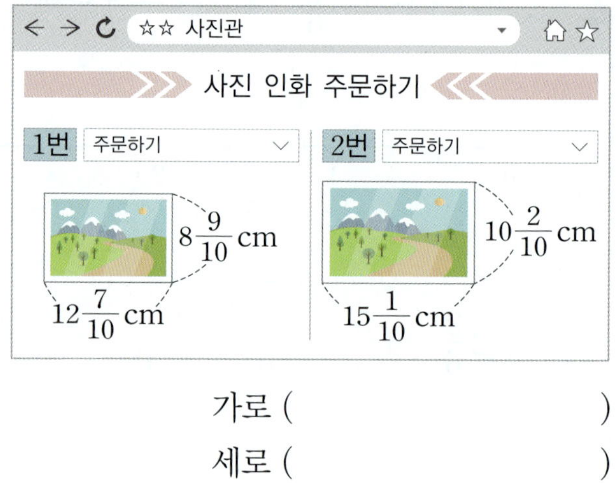

가로 (   )

세로 (   )

06 계산 결과가 가장 작은 것을 찾아 기호를 써 보세요.

$$㉠ \; 6\dfrac{1}{8}-2\dfrac{3}{8}$$
$$㉡ \; 7\dfrac{2}{8}-\dfrac{29}{8}$$
$$㉢ \; 6\dfrac{3}{8}-1\dfrac{7}{8}$$

(   )

창의형

07 주어진 말을 모두 넣어 뺄셈 문제를 만든 다음 식을 쓰고, 답을 구해 보세요.

> 주전자   물 $2\dfrac{1}{4}$ L $1\dfrac{2}{4}$ L

문제 ________________________________

____

식 ________________________________

답 ________________________________

08 인형을 한 개 만드는 데 필요한 철사의 길이는 $1\dfrac{2}{8}$ m입니다. 철사가 $4\dfrac{1}{8}$ m 있다면 인형을 몇 개까지 만들 수 있고, 몇 m가 남을까요?

(   ), (   )

09 유준이가 설명하는 뺄셈식을 만들고, 계산해 보세요.

$7\dfrac{5}{11}$ $10\dfrac{2}{11}$ $5\dfrac{8}{11}$

☐ − ☐ = ☐

10 채원이가 찬 공은 $4\dfrac{3}{5}$ m 날아갔고, 준영이가 찬 공은 $2\dfrac{4}{5}$ m 날아갔습니다. 채원이와 준영이 중에서 누가 찬 공이 몇 m 더 멀리 날아갔는지 풀이 과정을 쓰고, 답을 구해 보세요.

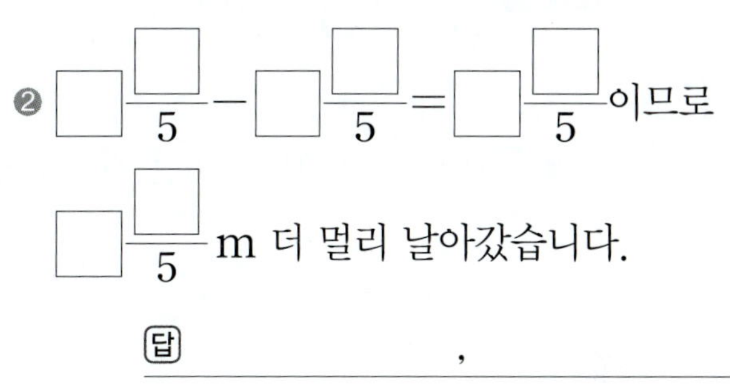

❶ 분수의 크기를 비교하면 $4\dfrac{3}{5}$ ◯ $2\dfrac{4}{5}$이므로 ☐이가 찬 공이 더 멀리 날아갔습니다.

❷ ☐$\dfrac{☐}{5}$ − ☐$\dfrac{☐}{5}$ = ☐$\dfrac{☐}{5}$이므로 ☐$\dfrac{☐}{5}$ m 더 멀리 날아갔습니다.

답 ________________ , ________________

11 냉장고에 들어 있는 수박의 무게는 $5\dfrac{2}{5}$ kg이고, 멜론의 무게는 $3\dfrac{3}{5}$ kg입니다. 수박과 멜론 중에서 어느 과일이 몇 kg 더 무거운지 풀이 과정을 쓰고, 답을 구해 보세요.

____

____

____

____

답 ________________ , ________________

학습 결과에 색칠하세요.  

1　>, <가 있는 식에서 □ 안에 들어갈 수 있는 수 구하기

□ 안에 들어갈 수 있는 자연수 중에서 가장 작은 수를 구해 보세요.

$$4\frac{3}{11}-1\frac{10}{11}<\square$$

1단계　$4\frac{3}{11}-1\frac{10}{11}$ 계산하기

(　　　　　　　)

2단계　□ 안에 들어갈 수 있는 자연수 중에서 가장 작은 수 구하기

(　　　　　　　)

1-1　□ 안에 들어갈 수 있는 자연수 중에서 가장 작은 수를 구해 보세요.

$$2\frac{5}{8}+4\frac{7}{8}<\square$$

(　　　　　　　)

1-2　□ 안에 들어갈 수 있는 자연수의 합을 구해 보세요.

$$3\frac{4}{7}-1\frac{6}{7}>1\frac{\square}{7}$$

(　　　　　　　)

2 바르게 계산한 값 구하기

어떤 대분수에서 $3\frac{5}{12}$를 빼야 할 것을 잘못하여 더했더니 $8\frac{9}{12}$가 되었습니다. 바르게 계산한 값을 구해 보세요.

1단계 어떤 대분수 구하기

(   )

2단계 바르게 계산한 값 구하기

(   )

문제해결 TIP

덧셈과 뺄셈의 관계를 이용하여 어떤 대분수를 구해요.
(어떤 대분수)＋▲＝●
➜ (어떤 대분수)＝●－▲

2-1 어떤 대분수에 $3\frac{4}{6}$를 더해야 할 것을 잘못하여 뺐더니 $7\frac{5}{6}$가 되었습니다. 바르게 계산한 값을 구해 보세요.

(   )

2-2 다은이와 시우의 대화를 읽고 답을 구해 보세요.

어떤 대분수에서 $1\frac{8}{9}$을 빼야 할 것을 잘못하여 더했더니 8이 되었어.

바르게 계산한 값은 얼마일까?

다은   시우

(   )

3 이어 붙인 색 테이프의 전체 길이 구하기

길이가 $3\,m$인 색 테이프 2장을 $\dfrac{3}{8}\,m$만큼 겹쳐서 이어 붙였습니다. 이어 붙인 색 테이프의 전체 길이는 몇 m인지 구해 보세요.

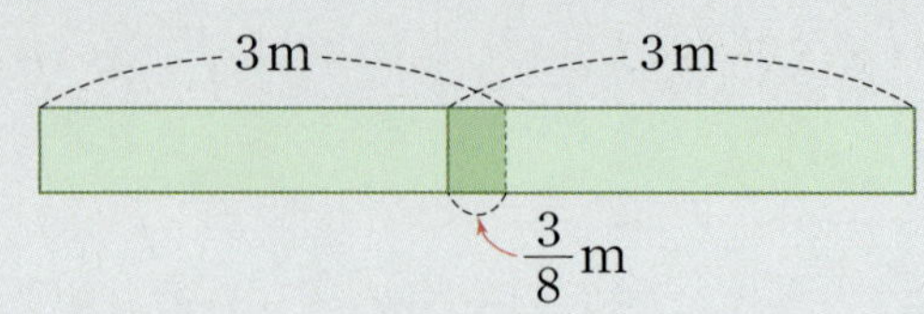

1단계 색 테이프 2장의 길이의 합 구하기

(   )

2단계 이어 붙인 색 테이프의 전체 길이 구하기

(   )

3-1

길이가 $6\dfrac{1}{4}\,cm$인 색 테이프 2장을 $1\dfrac{3}{4}\,cm$만큼 겹쳐서 이어 붙였습니다. 이어 붙인 색 테이프의 전체 길이는 몇 cm인지 구해 보세요.

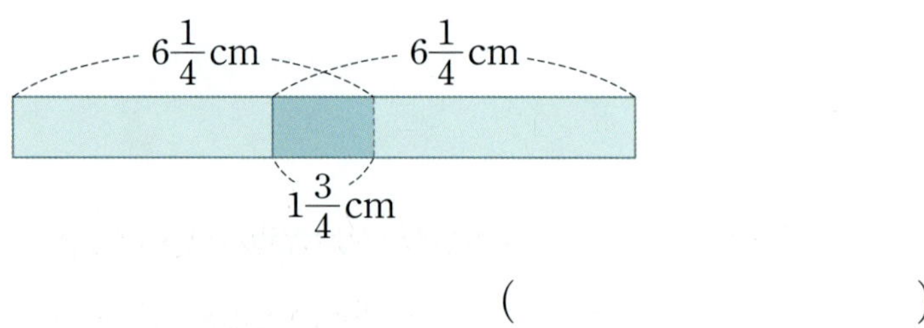

(   )

3-2

길이가 $9\,cm$인 색 테이프 3장을 $1\dfrac{7}{10}\,cm$씩 겹쳐서 이어 붙였습니다. 이어 붙인 색 테이프의 전체 길이는 몇 cm인지 구해 보세요.

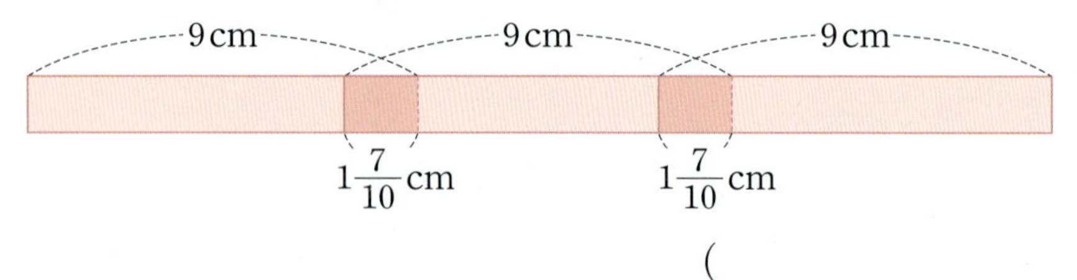

(   )

4 수 카드로 만든 두 수의 합 또는 차 구하기

5장의 수 카드 중에서 3장을 골라 한 번씩만 사용하여 분모가 9인 대분수를 만들려고 합니다. 만들 수 있는 가장 큰 대분수와 가장 작은 대분수의 차를 구해 보세요.

| 3 | 4 | 5 | 6 | 9 |

1단계 만들 수 있는 가장 큰 대분수 구하기

(   )

2단계 만들 수 있는 가장 작은 대분수 구하기

(   )

3단계 가장 큰 대분수와 가장 작은 대분수의 차 구하기

(   )

문제해결 TIP

분모가 같은 대분수는 자연수 부분이 클수록 큰 수이고, 자연수 부분이 같으면 분수 부분의 분자가 클수록 큰 수예요.

1 단원 **7**회

4-1 4장의 수 카드 중에서 2장을 골라 한 번씩만 사용하여 분모가 8인 진분수를 만들려고 합니다. 만들 수 있는 가장 큰 진분수와 가장 작은 진분수의 합을 구해 보세요.

| 2 | 5 | 7 | 8 |

(   )

4-2 4장의 수 카드를 한 번씩만 사용하여 차가 가장 큰 (자연수)−(대분수)의 뺄셈식을 만들고, 계산해 보세요.

| 3 | 6 | 7 | 9 |

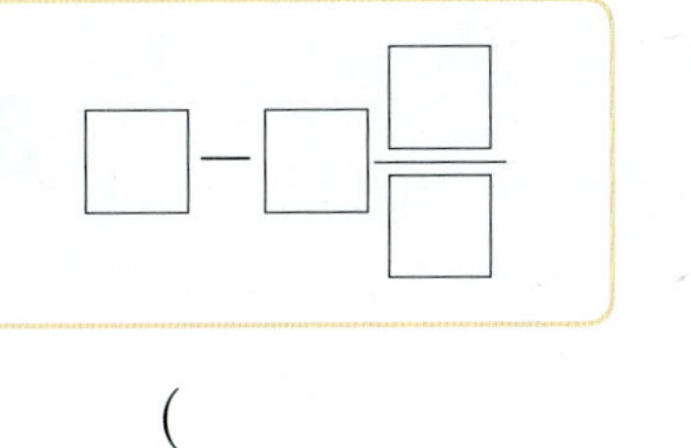

(   )

학습 결과에 색칠하세요.   

마무리 평가 8회

01 수직선을 보고 $\dfrac{5}{8}+\dfrac{7}{8}$ 을 구해 보세요.

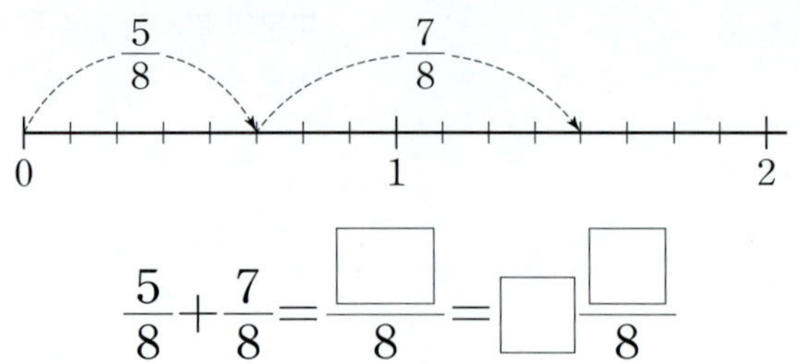

$$\dfrac{5}{8}+\dfrac{7}{8}=\dfrac{\boxed{}}{8}=\boxed{}\dfrac{\boxed{}}{8}$$

02 □ 안에 알맞은 수를 써넣으세요.

$$2\dfrac{1}{6}+3\dfrac{4}{6}=(2+\boxed{})+\left(\dfrac{1}{6}+\dfrac{\boxed{}}{6}\right)$$

$$=\boxed{}+\dfrac{\boxed{}}{6}=\boxed{}\dfrac{\boxed{}}{6}$$

03 그림을 보고 $4\dfrac{2}{5}-2\dfrac{4}{5}$ 를 구해 보세요.

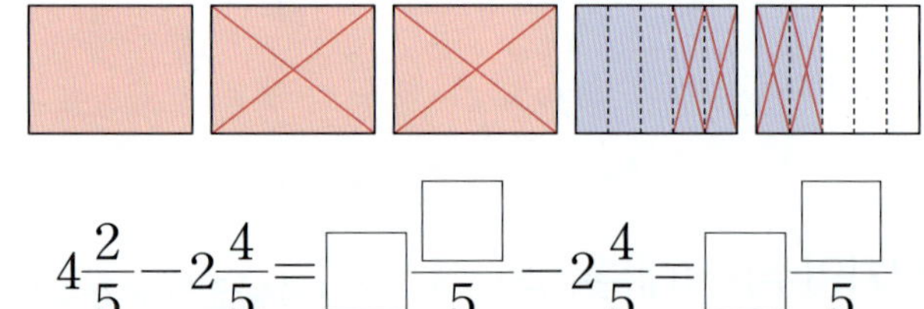

$$4\dfrac{2}{5}-2\dfrac{4}{5}=\boxed{}\dfrac{\boxed{}}{5}-2\dfrac{4}{5}=\boxed{}\dfrac{\boxed{}}{5}$$

04 계산해 보세요.

$$5-\dfrac{3}{14}$$

05 빈칸에 알맞은 수를 써넣으세요.

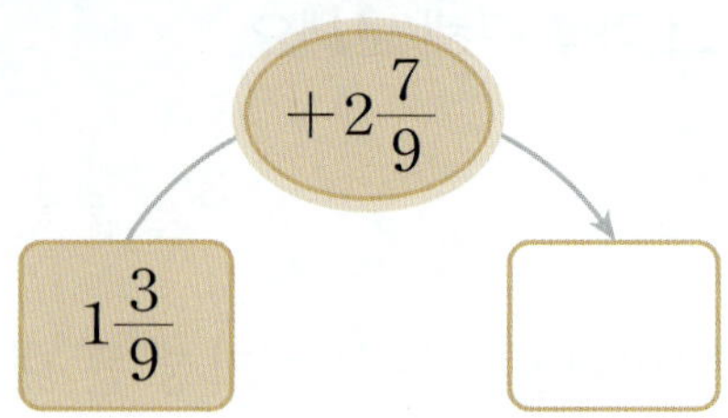

06 다음이 나타내는 수를 구해 보세요.

$$\dfrac{6}{7}\text{보다 }\dfrac{4}{7}\text{만큼 더 작은 수}$$

(　　　　　　　　)

07 계산 결과가 다른 하나에 ◯표 하세요.

$2-\dfrac{1}{10}$	$\dfrac{3}{10}+\dfrac{8}{10}$	$3\dfrac{5}{10}-2\dfrac{4}{10}$
(　　　)	(　　　)	(　　　)

08 계산 결과를 비교하여 ◯ 안에 $>$, $=$, $<$를 알맞게 써넣으세요.

$$3\dfrac{3}{5}-\dfrac{7}{5}\ \bigcirc\ 4-1\dfrac{3}{5}$$

09 <u>잘못</u> 계산한 곳을 찾아 바르게 계산해 보세요.

$$6\frac{2}{13} - 2\frac{5}{13} = 6\frac{15}{13} - 2\frac{5}{13} = 4\frac{10}{13}$$

↓

(바른 계산)

$$6\frac{2}{13} - 2\frac{5}{13}$$

10 계산 결과가 2와 3 사이인 것을 찾아 ○표 하세요.

(   )   (   )   (   )

11 어항에 물이 $1\frac{6}{8}$ L 담겨 있습니다. 물을 $1\frac{5}{8}$ L 더 넣으면 어항에 담긴 물은 모두 몇 L가 되는지 식을 쓰고, 답을 구해 보세요.

식

답

12 ㉠과 ㉡이 나타내는 수의 차는 얼마인지 풀이 과정을 쓰고, 답을 구해 보세요.

㉠ $\frac{1}{14}$이 11개인 수

㉡ $\frac{1}{14}$이 8개인 수

답

1
단원

8회

13 □ 안에 알맞은 대분수를 구해 보세요.

$$3\frac{7}{12} \rightarrow \boxed{\ - \square\ } \rightarrow 1\frac{5}{12}$$

(   )

14 계산 결과가 큰 것부터 차례로 기호를 써 보세요.

㉠ $\frac{7}{11} - \frac{2}{11}$ ㉡ $\frac{6}{11} - \frac{3}{11}$

㉢ $\frac{10}{11} - \frac{4}{11}$ ㉣ $\frac{8}{11} - \frac{1}{11}$

(   )

15 어떤 대분수에서 $\dfrac{4}{7}$ 를 뺐더니 $\dfrac{5}{7}$ 가 되었습니다. 어떤 대분수는 얼마일까요?

(   )

16 가장 큰 분수와 두 번째로 큰 분수의 합을 구해 보세요.

$$4\dfrac{3}{9} \qquad \dfrac{21}{9} \qquad 2\dfrac{7}{9}$$

(   )

17 서진이와 채아 중에서 계산 결과가 더 큰 식을 말한 사람은 누구인가요?

(   )

18 삼각형의 세 변의 길이의 합은 몇 cm인가요?

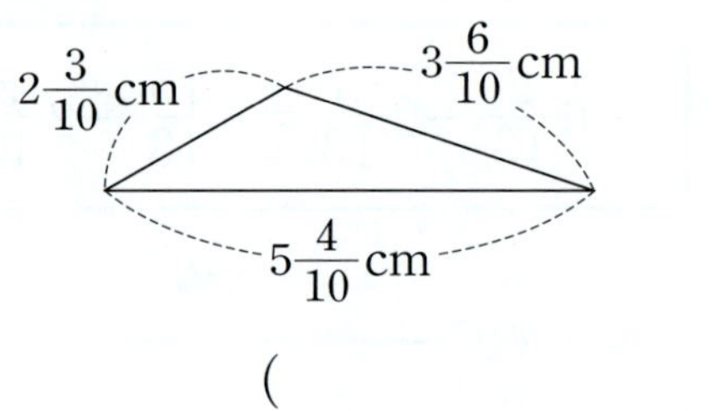

(   )

19 희수네 학교에 있는 나무의 높이를 설명한 것입니다. 단풍나무의 높이는 몇 m인가요?

- 소나무의 높이는 $2\dfrac{7}{8}$ m입니다.
- 은행나무는 소나무보다 $1\dfrac{3}{8}$ m 더 높습니다.
- 단풍나무는 은행나무보다 $2\dfrac{4}{8}$ m 더 낮습니다.

(   )

서술형

20 □ 안에 들어갈 수 있는 자연수를 모두 구하려고 합니다. 풀이 과정을 쓰고, 답을 구해 보세요.

$$\dfrac{2}{6}+\dfrac{\square}{6}<1\dfrac{1}{6}$$

____

____

____

____

답 _______________

21 설탕 $7\,kg$이 있었습니다. 그중 $3\dfrac{3}{4}\,kg$은 잼을 만드는 데 사용하고, $2\dfrac{2}{4}\,kg$은 과일청을 만드는 데 사용했습니다. 남은 설탕은 몇 kg인가요?

( )

22 길이가 $5\dfrac{3}{5}\,cm$인 색 테이프 2장을 $1\dfrac{4}{5}\,cm$ 만큼 겹쳐서 이어 붙였습니다. 이어 붙인 색 테이프의 전체 길이는 몇 cm인가요?

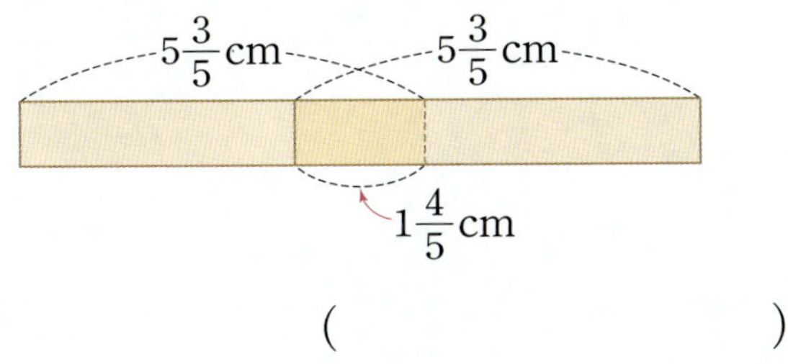

( )

23 (보기)에서 두 수를 골라 □ 안에 한 번씩만 써넣어 차가 가장 작은 뺄셈식을 만들고, 계산해 보세요.

(보기)
6, 8, 9

$4\dfrac{\square}{15}-3\dfrac{\square}{15}$

( )

| 24~25 | 윤영이가 오늘 $3\dfrac{4}{6}$시간 동안 한 일을 나타낸 것입니다. 윤영이가 한 일을 보고 물음에 답하세요.

자전거 타기	기타 연습	숙제하기
$1\dfrac{4}{6}$시간	$1\dfrac{1}{6}$시간	□시간

24 윤영이는 오늘 자전거 타기와 기타 연습 중에서 어느 것을 몇 시간 더 많이 했나요?

( ), ( )

25 윤영이가 오늘 숙제를 한 시간은 몇 시간인지 풀이 과정을 쓰고, 답을 구해 보세요.

답

학습 결과에 색칠하세요.   

2 삼각형

● **이번에 배울 내용**

회차	쪽수	학습 내용	학습 주제
1회	40~43쪽	개념+문제 학습	변의 길이에 따라 삼각형 분류하기 (1), (2)
2회	44~47쪽	개념+문제 학습	이등변삼각형의 성질 / 정삼각형의 성질
3회	48~51쪽	개념+문제 학습	각의 크기에 따라 삼각형 분류하기 (1), (2)
4회	52~55쪽	응용 학습	
5회	56~59쪽	마무리 평가	

● **문해력을 높이는 어휘**

겹치다 / 43쪽

뜻 여러 사물이나 내용이 서로 포개어지다.

예 경기가 시작되기 전에 다 같이 손을 **겹쳐** 쌓은 다음 파이팅을 외쳤어요.

성질

뜻 사물이 가지고 있는 특성

예 액체는 눈으로 볼 수 있지만 흐르는 **성질** 이 있어 손으로 잡을 수 없어요.

둘러싸다 / 52쪽

뜻 둘레를 빙 둘러서 감싸다.

예 호수를 **둘러싼** 산책로를 걷다 보니 기분 이 상쾌해졌어요.

이루어지다 / 54쪽

뜻 몇 가지 부분이 모여 일정한 모양을 가 지다.

예 헨젤과 그레텔이 도착한 곳에는 달콤한 과자와 사탕으로 **이루어진** 집이 있었어요.

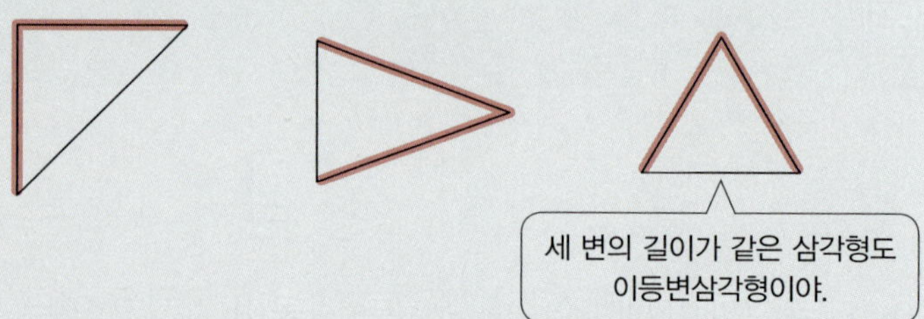

개념 1 **변의 길이에 따라 삼각형 분류하기** (1) – 이등변삼각형 알기

> 두 변의 길이가 같은 삼각형을 **이등변삼각형**이라고 합니다.

참고 이등변에서 '이'는 '二(둘 이)', '등'은 '等(같을 등)'으로 2개의 변의 길이가 같다는 뜻입니다.

개념 2 **변의 길이에 따라 삼각형 분류하기** (2) – 정삼각형 알기

> 세 변의 길이가 같은 삼각형을 **정삼각형**이라고 합니다.

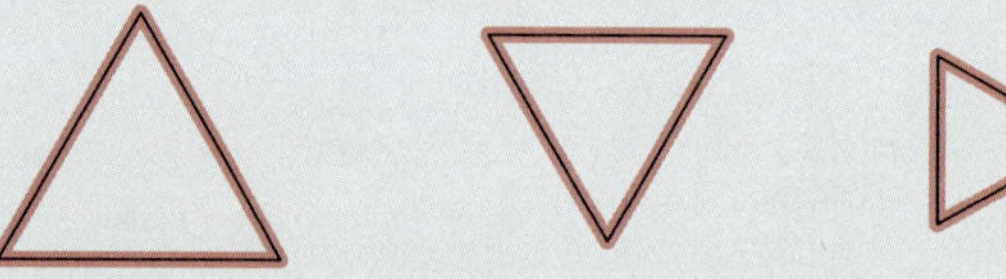

참고 • 정삼각형 ➡ 두 변의 길이가 같으므로 이등변삼각형이라고 할 수 있습니다.
　　 • 이등변삼각형 ➡ 세 변의 길이가 같을 수도, 다를 수도 있으므로 정삼각형이라고 할 수 없습니다.

확 인 삼각형을 보고 알맞은 말에 ○표 하고, 삼각형의 이름을 써 보세요.

(1)

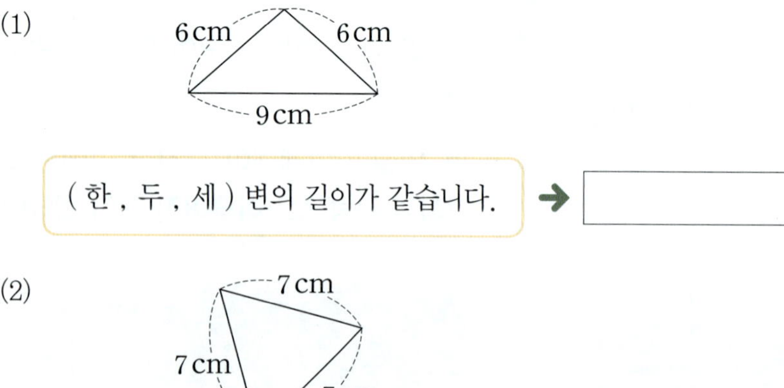

(한 , 두 , 세) 변의 길이가 같습니다. ➡ ▢

(2)

(한 , 두 , 세) 변의 길이가 같습니다. ➡ ▢

1 이등변삼각형을 모두 찾아 기호를 써 보세요.

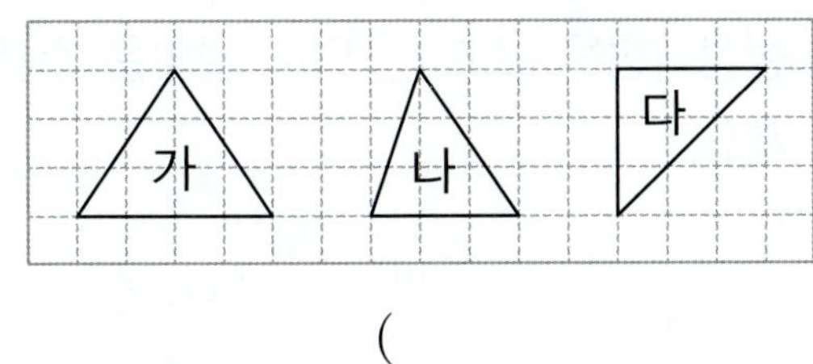

(   )

2 정삼각형을 찾아 기호를 써 보세요.

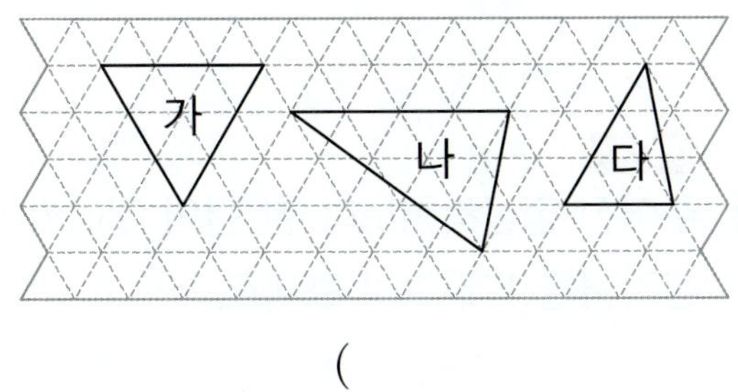

(   )

3 이등변삼각형 ㄱㄴㄷ에서 변 ㄱㄷ과 길이가 같은 변을 찾아 ◯표 하세요.

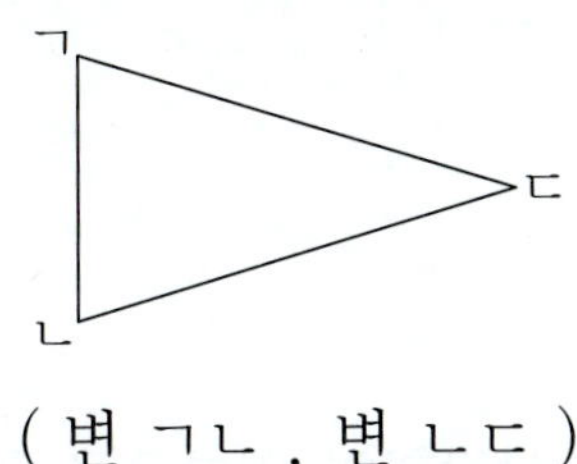

(변 ㄱㄴ , 변 ㄴㄷ)

4 정삼각형 ㄱㄴㄷ에서 변 ㄱㄴ과 길이가 같은 변을 모두 찾아 써 보세요.

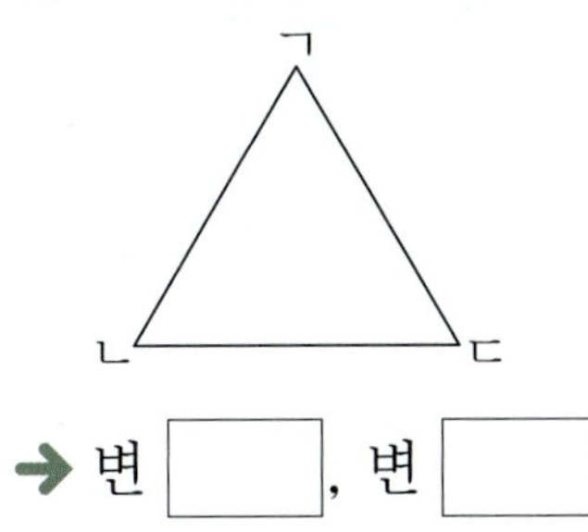

→ 변 ⬜ , 변 ⬜

5 주어진 선분을 한 변으로 하는 이등변삼각형과 정삼각형을 각각 완성해 보세요.

(1) 이등변삼각형

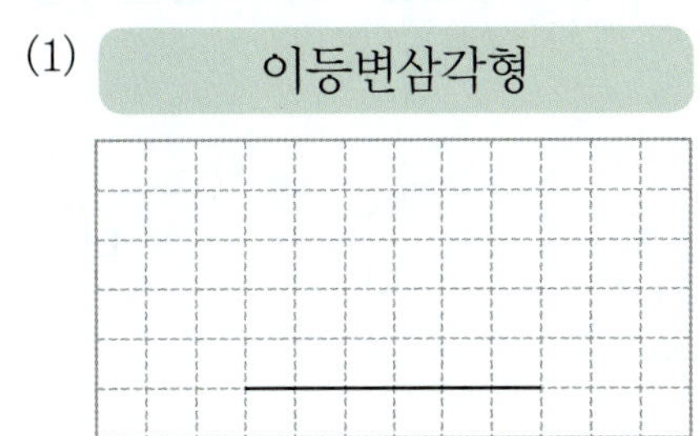

(2) 정삼각형

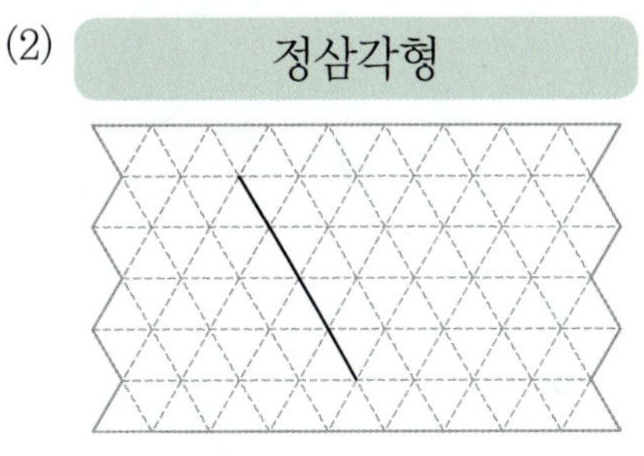

6 이등변삼각형을 모두 찾아 ◯표 하세요.

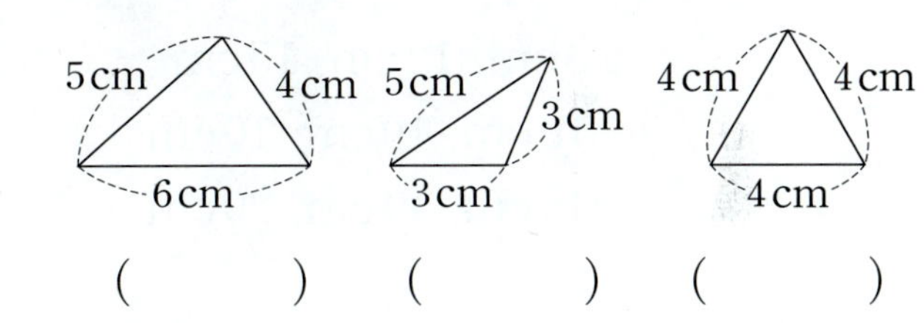

(   )   (   )   (   )

7 삼각형의 이름으로 알맞은 것에 이어 보세요.

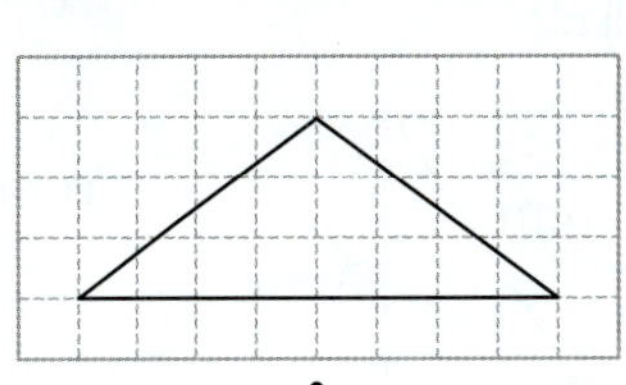

이등변삼각형   정삼각형

01 자를 이용하여 이등변삼각형과 정삼각형을 모두 찾아 기호를 써 보세요.

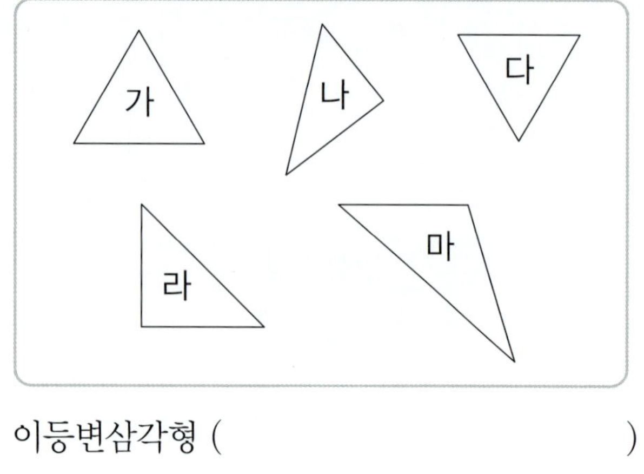

이등변삼각형 (   )

정삼각형 (   )

02 삼각형의 세 변의 길이를 보고 정삼각형을 찾아 기호를 써 보세요.

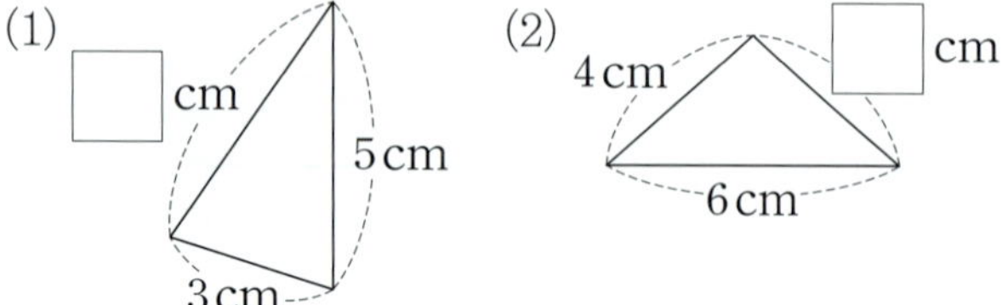

(   )

03 이등변삼각형을 보고 □ 안에 알맞은 수를 써넣으세요.

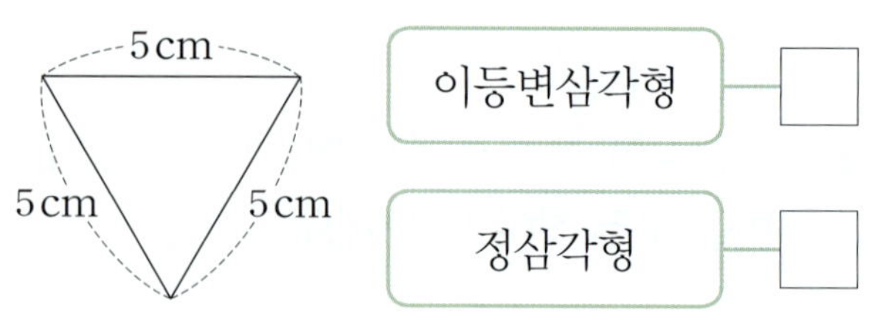

04 정삼각형을 보고 □ 안에 알맞은 수를 써넣으세요.

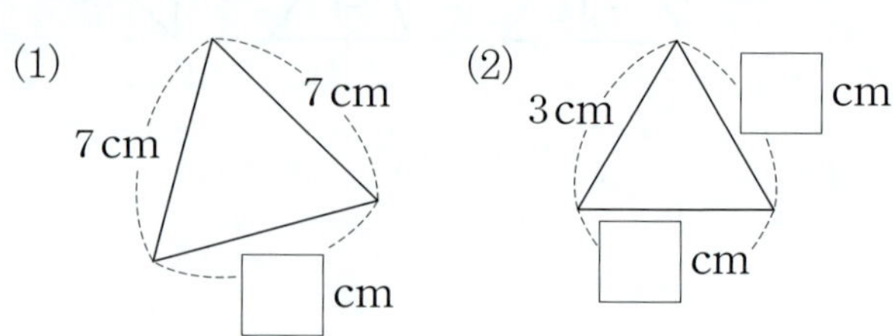

05 주어진 정삼각형보다 한 변의 길이가 더 긴 정삼각형을 1개 그려 보세요.

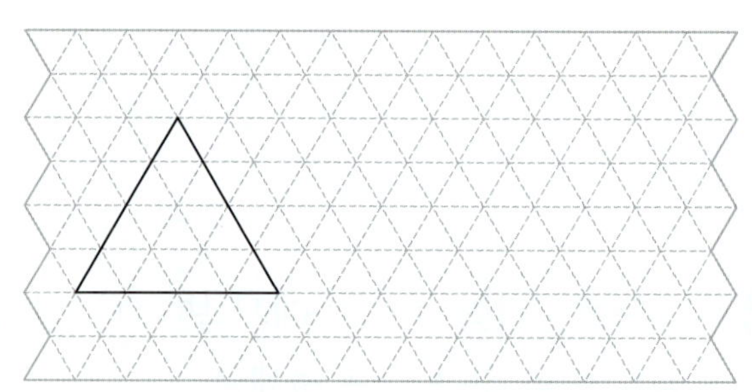

06 주어진 삼각형의 이름으로 알맞은 것을 모두 찾아 ○표 하세요.

서술형 문제

07 동영상을 보고 철사를 사용하여 옷걸이를 만들려고 합니다. ☐ 안에 알맞은 수를 써넣으세요.

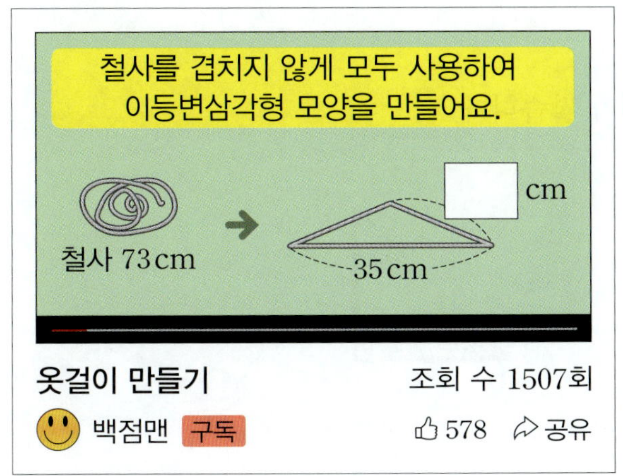

08 설명하는 도형의 이름을 써 보세요.

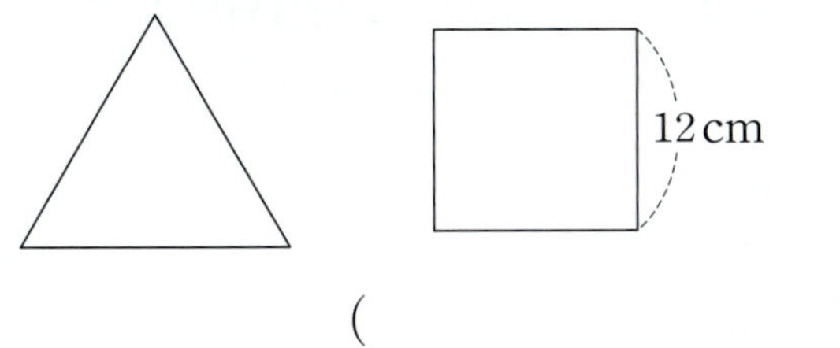

(   )

09 정삼각형의 세 변의 길이의 합과 정사각형의 네 변의 길이의 합이 같을 때 정삼각형의 한 변의 길이는 몇 cm일까요?

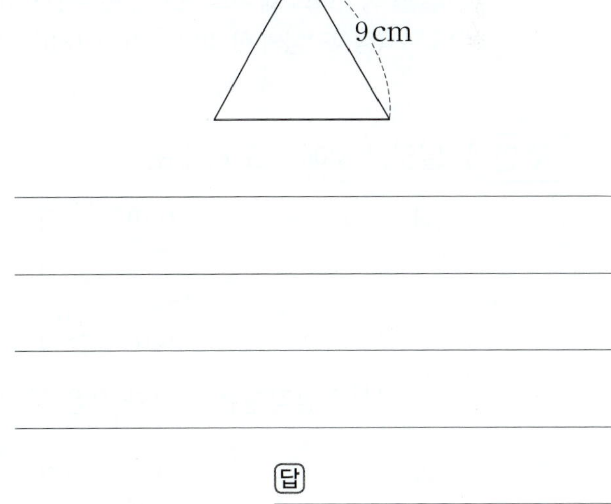

(   )

10 이등변삼각형의 세 변의 길이의 합은 몇 cm인지 풀이 과정을 쓰고, 답을 구해 보세요.

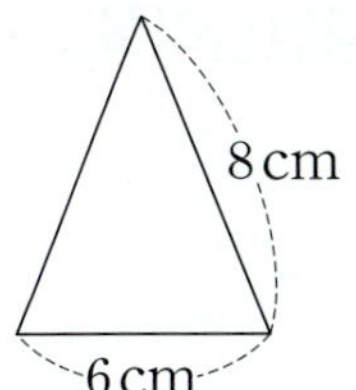

❶ 이등변삼각형은 (두 , 세) 변의 길이가 같으므로 나머지 한 변의 길이는 ☐ cm입니다.

❷ 따라서 이등변삼각형의 세 변의 길이의 합은 $8+6+$ ☐ $=$ ☐ (cm)입니다.

답 _______________

11 정삼각형의 세 변의 길이의 합은 몇 cm인지 풀이 과정을 쓰고, 답을 구해 보세요.

답 _______________

학습 결과에 색칠하세요.   

• 수학 4-2

개념 1 이등변삼각형의 성질

이등변삼각형은 **두 각의 크기**가 같습니다.

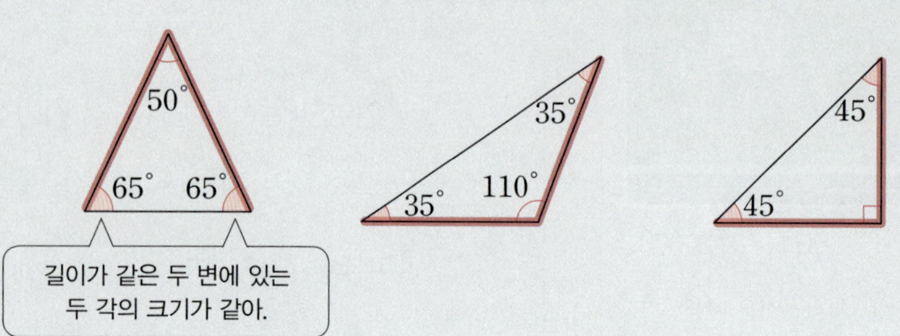

개념 2 정삼각형의 성질

정삼각형은 **세 각의 크기**가 같습니다.

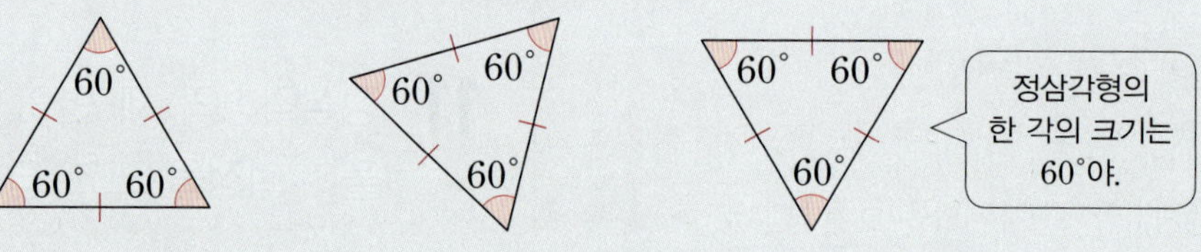

참고 삼각형의 세 각의 크기의 합은 180°이고, 정삼각형은 세 각의 크기가 같으므로
(정삼각형의 한 각의 크기)=180°÷3=60°입니다.

확인 알맞은 것에 ○표 하세요.

(1)
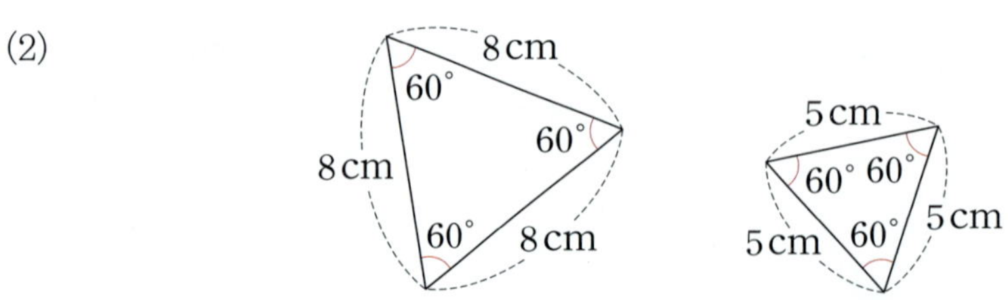

이등변삼각형은 길이가 같은 두 변에 있는 두 각의 크기가 (같습니다 , 다릅니다).

(2)

정삼각형은 세 각의 크기가 같으므로 한 각의 크기는 (60° , 180°)입니다.

1 그림과 같이 색종이를 반으로 접어 선을 그은 후 선을 따라 잘라서 이등변삼각형을 만들었습니다. 알맞은 말에 ◯표 하세요.

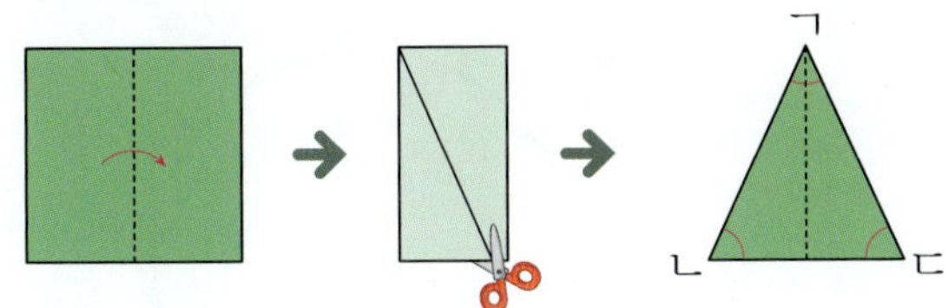

(1) 변 ㄱㄴ과 (변 ㄴㄷ , 변 ㄱㄷ)의 길이가 같습니다.

(2) 각 ㄱㄴㄷ과 (각 ㄴㄷㄱ , 각 ㄱㄷㄴ)의 크기가 같습니다.

(3) 이등변삼각형은 길이가 같은 (두 , 세) 변에 있는 (두 , 세) 각의 크기가 같습니다.

2 정삼각형 모양의 종이를 두 변이 만나도록 서로 다른 세 방향으로 각각 접었습니다. ☐ 안에 알맞게 써넣고, 알맞은 말에 ◯표 하세요.

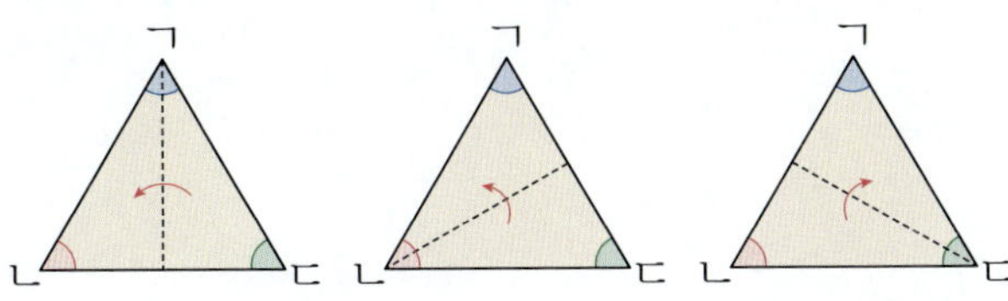

종이를 두 변이 만나도록 접으면 각각 완전히 포개어지므로 각 ㄱㄴㄷ, 각 ㄱㄷㄴ, 각 ☐ 의 크기가 같습니다.

➜ 정삼각형은 세 각의 크기가 (같습니다 , 다릅니다).

3 (보기)와 같이 이등변삼각형에서 크기가 같은 각을 찾아 ◯표 하세요.

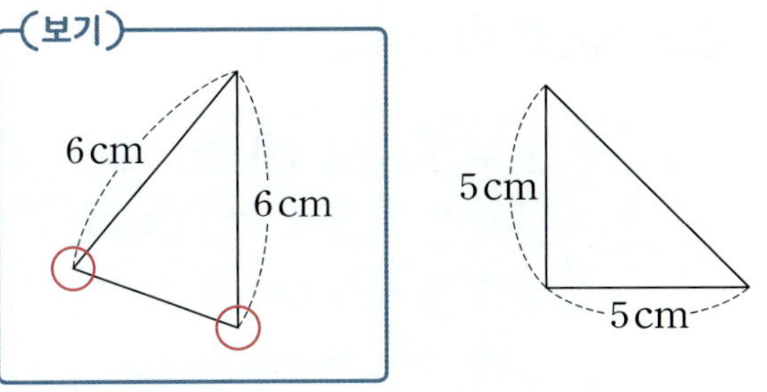

4 정삼각형을 찾아 ◯표 하세요.

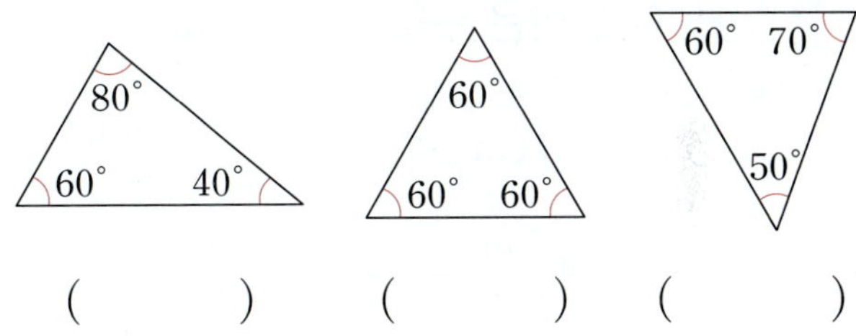

(　　　　)　　(　　　　)　　(　　　　)

5 이등변삼각형을 보고 ☐ 안에 알맞은 수를 써넣으세요.

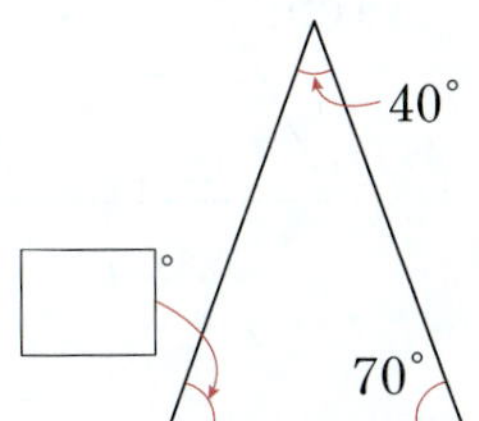

6 트라이앵글에서 정삼각형 모양을 찾을 수 있습니다. ☐ 안에 알맞은 수를 써넣으세요.

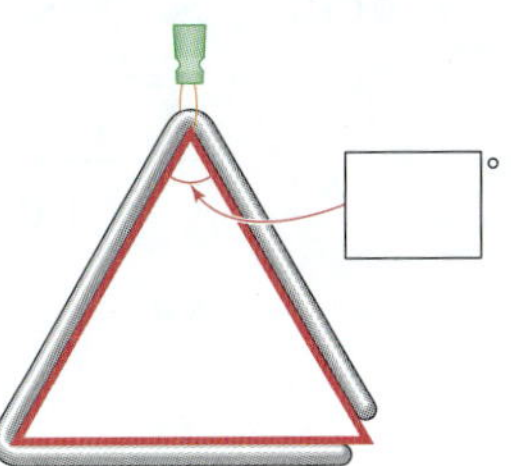

01 이등변삼각형에 대한 설명으로 옳은 것을 모두 찾아 기호를 써 보세요.

> ㉠ 두 변의 길이가 같습니다.
> ㉡ 세 변의 길이가 같습니다.
> ㉢ 두 각의 크기가 같습니다.
> ㉣ 세 각의 크기가 같습니다.

(   )

02 □ 안에 알맞은 수를 써넣으세요.

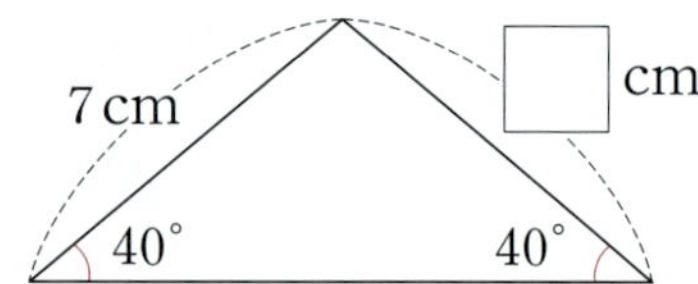

03 정삼각형을 보고 □ 안에 알맞은 수를 써넣으세요.

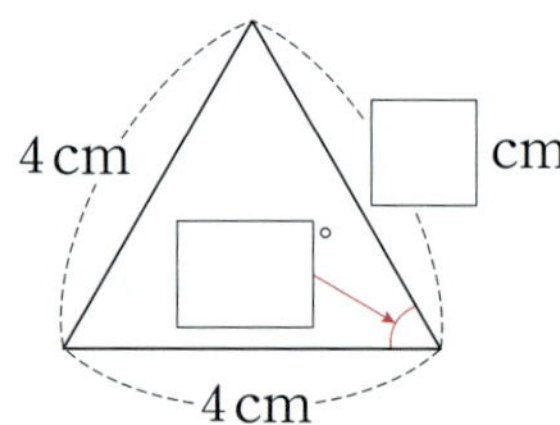

04 이등변삼각형을 보고 ㉠과 ㉡의 각도를 각각 구해 보세요.

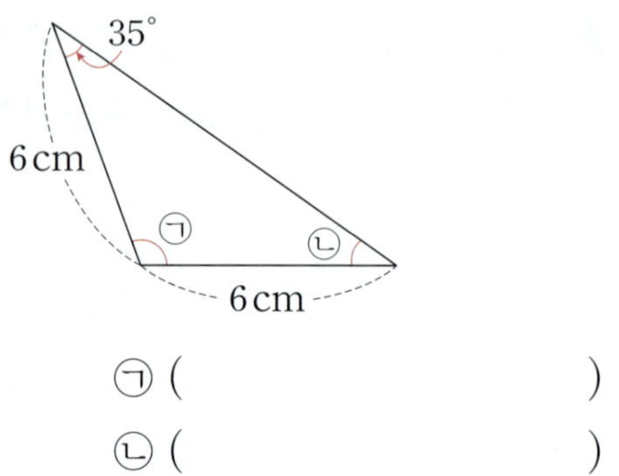

㉠ (   )

㉡ (   )

창의형

05 원 위에 일정한 간격으로 점 12개가 있습니다. 원 위의 세 점을 이어 정삼각형을 그려 보세요.

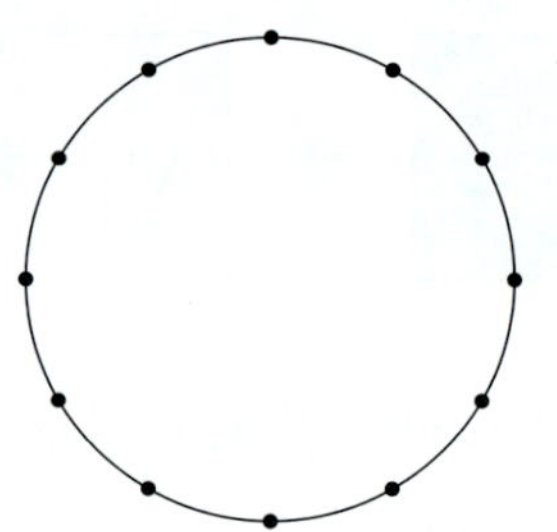

06 끈을 겹치지 않게 사용하여 다음과 같은 삼각형을 만들었습니다. 만든 삼각형의 세 변의 길이의 합은 몇 cm인가요?

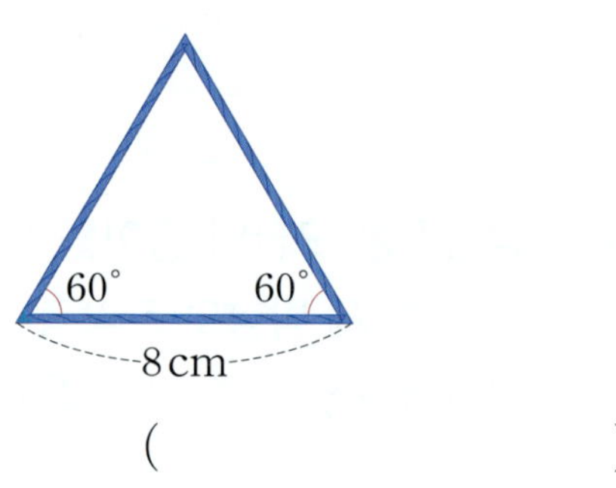

(   )

07 삼각형 모양의 종이를 반으로 접었더니 완전히 겹쳐졌습니다. □ 안에 알맞은 수를 써넣으세요.

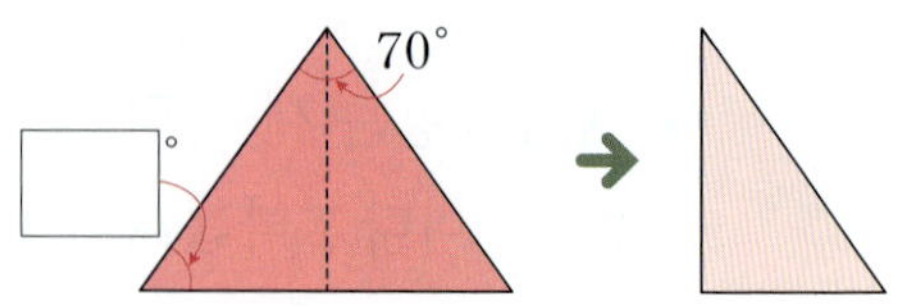

08 여러 가지 정삼각형을 겹치지 않게 이어 붙여서 그린 그림을 보고 □ 안에 알맞은 수를 써넣으세요.

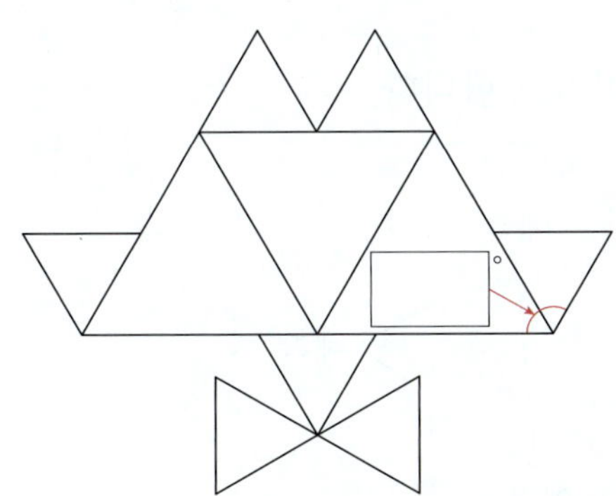

09 세 친구가 각각 삼각형의 세 각 중 두 각의 크기를 말한 것입니다. 이등변삼각형의 두 각의 크기를 말한 사람은 누구인가요?

( )

10 ㉠과 ㉡의 각도의 합은 몇 도인가요?

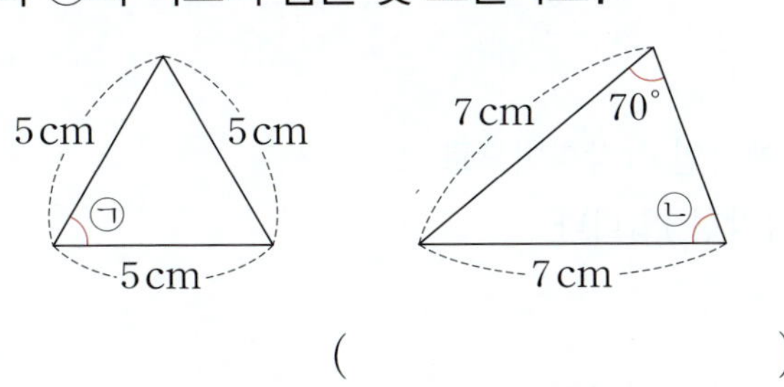

( )

11 삼각형 ㄱㄴㄷ은 이등변삼각형입니다. 각 ㄴㄱㄷ의 크기는 몇 도인지 풀이 과정을 쓰고, 답을 구해 보세요.

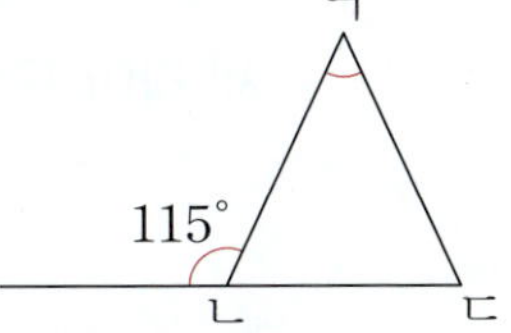

❶ 한 직선이 이루는 각의 크기는 180°이므로
(각 ㄱㄴㄷ)＝180°－115°＝□°입니다.

❷ 이등변삼각형은 두 각의 크기가 같으므로
(각 ㄱㄷㄴ)＝(각 ㄱㄴㄷ)＝□°입니다.

❸ 삼각형의 세 각의 크기의 합은 180°이므로
(각 ㄴㄱㄷ)
＝180°－□°－□°＝□°입니다.

⑤ 답 ____________

12 삼각형 ㄱㄴㄷ은 이등변삼각형입니다. 각 ㄴㄱㄷ의 크기는 몇 도인지 풀이 과정을 쓰고, 답을 구해 보세요.

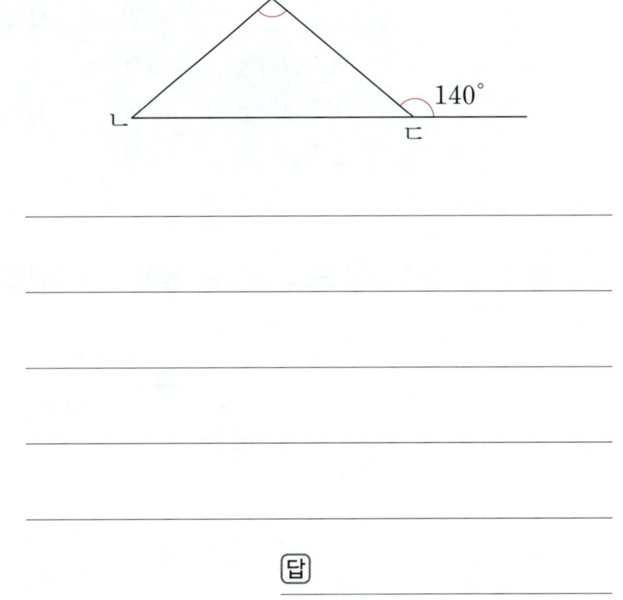

____

____

____

____

⑤ 답 ____________

개념 1 각의 크기에 따라 삼각형 분류하기 (1) – 예각삼각형 알기

세 각이 모두 예각인 삼각형을 **예각삼각형**이라고 합니다.

→ 0°<(예각)<90°

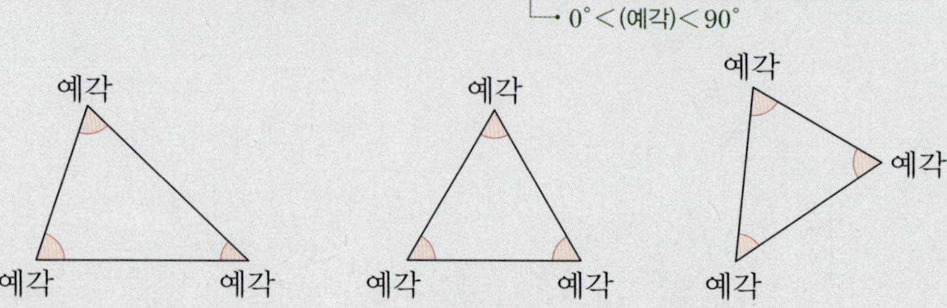

주의 예각이 1개 또는 2개만 있는 삼각형은 예각삼각형이 아닙니다.

개념 2 각의 크기에 따라 삼각형 분류하기 (2) – 둔각삼각형 알기

한 각이 둔각인 삼각형을 **둔각삼각형**이라고 합니다.

→ 90°<(둔각)<180°

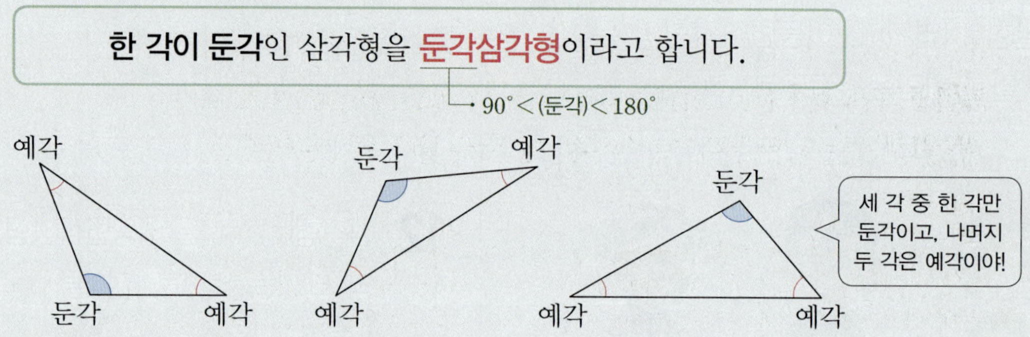

참고 예각삼각형, 직각삼각형, 둔각삼각형의 각의 크기

	예각	직각	둔각
예각삼각형	3개	·	·
직각삼각형	2개	1개	·
둔각삼각형	2개	·	1개

확인 삼각형을 보고 알맞은 말에 ◯표 하세요.

(1)

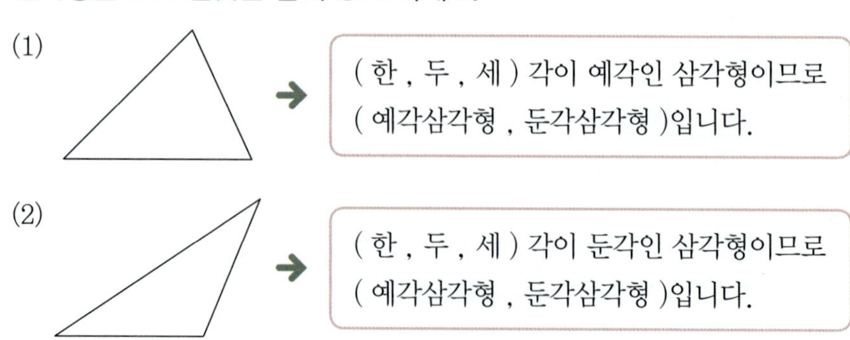

→ (한 , 두 , 세) 각이 예각인 삼각형이므로
(예각삼각형 , 둔각삼각형)입니다.

(2)

→ (한 , 두 , 세) 각이 둔각인 삼각형이므로
(예각삼각형 , 둔각삼각형)입니다.

1 예각삼각형과 둔각삼각형을 각각 찾아 기호를 써 보세요.

(1) 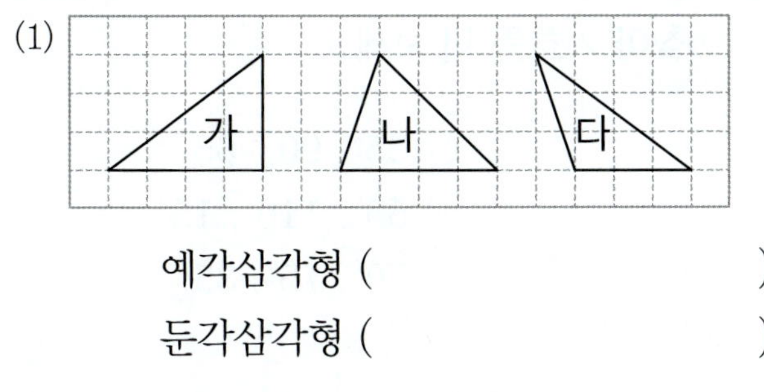

예각삼각형 (   )

둔각삼각형 (   )

(2) 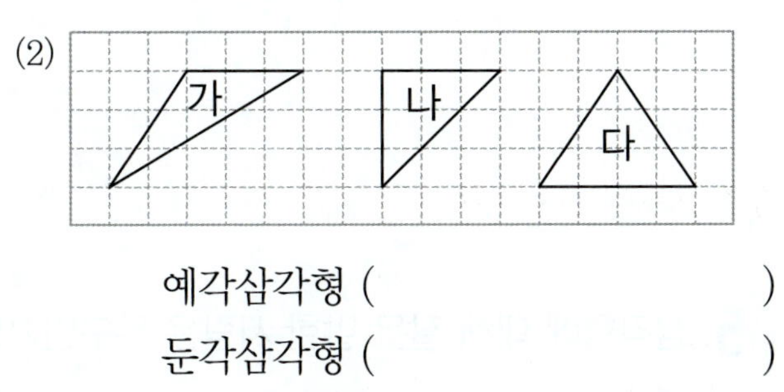

예각삼각형 (   )

둔각삼각형 (   )

2 □ 안에 예각삼각형은 '예', 직각삼각형은 '직', 둔각삼각형은 '둔'을 써넣으세요.

(1) 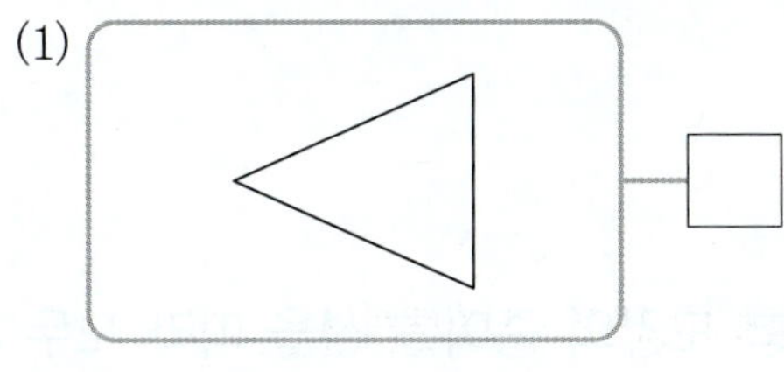

(2) 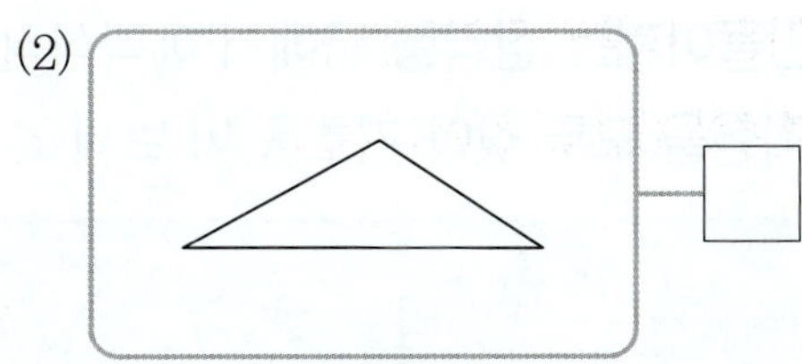

(3) 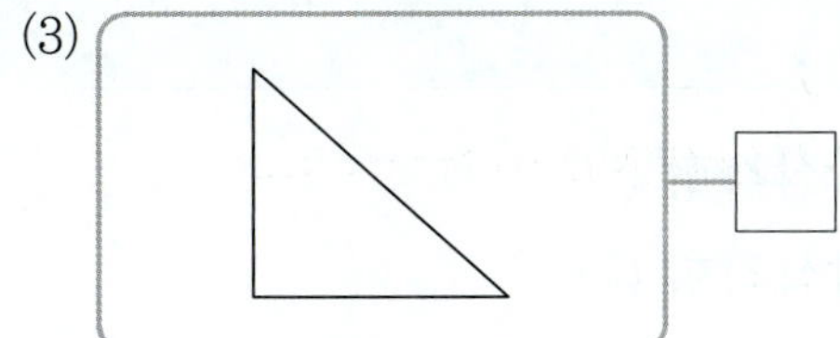

3 주어진 선분을 한 변으로 하는 예각삼각형과 둔각삼각형을 각각 완성해 보세요.

(1) 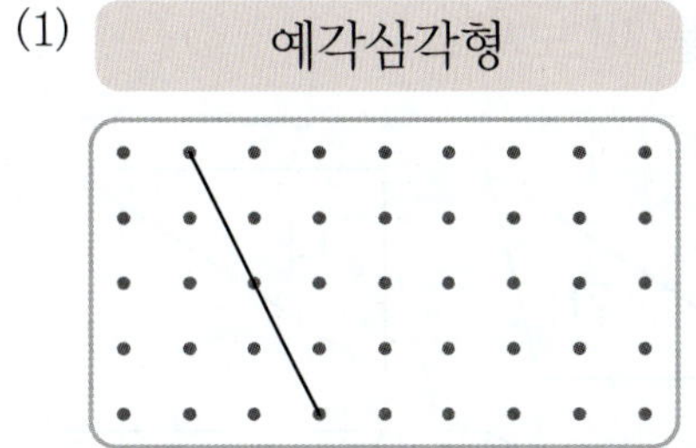

(2) 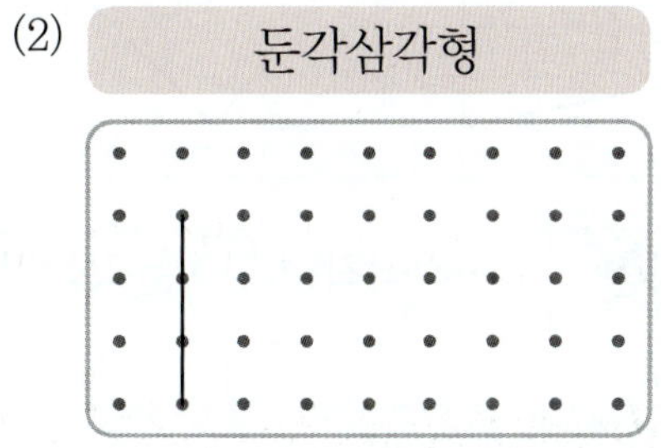

4 유준이의 설명이 맞으면 ○표, 틀리면 ×표 하세요.

(   )

5 삼각형의 세 각의 크기가 다음과 같습니다. 이 삼각형은 예각삼각형과 둔각삼각형 중에서 어느 것인지 써 보세요.

$$45°, \ 40°, \ 95°$$

(   )

01 예각삼각형, 직각삼각형, 둔각삼각형을 모두 찾아 기호를 써 보세요.

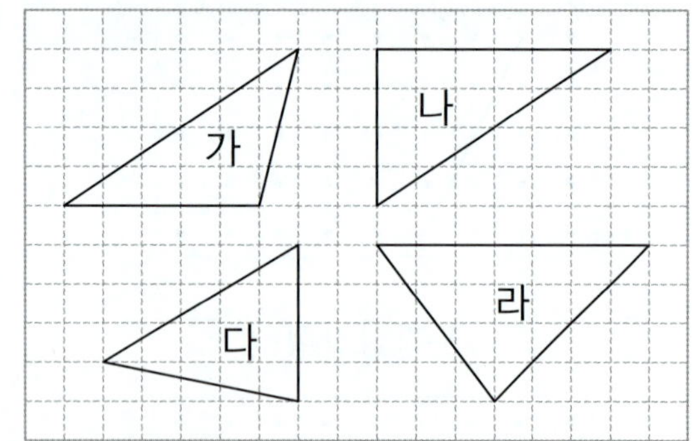

예각삼각형	직각삼각형	둔각삼각형

02 예각삼각형을 바르게 그린 것에 ◯표 하세요.

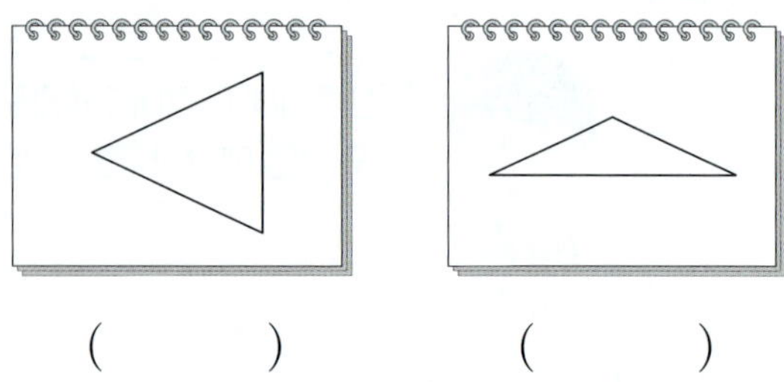

(   )   (   )

03 주어진 선분을 한 변으로 하는 둔각삼각형을 그리려고 합니다. 선분의 양 끝 점과 어느 점을 이어야 하는지 찾아 기호를 써 보세요.

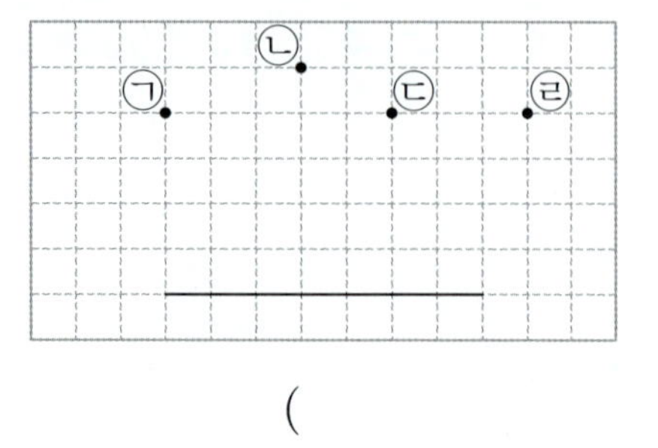

(   )

04 삼각형의 세 각의 크기를 보고 둔각삼각형을 찾아 기호를 써 보세요.

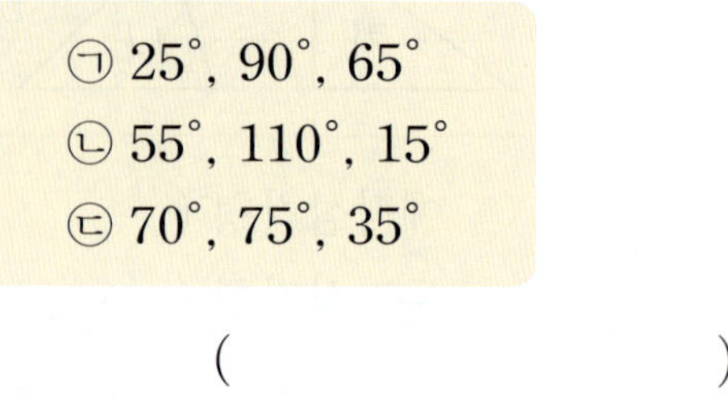

(   )

05 삼각형에 대해 <u>잘못</u> 말한 사람은 누구인가요?

- 하린: 둔각삼각형에는 둔각이 1개 있어.
- 도준: 예각삼각형에는 예각이 1개 있어.
- 수영: 모든 삼각형에는 예각이 있어.

(   )

06 직사각형 모양의 종이를 선을 따라 모두 잘랐을 때 만들어지는 삼각형 중에서 예각삼각형과 둔각삼각형을 모두 찾아 기호를 써 보세요.

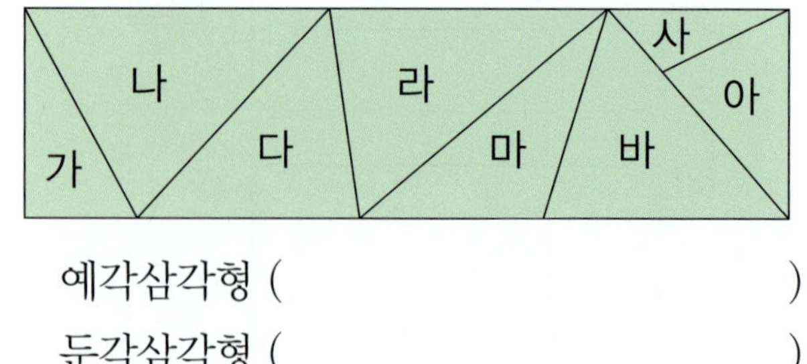

예각삼각형 (   )

둔각삼각형 (   )

07 삼각형을 분류하여 빈칸에 알맞은 기호를 써넣으세요.

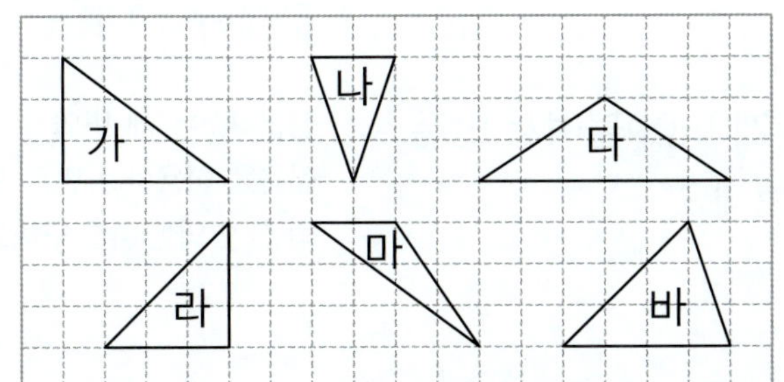

	예각 삼각형	직각 삼각형	둔각 삼각형
이등변삼각형			
세 변의 길이가 모두 다른 삼각형			

창의형

08 (조건)을 모두 만족하는 삼각형을 그려 보세요.

(조건)
• 두 변의 길이가 같습니다.
• 세 각이 모두 예각입니다.

09 다음과 같은 삼각형을 한 개씩 그릴 때 세 삼각형에서 찾을 수 있는 예각은 모두 몇 개일까요?

예각삼각형   둔각삼각형   직각삼각형

(   )

10 두 각의 크기가 40°, 70°인 삼각형은 예각삼각형, 직각삼각형, 둔각삼각형 중에서 어느 것인지 풀이 과정을 쓰고, 답을 구해 보세요.

❶ 삼각형의 세 각의 크기의 합은 [　]°이므로

(나머지 한 각의 크기)

= 180° − 40° − 70° = [　]°입니다.

❷ 삼각형의 세 각이 40°, 70°, [　]°로 모두

(예각 , 둔각)이므로 주어진 삼각형은

[　　　]입니다.

답 ________________

11 두 각의 크기가 다음과 같은 삼각형은 예각삼각형, 직각삼각형, 둔각삼각형 중에서 어느 것인지 풀이 과정을 쓰고, 답을 구해 보세요.

35°   35°

____

____

____

____

답 ________________

학습 결과에 색칠하세요.   

1 도형을 둘러싼 선의 길이 구하기

한 변의 길이가 4 cm인 정삼각형 8개를 겹치지 않게 이어 붙여서 만든 도형입니다. 빨간색 선의 길이는 몇 cm인지 구해 보세요.

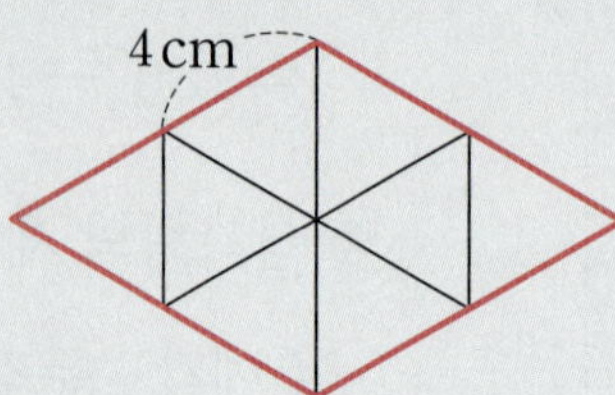

문제해결 TIP

정삼각형은 세 변의 길이가 같음을 이용하여 만든 도형의 한 변의 길이를 구해요.

1단계 만든 도형의 한 변의 길이 구하기

(   )

2단계 빨간색 선의 길이 구하기

(   )

1-1 한 변의 길이가 8 cm인 정삼각형 4개를 겹치지 않게 이어 붙여서 만든 도형입니다. 빨간색 선의 길이는 몇 cm인지 구해 보세요.

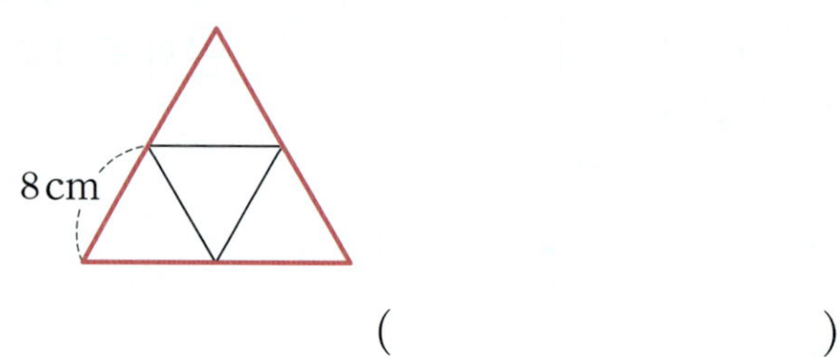

(   )

1-2 크기가 같은 정삼각형 4개를 겹치지 않게 이어 붙여서 만든 도형입니다. 빨간색 선의 길이가 72 cm일 때 정삼각형의 한 변의 길이는 몇 cm인지 구해 보세요.

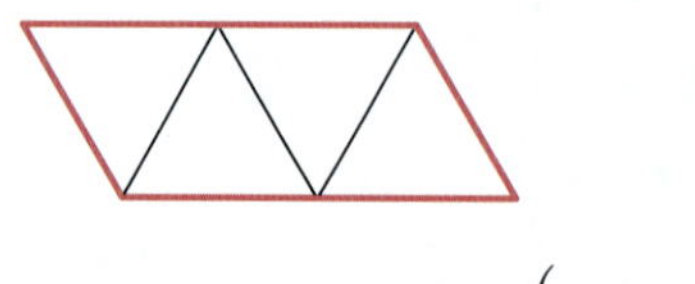

(   )

2 이어 붙인 두 도형에서 변의 길이 구하기

정삼각형과 이등변삼각형을 겹치지 않게 이어 붙여서 사각형 ㄱㄴㄷㄹ
을 만들었습니다. 사각형 ㄱㄴㄷㄹ의 네 변의 길이의 합이 42 cm일 때
변 ㄱㄹ의 길이는 몇 cm인지 구해 보세요.

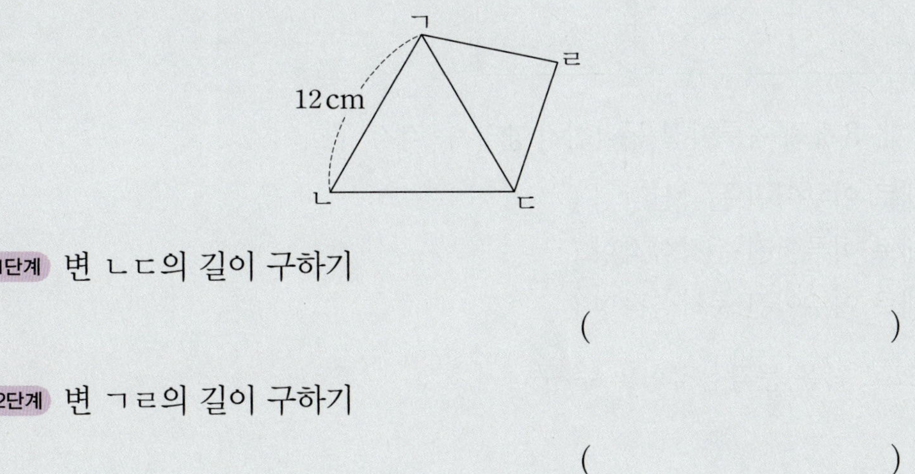

1단계 변 ㄴㄷ의 길이 구하기

(   )

2단계 변 ㄱㄹ의 길이 구하기

(   )

2 단원
4회

2-1 정삼각형과 이등변삼각형을 겹치지 않게 이어 붙여서 사각형 ㄱㄴㄷㄹ
을 만들었습니다. 사각형 ㄱㄴㄷㄹ의 네 변의 길이의 합이 31 cm일 때
변 ㄱㄹ의 길이는 몇 cm인지 구해 보세요.

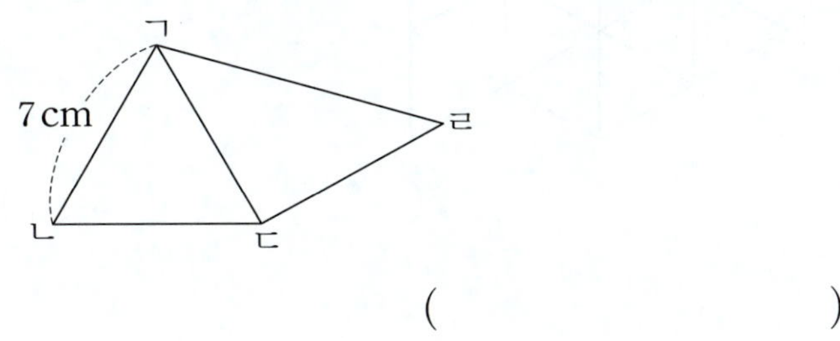

(   )

2-2 이등변삼각형과 정삼각형을 겹치지 않게 이어 붙여서 사각형 ㄱㄴㄷㄹ
을 만들었습니다. 이등변삼각형 ㄱㄴㄷ의 세 변의 길이의 합이 31 cm
일 때 사각형 ㄱㄴㄷㄹ의 네 변의 길이의 합은 몇 cm인지 구해 보세요.

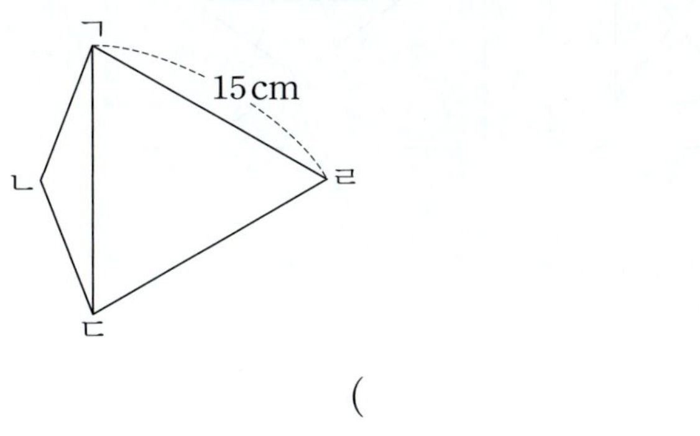

(   )

3 크고 작은 삼각형 찾기

그림에서 찾을 수 있는 크고 작은 둔각삼각형은 모두 몇 개인지 구해 보세요.

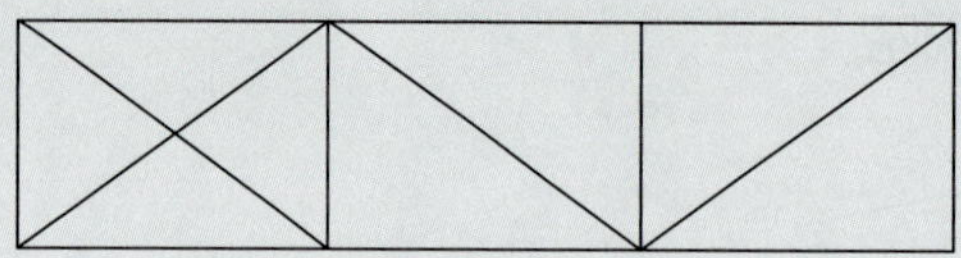

1단계 삼각형 1개, 2개, 3개로 이루어진 둔각삼각형의 수 각각 구하기

삼각형 1개로 이루어진 둔각삼각형 (   )

삼각형 2개로 이루어진 둔각삼각형 (   )

삼각형 3개로 이루어진 둔각삼각형 (   )

2단계 찾을 수 있는 크고 작은 둔각삼각형의 수 구하기

(   )

3-1 그림에서 찾을 수 있는 크고 작은 정삼각형은 모두 몇 개인지 구해 보세요.

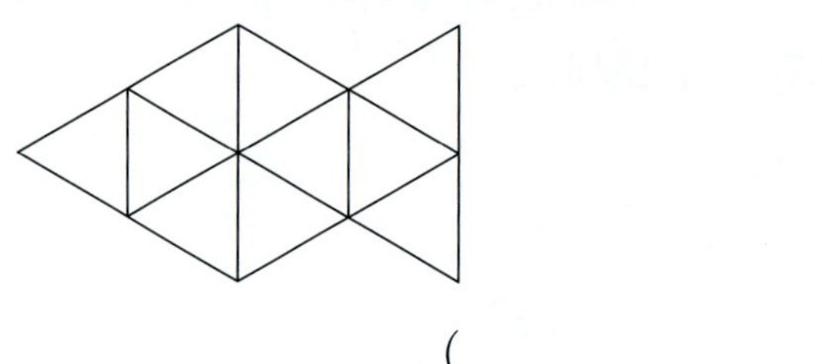

(   )

3-2 보은이와 상학이가 그린 그림입니다. 크고 작은 예각삼각형을 더 많이 찾을 수 있는 그림을 그린 사람은 누구인지 써 보세요.

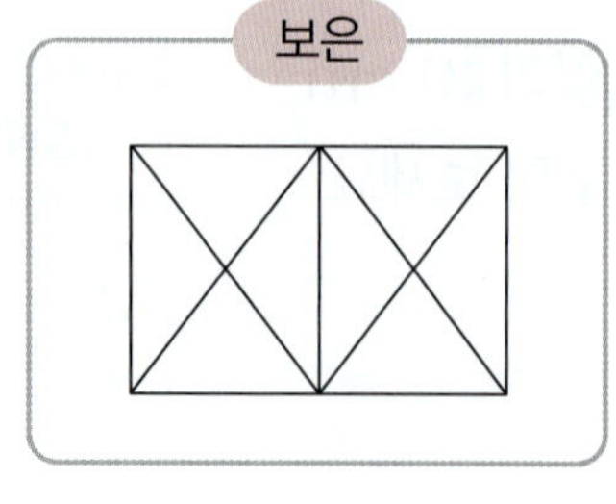

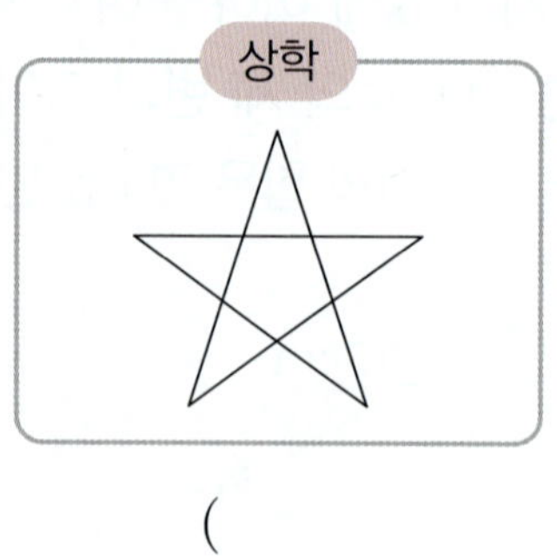

(   )

4 이등변삼각형과 정삼각형의 성질을 이용하여 각도 구하기

삼각형 ㄱㄴㄷ은 정삼각형이고, 삼각형 ㄱㄷㄹ은 이등변삼각형입니다.
각 ㄴㄷㄹ의 크기를 구해 보세요.

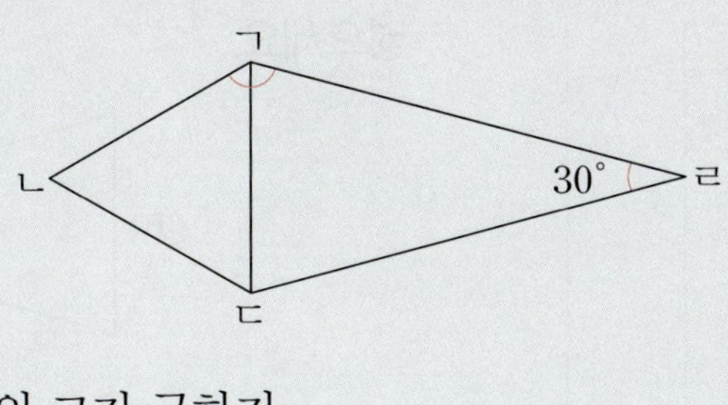

문제해결 TIP

정삼각형은 세 각의 크기가 같고, 이등변삼각형은 두 각의 크기가 같음을 이용하여 모르는 각의 크기를 구해요.

1단계 각 ㄴㄱㄷ의 크기 구하기

(   )

2단계 각 ㄷㄱㄹ의 크기 구하기

(   )

3단계 각 ㄴㄷㄹ의 크기 구하기

(   )

4-1 삼각형 ㄱㄴㄷ과 삼각형 ㄱㄷㄹ은 이등변삼각형입니다. 각 ㄷㄱㄹ의 크기를 구해 보세요.

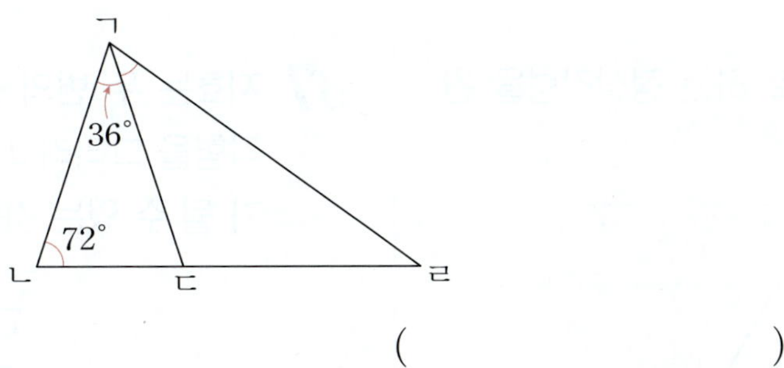

(   )

4-2 그림에서 선분 ㄴㄷ과 선분 ㄱㄷ의 길이가 같고, 선분 ㄱㄹ과 선분 ㄷㄹ의 길이가 같습니다. 각 ㄱㄴㄷ의 크기를 구해 보세요.

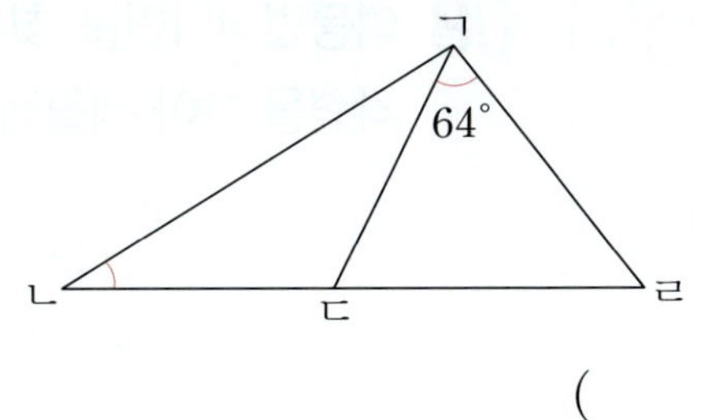

(   )

학습 결과에 색칠하세요.   

| 01~02 | 삼각형을 보고 물음에 답하세요.

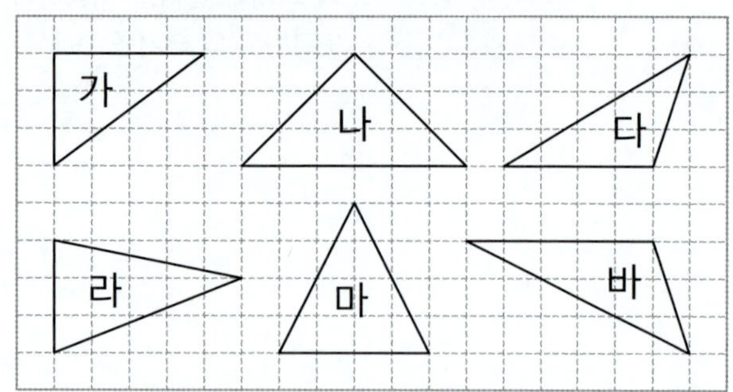

01 이등변삼각형을 모두 찾아 기호를 써 보세요.

(　　　　　　　　　　　)

02 예각삼각형과 둔각삼각형을 모두 찾아 기호를 써 보세요.

예각삼각형 (　　　　　　　　　)

둔각삼각형 (　　　　　　　　　)

03 주어진 선분을 한 변으로 하는 정삼각형을 완성해 보세요.

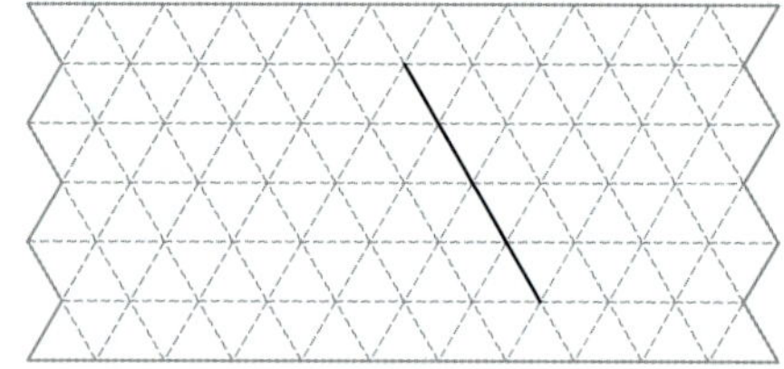

04 관계있는 것끼리 이어 보세요.

05 이등변삼각형을 보고 □ 안에 알맞은 수를 써 넣으세요.

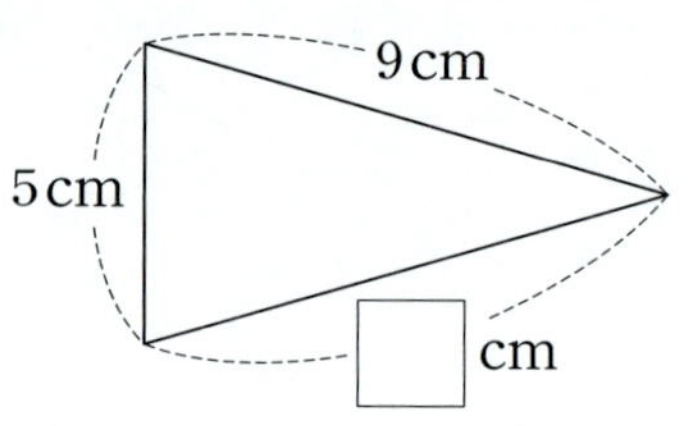

06 정삼각형을 보고 □ 안에 알맞은 수를 써넣으세요.

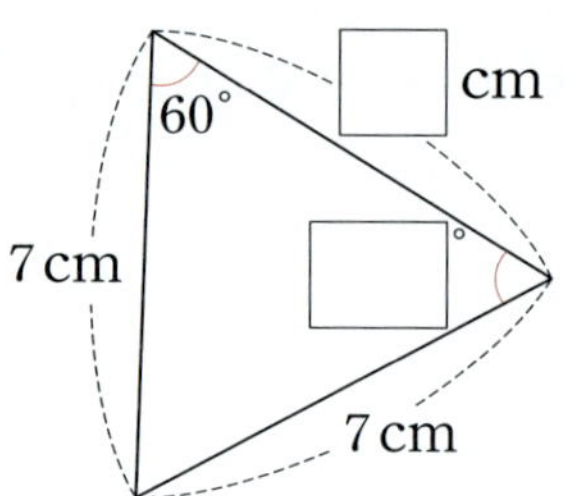

07 지효는 두 변의 길이가 다음과 같은 이등변삼각형을 그리려고 합니다. 나머지 한 변의 길이가 될 수 있는 것을 모두 써 보세요.

7 cm　　5 cm

(　　　　　　　　　　　)

08 이등변삼각형을 찾아 선을 따라 그리고, 정삼각형을 찾아 색칠해 보세요.

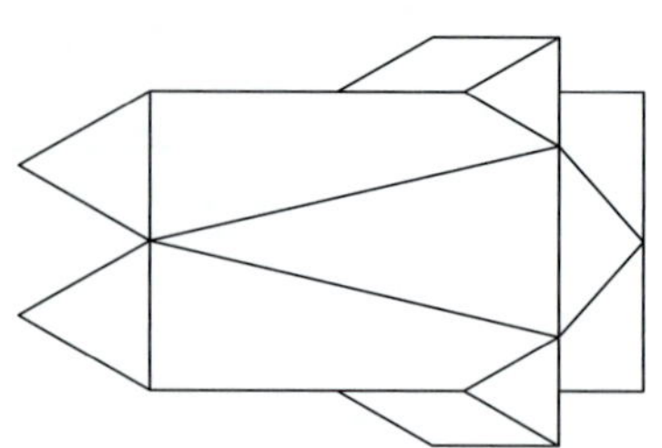

09 예각삼각형과 둔각삼각형을 각각 그려 보세요.

10 사각형 안에 꼭짓점을 지나는 선분을 1개 그어 예각삼각형 1개와 둔각삼각형 1개를 만들어 보세요.

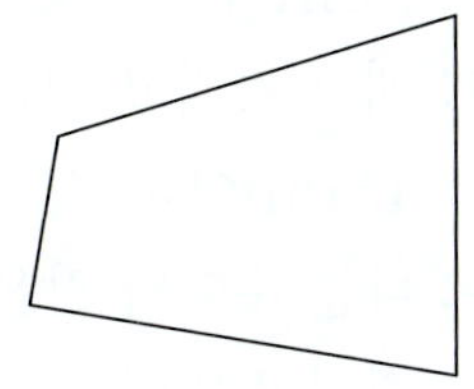

11 도현이가 오른쪽 삼각형을 보고 설명한 것입니다. <u>잘못된</u> 곳을 찾아 바르게 고쳐 써 보세요.

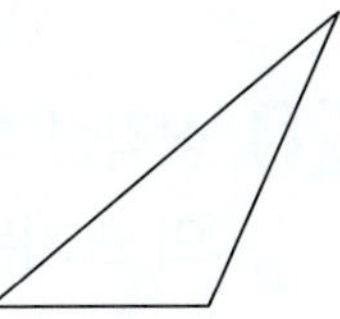

바르게 고치기

____

____

12 삼각형 ㄱㄴㄷ은 이등변삼각형입니다. 각 ㄱㄷㄴ 의 크기는 몇 도인가요?

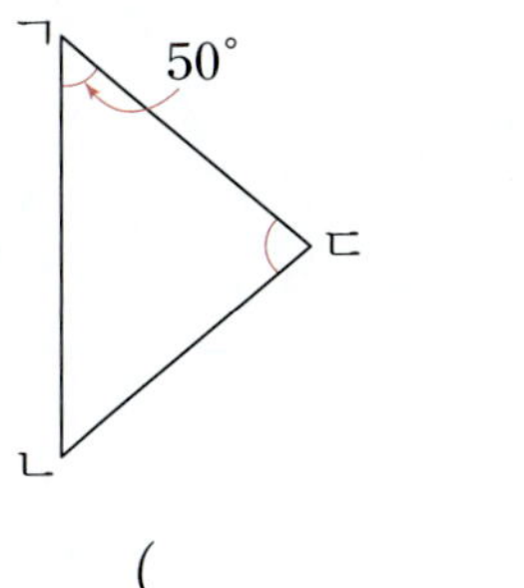

(   )

13 세 점을 잇는 선분을 그었을 때 이등변삼각형 이 그려지는 것을 찾아 기호를 써 보세요.

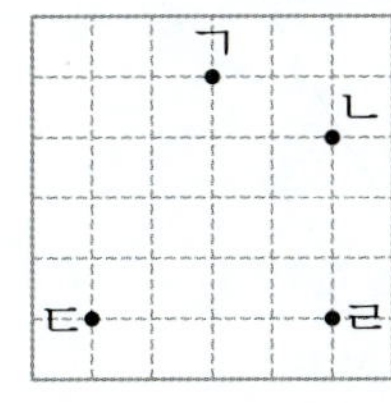

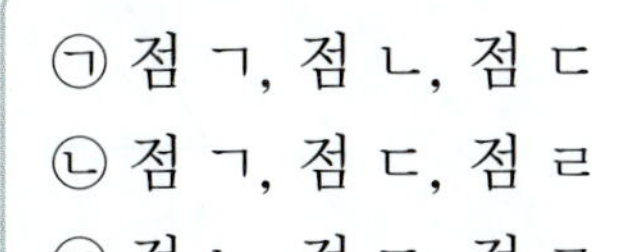

(   )

14 이등변삼각형의 세 변의 길이의 합은 몇 cm인 지 풀이 과정을 쓰고, 답을 구해 보세요.

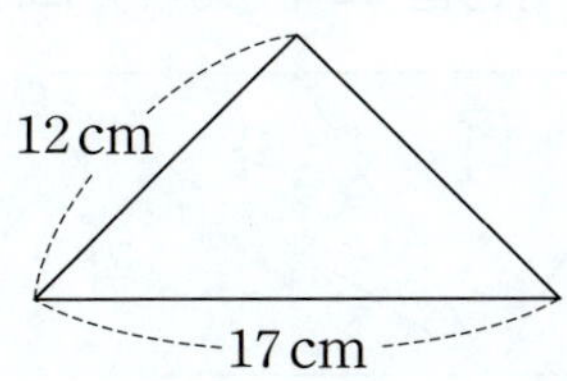

____

____

____

답 _______________________________

15 정삼각형의 세 변의 길이의 합은 45 cm입니다. □ 안에 알맞은 수를 써넣으세요.

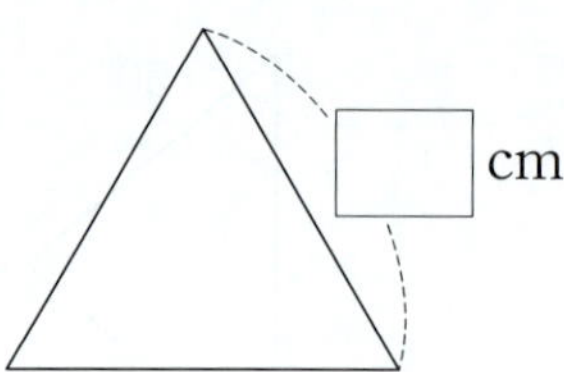

16 정삼각형 2개를 겹치지 않게 이어 붙여 사각형을 만들었습니다. ㉠의 각도를 구해 보세요.

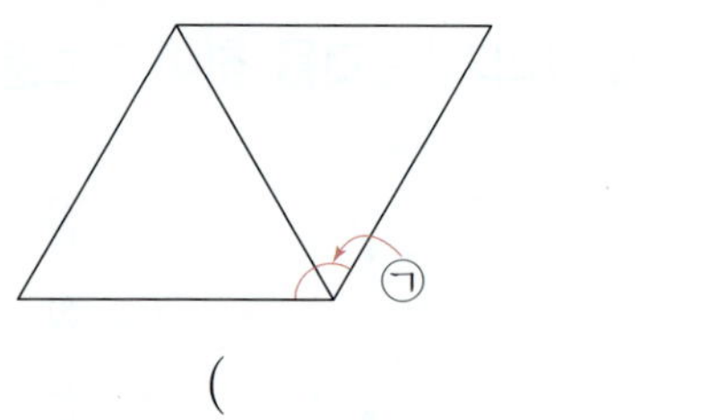

(   )

17 직사각형 모양의 종이를 선을 따라 모두 잘랐을 때 만들어지는 삼각형 중에서 예각삼각형과 둔각삼각형을 모두 찾아 기호를 써 보세요.

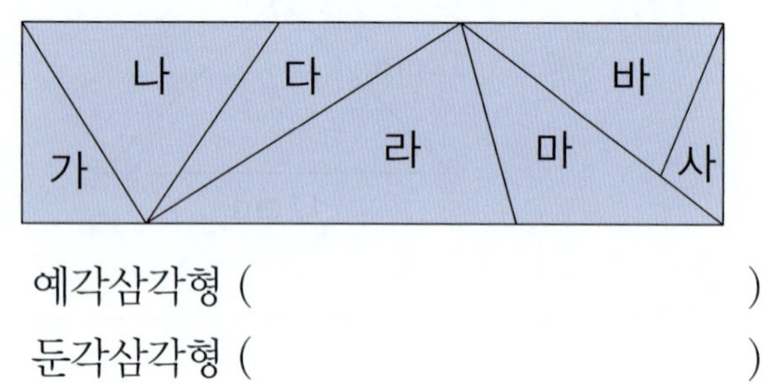

예각삼각형 (   )

둔각삼각형 (   )

18 두 각의 크기가 다음과 같은 삼각형은 예각삼각형, 직각삼각형, 둔각삼각형 중에서 어느 것인지 써 보세요.

20°   60°

(   )

19 대화를 읽고 □ 안에 알맞은 삼각형의 이름을 써넣으세요.

- 수아: 내가 가지고 있는 리본의 길이는 9 cm야.
- 태호: 내가 가지고 있는 리본의 길이는 15 cm야.
- 지수: 나는 수아와 같은 길이의 리본을 가지고 있어.
- 수아: 우리가 가진 리본 3개의 길이를 세 변으로 해서 삼각형을 만들면 □이 되겠네.

20 삼각형 ㄱㄴㄷ은 이등변삼각형입니다. 각 ㄷㄱㄴ의 크기는 몇 도인가요?

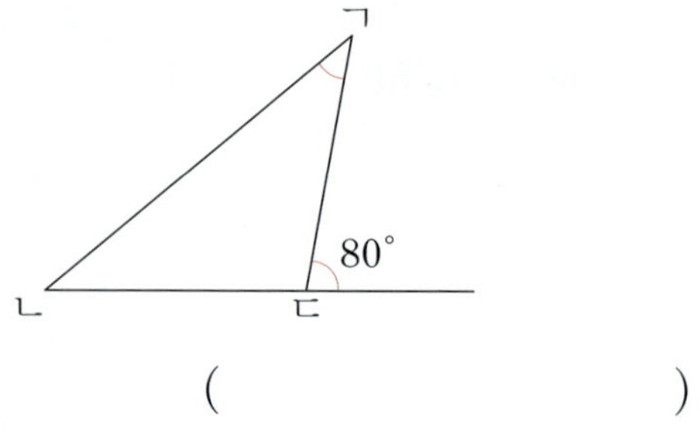

(   )

21 삼각형 ㄱㄴㄷ은 정삼각형, 삼각형 ㄹㄴㄷ은 이등변삼각형입니다. 각 ㄱㄴㄹ의 크기는 몇 도인가요?

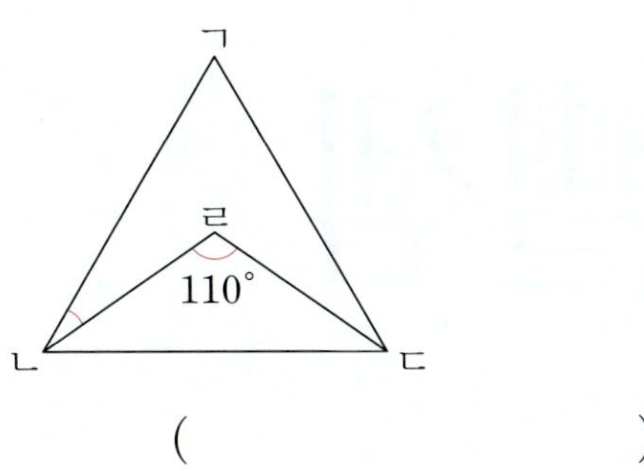

(   )

22 그림에서 찾을 수 있는 크고 작은 둔각삼각형은 모두 몇 개인가요?

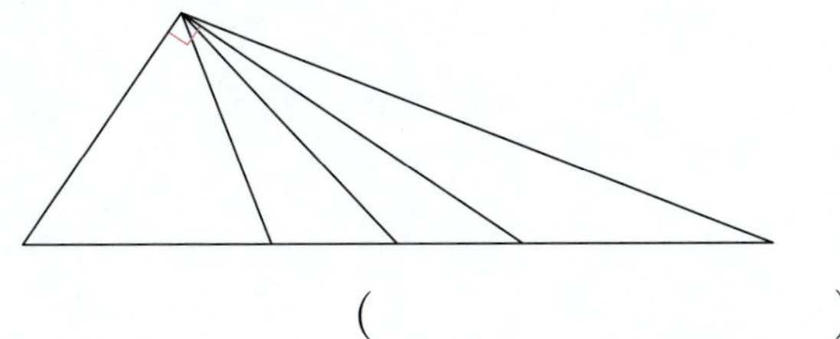

(   )

23 윤영이는 길이가 90 cm인 철사를 잘라 한 변의 길이가 12 cm인 정삼각형을 만들려고 합니다. 크기가 같은 정삼각형을 몇 개까지 만들 수 있을까요?

(   )

| **24～25** | 시우와 채아는 색종이를 잘라 다음과 같은 삼각형을 각각 만들었습니다. 물음에 답하세요.

24 시우가 만든 삼각형의 이름으로 알맞은 것을 모두 찾아 색칠해 보세요.

이등변삼각형	정삼각형
예각삼각형	직각삼각형	둔각삼각형

2
단원

5회

25 채아가 만든 삼각형이 이등변삼각형이 <u>아닌</u> 이유를 써 보세요.

이유

학습 결과에 색칠하세요.   

3 소수의 덧셈과 뺄셈

● 문해력을 높이는 어휘

주말 / 69쪽

뜻 한 주일의 끝부분으로 주로 토요일부터 일요일까지를 말함

예 이번 **주말**에는 전국적으로 비가 올 예정이에요.

내역 / 80쪽

뜻 물품이나 금액 등의 내용

예 용돈을 잘 쓰기 위해 용돈 기입장에 사용 **내역**을 정리했어요.

피겨 스케이팅 / 89쪽

뜻 스케이트를 타고 얼음 위에서 음악에 맞추어 다양한 연기를 펼치는 스케이트 종목

예 **피겨 스케이팅** 선수의 아름다운 연기에 눈을 뗄 수 없었어요.

예술 / 89쪽

뜻 아름다움을 표현하는 사람의 활동 또는 작품

예 미술관에 가면 다양한 **예술** 작품을 볼 수 있어요.

개념 1   **1보다 작은 소수 두 자리 수**

○ **0.01 알기**

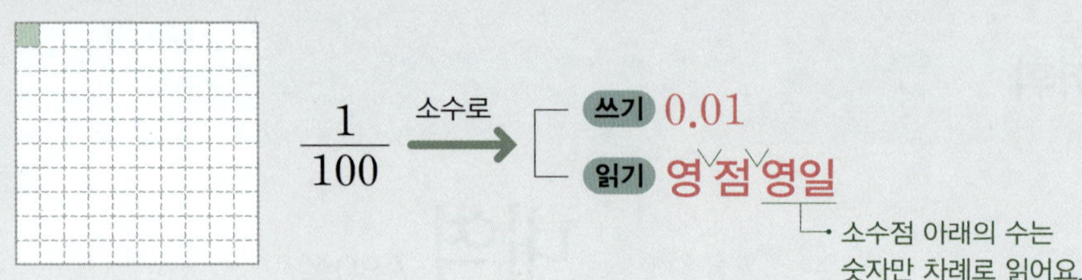

$\dfrac{1}{100}$ → 소수로 → 쓰기 0.01 / 읽기 영 점 영일

→ 소수점 아래의 수는 숫자만 차례로 읽어요.

○ **1보다 작은 소수 두 자리 수 알기**

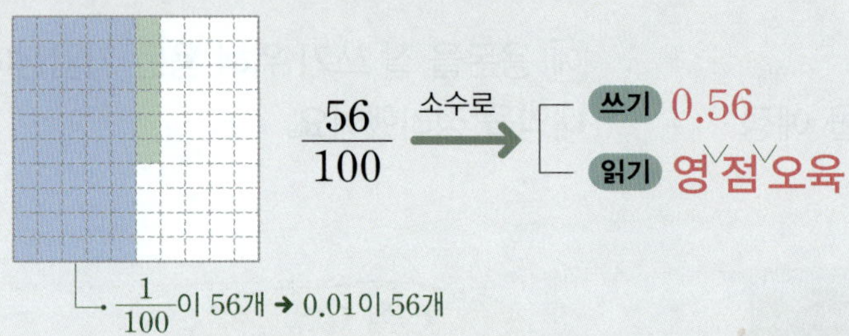

$\dfrac{56}{100}$ → 소수로 → 쓰기 0.56 / 읽기 영 점 오육

└ $\dfrac{1}{100}$이 56개 ➔ 0.01이 56개

개념 2   **1보다 큰 소수 두 자리 수**

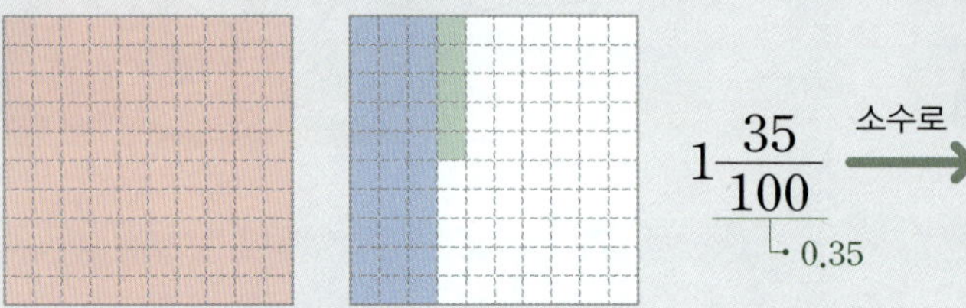

$1\dfrac{35}{100}$ → 소수로 → 쓰기 1.35 / 읽기 일 점 삼오

└ 0.35

일의 자리		소수 첫째 자리	소수 둘째 자리
1			
0	.	3	
0	.	0	5

└ 1.35는 1이 1개, 0.1이 3개, 0.01이 5개예요.

1.35에서

1은 일의 자리 숫자이고, 1을 나타냅니다.

3은 소수 첫째 자리 숫자이고, 0.3을 나타냅니다.

5는 소수 둘째 자리 숫자이고, 0.05를 나타냅니다.

확인   □ 안에 알맞은 분수 또는 소수를 써넣으세요.

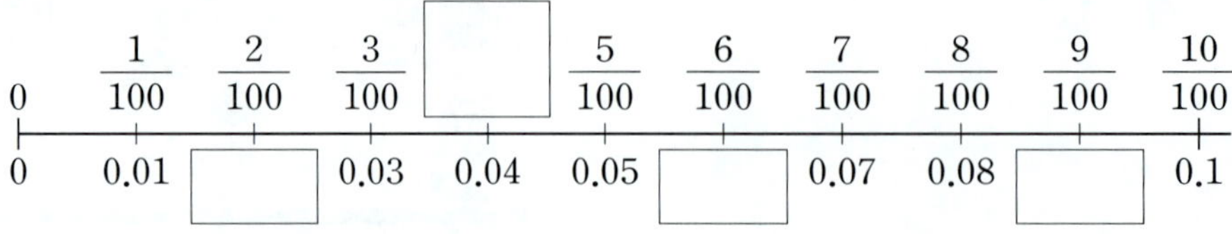

1 전체 크기가 1인 모눈종이에 색칠된 부분의 크기를 소수로 나타내 보세요.

(1) 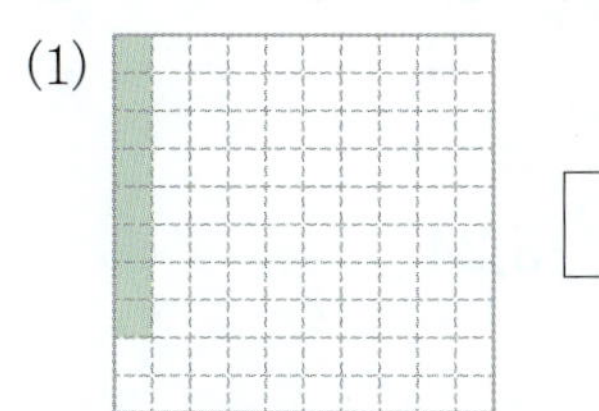

(2) 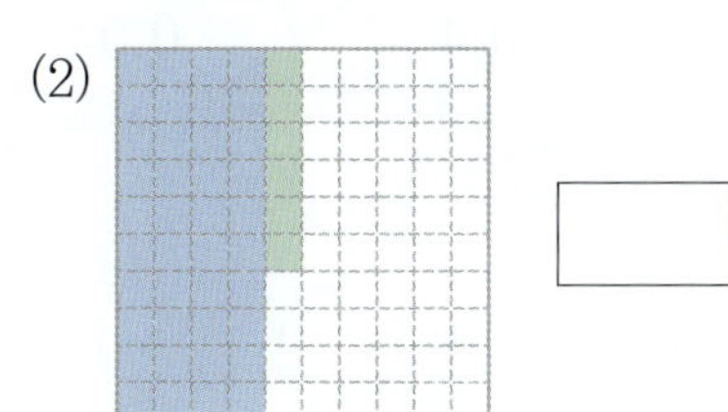

2 밧줄의 길이는 몇 m인지 소수로 나타내려고 합니다. ☐ 안에 알맞은 수를 써넣으세요.

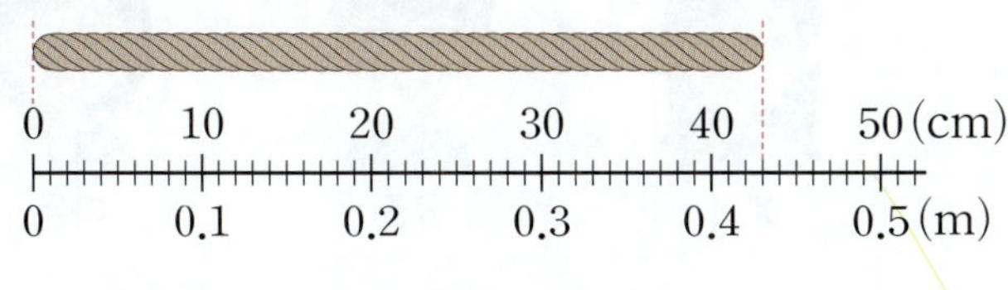

1 cm = ☐ m입니다.

➜ 밧줄의 길이 ☐ cm를 소수로 나타내면 ☐ m입니다.

3 분수를 소수로 나타내고, 읽어 보세요.

(1) 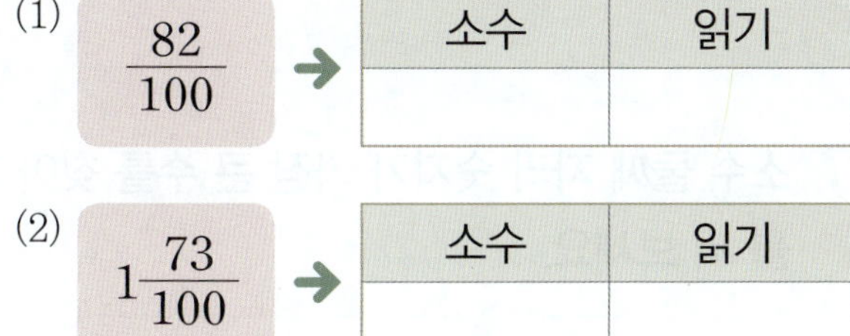

소수	읽기

(2) $1\dfrac{73}{100}$ ➜

소수	읽기

4 ☐ 안에 알맞은 수를 써넣으세요.

(1) 1이 2개, 0.1이 6개, 0.01이 1개인 수는 ☐ 입니다.

(2) 5.29는 0.01이 ☐ 개입니다.

(3) 0.01이 315개인 수는 ☐ 입니다.

5 주어진 소수를 보고 ☐ 안에 알맞은 수를 써넣으세요.

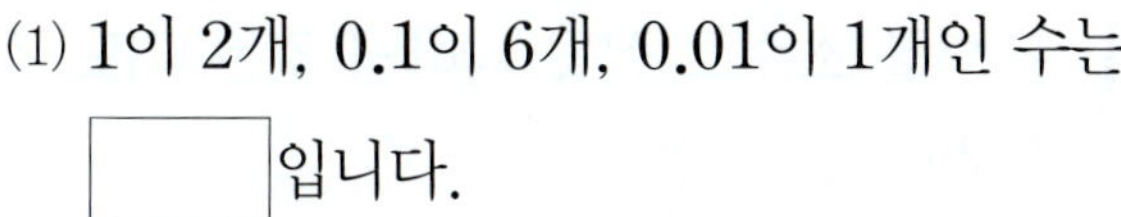

(1) 9는 일의 자리 숫자이고, ☐ 를 나타냅니다.

(2) 5는 소수 첫째 자리 숫자이고, ☐ 를 나타냅니다.

(3) 4는 소수 둘째 자리 숫자이고, ☐ 를 나타냅니다.

6 관계있는 것끼리 이어 보세요.

$\dfrac{24}{100}$	•	• 0.08 •	• 이 점 이팔
$\dfrac{8}{100}$	•	• 0.24 •	• 영 점 영팔
$2\dfrac{28}{100}$	•	• 2.28 •	• 영 점 이사

01 분수를 소수로 <u>잘못</u> 나타낸 것은 어느 것인가요? (　　　)

① $\dfrac{7}{100} = 0.07$　　② $5\dfrac{9}{100} = 5.09$

③ $\dfrac{88}{100} = 0.88$　　④ $1\dfrac{35}{100} = 1.35$

⑤ $12\dfrac{5}{100} = 12.5$

창의형

02 전체 크기가 1인 모눈종이를 원하는 칸 수만큼 색칠한 다음 색칠된 부분의 크기를 소수로 나타내고, 읽어 보세요.

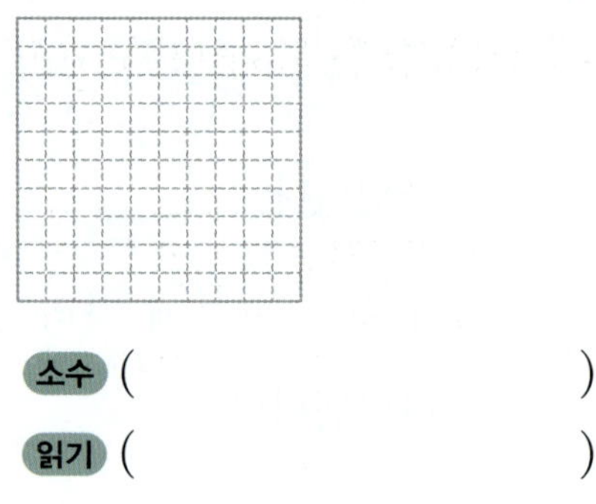

소수 (　　　　　　　　　)

읽기 (　　　　　　　　　)

03 ㉠에 알맞은 수를 소수로 나타내 보세요.

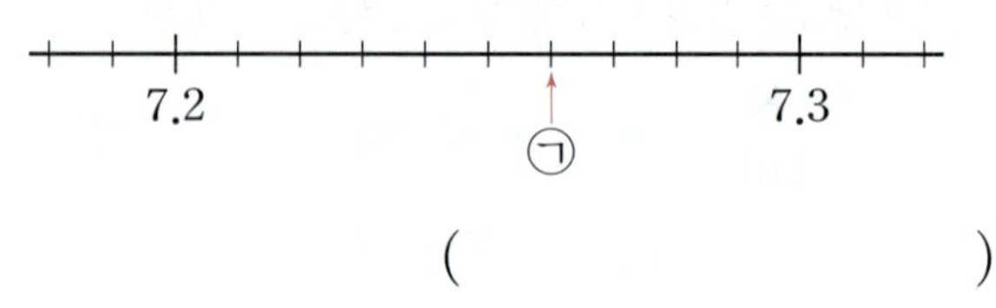

(　　　　　　　　　)

04 밑줄 친 숫자가 나타내는 수를 찾아 색칠해 보세요.

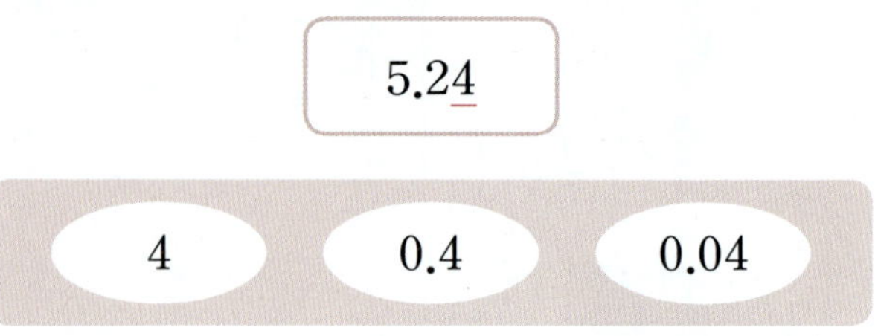

05 바르게 말한 사람은 누구인가요?

(　　　　　　　　　)

06 상자에 초콜릿이 100개 있었습니다. 그중에서 태민이가 23개를 먹었다면 태민이가 먹은 초콜릿은 전체의 얼마인지 소수로 나타내 보세요.

(　　　　　　　　　)

07 소수 둘째 자리 숫자가 가장 큰 수를 찾아 기호를 써 보세요.

㉠ 5.27　　㉡ 0.45
㉢ 4.28　　㉣ 9.34

(　　　　　　　　　)

08 □ 안에 알맞은 소수를 써넣으세요.

> 1이 8개, 0.1이 25개, 0.01이 13개인 수는
>
> ☐ 입니다.

09 지혜와 강우가 제자리멀리뛰기를 했습니다. 지혜와 강우가 뛴 거리는 각각 몇 m인지 소수로 나타내 보세요.

> • 지혜: 나는 119 cm를 뛰었어.
> • 강우: 나는 1 m 27 cm를 뛰었어.

지혜 (   )

강우 (   )

10 (조건)을 모두 만족하는 소수를 구해 보세요.

┌ 조건 ┐
> • 2보다 크고 3보다 작은 소수 두 자리 수입니다.
> • 소수 첫째 자리 숫자는 0.5를 나타냅니다.
> • 소수 둘째 자리 숫자는 0.09를 나타냅니다.

(   )

11 윤진이가 미술 시간에 빨간색 리본 44 cm와 노란색 리본 30 cm를 사용했습니다. 윤진이가 사용한 리본의 길이는 모두 몇 m인지 소수로 나타내려고 합니다. 풀이 과정을 쓰고, 답을 구해 보세요.

❶ 윤진이가 사용한 리본의 길이는 모두

44+ ☐ = ☐ (cm)입니다.

❷ 1 cm= ☐ m이므로 윤진이가 사용한 리본의 길이를 소수로 나타내면

☐ cm= ☐ m입니다.

답 _______________

12 은재는 길이가 95 cm인 털실을 잘라 27 cm를 사용했습니다. 은재가 사용하고 남은 털실의 길이는 몇 m인지 소수로 나타내려고 합니다. 풀이 과정을 쓰고, 답을 구해 보세요.

____

____

____

____

답 _______________

학습 결과에 색칠하세요.   

개념 1 1보다 작은 소수 세 자리 수

● 0.001 알기

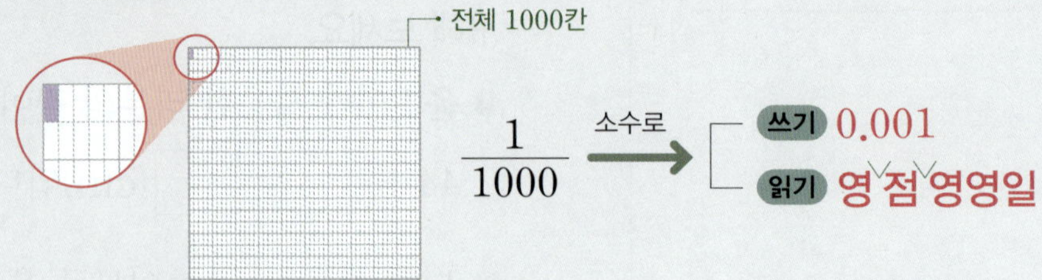

전체 1000칸

$\dfrac{1}{1000}$ 소수로→ 쓰기 0.001

읽기 영점영영일

● 1보다 작은 소수 세 자리 수 알기

$\dfrac{374}{1000}$ 소수로→ 쓰기 0.374

읽기 영점삼칠사

$\dfrac{1}{1000}$이 374개 → 0.001이 374개

개념 2 1보다 큰 소수 세 자리 수

$2\dfrac{598}{1000}$ 소수로→ 쓰기 2.598

읽기 이점오구팔

일의 자리		소수 첫째 자리	소수 둘째 자리	소수 셋째 자리
2				
0	.	5		
0	.	0	9	
0	.	0	0	8

2.598은 1이 2개, 0.1이 5개, 0.01이 9개, 0.001이 8개예요.

2.598에서

2는 일의 자리 숫자이고, 2를 나타냅니다.

5는 소수 첫째 자리 숫자이고, 0.5를 나타냅니다.

9는 소수 둘째 자리 숫자이고, 0.09를 나타냅니다.

8은 소수 셋째 자리 숫자이고, 0.008을 나타냅니다.

확인 그림을 보고 □ 안에 알맞은 소수나 말을 써넣으세요.

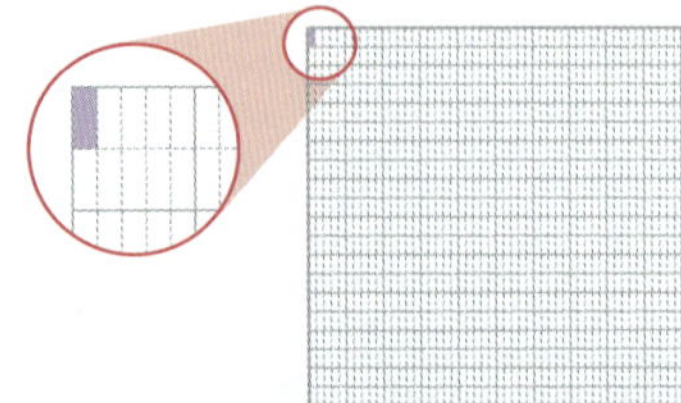

분수 $\dfrac{1}{1000}$은 소수로 [ ]이라 쓰고,

[ ]이라고 읽습니다.

1 그림을 보고 □ 안에 알맞은 소수를 써넣으세요.

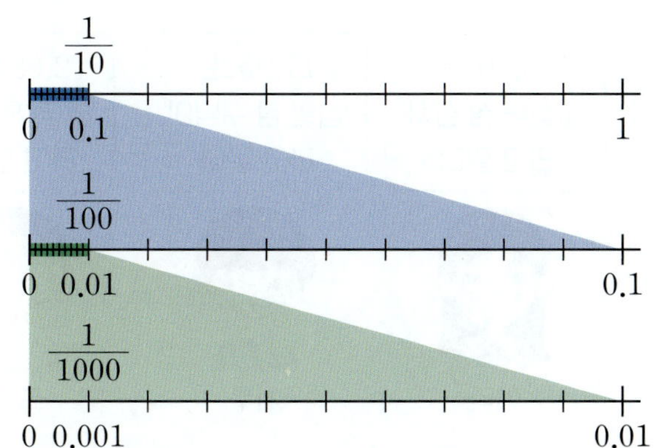

0.1을 10등분한 것 중의 하나는 [   ]이고,

0.01을 10등분한 것 중의 하나는 [   ]입니다.

2 분수를 소수로 나타내고, 읽어 보세요.

(1) $\dfrac{251}{1000}$ →

소수	읽기

(2) $6\dfrac{308}{1000}$ →

소수	읽기

3 □ 안에 알맞은 수를 써넣으세요.

1   이 4개 ┐
0.1   이 9개 │
0.01 이 3개 ├ 인 수는 [   ]입니다.
0.001이 1개 ┘

4 3.527의 각 자리 숫자와 그 숫자가 나타내는 수를 알아보려고 합니다. □ 안에 알맞은 수를 써넣으세요.

	숫자	나타내는 수
일의 자리	3	3
소수 첫째 자리		0.5
소수 둘째 자리	2	
소수 셋째 자리		

5 서진이와 채아가 말하는 수를 각각 소수로 나타내 보세요.

(1)

(   )

(2)

(   )

6 나타내는 수가 다른 하나를 찾아 ○표 하세요.

| 4.027 | 사 점 이칠 | $4\dfrac{27}{1000}$ |

(   )   (   )   (   )

01 수직선을 보고 □ 안에 알맞은 소수를 써넣으세요.

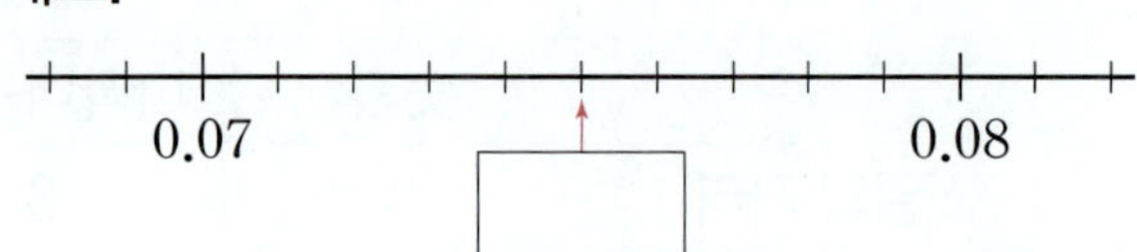

0.07   0.08

02 0.924에 대한 설명으로 <u>잘못된</u> 것은 어느 것인가요? (   )

① 소수 세 자리 수입니다.

② 소수 셋째 자리 숫자는 4입니다.

③ 9가 나타내는 수는 0.9입니다.

④ '영 점 구백이십사'라고 읽습니다.

⑤ 분수로 나타내면 $\dfrac{924}{1000}$입니다.

창의형

03 수 카드의 수를 □ 안에 한 번씩만 써넣어 소수 세 자리 수를 만들고, 읽어 보세요.

| 2 | 5 | 6 | 8 |

□ . □ □ □

읽기 (   )

04 일의 자리 숫자가 2, 소수 첫째 자리 숫자가 8, 소수 둘째 자리 숫자가 0, 소수 셋째 자리 숫자가 9인 소수 세 자리 수를 써 보세요.

(   )

05 소수를 바르게 읽은 사람을 찾아 ○표 하세요.

(   )   (   )   (   )

06 □ 안에 알맞은 소수를 써넣으세요.

1이 2개, $\dfrac{1}{10}$이 8개, $\dfrac{1}{100}$이 4개, $\dfrac{1}{1000}$이 6개인 수는 □ 입니다.

07 숫자 5가 0.005를 나타내는 수를 찾아 ○표 하세요.

3.502	0.156

9.385	5.407

서술형 문제

08 □ 안에 알맞은 소수를 써넣으세요.

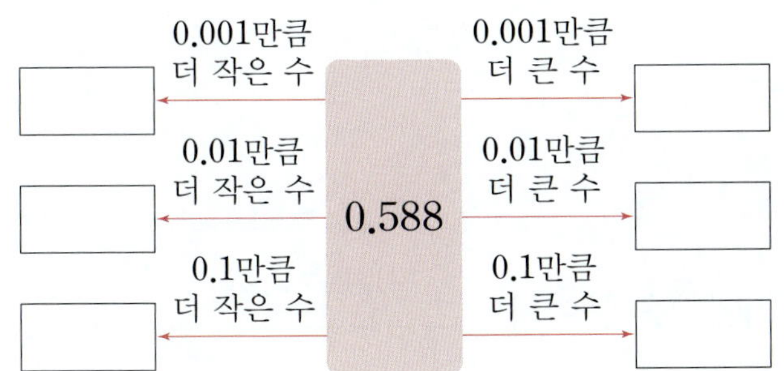

디지털 문해력

09 서진이와 소율이의 대화를 읽고 소율이가 토요일과 일요일에 자전거를 타고 달린 거리는 각각 몇 km인지 소수로 나타내 보세요.

토요일 (   )

일요일 (   )

10 ㉠과 ㉡에 알맞은 수의 합을 구해 보세요.

> • 0.017은 0.001이 ㉠개입니다.
> • 0.001이 ㉡개이면 0.024입니다.

(   )

11 숫자 4가 나타내는 수가 작은 수부터 차례로 기호를 쓰려고 합니다. 풀이 과정을 쓰고, 답을 구해 보세요.

> ㉠ 0.481   ㉡ 5.147
> ㉢ 3.684   ㉣ 4.209

❶ 숫자 4가 나타내는 수를 각각 알아봅니다.

㉠ 0.481 ➜ 0.4, ㉡ 5.147 ➜ ☐ ,

㉢ 3.684 ➜ ☐ , ㉣ 4.209 ➜ ☐

❷ ☐ < ☐ < 0.4 < ☐ 이므로 숫자 4가 나타내는 수가 작은 수부터 차례로 기호를 쓰면 ☐ , ☐ , ☐ , ☐ 입니다.

답 _______________

12 숫자 7이 나타내는 수가 큰 수부터 차례로 기호를 쓰려고 합니다. 풀이 과정을 쓰고, 답을 구해 보세요.

> ㉠ 6.173   ㉡ 0.729
> ㉢ 4.587   ㉣ 7.106

답 _______________

학습 결과에 색칠하세요.   

개념 1 소수의 크기 비교

○ **크기가 같은 소수**

• 0.4와 0.40은 같은 수입니다.

• 소수는 필요한 경우 소수의 **오른쪽 끝자리**에 0을 붙여서 나타낼 수 있습니다.

$$0.4 = 0.40$$

○ **소수의 크기 비교**

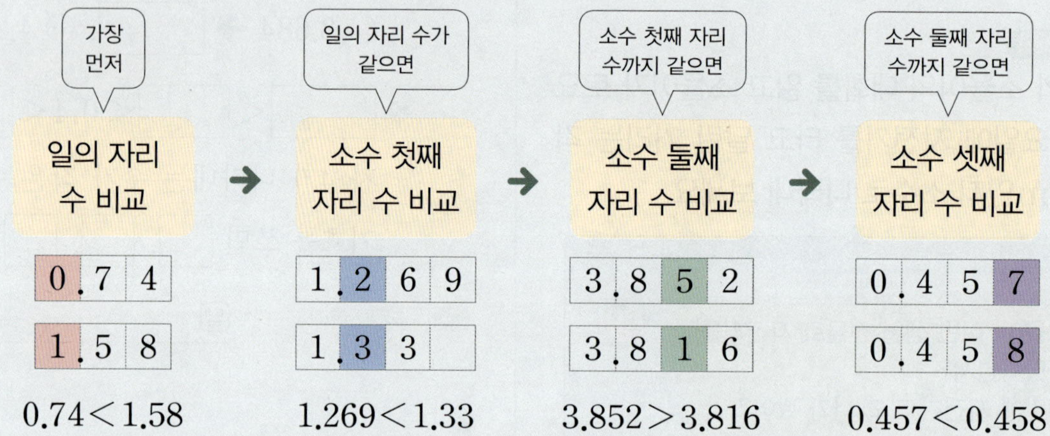

개념 2 소수 사이의 관계

• 소수를 **10배** 하면 소수점을 기준으로 수가 **왼쪽으로 한 자리씩** 이동합니다.

• 소수의 $\dfrac{1}{10}$ 은 소수점을 기준으로 수가 **오른쪽으로 한 자리씩** 이동합니다.

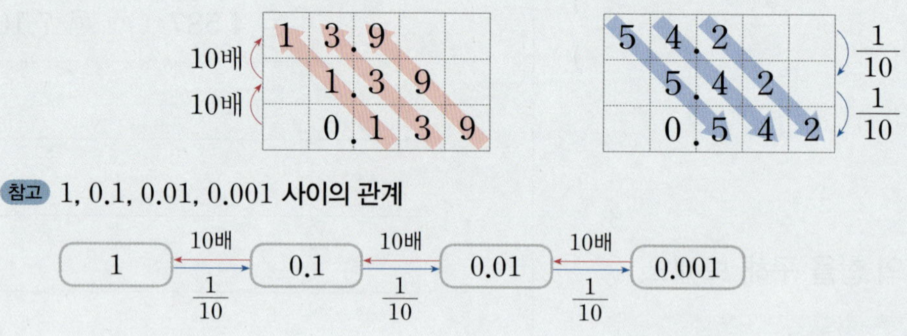

참고 1, 0.1, 0.01, 0.001 **사이의 관계**

1　—10배→　0.1　—10배→　0.01　—10배→　0.001
　　←$\frac{1}{10}$　　　←$\frac{1}{10}$　　　←$\frac{1}{10}$

확 인 알맞은 말에 ◯표 하세요.

1.687　—10배→　16.87　—10배→　168.7

1.687을 10배 하면 소수점을 기준으로 수가 (왼쪽 , 오른쪽)으로 한 자리씩 이동합니다.

1 주어진 수와 같은 수에 ◯표 하세요.

(1) 0.7 — 0.70   0.07

(2) 1.05 — 1.500   1.050

2 전체 크기가 1인 모눈종이에 0.67과 0.64만큼 각각 색칠하고, 두 소수의 크기를 비교하여 ◯ 안에 >, =, <를 알맞게 써넣으세요.

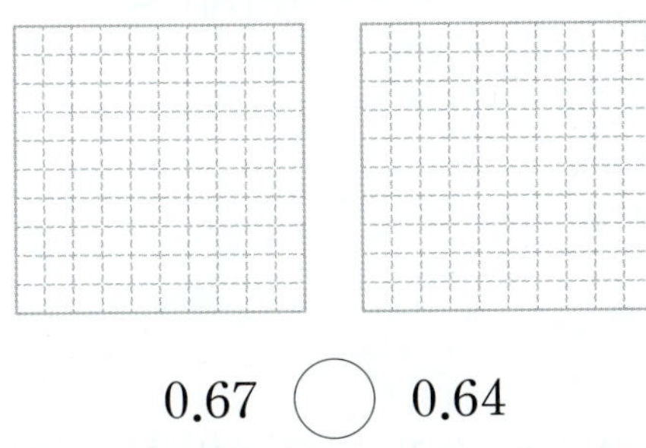

0.67 ◯ 0.64

3 2.53과 2.7의 크기를 비교하려고 합니다. ☐ 안에 알맞은 수를 써넣으세요.

2.53은 0.01이 ☐ 개인 수이고,

2.7은 0.01이 ☐ 개인 수입니다.

→ 두 수 중 더 큰 수는 ☐ 입니다.

4 두 소수의 크기를 비교하여 ◯ 안에 >, =, <를 알맞게 써넣으세요.

(1) 4.13 ◯ 5.629

(2) 7.082 ◯ 7.081

5 빈칸에 알맞은 수를 써넣으세요.

(1) 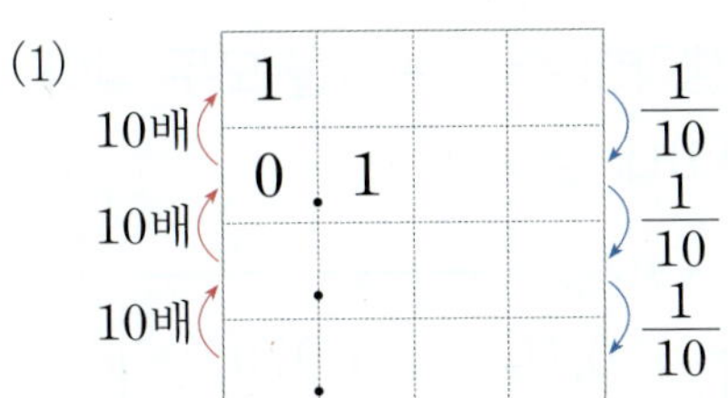

(2) 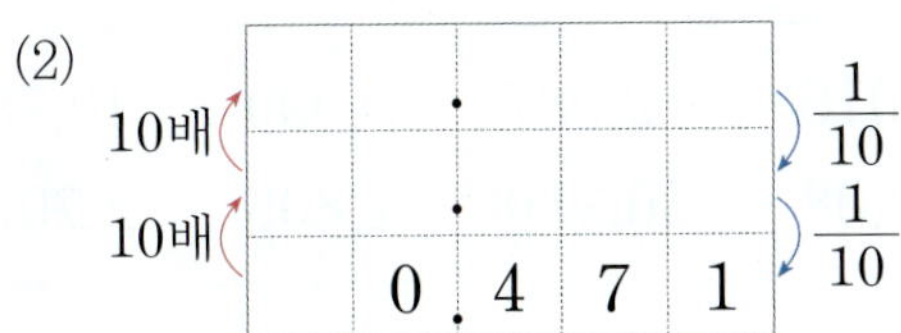

6 빈칸에 알맞은 수를 써넣으세요.

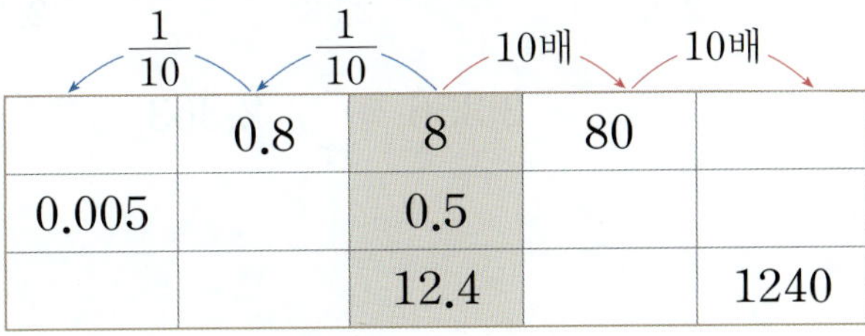

	0.8	8	80	
0.005		0.5		
		12.4		1240

7 ☐ 안에 알맞은 수를 써넣으세요.

(1) 0.316의 10배는 ☐ 이고,

0.316의 100배는 ☐ 입니다.

(2) 9의 $\frac{1}{10}$ 은 ☐ 이고,

9의 $\frac{1}{100}$ 은 ☐ 입니다.

3 단원 3회

01 소수에서 생략할 수 있는 0을 모두 찾아 (보기)
와 같이 나타내 보세요.

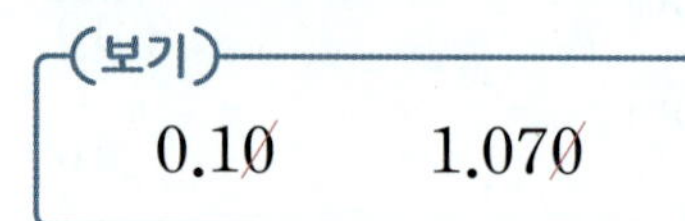

┌ (보기) ┐
0.10   1.070

| 0.016 | 2.087 | 3.090 | 40.78 |
| 10.08 | 30.930 | 1.805 | 2.700 |

02 2.356과 2.363을 수직선에 나타내고, 크기를
비교해 보세요.

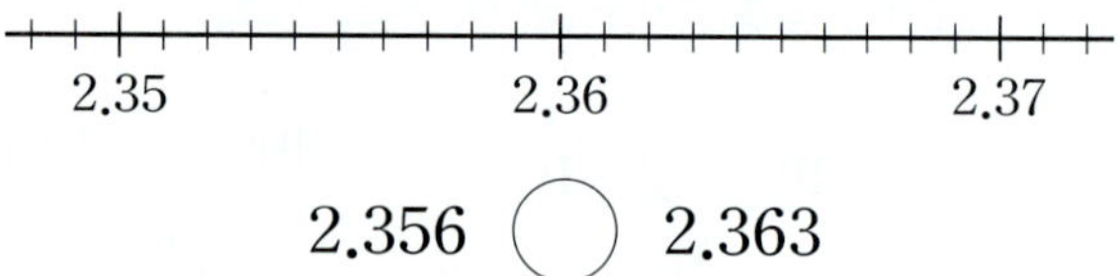

2.35   2.36   2.37

2.356 ◯ 2.363

03 □ 안에 알맞은 수를 써넣으세요.

(1) 33.8은 0.338의 □ 배입니다.

(2) 4.25는 42.5의 $\dfrac{1}{\square}$ 입니다.

04 관계있는 것끼리 이어 보세요.

6.1의 10배 •   • 0.61

0.061의 100배 •   • 6.1

6.1의 $\dfrac{1}{10}$ •   • 61

05 한 봉지의 무게가 0.45 kg인 설탕 10봉지의
무게는 몇 kg인가요?

(   )

06 더 큰 수의 기호를 써 보세요.

㉠ 0.001이 22개인 수
㉡ 22의 $\dfrac{1}{100}$ 인 수

(   )

07 나타내는 수가 다른 하나를 찾아 색칠해 보
세요.

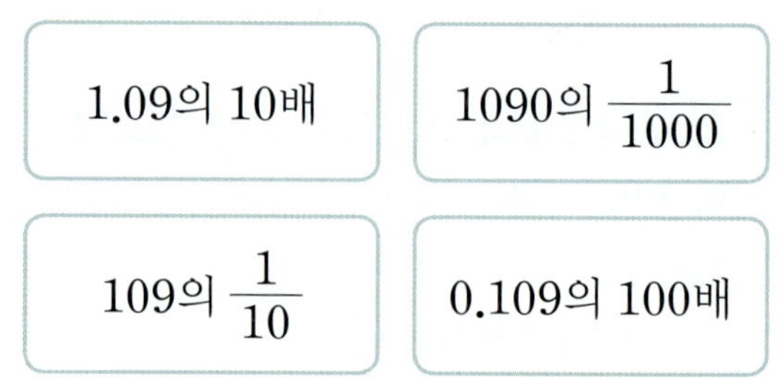

| 1.09의 10배 | 1090의 $\dfrac{1}{1000}$ |
| 109의 $\dfrac{1}{10}$ | 0.109의 100배 |

08 크기가 큰 수부터 차례로 써 보세요.

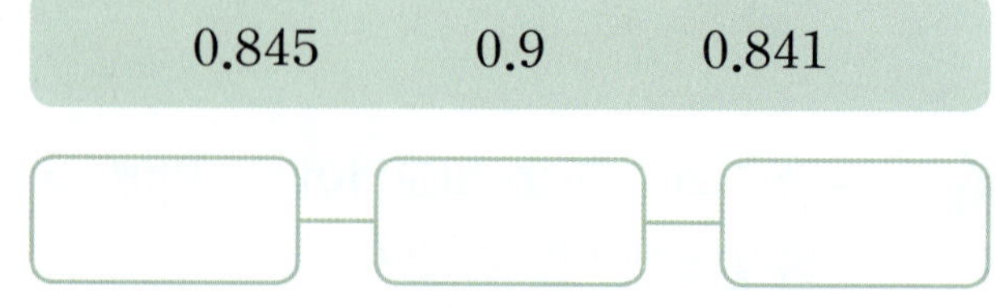

0.845   0.9   0.841

창의형

09 3장의 수 카드 중에서 2장을 골라 두 소수의 크기를 비교해 보세요.

☐ ◯ ☐

10 0부터 9까지의 수 중에서 ☐ 안에 들어갈 수 있는 수를 모두 구해 보세요.

$$6.085 < 6.\square57 < 6.301$$

( )

11 ㉠이 나타내는 수는 ㉡이 나타내는 수의 몇 배인가요?

$$\underset{㉠\;\;㉡}{32.542}$$

( )

12 ㉠, ㉡, ㉢에 알맞은 수를 모두 더하면 얼마인가요?

- 2.8은 0.028의 ㉠배입니다.
- 40은 0.04의 ㉡배입니다.
- 45.89는 4.589의 ㉢배입니다.

( )

13 우유를 준수는 $0.33\,L$ 마셨고, 민호는 $218\,mL$ 마셨습니다. 우유를 더 많이 마신 사람은 누구인지 풀이 과정을 쓰고, 답을 구해 보세요.

❶ $1\,mL = 0.001\,L$이므로

$218\,mL = \boxed{}\,L$입니다.

❷ $0.33\;(\;>\;,\;<\;)\;\boxed{}$ 이므로 우유를

더 많이 마신 사람은 $\boxed{}$ 입니다.

답 ____________________

14 정우가 집에서부터 도서관과 놀이터까지의 거리를 각각 알아보았습니다. 집에서 더 가까운 곳은 어디인지 풀이 과정을 쓰고, 답을 구해 보세요.

____

____

____

____

답 ____________________

3 단원 **3**회

학습 결과에 색칠하세요. 

개념 학습

4회

학습일:　월　　일

개념 1　소수 한 자리 수의 덧셈

소수점끼리 위치를 맞추어 쓰고, **소수 첫째 자리 수부터 같은 자리 수끼리** 더합니다.

소수 첫째 자리 수끼리의 합이 10이거나 10보다 크면 일의 자리로 받아올림합니다.

참고　0.1의 개수로 0.7+1.6 계산하기

　　0.7은 0.1이　7개
　+ 1.6은 0.1이 16개
　　0.1이 23개이면 2.3 ➜ 0.7+1.6=2.3

개념 2　소수 두 자리 수의 덧셈

소수점끼리 위치를 맞추어 쓰고, **소수 둘째 자리 수부터 같은 자리 수끼리** 더합니다.

같은 자리 수끼리의 합이 10이거나 10보다 크면 바로 윗자리로 받아올림합니다.

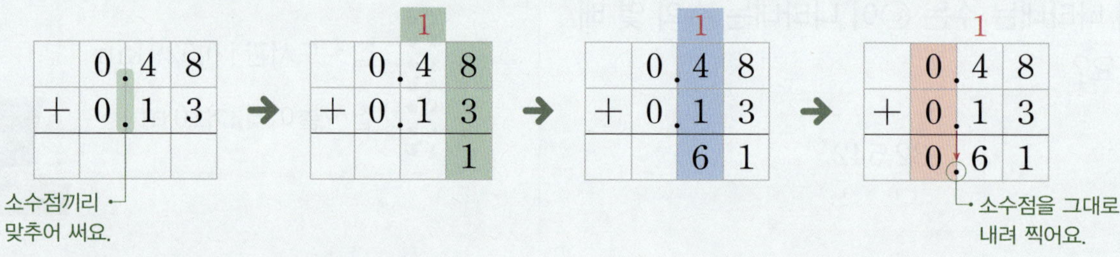

참고　(소수 두 자리 수)+(소수 한 자리 수)의 계산

1
　1.25
+2.90 → 2.9는 2.90과 같으므로
　4.15　　소수 끝자리 뒤에 0이 있다고 생각해요.

확 인　□ 안에 알맞은 수를 써넣으세요.

$$
\begin{array}{r}
4.8\ 1 \\
+\ 3.6\ 5 \\
\hline
\square
\end{array}
\ \rightarrow\
\begin{array}{r}
\square \\
4.8\ 1 \\
+\ 3.6\ 5 \\
\hline
\square\ \square
\end{array}
\ \rightarrow\
\begin{array}{r}
\square \\
4.8\ 1 \\
+\ 3.6\ 5 \\
\hline
\square.\square\ \square
\end{array}
$$

1 그림을 보고 □ 안에 알맞은 수를 써넣으세요.

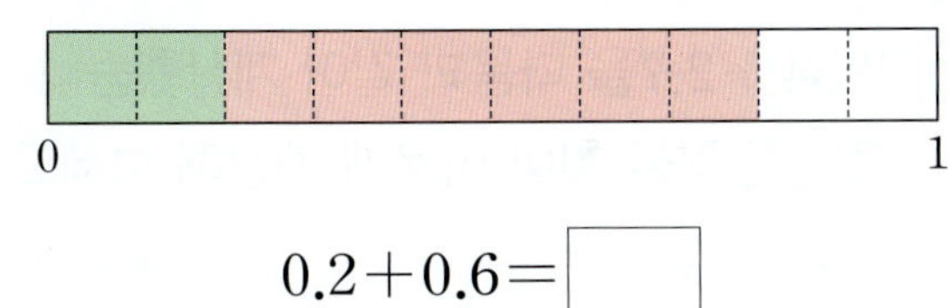

$$0.2+0.6=\boxed{}$$

2 전체 크기가 1인 모눈종이에 색칠된 그림을 보고 □ 안에 알맞은 수를 써넣으세요.

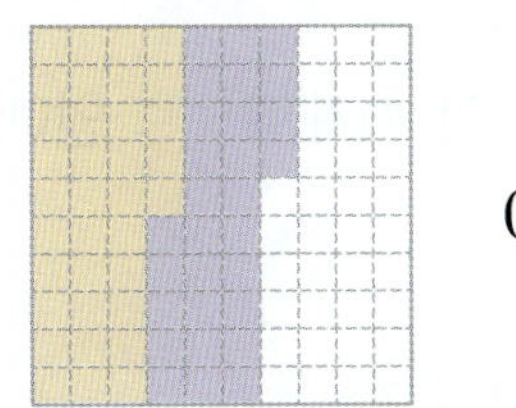

$$0.35+0.29=\boxed{}$$

3 □ 안에 알맞은 수를 써넣으세요.

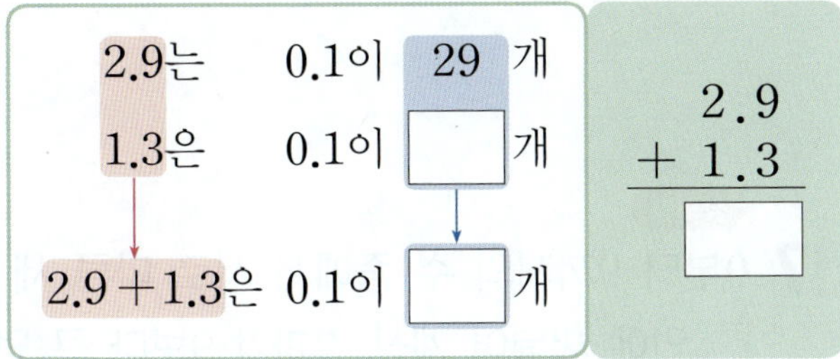

4 □ 안에 알맞은 수를 써넣으세요.

```
     □
   1 . 9   4
 + 1 . 2   5
 ─────────
   □ . □ □
```

5 2.3＋0.75를 계산하려고 합니다. 자리를 바르게 맞추어 쓴 것에 ◯표 하세요.

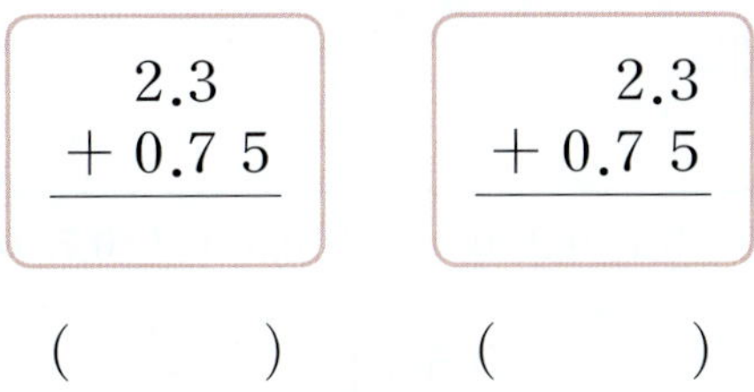

(　　　　)　　　(　　　　)

6 계산해 보세요.

(1)
```
   3 . 6
 + 2 . 3
```

(2)
```
   1 . 4 2
 + 0 . 9 1
```

(3) 2.8＋2.9

(4) 1.58＋2.14

7 다은이가 말한 덧셈의 계산 결과를 찾아 색칠해 보세요.

| 3.11 | 4.11 | 4.21 |

01 수직선을 보고 □ 안에 알맞은 수를 써넣으세요.

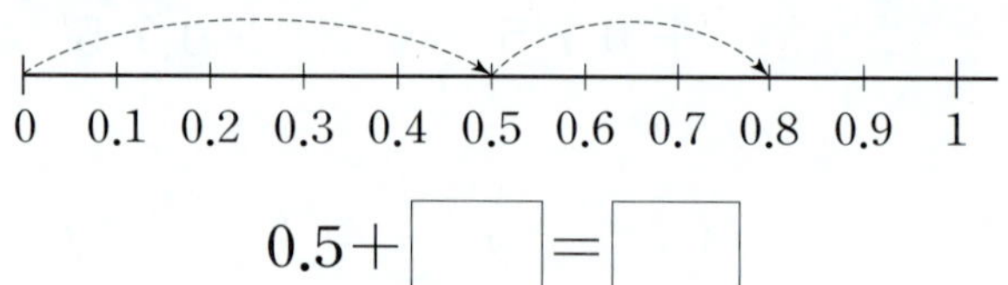

$$0.5+\boxed{}=\boxed{}$$

02 빈칸에 알맞은 수를 써넣으세요.

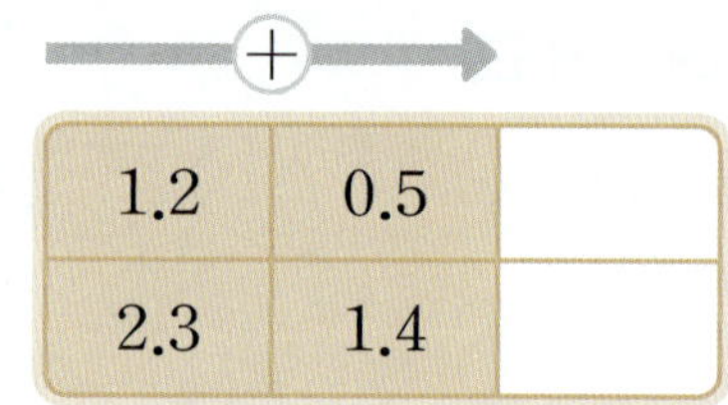

| 1.2 | 0.5 | |
| 2.3 | 1.4 | |

03 계산 결과가 더 작은 것에 ○표 하세요.

| $\begin{array}{r} 0.4\,5 \\ +\ 0.2\,9 \\ \hline \end{array}$ | $\begin{array}{r} 0.3\,1 \\ +\ 0.4\,1 \\ \hline \end{array}$ |

(   )   (   )

04 설명하는 수보다 1.5만큼 더 큰 수를 구해 보세요.

> 1이 4개, 0.1이 2개, 0.01이 5개인 수

(   )

05 $3.54+2.7$을 다음과 같이 계산했습니다. 잘못 계산한 곳을 찾아 바르게 계산해 보세요.

$$\begin{array}{r} 3.5\,4 \\ +\ \ 2.7 \\ \hline 3.8\,1 \end{array} \qquad \rightarrow$$

(바른 계산)

06 계산 결과가 큰 것부터 차례로 ○ 안에 1, 2, 3을 써넣으세요.

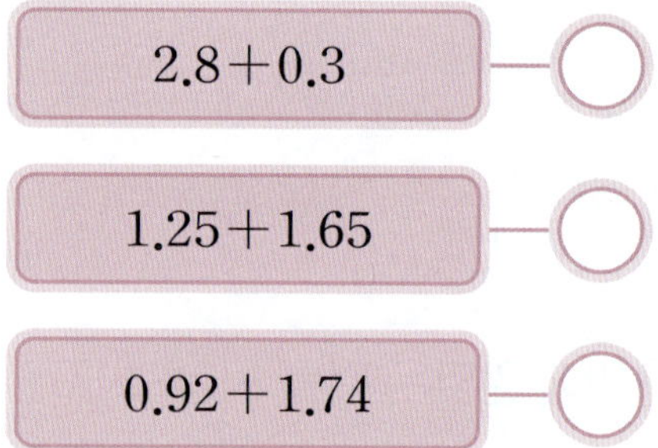

창의형

07 0부터 9까지의 수 중에서 서로 다른 세 수를 □ 안에 써넣어 계산 결과가 9보다 큰 덧셈식을 만들고, 계산해 보세요.

$$\boxed{}.3+\boxed{}.\boxed{}$$

(   )

08 물을 진영이는 1.1 L 마셨고, 현수는 진영이보다 0.6 L 더 많이 마셨습니다. 진영이와 현수가 마신 물은 모두 몇 L인가요?

(   )

서술형 문제

09 유준이와 소율이가 말하는 두 소수의 합을 구해 보세요.

( )

10 그림과 같이 길이가 다른 두 막대를 겹치지 않게 이어 붙였습니다. 이어 붙인 막대의 전체 길이는 몇 m인가요?

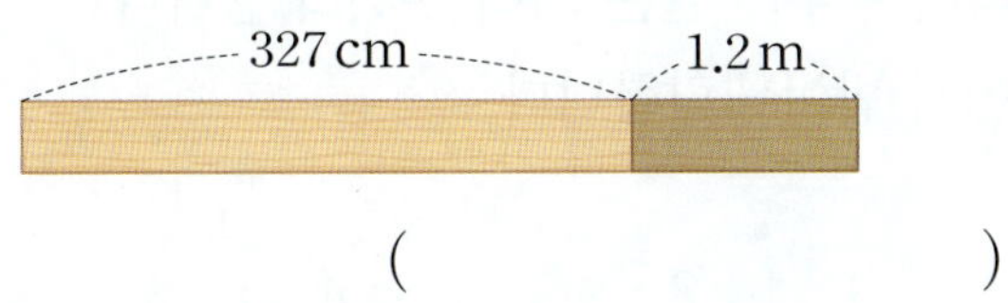

( )

11 집에서 학교까지 가는 길을 나타낸 것입니다. 은행과 우체국 중 어느 곳을 지나서 가는 길이 더 가까운가요?

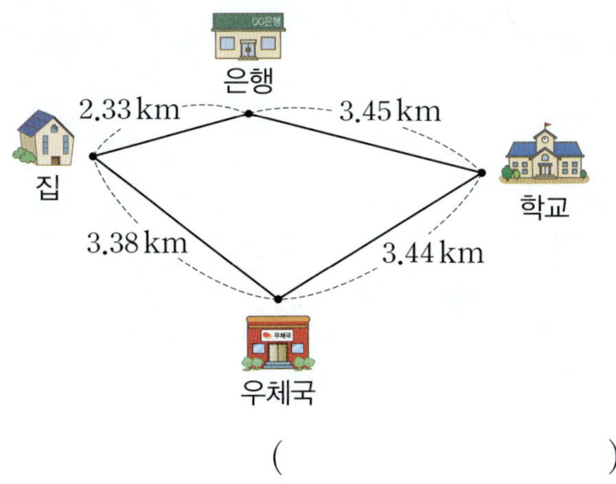

( )

12 4장의 카드를 한 번씩 모두 사용하여 소수 한 자리 수를 만들려고 합니다. 만들 수 있는 가장 큰 소수와 가장 작은 소수의 합은 얼마인지 풀이 과정을 쓰고, 답을 구해 보세요.

| 1 | 3 | 4 | . |

❶ 만들 수 있는 가장 큰 소수 한 자리 수는 ☐☐.☐이고, 가장 작은 소수 한 자리 수는 ☐☐.☐입니다.

❷ 따라서 만들 수 있는 가장 큰 소수와 가장 작은 소수의 합은 ☐ + ☐ = ☐입니다.

답 ____________

13 4장의 카드를 한 번씩 모두 사용하여 소수 두 자리 수를 만들려고 합니다. 만들 수 있는 가장 큰 소수와 가장 작은 소수의 합은 얼마인지 풀이 과정을 쓰고, 답을 구해 보세요.

| 2 | 7 | 5 | . |

____

____

____

____

답 ____________

학습 결과에 색칠하세요. 

개념 1 　소수 한 자리 수의 뺄셈

소수점끼리 위치를 맞추어 쓰고, **소수 첫째 자리 수부터 같은 자리 수끼리** 뺍니다.

소수 첫째 자리 수끼리 뺄 수 없으면 일의 자리에서 받아내림합니다.

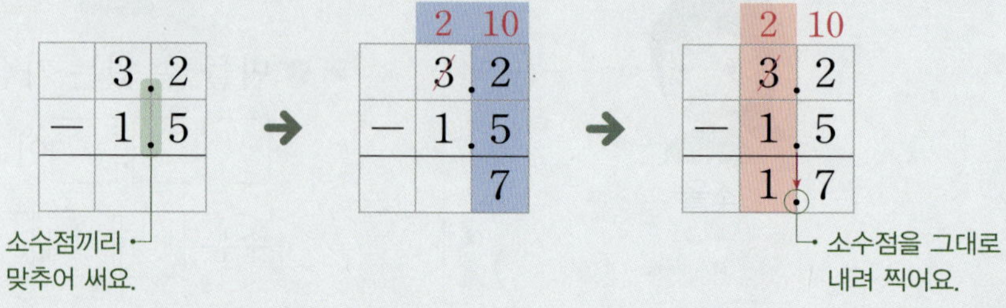

> **참고**　0.1의 개수로 3.2−1.5 계산하기
>
> 　　　3.2는 0.1이 32개
> 　− 1.5는 0.1이 15개
> 　─────────────
> 　　0.1이 17개이면 1.7 ➡ 3.2−1.5＝1.7

개념 2 　소수 두 자리 수의 뺄셈

소수점끼리 위치를 맞추어 쓰고, **소수 둘째 자리 수부터 같은 자리 수끼리** 뺍니다.

같은 자리 수끼리 뺄 수 없으면 바로 윗자리에서 받아내림합니다.

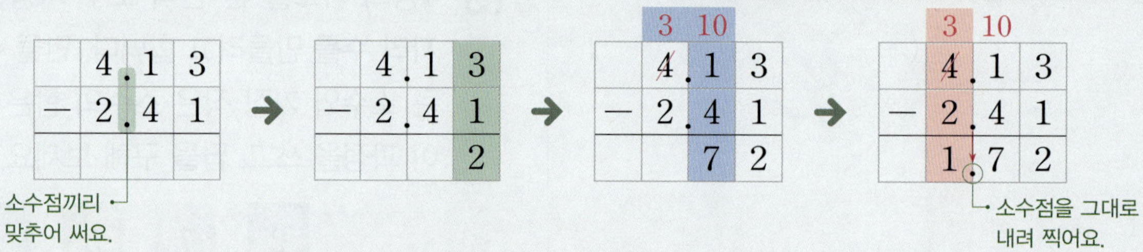

> **참고**　(소수 한 자리 수)−(소수 두 자리 수)의 계산
>
>

확인　□ 안에 알맞은 수를 써넣으세요.

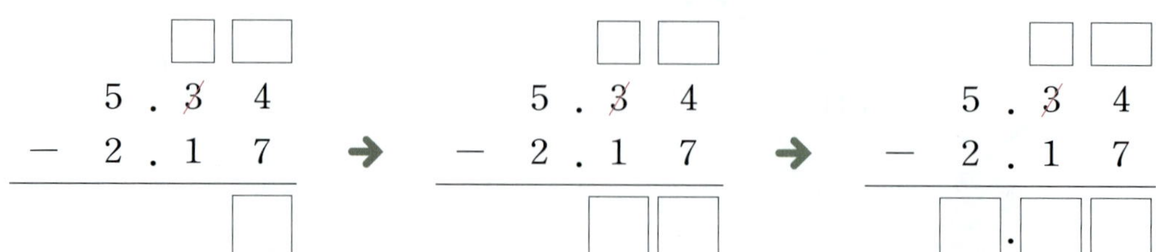

1 그림을 보고 □ 안에 알맞은 수를 써넣으세요.

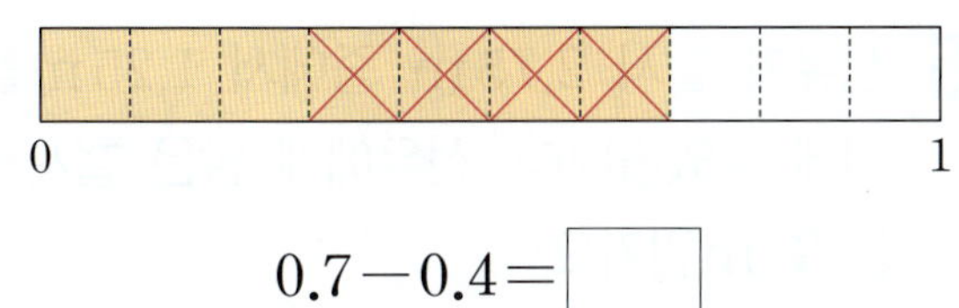

$$0.7 - 0.4 = \boxed{}$$

2 수직선을 보고 □ 안에 알맞은 수를 써넣으세요.

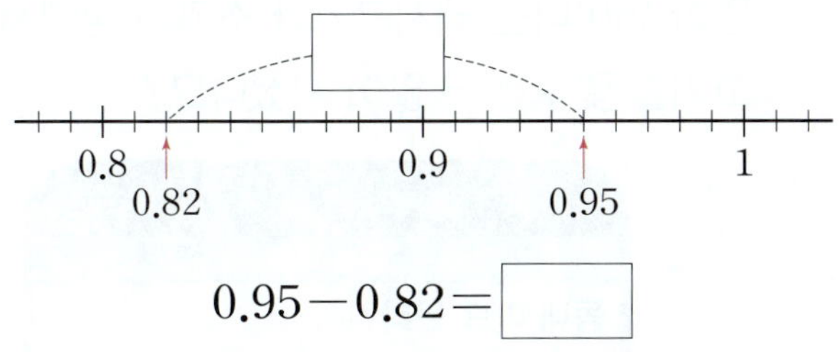

$$0.95 - 0.82 = \boxed{}$$

3 □ 안에 알맞은 수를 써넣으세요.

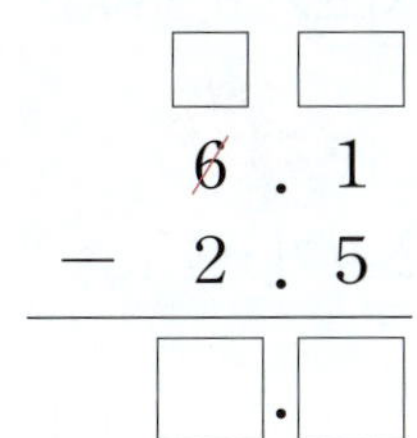

4 □ 안에 알맞은 수를 써넣으세요.

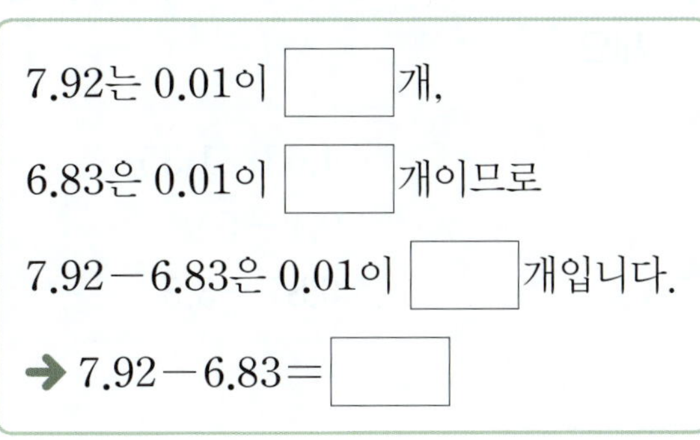

5 소수점의 위치를 맞추어 세로로 쓰고, 계산해 보세요.

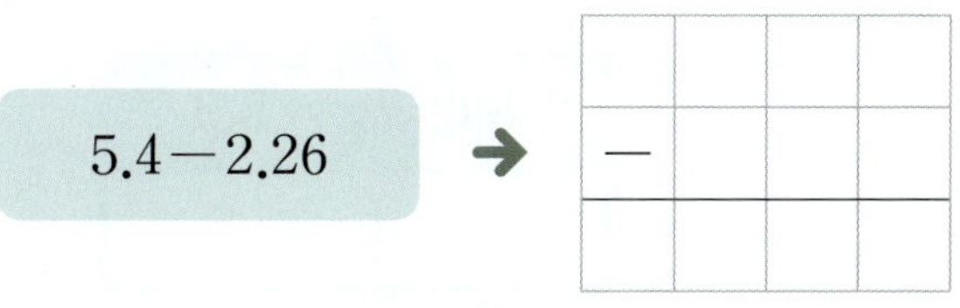

6 계산해 보세요.

(1)
$$\begin{array}{r} 6.9 \\ -\ 4.7 \\ \hline \end{array}$$

(2)
$$\begin{array}{r} 6.5\,7 \\ -\ 1.8\,4 \\ \hline \end{array}$$

(3) $5.3 - 2.9$

(4) $3.11 - 1.69$

7 계산이 맞으면 ○표, 틀리면 ×표 하세요.

(1)
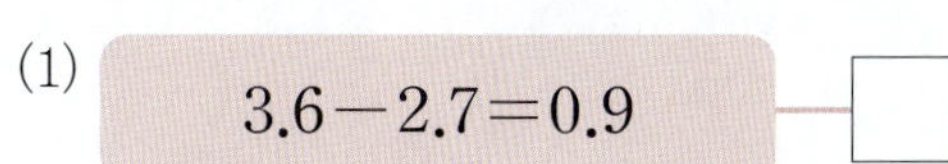

(2)
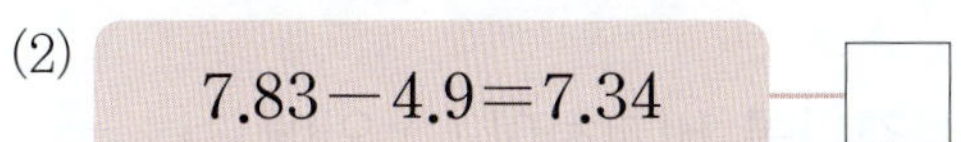

01 빈칸에 두 소수의 차를 써넣으세요.

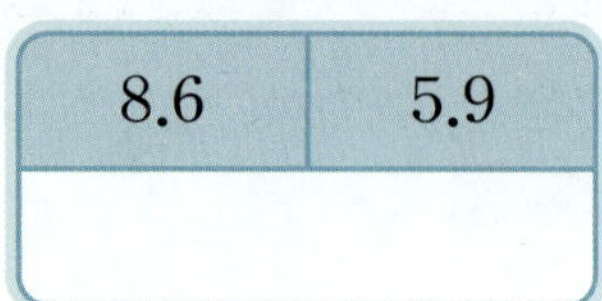

8.6	5.9

02 계산 결과가 2.43인 것의 기호를 써 보세요.

> ㉠ $10.72 - 8.19$
> ㉡ $7.45 - 5.02$

(   )

03 계산 결과가 같은 것끼리 이어 보세요.

$0.9 - 0.5$	•	•	$0.79 - 0.48$
$0.5 - 0.3$	•	•	$0.93 - 0.73$
$0.83 - 0.52$	•	•	$0.7 - 0.3$

04 계산 결과를 비교하여 ◯ 안에 >, =, <를 알맞게 써넣으세요.

$$2.5 - 0.7 \bigcirc 3.1 - 1.2$$

05 선유가 철사 $2.75\,\text{m}$ 중에서 $1.25\,\text{m}$를 동생에게 주었습니다. 선유에게 남은 철사의 길이는 몇 m인가요?

(   )

06 민하 어머니의 온라인 마트 구매 내역입니다. 민하 어머니는 돼지고기와 소고기 중에서 어떤 고기를 몇 kg 더 많이 사셨나요?

(   ), (   )

07 계산 결과가 큰 것부터 차례로 기호를 써 보세요.

> ㉠ $4.62 - 1.35$
> ㉡ $9.1 - 5.9$
> ㉢ $6.87 - 3.5$

(   )

08 수직선을 보고 ㉠과 ㉡에 알맞은 소수의 차를 구해 보세요.

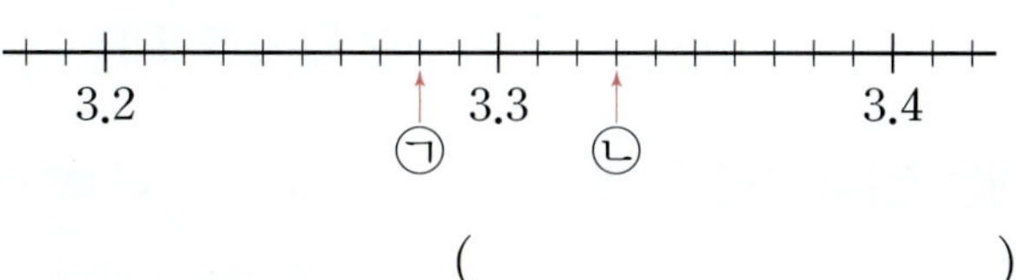

(   )

창의형

09 현우와 친구들이 종이비행기를 날린 거리입니다. 두 사람을 골라 날린 거리를 비교해 보세요.

종이비행기를 날린 거리

현우	지호	수아
5.2 m	3.64 m	4.18 m

[   ]는 [   ]보다

[   ] m 더 멀리 날렸습니다.

10 두 수의 차를 구해 보세요.

> 1이 5개, 0.1이 4개인 수

> 0.1이 25개인 수

(   )

11 □ 안에 알맞은 수를 써넣으세요.

$$
\begin{array}{r}
9\,.\,\square\;2 \\
-\;\square\,.\,5\;3 \\
\hline
2\,.\,8\;\square
\end{array}
$$

12 1부터 9까지의 수 중에서 ■에 들어갈 수 있는 수를 모두 구하려고 합니다. 풀이 과정을 쓰고, 답을 구해 보세요.

$$3.5-1.9<1.\blacksquare$$

❶ $3.5-1.9=$ [   ] 에서 [   ] $<1.\blacksquare$ 이므로 ■에는 [   ] 보다 큰 수가 들어갈 수 있습니다.

❷ 따라서 ■에 들어갈 수 있는 수는
[   ], [   ], [   ] 입니다.

답 ________________

13 식이 적혀 있는 카드에 물감이 묻어 일부가 보이지 않습니다. 1부터 9까지의 수 중에서 보이지 않는 부분에 들어갈 수 있는 수를 모두 구하려고 합니다. 풀이 과정을 쓰고, 답을 구해 보세요.

$$0.72-0.38>0.3\blacksquare$$

____

____

____

____

____

답 ________________

학습 결과에 색칠하세요.   

1 어떤 수를 이용하여 구하기

어떤 수의 $\dfrac{1}{10}$ 은 1.564입니다. 어떤 수의 100배는 얼마인지 구해 보세요.

1단계 어떤 수 구하기

(   )

2단계 어떤 수의 100배 구하기

(   )

문제해결 TIP

어떤 수의 $\dfrac{1}{10}$ 이 ■이면 어떤 수는 ■의 10배예요.

1-1 어떤 수의 10배는 6284입니다. 어떤 수의 $\dfrac{1}{100}$ 은 얼마인지 구해 보세요.

(   )

1-2 ㉠은 ㉡의 몇 배인지 구해 보세요.

> • ㉠의 $\dfrac{1}{100}$ 은 2.71입니다.
> • ㉡의 10배는 2.14보다 0.57만큼 더 큽니다.

(   )

㉠과 ㉡을 각각 구한 다음 ㉠은 ㉡에서 소수점을 기준으로 수가 왼쪽으로 몇 자리 이동했는지 확인해.

2 빈 상자의 무게 구하기

똑같은 인형 14개가 들어 있는 상자의 무게를 재어 보니 4.47 kg이었습니다. 이 상자에서 인형 7개를 뺀 다음 다시 무게를 재어 보니 2.51 kg이었습니다. 빈 상자의 무게는 몇 kg인지 구해 보세요.

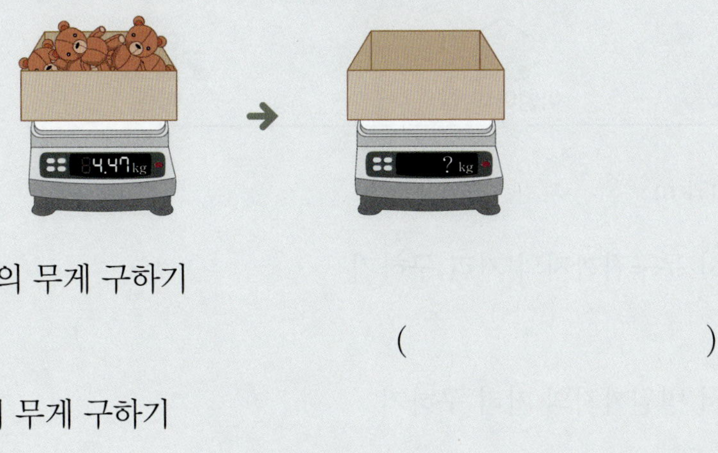

1단계 인형 7개의 무게 구하기

( )

2단계 빈 상자의 무게 구하기

( )

3
단원
6회

2-1 똑같은 동화책 12권이 들어 있는 상자의 무게를 재어 보니 6.83 kg이었습니다. 이 상자에서 동화책 6권을 뺀 다음 다시 무게를 재어 보니 3.59 kg이었습니다. 빈 상자의 무게는 몇 kg인지 구해 보세요.

( )

2-2 똑같은 축구공 15개가 들어 있는 상자의 무게를 재어 보니 7.27 kg이었습니다. 이 상자에서 축구공 5개를 뺀 다음 다시 무게를 재어 보니 5.17 kg이었습니다. 빈 상자의 무게는 몇 kg인지 구해 보세요.

( )

3 주어진 거리 구하기

아영이네 집에서 병원까지의 거리는 아영이네 집에서 문구점까지의 거리보다 0.3 km 더 멉니다. 아영이네 집에서 병원까지의 거리는 몇 km인지 구해 보세요.

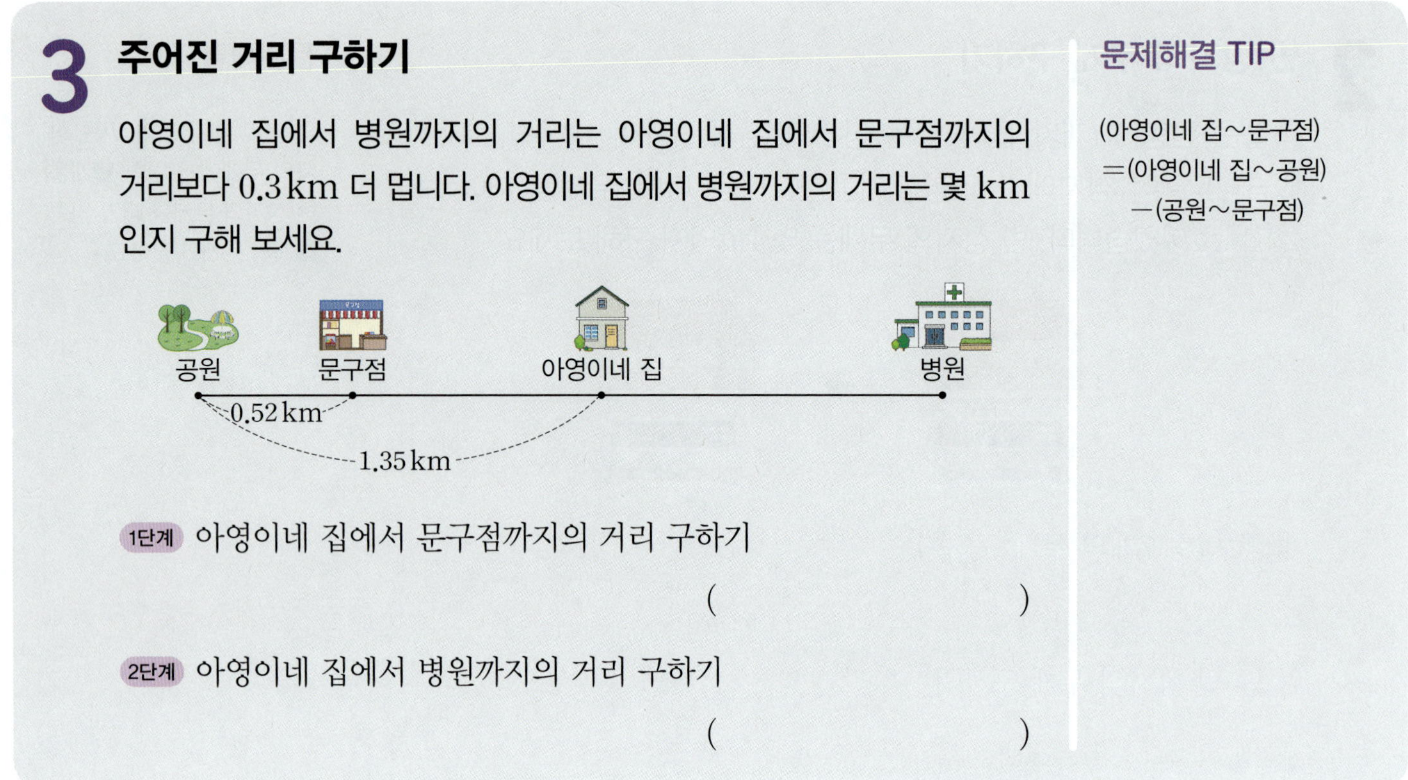

1단계 아영이네 집에서 문구점까지의 거리 구하기

(   )

2단계 아영이네 집에서 병원까지의 거리 구하기

(   )

3-1 ㉡에서 ㉣까지의 거리는 ㉮에서 ㉯까지의 거리보다 0.9 km 더 가깝습니다. ㉡에서 ㉣까지의 거리는 몇 km인지 구해 보세요.

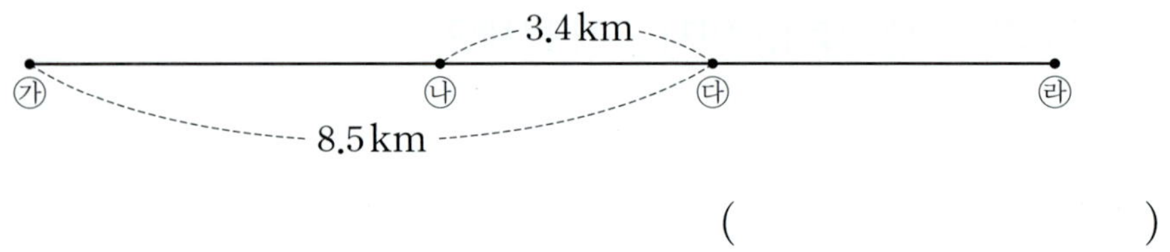

(   )

3-2 학교에서 도서관까지의 거리는 몇 km인지 구해 보세요.

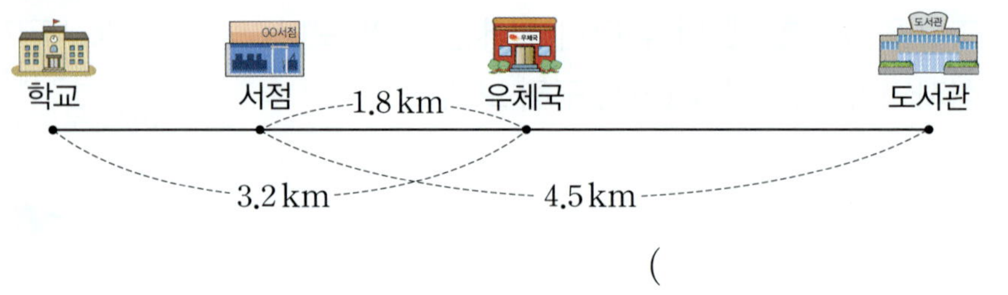

(   )

4 바르게 계산한 값 구하기

어떤 수에서 2.7을 빼야 할 것을 잘못하여 더했더니 8.21이 되었습니다. 바르게 계산한 값을 구해 보세요.

1단계 어떤 수 구하기

(   )

2단계 바르게 계산한 값 구하기

(   )

문제해결 TIP

먼저 어떤 수를 □라고 하여 잘못 계산한 식을 세운 후 □의 값을 구해요.

3 단원 **6회**

4-1 어떤 수에 5.02를 더해야 할 것을 잘못하여 5.2를 더했더니 10.1이 되었습니다. 바르게 계산한 값을 구해 보세요.

(   )

4-2 도현이의 말을 읽고 바르게 계산한 값과 잘못 계산한 값의 차를 구해 보세요.

(   )

학습 결과에 색칠하세요.   

01 전체 크기가 1인 모눈종이에 색칠된 부분의 크기를 소수로 나타내고, 읽어 보세요.

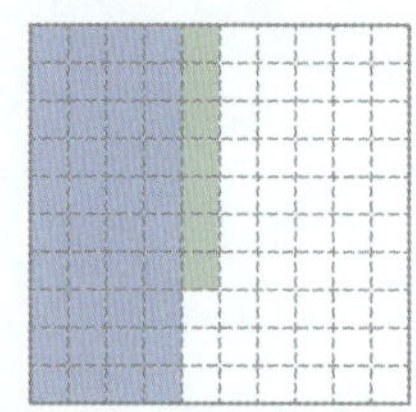

소수	읽기

02 □ 안에 알맞은 수를 써넣으세요.

1   이 2개
0.1   이 5개
0.01 이 7개   인 수는 □ 입니다.
0.001이 6개

03 수직선을 보고 □ 안에 알맞은 수를 써넣으세요.

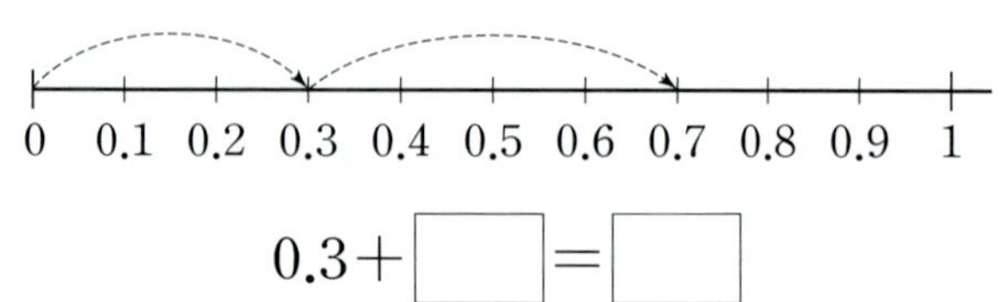

$0.3 +$ □ $=$ □

04 □ 안에 알맞은 수를 써넣으세요.

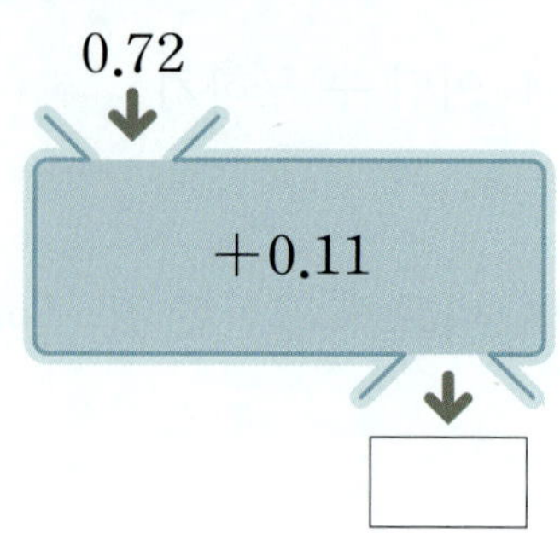

05 계산해 보세요.

$$\begin{array}{r} 3.5\,4 \\ -\ 1.7\,8 \\ \hline \end{array}$$

06 그림을 보고 □ 안에 알맞은 수를 써넣으세요.

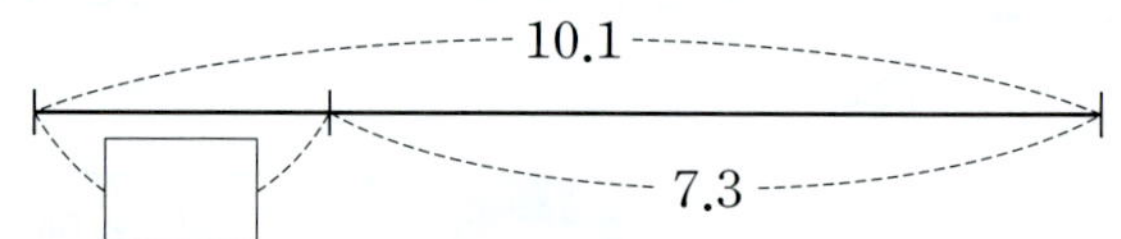

07 숫자 6이 0.06을 나타내는 수는 어느 것인가요? (   )

① 6.045   ② 4.267   ③ 0.601
④ 15.68   ⑤ 9.326

08 빈칸에 알맞은 수를 써넣으세요.

0.01	0.1	1	10	100
		25		
		17.6		

09 계산 결과를 비교하여 ○ 안에 >, =, <를 알맞게 써넣으세요.

$$13.2-6.8 \bigcirc 4.7+2.35$$

10 빈칸에 알맞은 수를 써넣으세요.

+		
5.4	3.5	
2.2	1.9	

11 바르게 나타낸 것을 찾아 ○표 하세요.

83 cm = 0.083 m (   )

12 m = 0.012 km (   )

99 mm = 0.99 cm (   )

12 지윤이가 물을 어제는 1.8 L 마셨고, 오늘은 2.5 L 마셨습니다. 지윤이가 어제와 오늘 마신 물은 모두 몇 L인가요?

(   )

13 계산을 하고, 계산 결과가 작은 것부터 차례로 □ 안에 1, 2, 3을 써넣으세요.

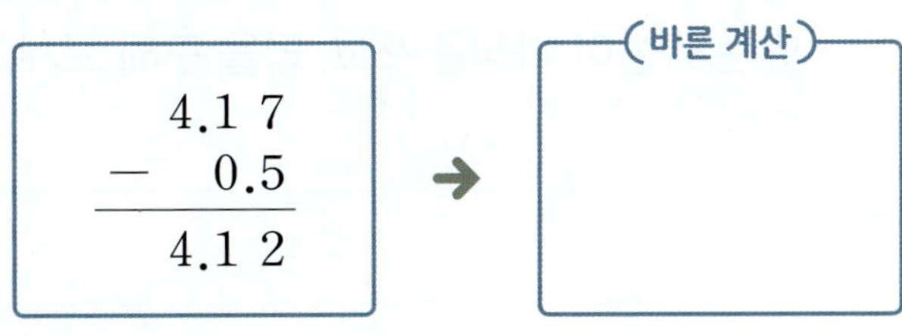

$1.06 \\ +0.43$	$3.25 \\ -1.83$	$0.98 \\ +0.72$
□	□	□

서술형

14 4.17−0.5를 다음과 같이 계산했습니다. 잘못 계산한 곳을 찾아 이유를 쓰고, 바르게 계산해 보세요.

$$\begin{array}{r} 4.1\,7 \\ -\quad 0.5 \\ \hline 4.1\,2 \end{array}$$

→ (바른 계산)

이유 ____________________

____

15 2.6과 같은 수를 모두 찾아 기호를 써 보세요.

> ㉠ 26의 $\dfrac{1}{10}$ ㉡ 2.6의 $\dfrac{1}{100}$
> ㉢ 2.6의 10배   ㉣ 0.026의 100배

(   )

16 ㉠이 나타내는 수는 ㉡이 나타내는 수의 몇 배인가요?

$$41.\underset{㉠}{6}\underset{㉡}{1}5$$

(   )

17 방울토마토를 준영이는 1.59 kg 땄고, 은수는 1700 g 땄습니다. 누가 방울토마토를 더 많이 땄는지 풀이 과정을 쓰고, 답을 구해 보세요.

____

____

____

답 ______________________________

18 현태네 집에서부터 공원, 도서관, 수영장까지의 거리를 나타낸 것입니다. 공원, 도서관, 수영장 중 현태네 집에서 가까운 곳부터 차례로 써 보세요.

현태네 집 ~ 공원	0.587 km
현태네 집 ~ 도서관	132 m
현태네 집 ~ 수영장	1.05 km

(   )

19 수진이와 준호가 생각하는 소수의 합을 구해 보세요.

> • 수진: 내가 생각하는 소수는 0.1이 34개인 수야.
> • 준호: 내가 생각하는 소수는 일의 자리 숫자가 7이고, 소수 첫째 자리 숫자가 5인 소수 한 자리 수야.

(   )

20 4장의 카드를 한 번씩 모두 사용하여 소수 두 자리 수를 만들려고 합니다. 만들 수 있는 가장 큰 소수와 가장 작은 소수의 차를 구해 보세요.

(   )

21 □ 안에 알맞은 수를 써넣으세요.

$$
\begin{array}{r}
\square\,.\,8\;\;2 \\
+\;\;3\,.\,\square\;\;4 \\
\hline
9\,.\,5\;\square
\end{array}
$$

22 길이가 16.7 cm인 색 테이프 2장을 3.5 cm만큼 겹쳐서 이어 붙였습니다. 이어 붙인 색 테이프의 전체 길이는 몇 cm인가요?

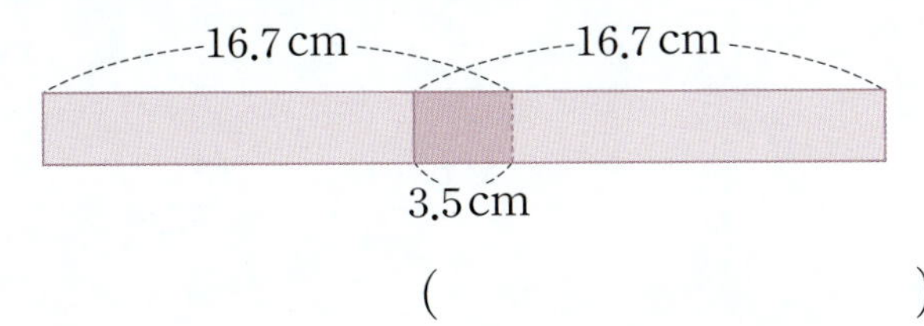

( )

23 어떤 수에 2.78을 더해야 할 것을 잘못하여 뺐더니 5.36이 되었습니다. 바르게 계산한 값을 구해 보세요.

( )

7가지 기술을 정해진 시간 안에 맞춰 연기하는 프로그램

| **24~25** | 피겨 스케이팅 **쇼트 프로그램**에서 두 선수의 점수를 나타낸 것입니다. 물음에 답하세요.

A 선수		B 선수	
기술 점수	36.32점	기술 점수	37.18점
예술 점수	36.49점	예술 점수	37.15점

3 단원 **7**회

24 A 선수와 B 선수의 점수를 보고 알맞은 말에 ○표 하세요.

- A 선수는 (기술 , 예술) 점수를 더 높게 받았습니다.
- B 선수는 (기술 , 예술) 점수를 더 높게 받았습니다.

25 쇼트 프로그램 점수는 기술 점수와 예술 점수를 더해 나타냅니다. A 선수와 B 선수의 쇼트 프로그램 점수의 차는 몇 점인지 풀이 과정을 쓰고, 답을 구해 보세요.

답 ____________

학습 결과에 색칠하세요. 

4 사각형

● 이번에 배울 내용

끼다

뜻 곁에 두거나 가까이 하다.

예 지하철역에서 나와 왼쪽으로 걷다가 도서관을 **끼고** 돌아 쭉 걸으면 학교가 나와요.

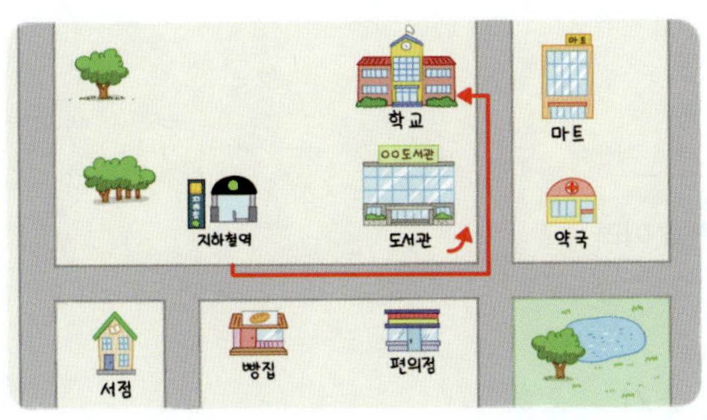

세계유산 / 95쪽

뜻 '유네스코'라는 기관의 목록에 등록된 세계적으로 보호할 만한 사물 또는 문화

예 고창, 화순, 강화에 있는 고인돌 유적은 2000년에 **세계유산**으로 지정되었어요.

마주 보다

뜻 서로를 향하여 보다.

예 서로 얼굴을 **마주 보고** 이야기를 나누었어요.

이웃하다

뜻 나란히 또는 가까이 붙어 있다.

예 서로 **이웃한** 지우네 집과 소미네 집은 한 가족처럼 친하게 지내고 있어요.

개념 1 수직과 수선

- 두 직선이 만나서 이루는 각이 **직각**일 때, 두 직선은 서로 **수직**이라고 합니다.
- 두 직선이 **서로 수직**으로 만나면 한 직선을 다른 직선에 대한 **수선**이라고 합니다.
  └▸ '수직인 직선'을 줄인 말

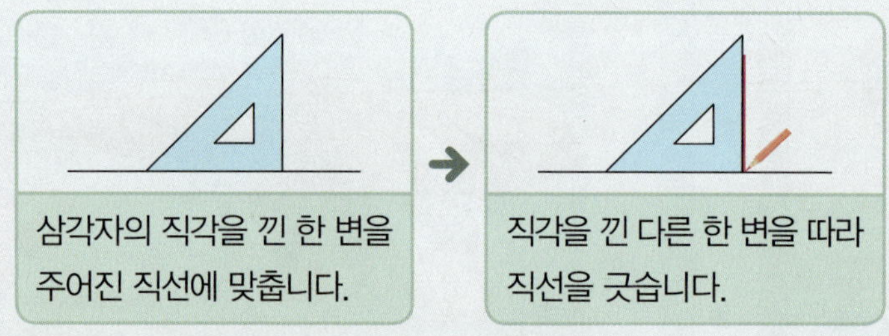

➜ 직선 가는 직선 나에 대한 수선이고, 직선 나는 직선 가에 대한 수선입니다.

개념 2 수선 긋기

- 삼각자를 이용하여 주어진 직선에 대한 수선 긋기

삼각자의 직각을 낀 한 변을 주어진 직선에 맞춥니다.	직각을 낀 다른 한 변을 따라 직선을 긋습니다.

- 각도기를 이용하여 주어진 직선에 대한 수선 긋기

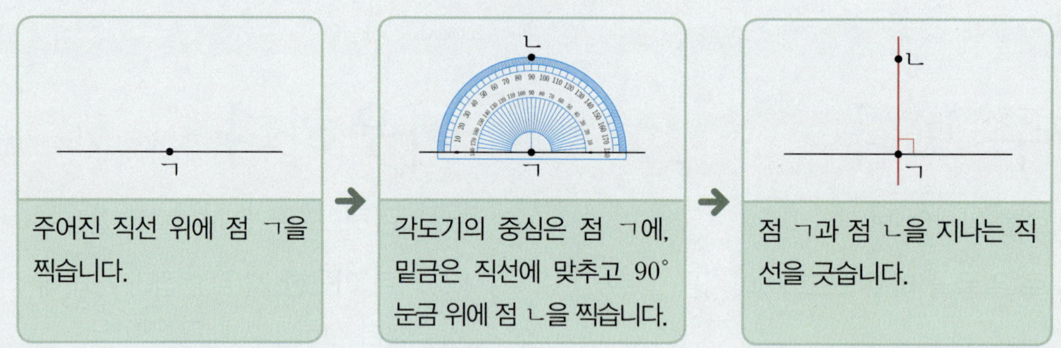

주어진 직선 위에 점 ㄱ을 찍습니다.	각도기의 중심은 점 ㄱ에, 밑금은 직선에 맞추고 90° 눈금 위에 점 ㄴ을 찍습니다.	점 ㄱ과 점 ㄴ을 지나는 직선을 긋습니다.

> **참고**
> - 한 직선에 대한 수선은 셀 수 없이 많이 그을 수 있습니다.
> - 한 점을 지나고 한 직선에 수직인 직선은 1개만 그을 수 있습니다.

확인 그림을 보고 ☐ 안에 알맞은 말을 써넣으세요.

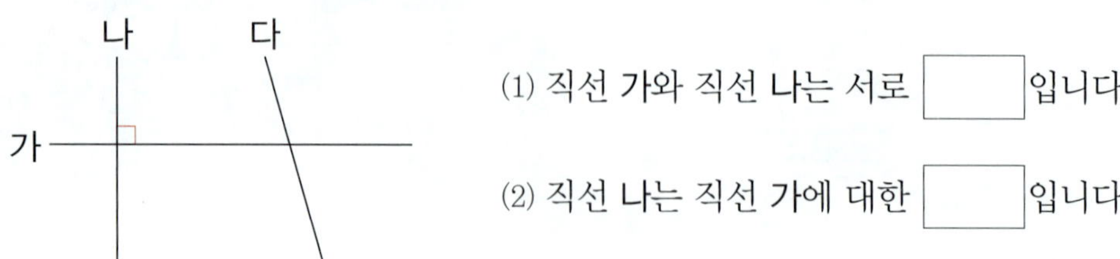

⑴ 직선 가와 직선 나는 서로 ☐ 입니다.

⑵ 직선 나는 직선 가에 대한 ☐ 입니다.

1 두 직선이 만나서 이루는 각이 직각인 곳을 모두 찾아 └ 로 표시해 보세요.

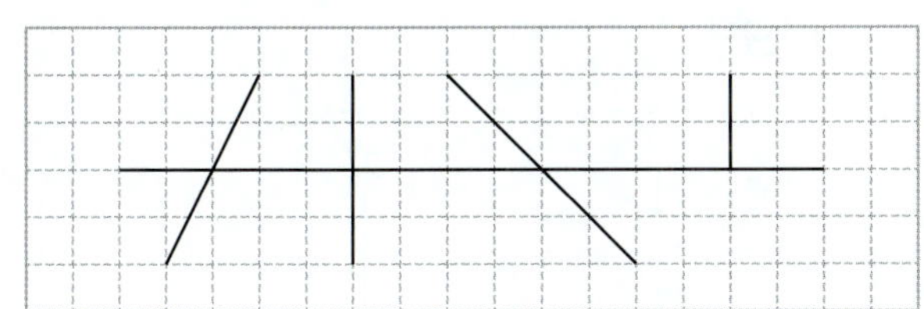

2 두 직선이 서로 수직인 것을 찾아 ○표 하세요.

(   )   (   )   (   )

3 그림을 보고 물음에 답하세요.

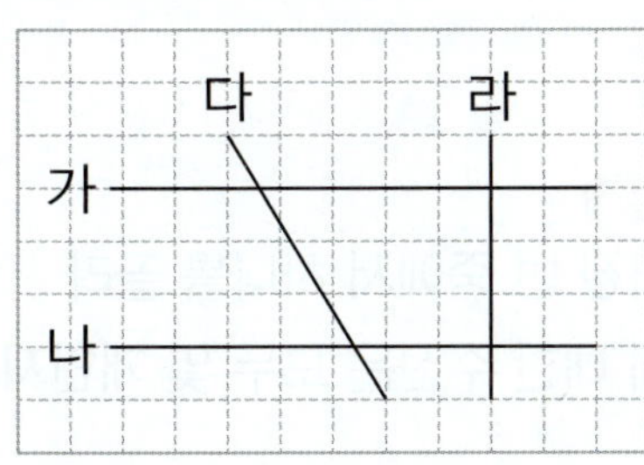

(1) 직선 가에 수직인 직선을 찾아 써 보세요.

(   )

(2) 직선 라에 대한 수선을 모두 찾아 써 보세요.

(   )

4 삼각자를 이용하여 직선 가에 대한 수선을 바르게 그은 사람은 누구인가요?

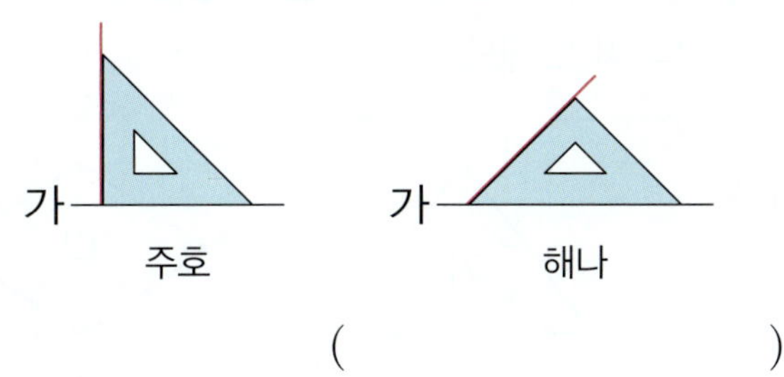

(   )

5 자를 이용하여 주어진 직선에 대한 수선을 그어 보세요.

(1)   (2)

6 각도기를 이용하여 직선 가에 대한 수선을 그으려고 합니다. 점 ㄱ과 어느 점을 이어야 할까요? (   )

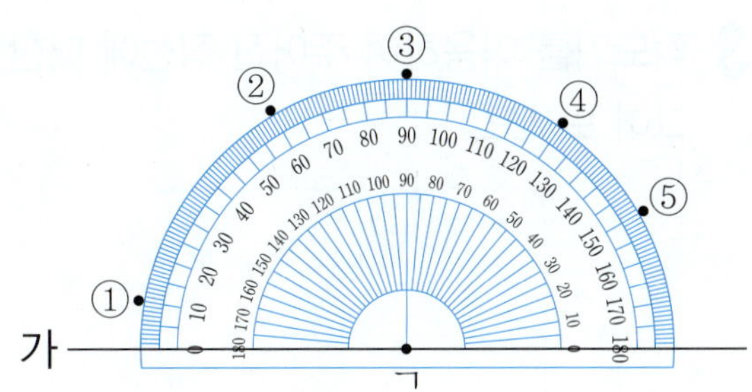

01 서로 수직인 변이 있는 도형을 모두 찾아 기호를 써 보세요.

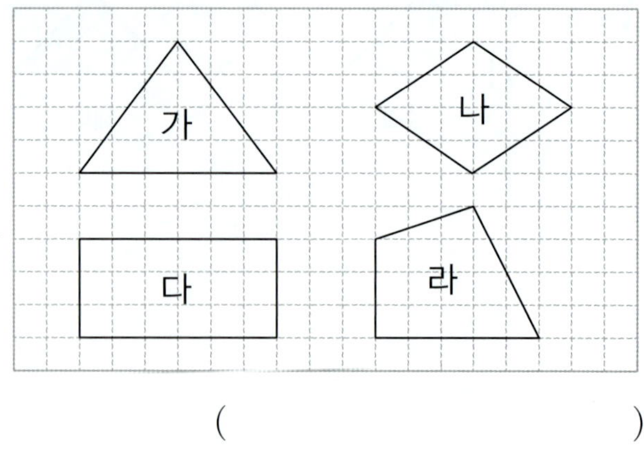

(   )

02 직선 가에 대한 수선을 모두 찾아 써 보세요.

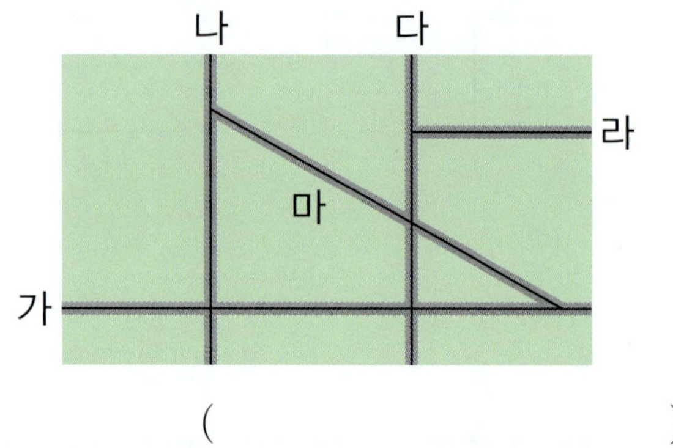

(   )

03 각도기를 이용하여 주어진 직선에 대한 수선을 그어 보세요.

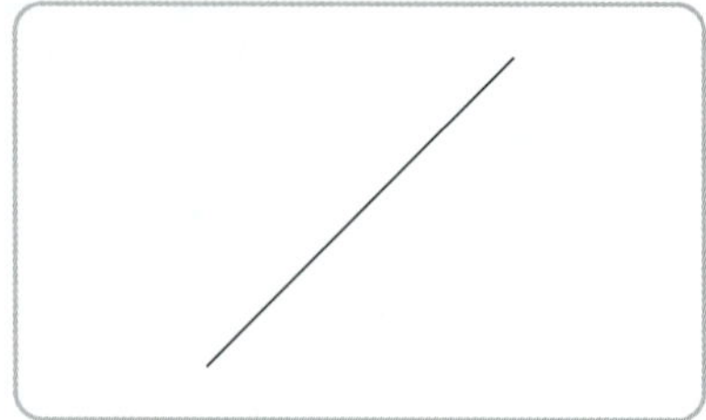

04 직선 가에 대한 수선은 모두 몇 개 그을 수 있나요?

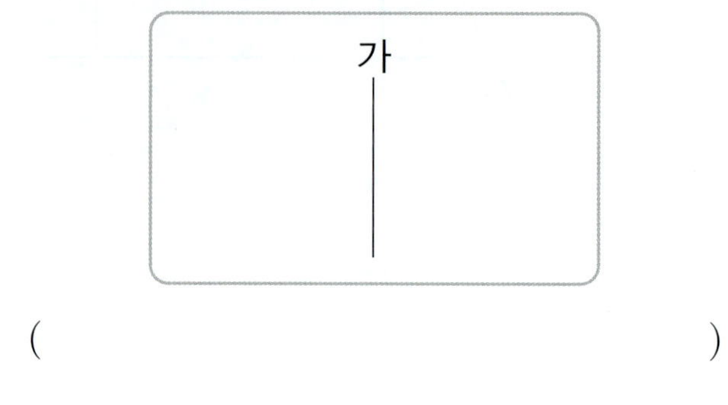

(   )

05 삼각자를 이용하여 점 ㄱ을 지나고 직선 가에 수직인 직선을 그어 보세요.

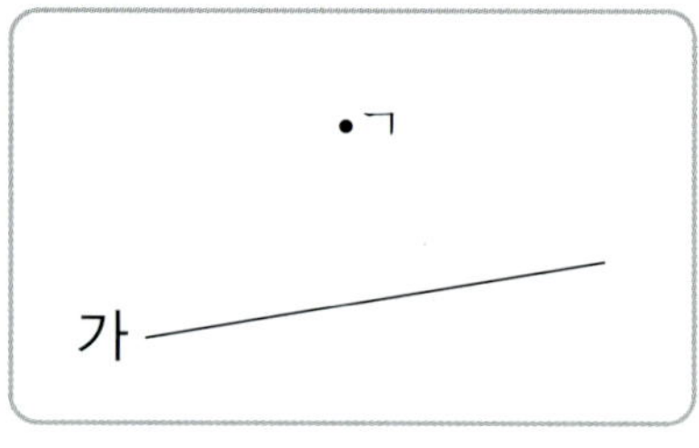

창의형

06 주어진 변 중에서 하나를 골라 ◯표 하고, 고른 변에 대한 수선은 모두 몇 개인지 알아보세요.

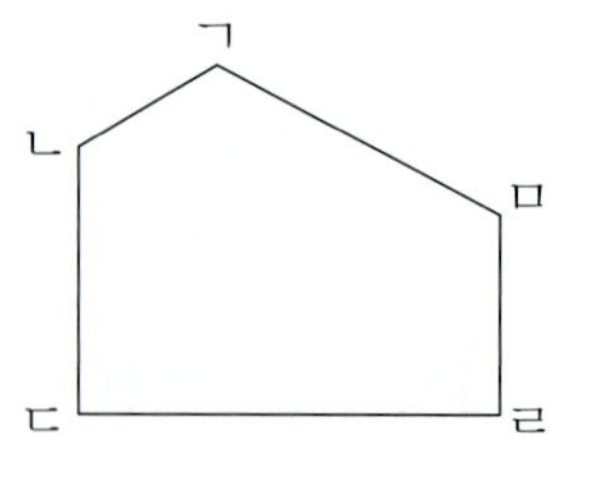

(변 ㄴㄷ , 변 ㄷㄹ , 변 ㅁㄹ)

➜ 수선은 모두 ☐ 개입니다.

07 그림을 보고 잘못 설명한 것을 찾아 기호를 써 보세요.

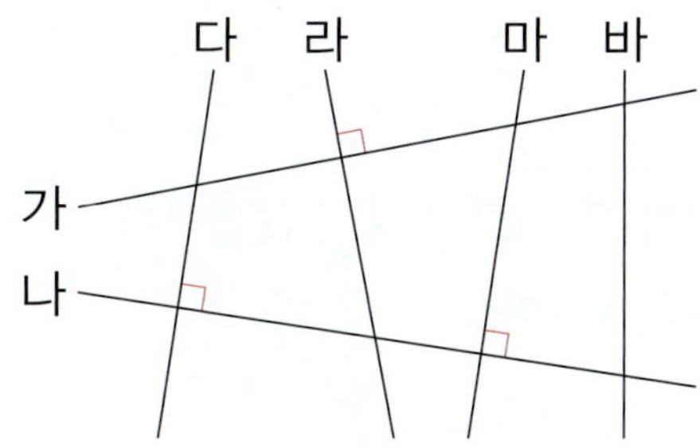

> ㉠ 직선 라는 직선 가에 대한 수선입니다.
> ㉡ 직선 나와 수직인 직선은 직선 다와 직선 마입니다.
> ㉢ 직선 나에 대한 수선은 1개입니다.

( )

디지털 문해력

08 승우가 올린 온라인 게시물입니다. 게시물에 달린 질문에 알맞게 답해 보세요.

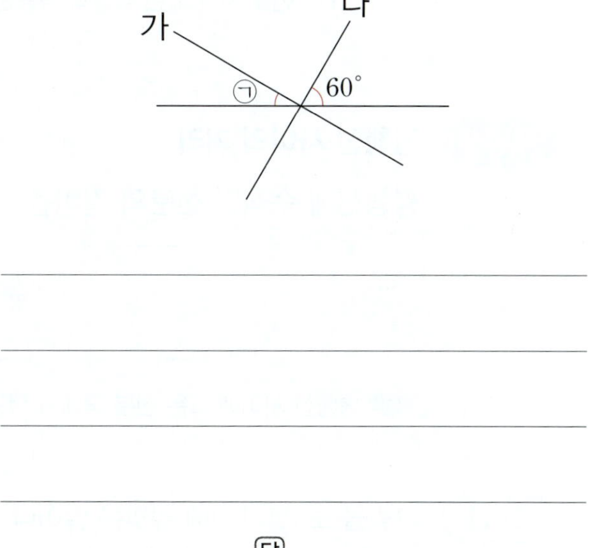

┗ 승우: ____________________

09 직선 가는 직선 나에 대한 수선입니다. ㉠의 각도는 몇 도인지 풀이 과정을 쓰고, 답을 구해 보세요.

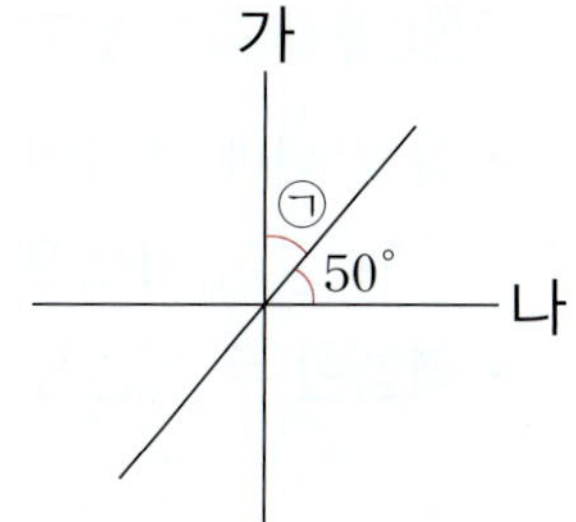

❶ 직선 가는 직선 나에 대한 수선이므로 두 직선이 만나서 이루는 각의 크기는 ☐° 입니다.

❷ 따라서 ㉠의 각도는 ☐° − 50° = ☐° 입니다.

답 ____________________

10 직선 가는 직선 나에 대한 수선입니다. ㉠의 각도는 몇 도인지 풀이 과정을 쓰고, 답을 구해 보세요.

____
____
____
____

답 ____________________

학습 결과에 색칠하세요.   

개념 1   평행과 평행선

○ **평행과 평행선 알기**

- 한 직선에 수직인 두 직선을 그었을 때, 그 두 직선은 서로 만나지 않습니다. 이와 같이 **서로 만나지 않는 두 직선**을 **평행**하다고 합니다.
- **평행한 두 직선**을 **평행선**이라고 합니다.

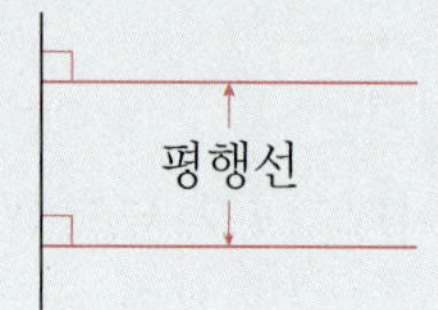

○ **평행선 긋기**

<table>
<tr><td>• 직선이 주어진 경우</td><td>• 직선과 한 점이 주어진 경우</td></tr>
<tr><td>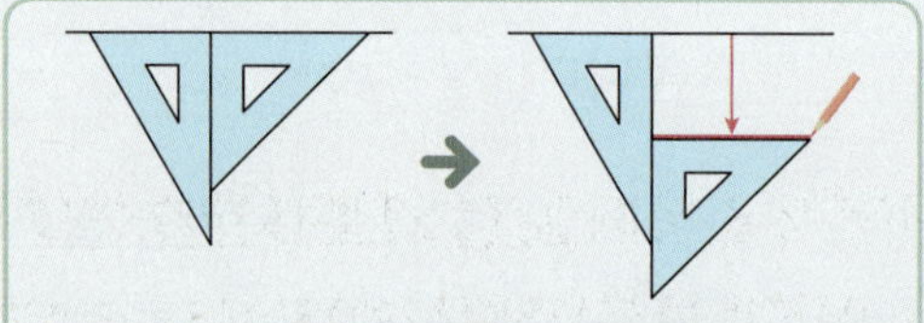</td><td>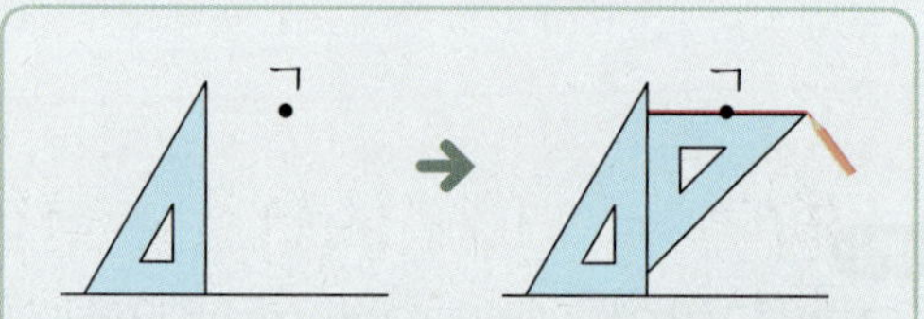</td></tr>
<tr><td>두 삼각자를 직선에 맞춘 다음 한 삼각자를 고정하고, 다른 삼각자를 움직여 평행한 직선을 긋습니다.</td><td>삼각자의 직각을 낀 한 변을 직선에 맞춘 다음 맞춘 삼각자를 고정하고, 다른 삼각자가 점 ㄱ을 지나게 맞추어 평행한 직선을 긋습니다.</td></tr>
</table>

> **참고** • 한 직선과 평행한 직선은 셀 수 없이 많이 그을 수 있습니다.
> • 한 점을 지나고 한 직선과 평행한 직선은 1개만 그을 수 있습니다.

개념 2   평행선 사이의 거리

평행선에 수직인 선분의 길이를 **평행선 사이의 거리**라고 합니다.

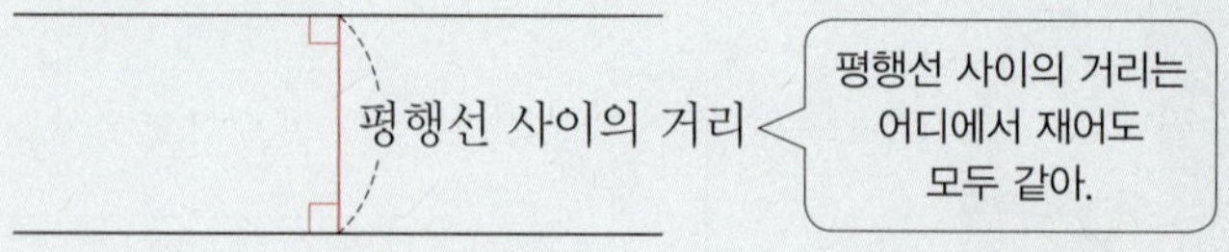

> **참고** 평행선 사이에 그은 선분 중에서 평행선에 수직인 선분의 길이가 가장 짧습니다.

확 인   그림을 보고 ☐ 안에 알맞은 말이나 기호를 써넣으세요.

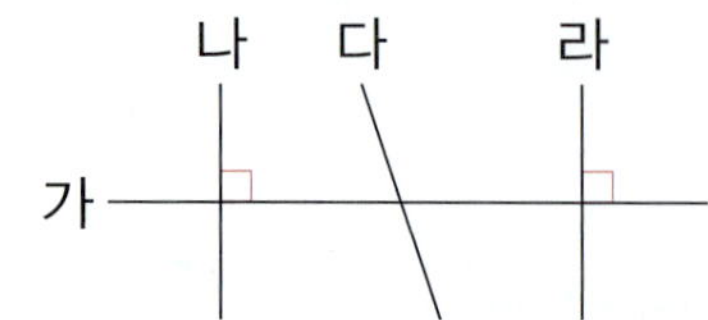

(1) 서로 만나지 않는 두 직선을 ☐ 하다고 합니다.

(2) 직선 **나**와 평행한 직선은 직선 ☐ 입니다.

1 평행선을 모두 찾아 ◯표 하세요.

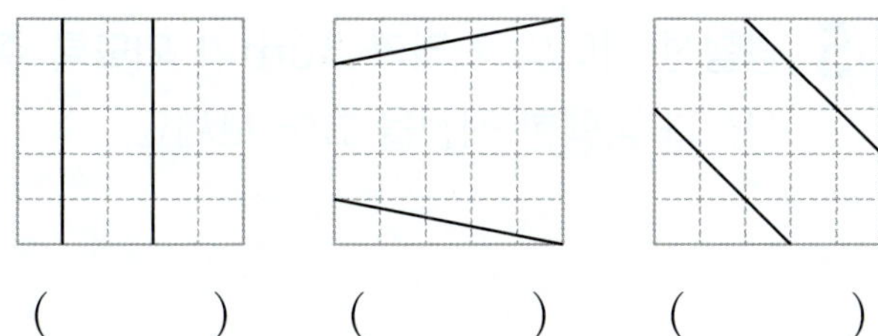

(   )   (   )   (   )

2 평행한 두 직선을 모두 찾아 기호를 써 보세요.

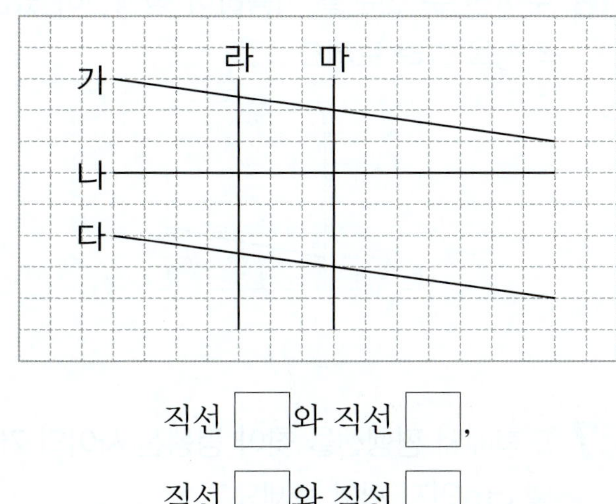

직선 ☐ 와 직선 ☐ ,

직선 ☐ 와 직선 ☐

3 자를 이용하여 주어진 직선과 평행한 직선을 각각 그어 보세요.

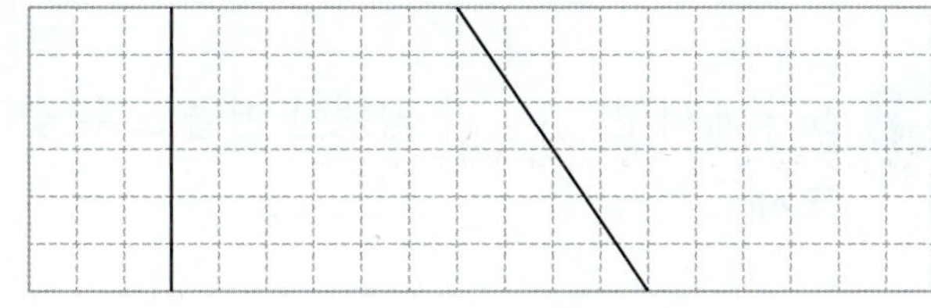

4 평행선 사이의 거리를 나타내는 선분을 찾아 기호를 써 보세요.

(1) 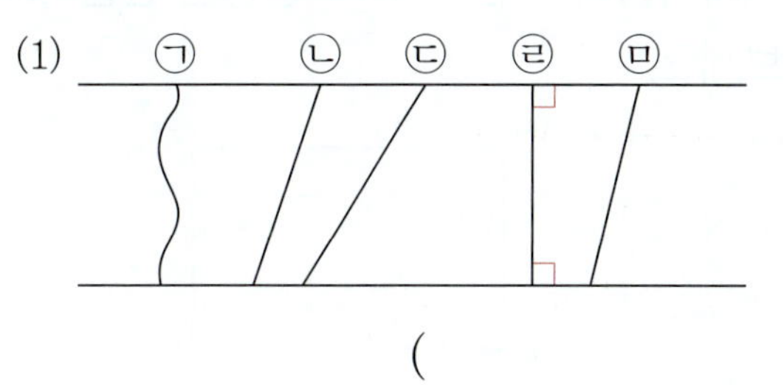

(   )

(2) 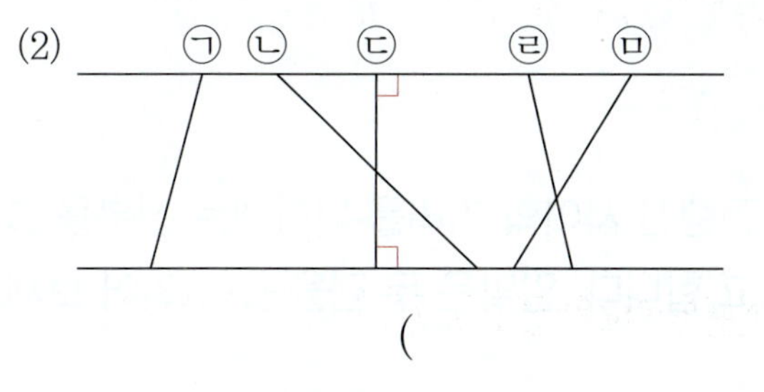

(   )

5 직선 가와 직선 나는 서로 평행합니다. ☐ 안에 알맞은 수를 써넣으세요.

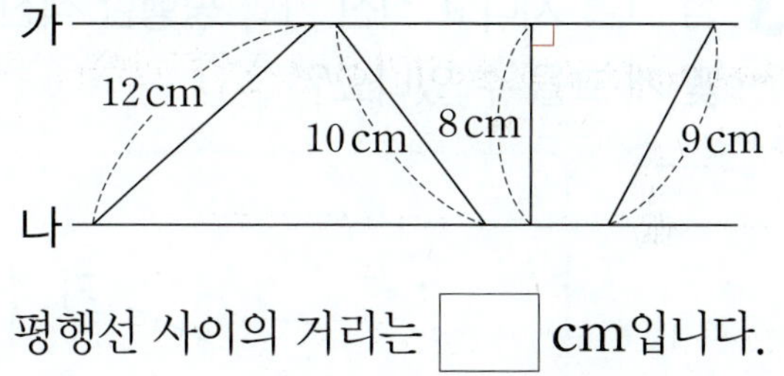

평행선 사이의 거리는 ☐ cm입니다.

6 평행선 사이의 거리는 몇 cm인지 재어 보세요.

(   )

01 직사각형에서 변 ㄴㄷ과 평행한 변을 찾아 써 보세요.

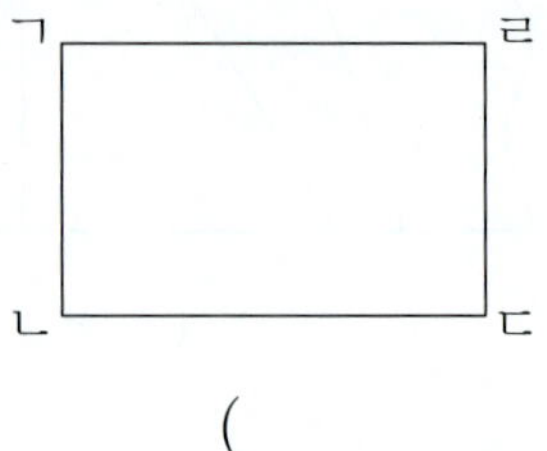

( )

02 평행선 사이의 거리를 나타내는 선분을 그으려고 합니다. 알맞은 두 점을 찾아 이어 보세요.

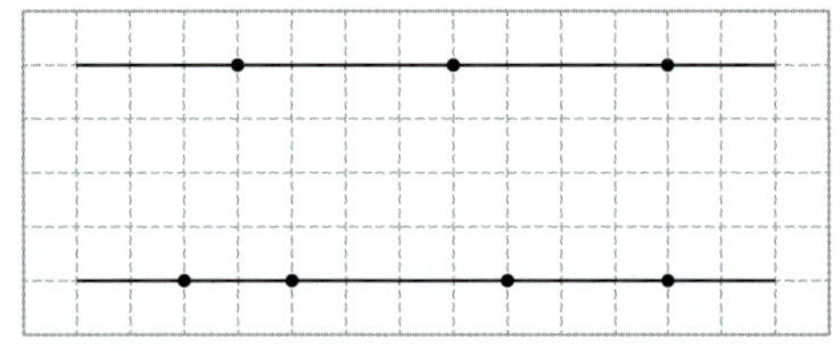

03 점 ㄱ을 지나고 직선 가와 평행한 직선은 모두 몇 개 그을 수 있나요?

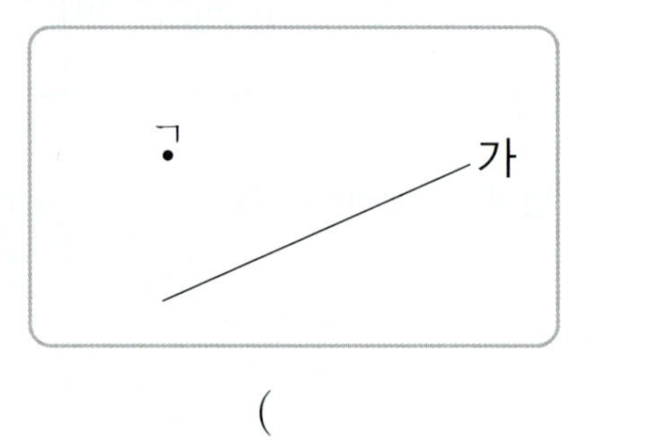

( )

04 도형에서 평행선 사이의 거리는 몇 cm인가요?

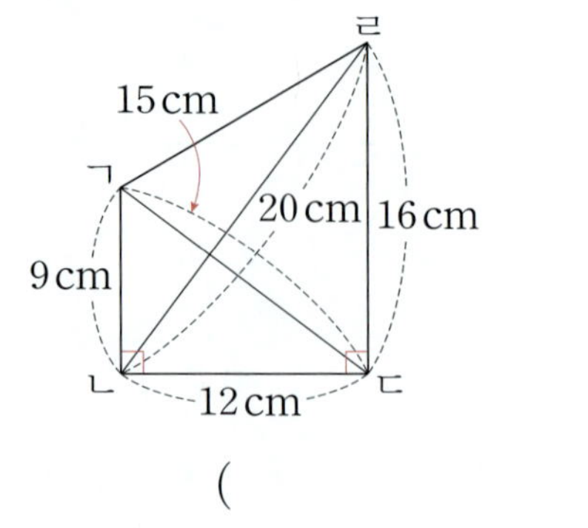

( )

05 평행선 사이의 거리가 3 cm가 되도록 주어진 직선과 평행한 직선을 그어 보세요.

창의형

06 주어진 두 선분을 이용하여 평행선이 있는 사각형을 그려 보세요.

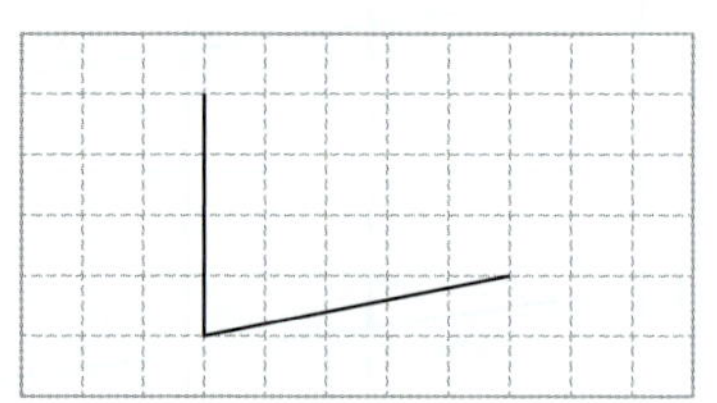

07 도형에서 평행선을 찾아 평행선 사이의 거리는 몇 cm인지 재어 보세요.

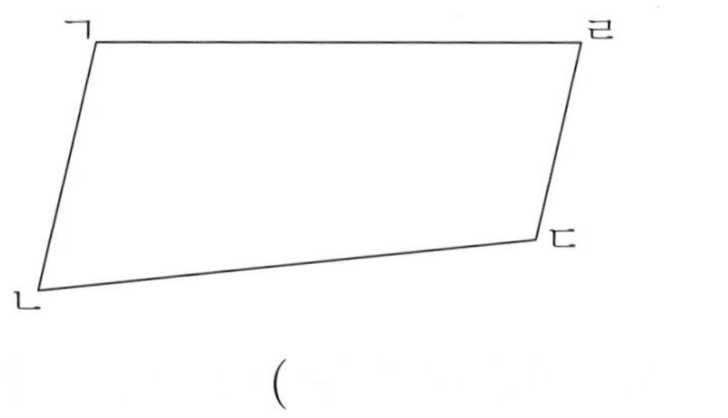

( )

08 도형에서 변 ㄱㅂ과 평행한 변을 모두 찾아 써 보세요.

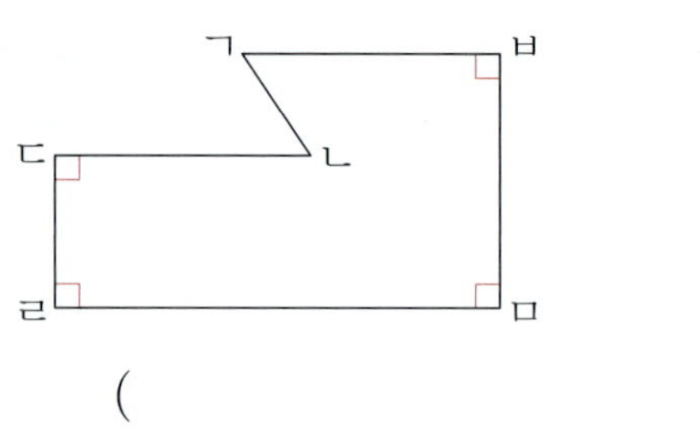

( )

서술형 문제

09 평행선에 대해 잘못 말한 사람은 누구인가요?

(   )

10 평행선 사이의 거리를 잘못 잰 것입니다. 그 이유를 써 보세요.

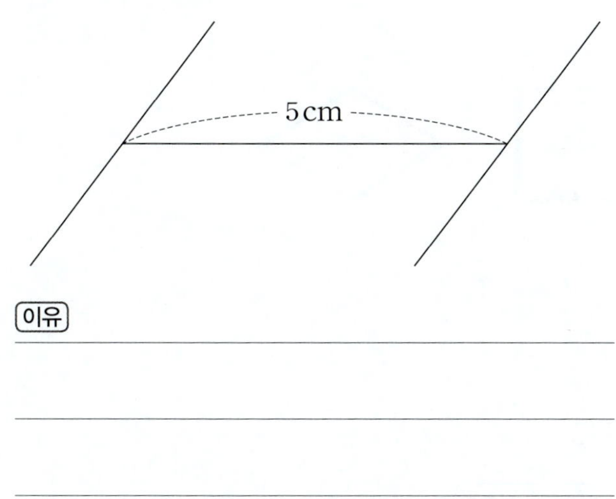

이유 ___________________________

____

____

11 주어진 글자 중에서 평행선이 있는 글자는 모두 몇 개인가요?

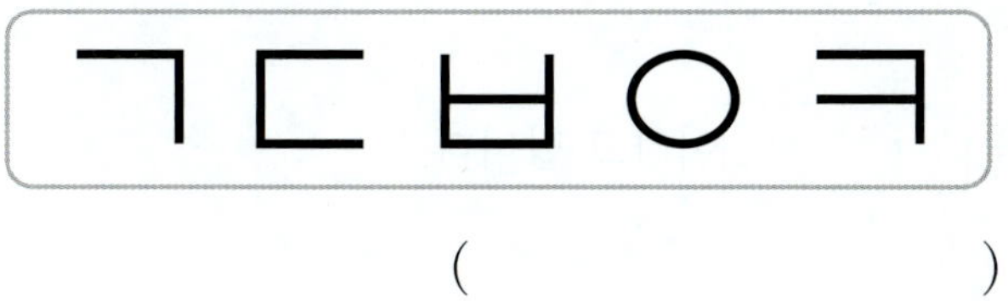

(   )

12 직선 가, 나, 다는 서로 평행합니다. 직선 가와 직선 다 사이의 거리는 몇 cm인지 풀이 과정을 쓰고, 답을 구해 보세요.

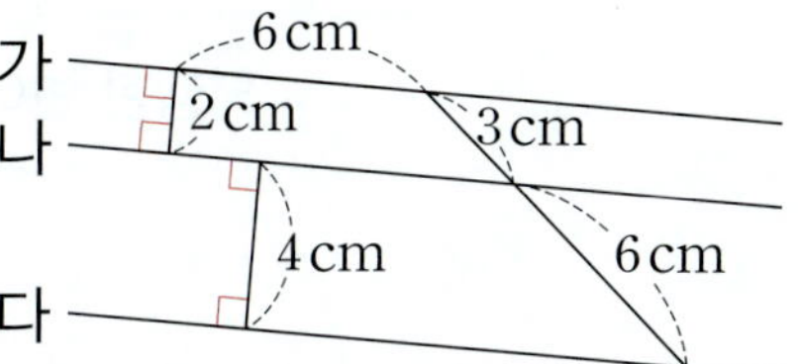

❶ (직선 가와 직선 나 사이의 거리)=☐ cm,

(직선 나와 직선 다 사이의 거리)=☐ cm

❷ (직선 가와 직선 다 사이의 거리)
= (직선 가와 직선 나 사이의 거리)
  + (직선 나와 직선 다 사이의 거리)
= ☐ + ☐ = ☐ (cm)

답 ___________________________

13 직선 가, 나, 다는 서로 평행합니다. 직선 나와 직선 다 사이의 거리는 몇 cm인지 풀이 과정을 쓰고, 답을 구해 보세요.

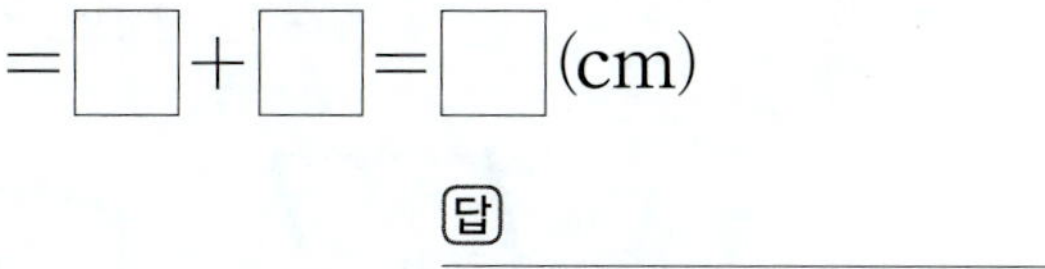

____

____

____

답 ___________________________

4
단원
2회

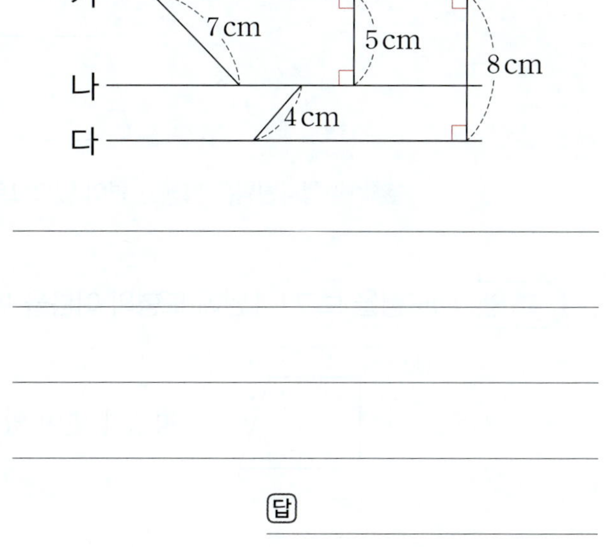

개념 1 사다리꼴

평행한 변이 있는 사각형을 **사다리꼴**이라고 합니다.

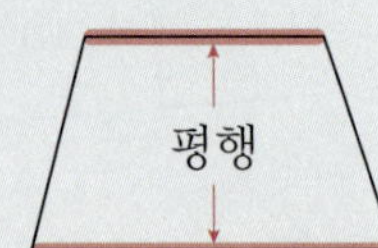

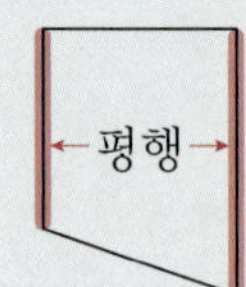

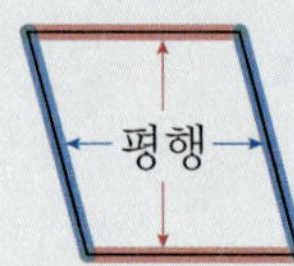

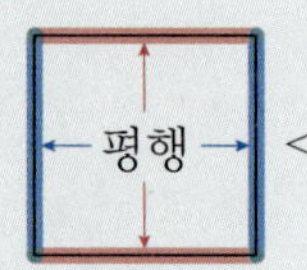

개념 2 평행사변형

○ 평행사변형 알기

마주 보는 두 쌍의 변이 서로 평행한 사각형을
평행사변형이라고 합니다.

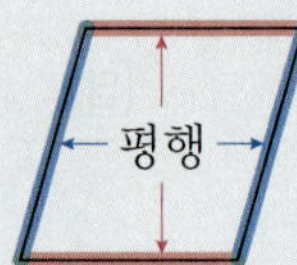

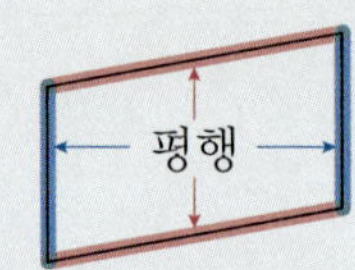

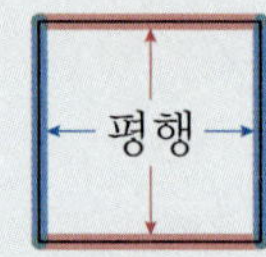

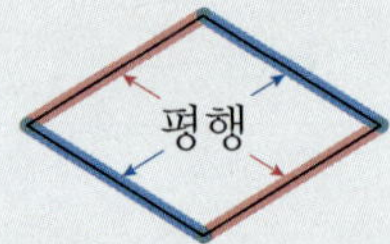

○ 평행사변형의 성질

• 마주 보는 두 변의 길이가 같습니다.

• 마주 보는 두 각의 크기가 같습니다.

• 이웃하는 두 각의 크기의 합이 $180°$입니다.

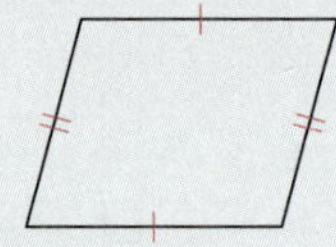
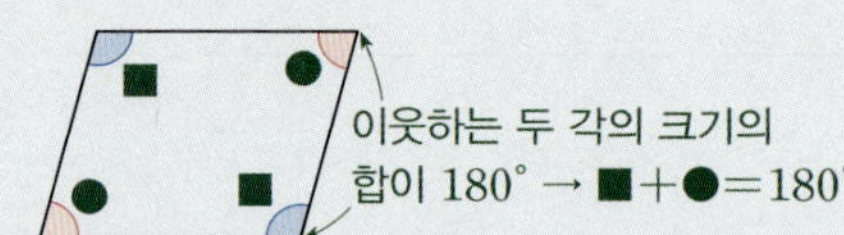

참고 평행사변형은 평행한 변이 있으므로 사다리꼴이라고 할 수 있습니다.

확인 도형을 보고 □ 안에 도형의 이름을 써넣으세요.

(1)
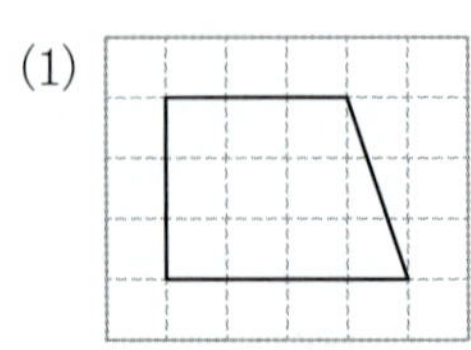

평행한 변이 있는 사각형을 [　　　]이라고 합니다.

(2)
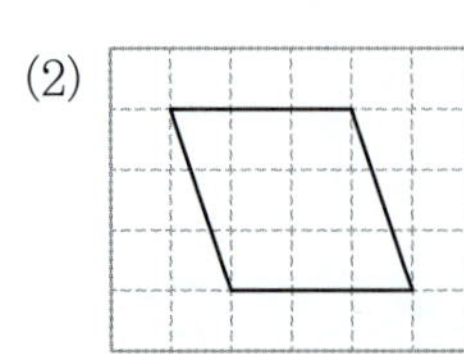

마주 보는 두 쌍의 변이 서로 평행한 사각형을 [　　　]이라고 합니다.

1 사다리꼴이면 ◯표, 아니면 ✕표 하세요.

(1)
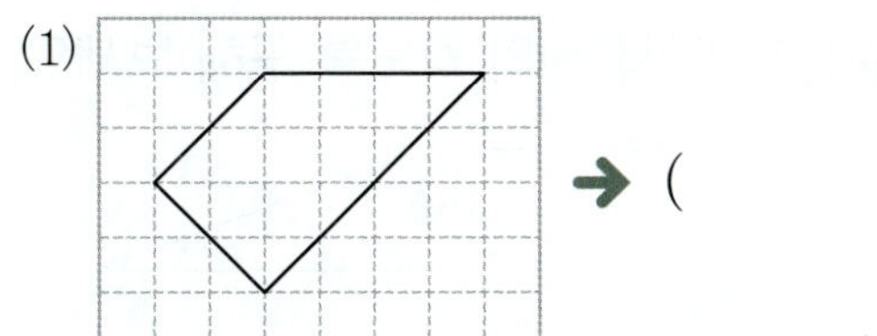
➜ (　　　　)

(2)
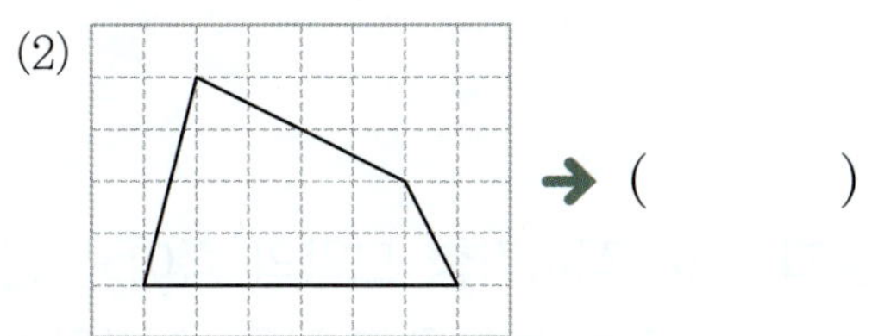
➜ (　　　　)

2 사다리꼴 ㄱㄴㄷㄹ에서 서로 평행한 변을 찾아 써 보세요.

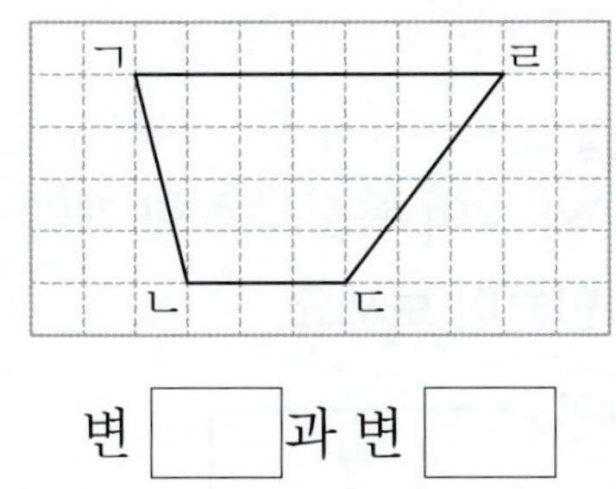

변 [　　] 과 변 [　　]

3 평행사변형을 모두 찾아 기호를 써 보세요.

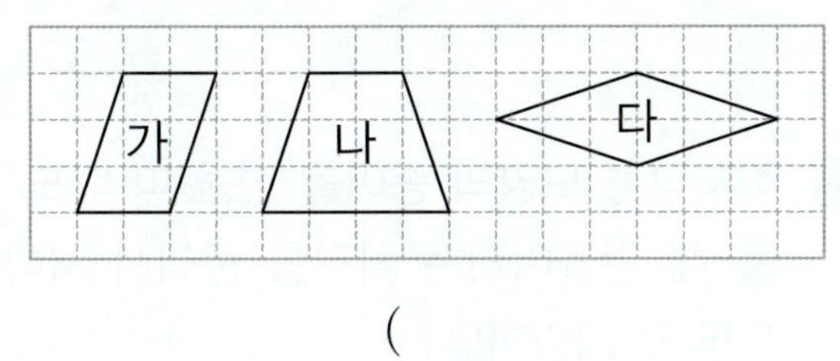

(　　　　　　　　　　)

4 주어진 선분을 두 변으로 하는 평행사변형을 완성해 보세요.

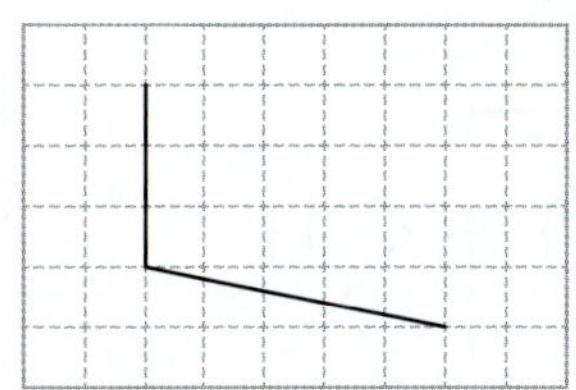

5 평행사변형에 대한 설명입니다. 알맞은 것에 ◯표 하세요.

(1) 마주 보는 두 변의 길이가 (같습니다 , 다릅니다).

(2) 마주 보는 두 각의 크기가 (같습니다 , 다릅니다).

(3) 이웃하는 두 각의 크기의 합이 (90° , 180°)입니다.

6 평행사변형을 보고 ☐ 안에 알맞은 수를 써넣으세요.

(1)
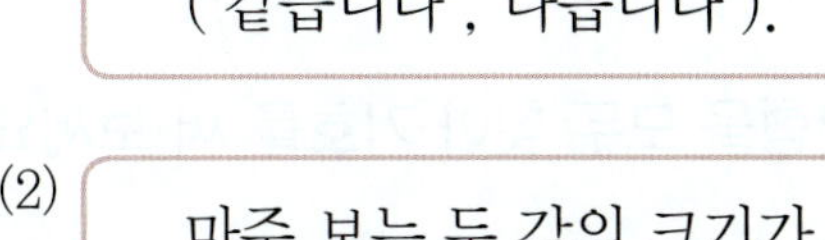

(2)
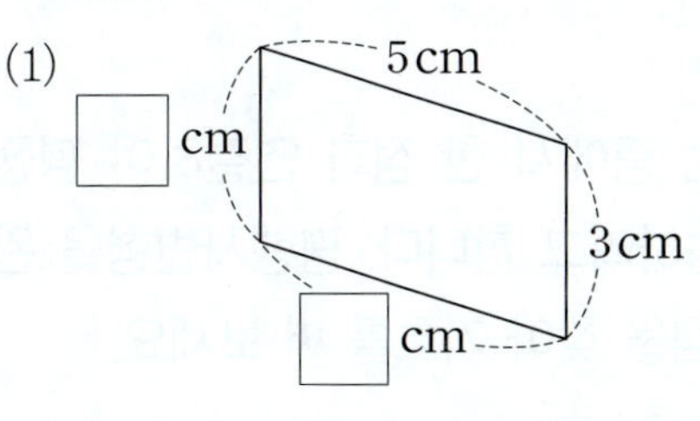
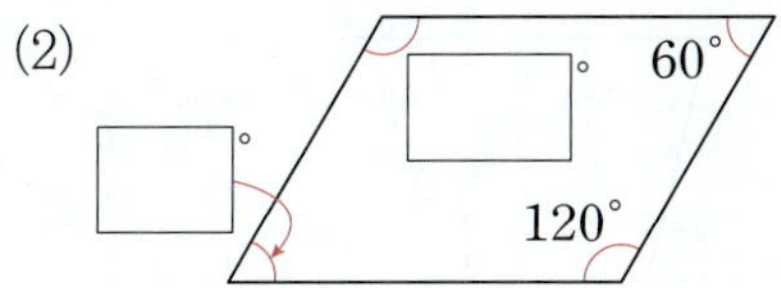

|01~02| 사각형을 보고 물음에 답하세요.

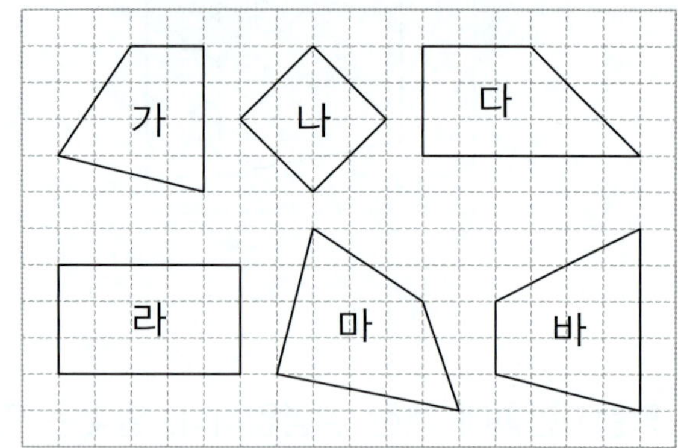

01 사다리꼴을 모두 찾아 기호를 써 보세요.

( )

02 평행사변형을 모두 찾아 기호를 써 보세요.

( )

03 평행사변형에 대한 설명으로 <u>잘못된</u> 것을 찾아 기호를 써 보세요.

> ㉠ 마주 보는 두 변의 길이가 같습니다.
> ㉡ 마주 보는 두 각의 크기가 같습니다.
> ㉢ 이웃하는 두 각의 크기가 같습니다.

( )

04 주어진 점 중에서 한 점과 연결하여 평행사변형을 완성하려고 합니다. 평행사변형을 완성할 수 있는 점을 찾아 기호를 써 보세요.

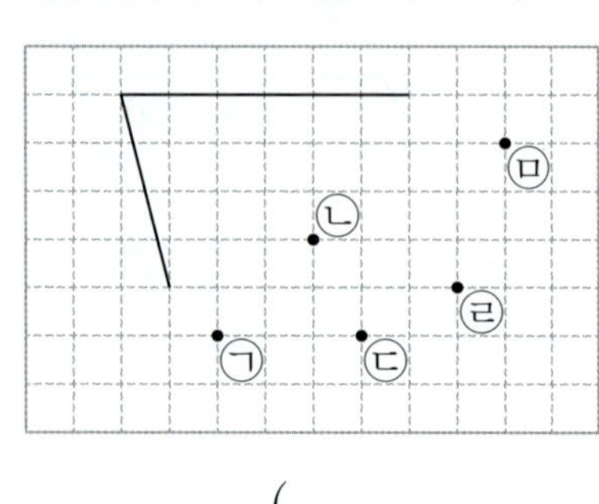

( )

05 평행사변형에서 ㉠의 각도를 구해 보세요.

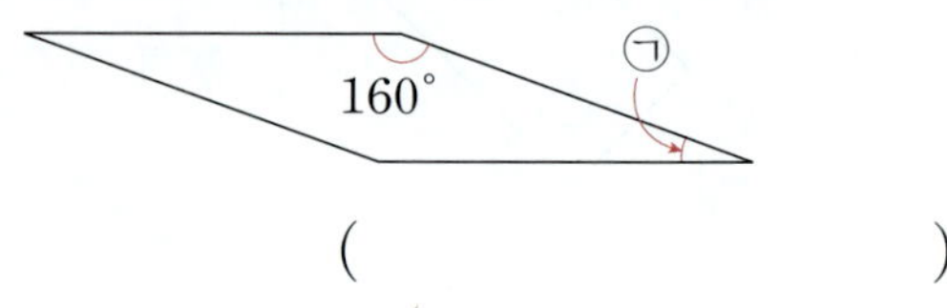

( )

06 그림과 같이 직사각형 모양의 종이를 접어서 자른 후 빗금 친 부분을 펼쳤을 때 만들어지는 사각형의 이름을 써 보세요.

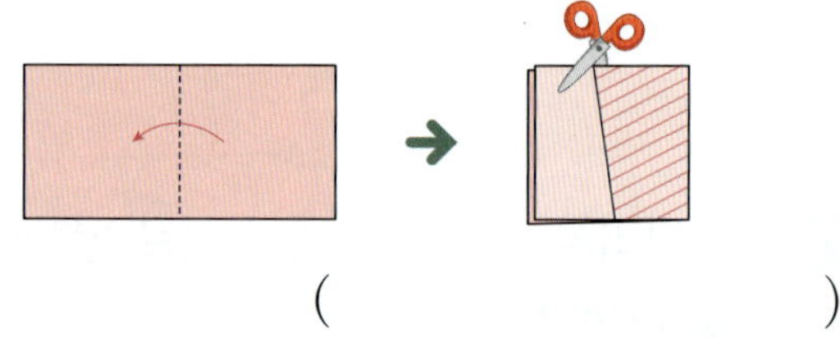

( )

07 (보기)와 같이 꼭짓점을 한 개만 옮겨서 사다리꼴을 만들어 보세요.

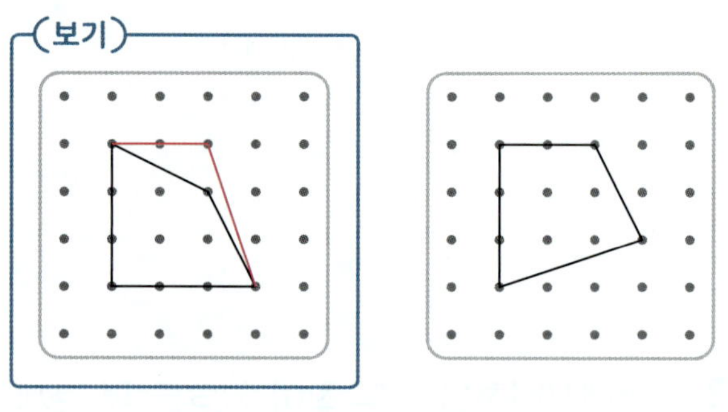

08 직사각형 모양의 종이를 선을 따라 모두 잘랐을 때 만들어지는 사각형 중에서 사다리꼴은 모두 몇 개일까요?

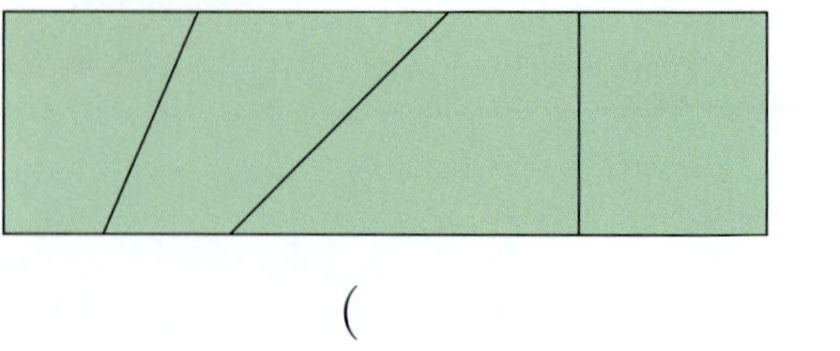

( )

서술형 문제

09 사각형을 보고 알맞은 말에 ○표 하고, 그 이유를 써 보세요.

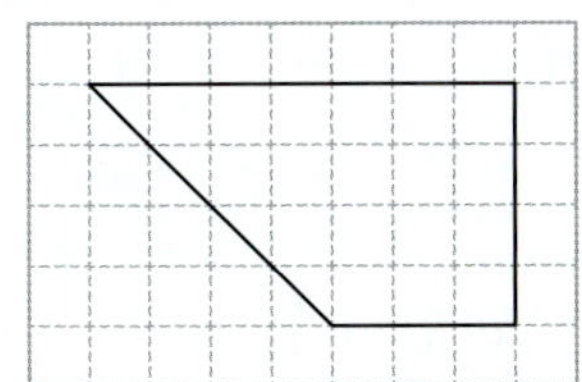

사다리꼴이 (맞습니다 , 아닙니다).

[이유]

____

____

10 평행사변형 ㄱㄴㄷㄹ의 네 변의 길이의 합은 몇 cm인가요?

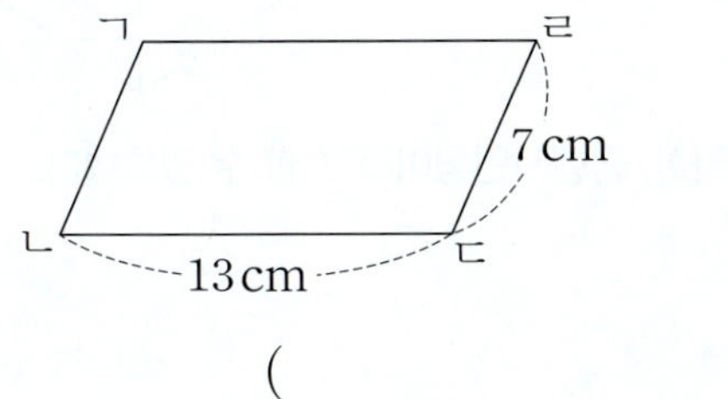

(   )

11 서진이와 예나가 설명하는 사다리꼴을 찾아 기호를 써 보세요.

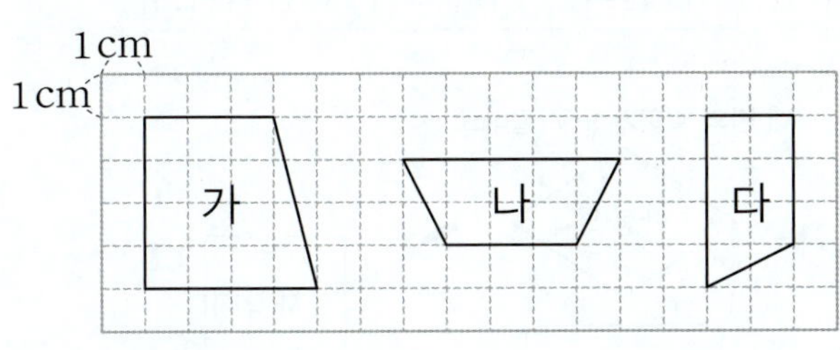

서진   예나

(   )

12 평행사변형 ㄱㄴㄷㄹ의 네 변의 길이의 합은 18 cm입니다. 변 ㄱㄴ의 길이는 몇 cm인지 풀이 과정을 쓰고, 답을 구해 보세요.

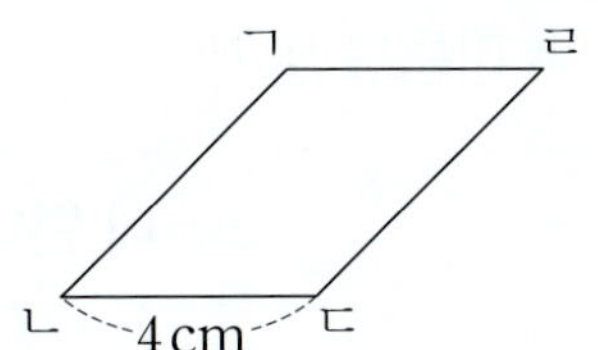

❶ 평행사변형은 마주 보는 두 변의 길이가 같고, 네 변의 길이의 합이 ☐ cm이므로

(변 ㄱㄴ)＋(변 ㄴㄷ)

＝☐÷2＝☐ (cm)입니다.

❷ 따라서 변 ㄱㄴ의 길이는

☐－(변 ㄴㄷ)＝☐－4＝☐ (cm)입니다.

[답]

13 평행사변형 ㄱㄴㄷㄹ의 네 변의 길이의 합은 22 cm입니다. 변 ㄱㄹ의 길이는 몇 cm인지 풀이 과정을 쓰고, 답을 구해 보세요.

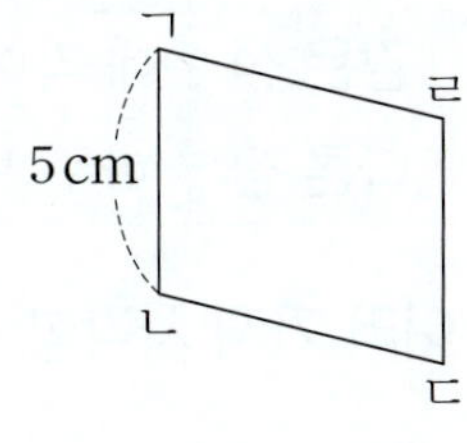

____

____

____

____

[답]

학습 결과에 색칠하세요.   

개념 1 마름모

● 마름모 알기

> 네 변의 길이가 모두 같은 사각형을 **마름모**라고 합니다.

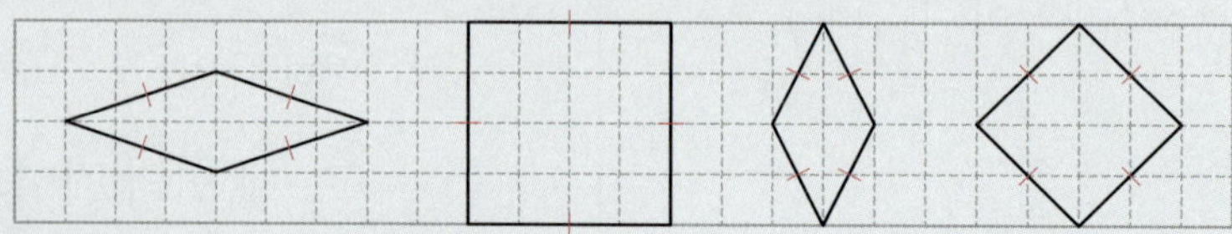

● 마름모의 성질

- 마주 보는 두 쌍의 변이 서로 평행합니다.
- 마주 보는 두 각의 크기가 같습니다.
- 이웃하는 두 각의 크기의 합이 $180°$입니다.
- 마주 보는 꼭짓점끼리 이은 두 선분이 서로 수직으로 만나고, 서로를 똑같이 둘로 나눕니다.

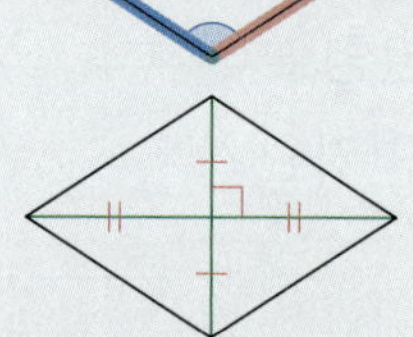

참고 마름모는 마주 보는 두 쌍의 변이 서로 평행하므로 사다리꼴, 평행사변형이라고 할 수 있습니다.

개념 2 여러 가지 사각형

● 직사각형과 정사각형의 성질

	직사각형	정사각형
같은 점	네 각이 모두 직각이고, 마주 보는 두 쌍의 변이 서로 평행합니다.	
다른 점	마주 보는 두 변의 길이가 같습니다.	네 변의 길이가 모두 같습니다.

● 여러 가지 사각형

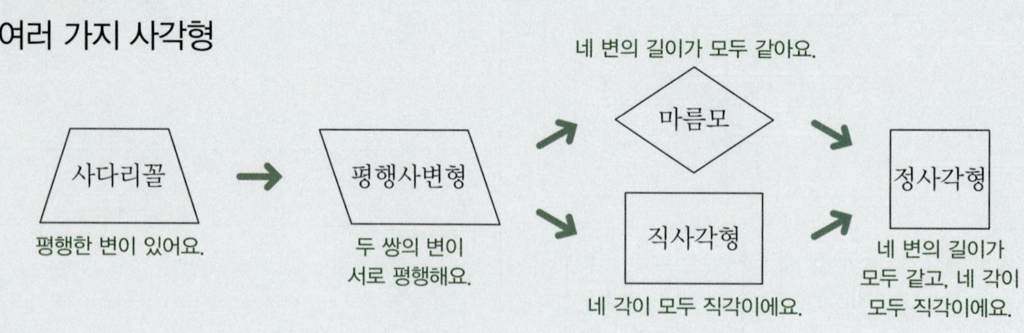

확 인 도형을 보고 □ 안에 도형의 이름을 써넣으세요.

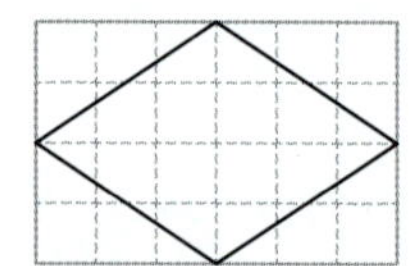

네 변의 길이가 모두 같은 사각형을 [　　　]라고 합니다.

1 사각형을 보고 □ 안에 알맞은 기호를 써넣으세요.

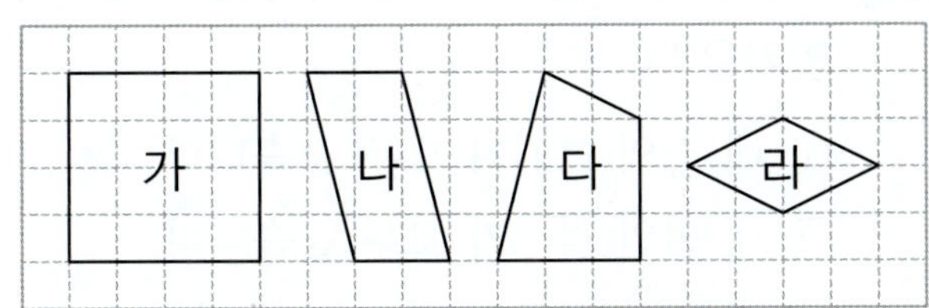

(1) 네 변의 길이가 모두 같은 사각형은 □,
□ 입니다.

(2) 마름모는 □, □ 입니다.

2 주어진 선분을 두 변으로 하는 마름모를 완성해 보세요.

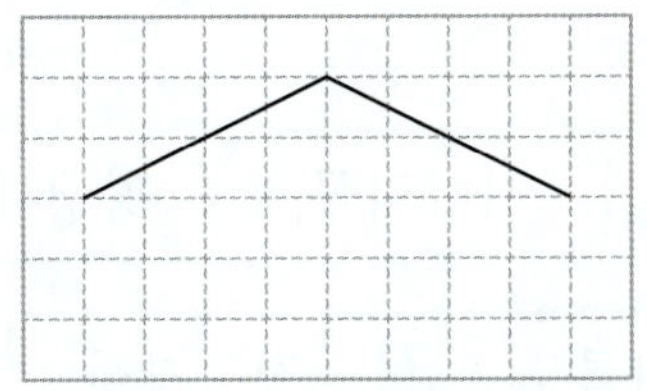

3 마름모를 보고 □ 안에 알맞은 수를 써넣으세요.

(1)
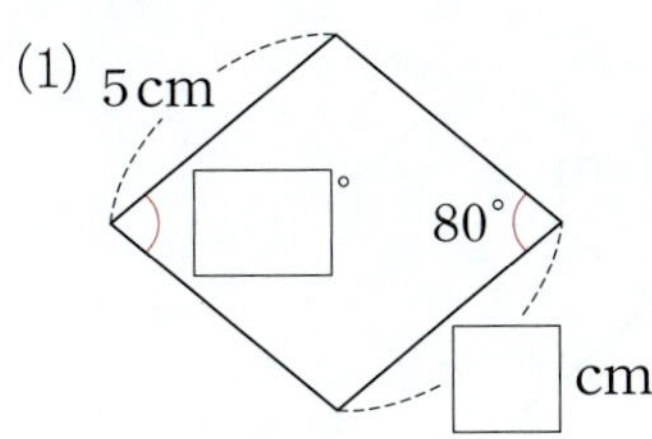

(2)
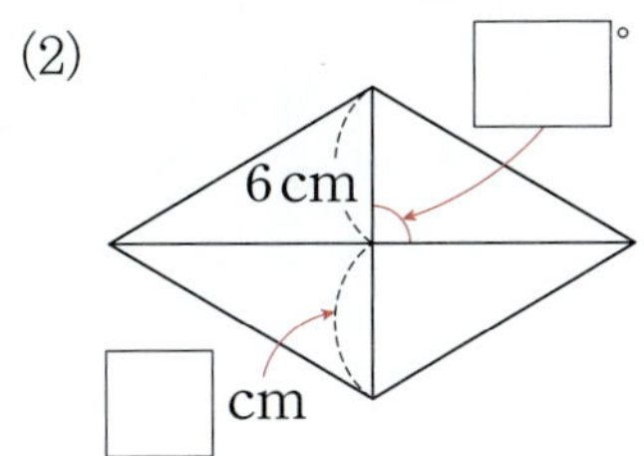

4 사각형을 보고 물음에 답하세요.

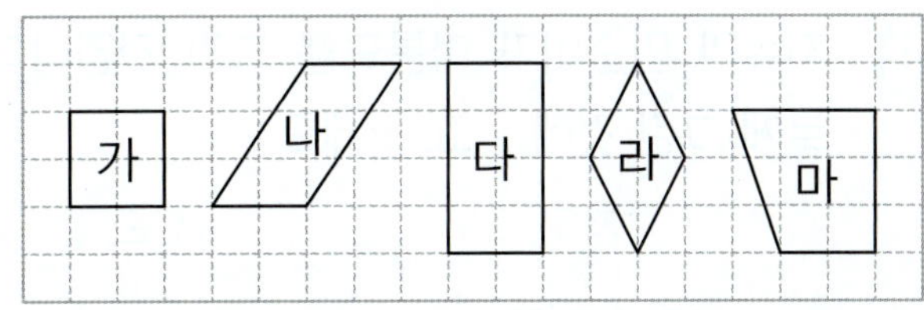

(1) 마름모를 모두 찾아 기호를 써 보세요.

( )

(2) 직사각형을 모두 찾아 기호를 써 보세요.

( )

(3) 정사각형을 찾아 기호를 써 보세요.

( )

5 직사각형을 보고 □ 안에 알맞은 수를 써넣으세요.

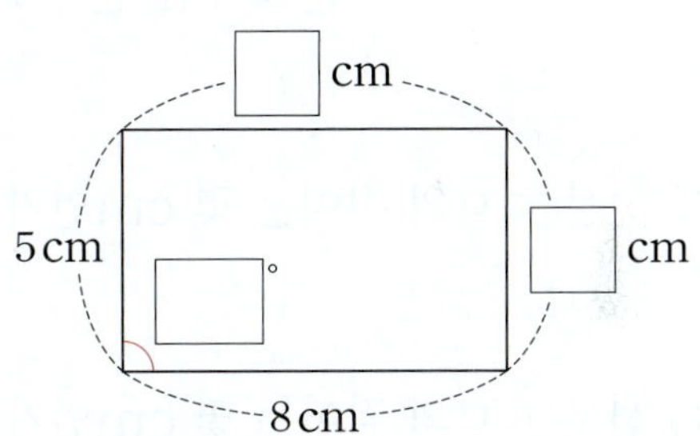

6 정사각형을 보고 □ 안에 알맞은 수를 써넣으세요.

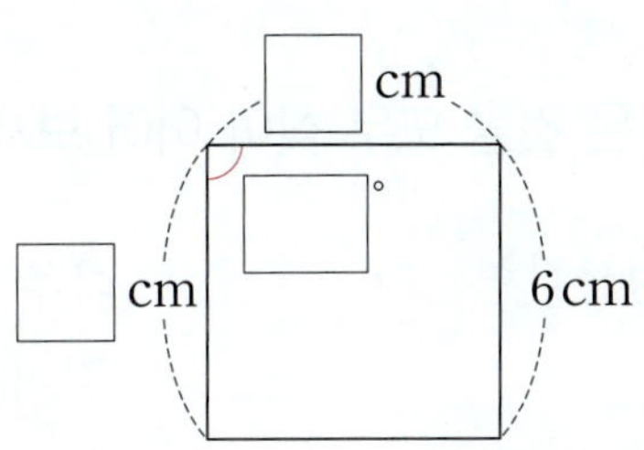

01 지유와 민준이가 마름모를 그린 것입니다. 바르게 그린 것에 ◯표 하세요.

지유   민준

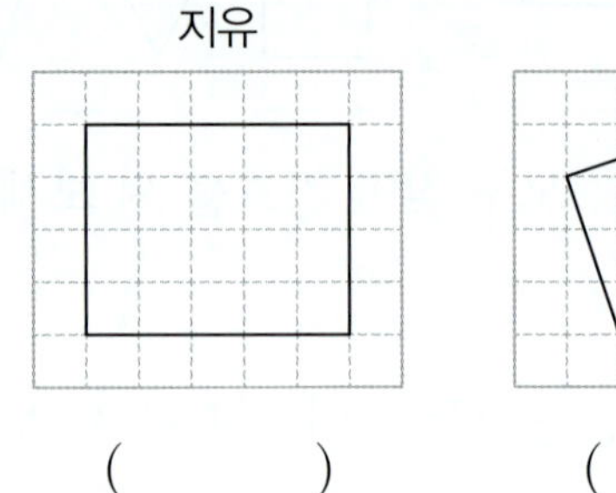
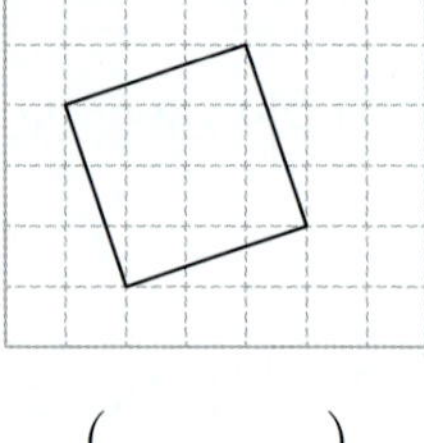

(   )   (   )

02 마름모를 보고 물음에 답하세요.

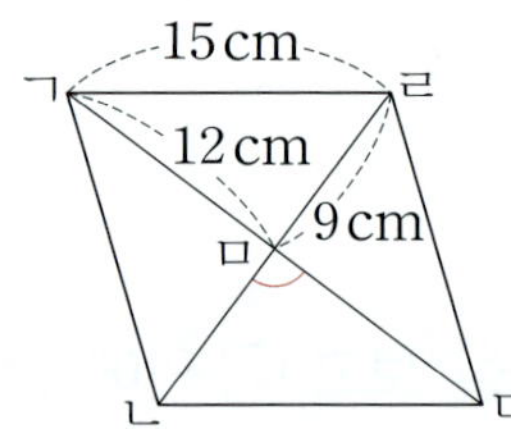

(1) 변 ㄹㄷ의 길이는 몇 cm인가요?

(   )

(2) 선분 ㄷㅁ의 길이는 몇 cm인가요?

(   )

(3) 선분 ㄴㅁ의 길이는 몇 cm인가요?

(   )

(4) 각 ㄴㅁㄷ의 크기는 몇 도인가요?

(   )

03 알맞은 것을 모두 찾아 이어 보세요.

정사각형	•
직사각형	•
평행사변형	•

• 마주 보는 두 변의 길이가 같습니다.

• 네 각의 크기가 모두 같습니다.

04 마름모에 대한 설명으로 <u>잘못된</u> 것은 어느 것인가요? (   )

① 네 각의 크기가 모두 같습니다.

② 네 변의 길이가 모두 같습니다.

③ 마주 보는 두 각의 크기가 같습니다.

④ 4개의 선분으로 둘러싸여 있습니다.

⑤ 마주 보는 두 쌍의 변이 서로 평행합니다.

05 사각형의 이름으로 알맞은 것을 모두 찾아 색칠해 보세요.

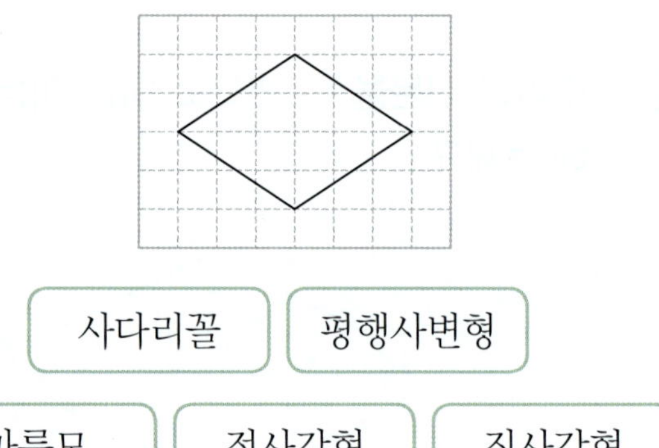

| 사다리꼴 | 평행사변형 |

| 마름모 | 정사각형 | 직사각형 |

창의형

06 마름모에서 한 변의 길이를 정해 ☐ 안에 써넣고, 네 변의 길이의 합은 몇 cm인지 구해 보세요.

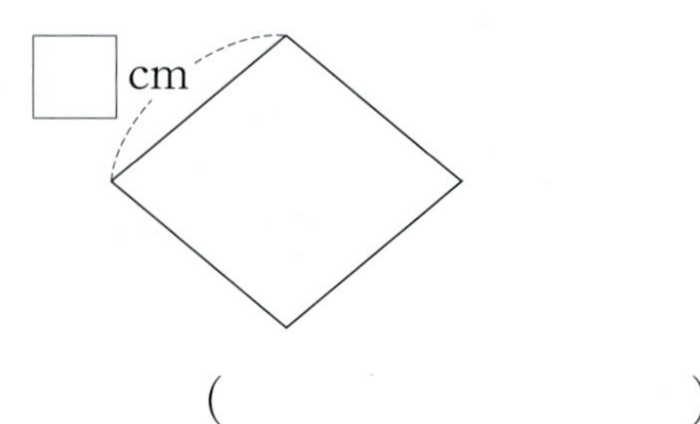

(   )

서술형 문제

07 길이가 56 cm인 털실을 겹치지 않게 모두 사용하여 마름모를 1개 만들었습니다. 만든 마름모의 한 변의 길이는 몇 cm인가요?

( )

08 직사각형 모양의 종이를 선을 따라 모두 잘랐습니다. 빈칸에 알맞은 기호를 모두 써넣으세요.

| 가 | 나 | 다 | 라 | 마 | 바 |

사다리꼴	
평행사변형	
마름모	
직사각형	
정사각형	

디지털 문해력

09 주호가 연을 판매하는 상점의 누리집을 보고 있습니다. 상품 설명을 보고 ㉠과 ㉡의 각도의 합을 구해 보세요.

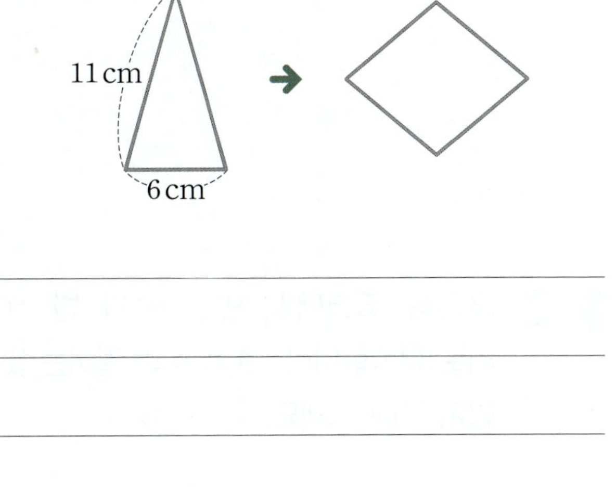

( )

10 정삼각형을 만들었던 철사를 펴서 가장 큰 마름모를 만들었습니다. 만든 마름모의 한 변의 길이는 몇 cm인지 풀이 과정을 쓰고, 답을 구해 보세요.

❶ 정삼각형은 세 변의 길이가 같으므로
(철사의 길이)=8× ☐ = ☐ (cm)입니다.

❷ 마름모는 네 변의 길이가 모두 같으므로 만든 마름모의 한 변의 길이는

☐ ÷4= ☐ (cm)입니다.

답

11 이등변삼각형을 만들었던 철사를 펴서 가장 큰 마름모를 만들었습니다. 만든 마름모의 한 변의 길이는 몇 cm인지 풀이 과정을 쓰고, 답을 구해 보세요.

답

학습 결과에 색칠하세요.   

5회 

학습일:　월　　일

---

1 도형에서 평행선 사이의 거리 구하기

오른쪽 도형에서 변 ㄱㅇ과 변 ㄴㄷ은 서로 평행합니다. 변 ㄱㅇ과 변 ㄴㄷ 사이의 거리는 몇 cm인지 구해 보세요.

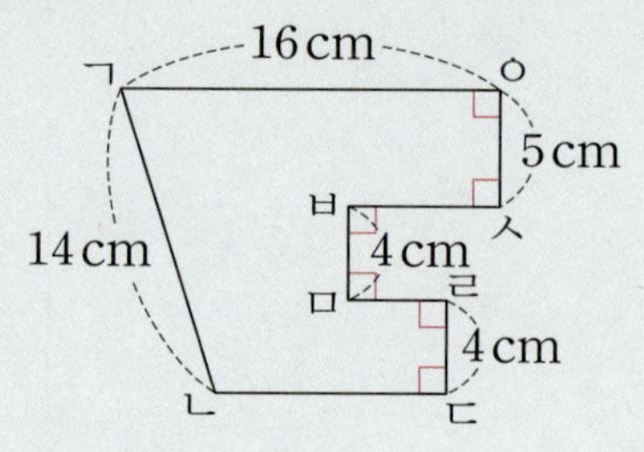

문제해결 TIP

평행한 두 변 사이의 수직인 변을 모두 찾아 길이의 합을 구해요.

1단계 변 ㄱㅇ과 변 ㄴㄷ 사이의 거리를 식으로 나타내기

$$(\text{변 ㄱㅇ과 변 ㄴㄷ 사이의 거리})$$
$$=(\text{변 ㅇㅅ})+(\text{변 } \boxed{})+(\text{변 } \boxed{})$$

2단계 변 ㄱㅇ과 변 ㄴㄷ 사이의 거리 구하기

(　　　　　　　　　　　　)

1-1 오른쪽 도형에서 변 ㄱㄴ과 변 ㄹㄷ은 서로 평행합니다. 변 ㄱㄴ과 변 ㄹㄷ 사이의 거리는 몇 cm인지 구해 보세요.

(　　　　　　　　　　)

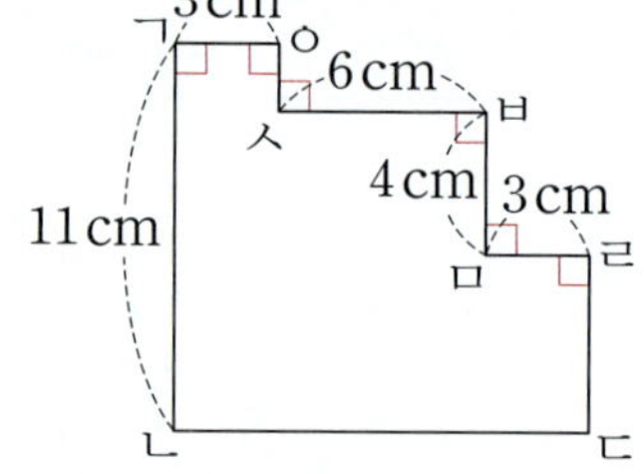

1-2 오른쪽 도형에서 변 ㄱㅌ과 변 ㅂㅅ은 서로 평행합니다. 변 ㅁㅂ의 길이는 몇 cm인지 구해 보세요.

(　　　　　　　　　　)

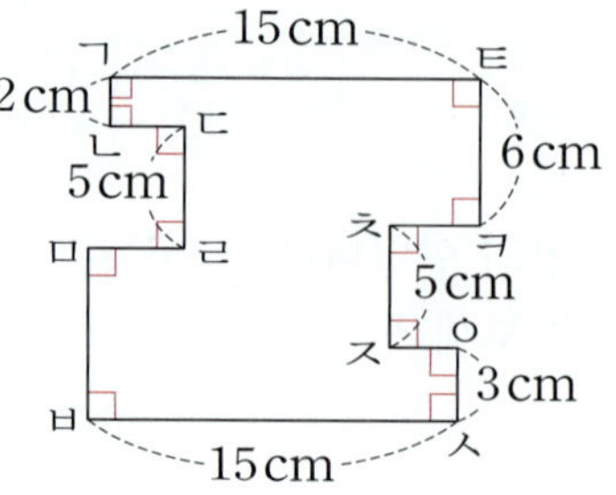

2 도형에서 빨간색 선의 길이 구하기

정삼각형과 직사각형을 겹치지 않게 이어 붙여서 만든 도형입니다. 빨간색 선의 길이는 몇 cm인지 구해 보세요.

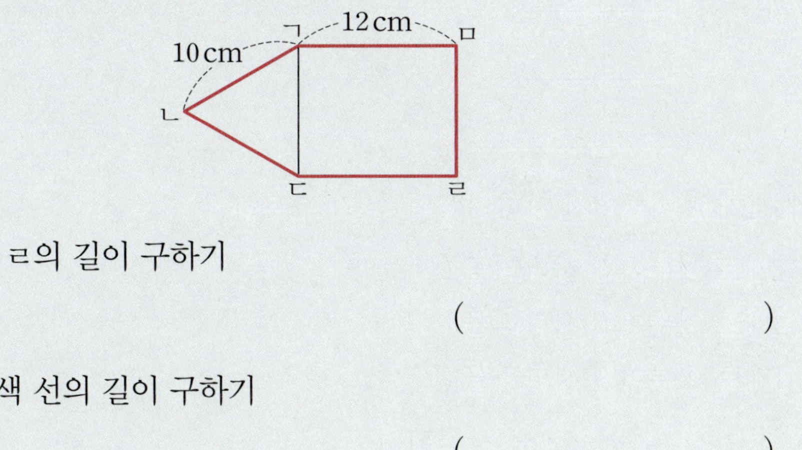

1단계 변 ㅁㄹ의 길이 구하기

(   )

2단계 빨간색 선의 길이 구하기

(   )

2-1 평행사변형과 마름모를 겹치지 않게 이어 붙여서 만든 도형입니다. 빨간색 선의 길이는 몇 cm인지 구해 보세요.

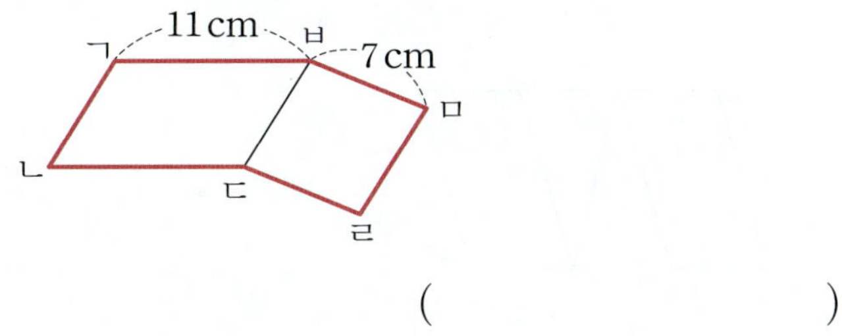

(   )

2-2 마름모와 평행사변형을 겹치지 않게 이어 붙여서 만든 도형입니다. 마름모의 네 변의 길이의 합이 52 cm일 때 빨간색 선의 길이는 몇 cm인지 구해 보세요.

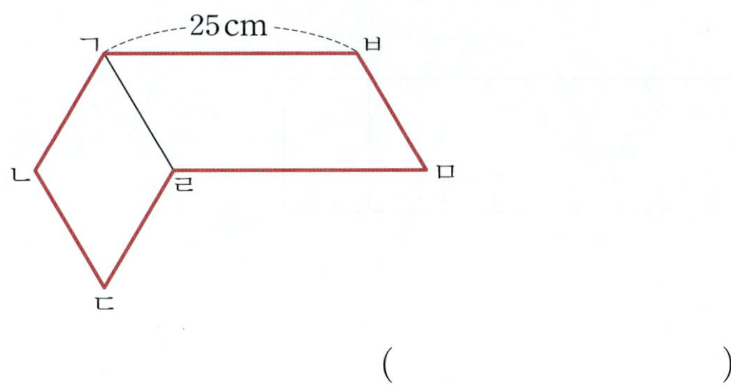

(   )

3 크고 작은 사각형 찾기

그림에서 찾을 수 있는 크고 작은 사다리꼴은 모두 몇 개인지 구해 보세요.

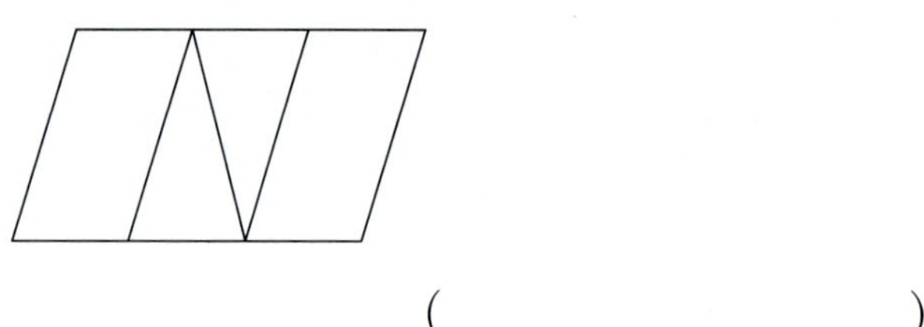

1단계 도형 1개, 2개, 4개로 이루어진 사다리꼴의 수 각각 구하기

도형 1개로 이루어진 사다리꼴 (   )

도형 2개로 이루어진 사다리꼴 (   )

도형 4개로 이루어진 사다리꼴 (   )

2단계 찾을 수 있는 크고 작은 사다리꼴의 수 구하기

(   )

3-1 그림에서 찾을 수 있는 크고 작은 평행사변형은 모두 몇 개인지 구해 보세요.

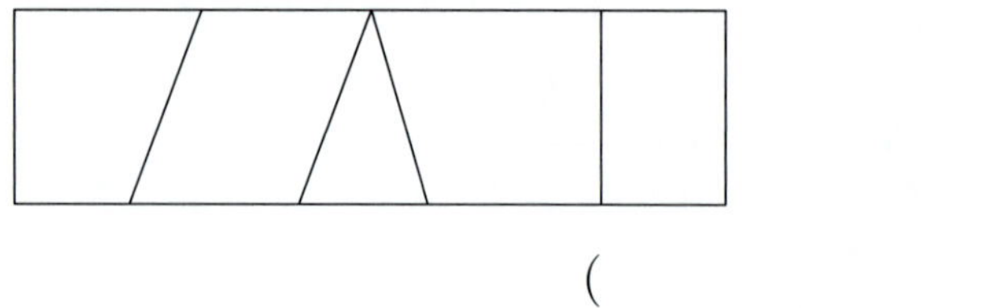

(   )

3-2 그림에서 찾을 수 있는 크고 작은 사다리꼴은 모두 몇 개인지 구해 보세요.

(   )

4 평행선에서 각도 구하기

직선 가와 직선 나는 서로 평행합니다. ㉠의 각도를 구해 보세요.

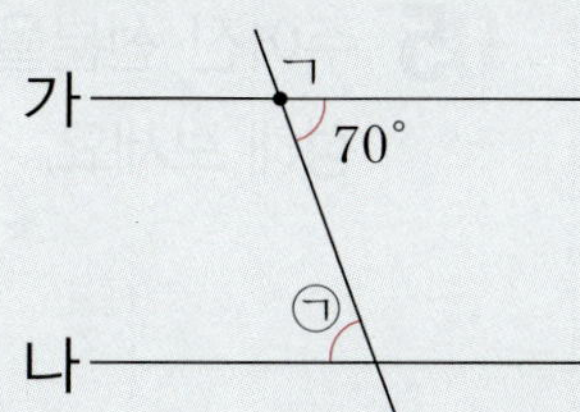

1단계 평행선 사이에 점 ㄱ을 지나는 수선을 그어 삼각형 만들기

2단계 만들어진 삼각형에서 ㉠을 제외한 두 각의 크기의 합 구하기

(   )

3단계 ㉠의 각도 구하기

(   )

4-1 직선 가와 직선 나는 서로 평행합니다. ㉠의 각도를 구해 보세요.

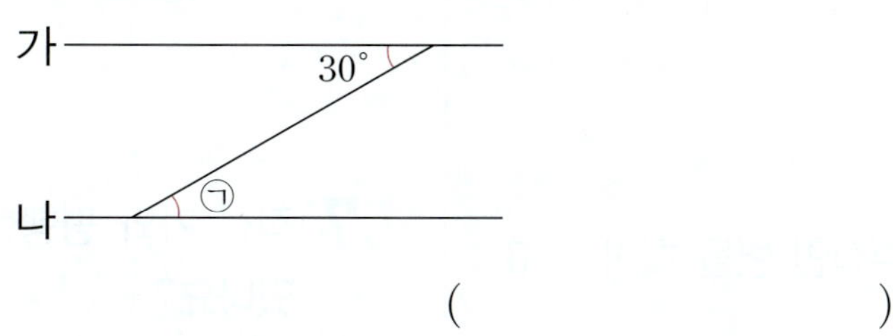

(   )

4-2 직선 가와 직선 나는 서로 평행합니다. ㉠의 각도를 구해 보세요.

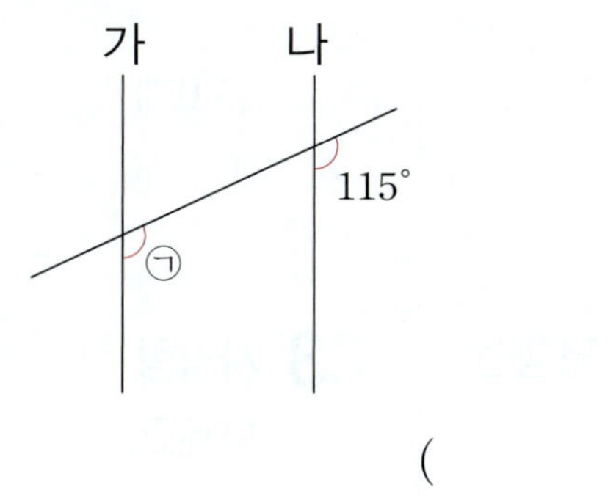

(   )

학습 결과에 색칠하세요.   

마무리 평가 **6**회

|01~02| **그림을 보고 물음에 답하세요.**

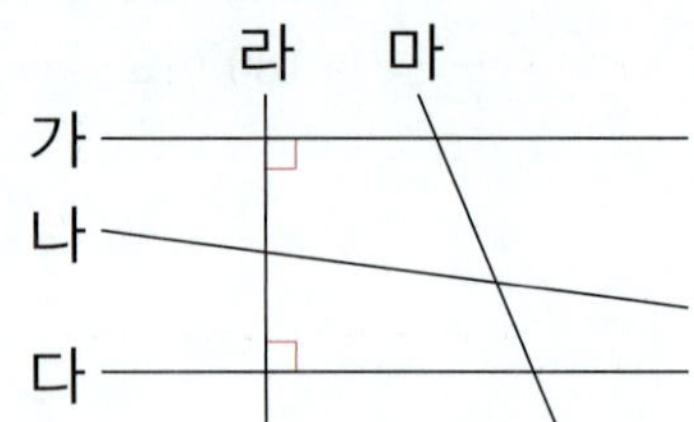

01 직선 라에 수직인 직선을 모두 찾아 써 보세요.

(　　　　　　)

02 직선 가와 평행한 직선을 찾아 써 보세요.

(　　　　　　)

03 도형에서 빨간색 변에 수직인 변을 찾아 ◯표 하세요.

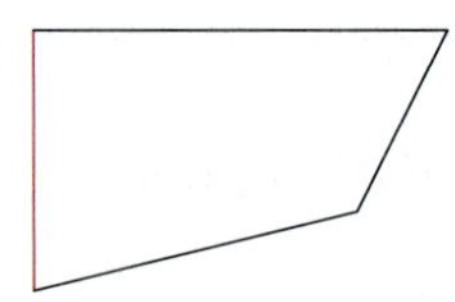

04 직선 가와 직선 나는 서로 평행합니다. 평행선 사이의 거리는 몇 cm인가요?

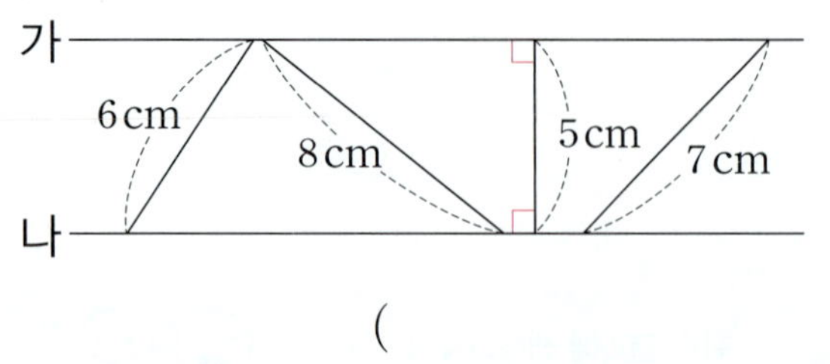

(　　　　　　)

05 주어진 선분을 한 변으로 하는 사다리꼴을 완성해 보세요.

06 평행사변형을 보고 □ 안에 알맞은 수를 써넣으세요.

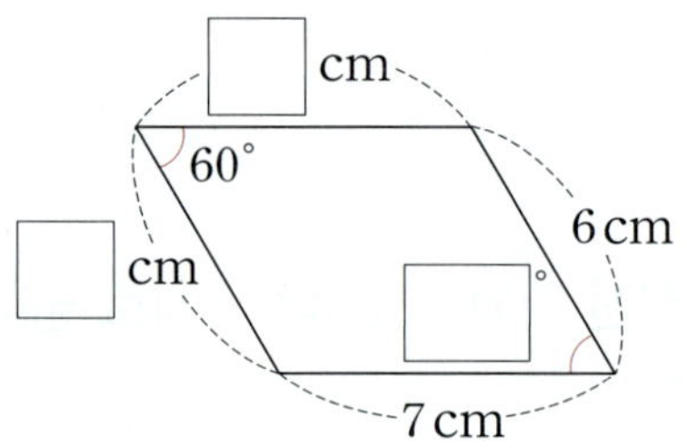

07 직선 가와 평행한 직선은 모두 몇 개 그을 수 있나요? (　　　　)

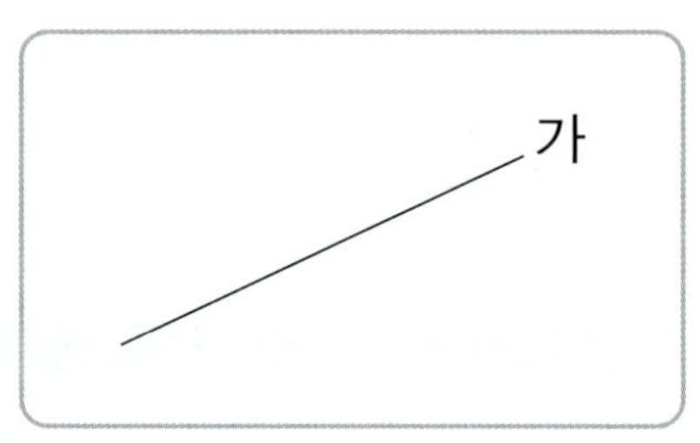

① 0개　　　② 1개　　　③ 2개
④ 3개　　　⑤ 셀 수 없이 많습니다.

08 사각형 ㄱㄴㄷㄹ에서 평행한 두 변을 찾아 써 보세요.

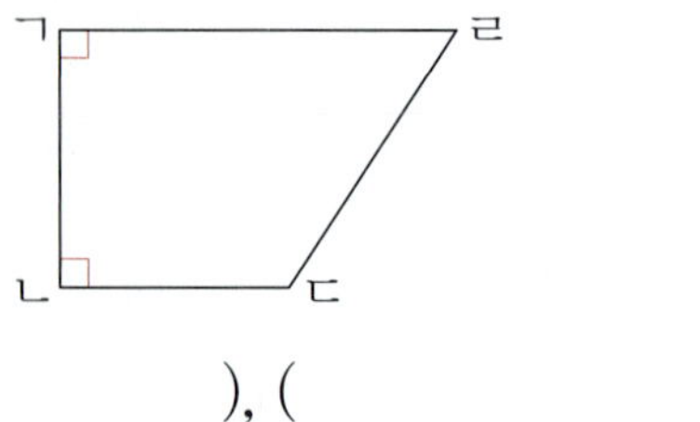

(　　　　　), (　　　　　)

09 (보기)와 같이 주어진 도형을 한 꼭짓점을 지나는 직선으로 잘라 사다리꼴을 만들어 보세요.

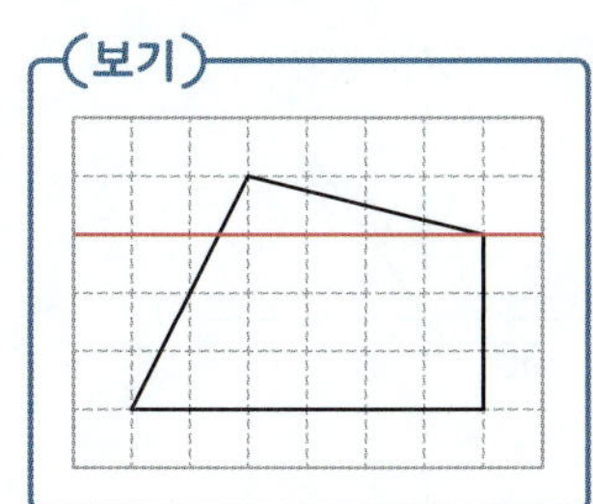
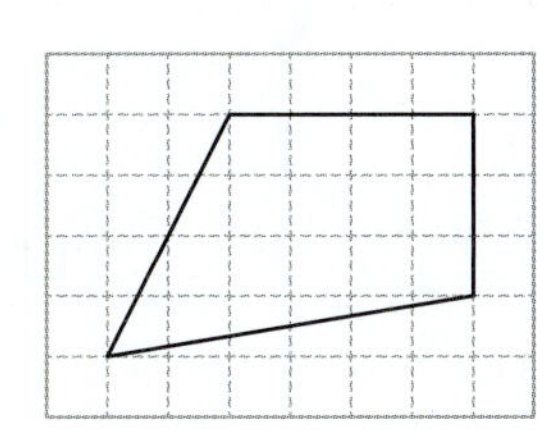

10 평행선 사이에 그은 선분의 길이를 비교한 것입니다. 바르게 비교한 사람은 누구인가요?

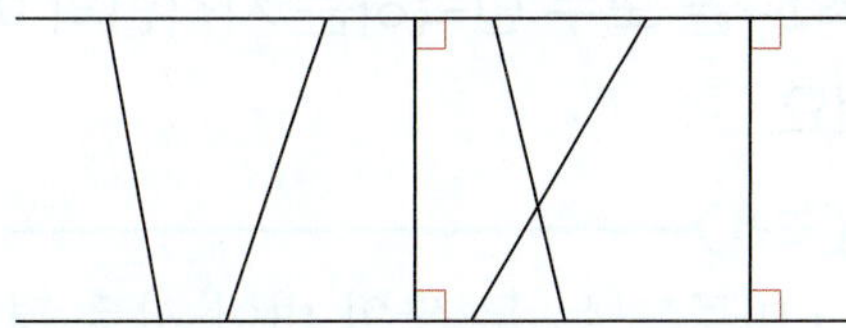

• 동준: 평행선 사이에 그은 선분 중에서 수선의 길이가 가장 길어.
• 소영: 평행선 사이에 그은 수선의 길이는 모두 같아.

( )

11 직사각형의 네 변의 길이의 합은 몇 cm인가요?

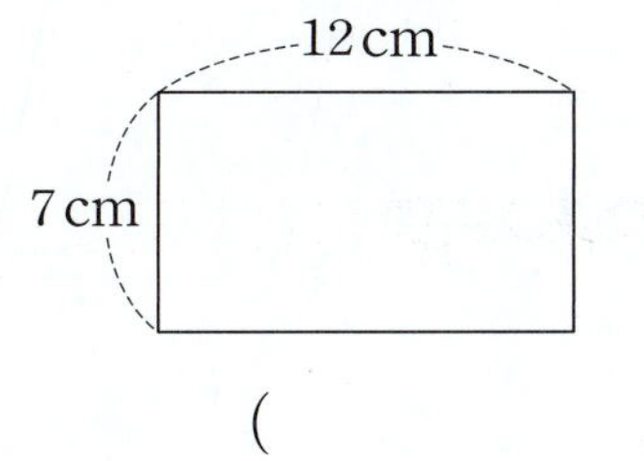

( )

12 평행한 변이 가장 많은 도형을 찾아 기호를 쓰려고 합니다. 풀이 과정을 쓰고, 답을 구해 보세요.

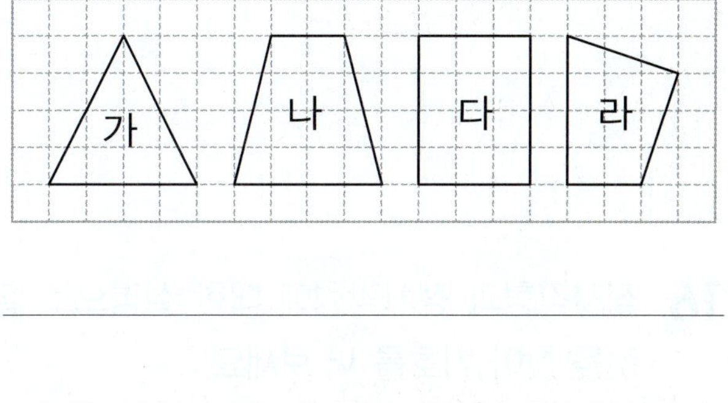

답 ______

13 마름모에서 ㉠의 각도를 구해 보세요.

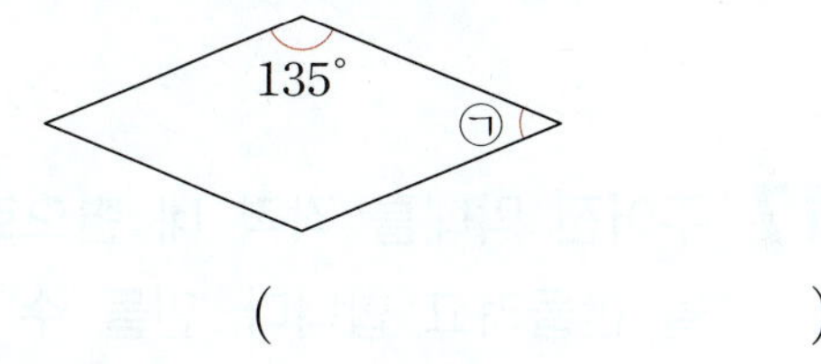

( )

14 직선 가, 나, 다는 서로 평행합니다. 직선 가와 직선 다 사이의 거리는 몇 cm인가요?

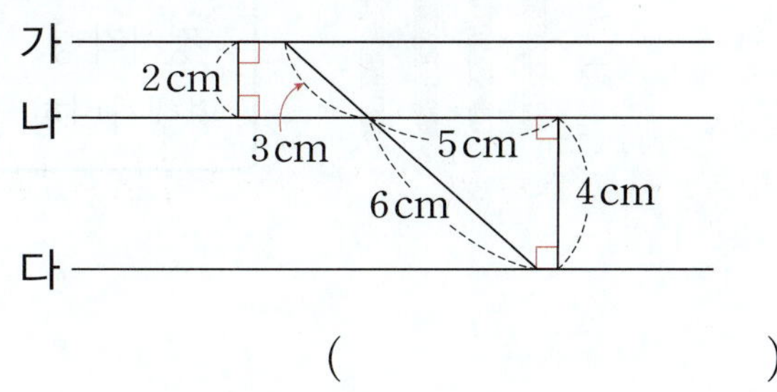

( )

15 마름모의 네 변의 길이의 합이 48 cm일 때 한 변의 길이는 몇 cm일까요?

(   )

16 직사각형과 정사각형에 대한 설명으로 <u>잘못된</u> 것을 찾아 기호를 써 보세요.

> ㉠ 직사각형은 네 변의 길이가 모두 같습니다.
> ㉡ 정사각형은 네 각의 크기가 모두 같습니다.
> ㉢ 직사각형과 정사각형은 마주 보는 두 쌍의 변이 서로 평행합니다.

(   )

17 주어진 막대를 각각 네 변으로 하는 사각형을 만들려고 합니다. 만들 수 있는 사각형을 (보기)에서 모두 찾아 써 보세요.

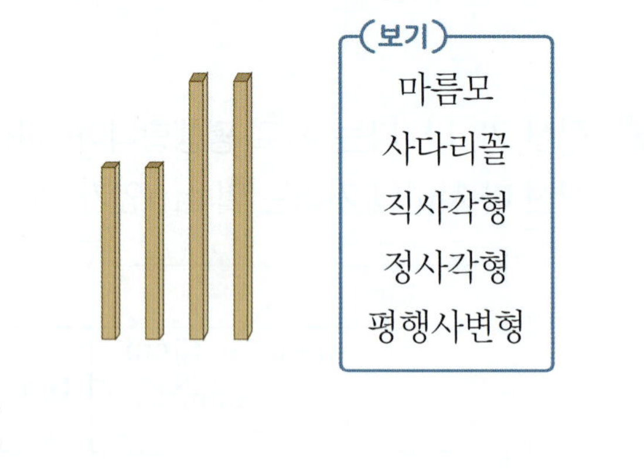

(   )

18 직선 가는 직선 나에 대한 수선입니다. ㉠의 각도를 구해 보세요.

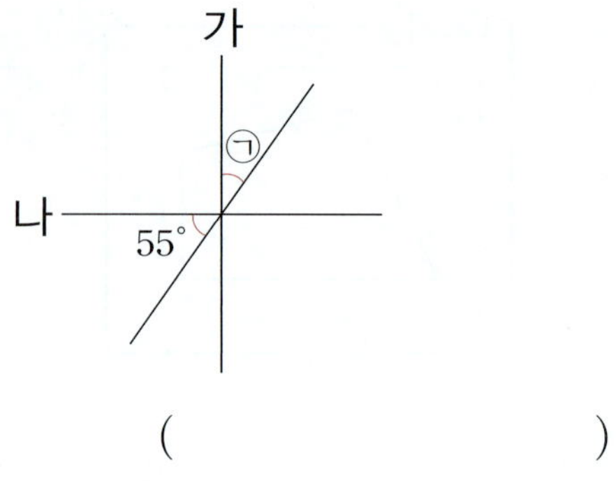

(   )

19 (조건)을 모두 만족하는 사각형의 이름을 써 보세요.

> (조건)
> • 마주 보는 두 쌍의 변이 서로 평행합니다.
> • 네 변의 길이가 모두 같습니다.
> • 네 각의 크기가 모두 같습니다.

(   )

20 평행사변형 ㄱㄴㄷㄹ의 네 변의 길이의 합은 28 cm입니다. 변 ㄹㄷ의 길이는 몇 cm인가요?

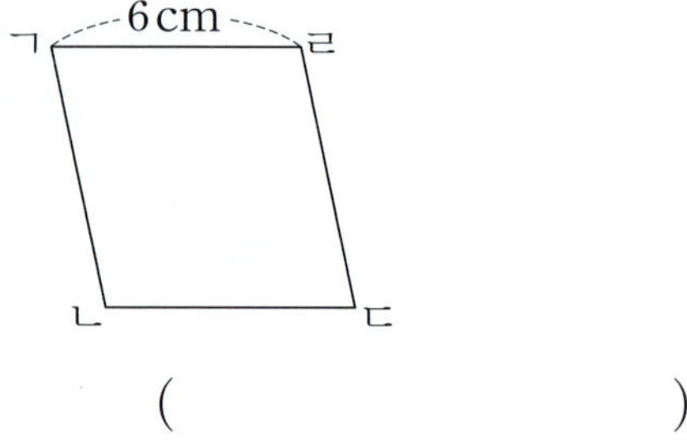

(   )

수행 평가

21 마름모 ㄱㄴㄷㄹ에서 선분 ㄱㄷ의 길이와 선분 ㄴㄹ의 길이의 합은 몇 cm인지 풀이 과정을 쓰고, 답을 구해 보세요.

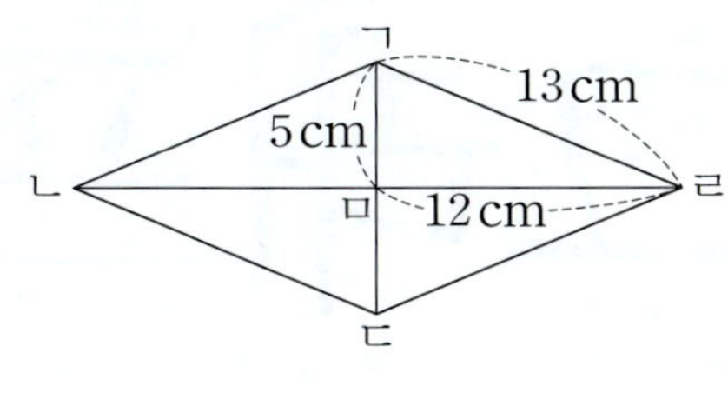

답

22 도형에서 변 ㄱㅂ과 변 ㄴㄷ은 서로 평행합니다. 변 ㄱㅂ과 변 ㄴㄷ 사이의 거리는 몇 cm인가요?

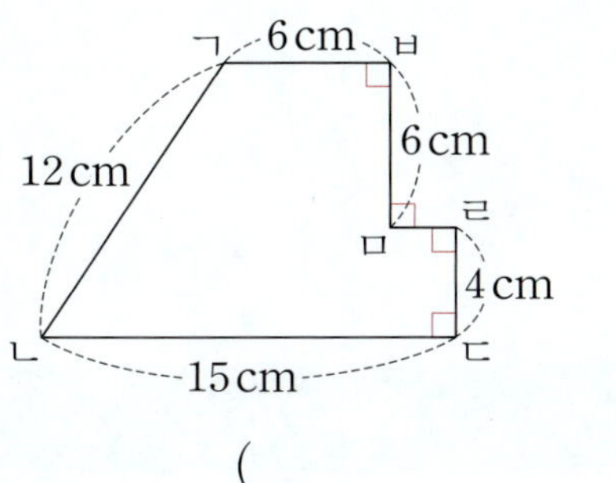

(   )

23 마름모 ㄱㄴㄷㄹ에서 각 ㄱㄹㄷ의 크기는 몇 도인가요?

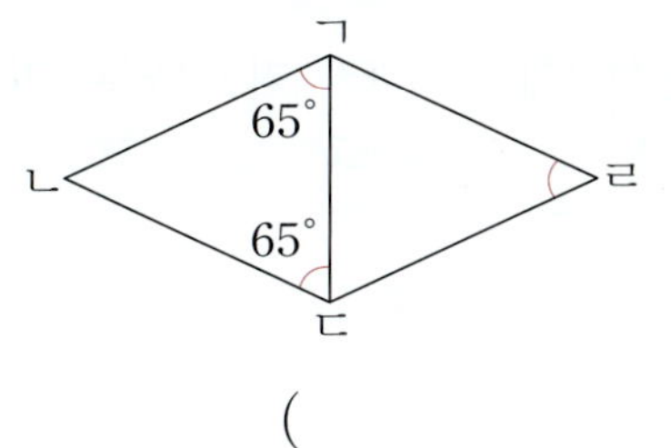

(   )

|24~25| 도현이가 빨간색과 파란색을 겹치면 어느 색이 나오는지 알아보기 위해 크기가 서로 다른 직사각형 모양의 투명 종이 2장을 그림과 같이 겹쳤습니다. 물음에 답하세요.

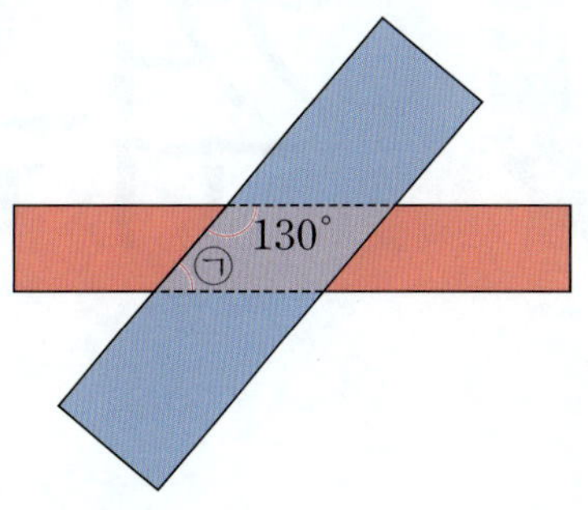

24 도현이의 질문에 알맞은 도형의 이름을 모두 찾아 ○표 하세요.

사다리꼴	평행사변형	
마름모	직사각형	정사각형

25 ㉠의 각도는 몇 도인지 풀이 과정을 쓰고, 답을 구해 보세요.

답

5 꺾은선그래프

적설량 / 121쪽

뜻 땅 위에 쌓여 있는 눈의 양

예 강원도 지역은 겨울철 **적설량**이 많아서 스키장이 여러 곳에 있어요.

수온 / 124쪽

뜻 물의 온도

예 어항에 담긴 물의 **수온**이 적절한지 온도계로 재어 확인했어요.

증가

뜻 양이나 수치가 늘어남

예 계속되는 자동차 수의 **증가**로 대기 오염이 점점 심각해지고 있어요.

감소

뜻 양이나 수치가 줄어듦

예 우리나라 인구수는 2020년을 지나면서부터 **감소**되고 있어요.

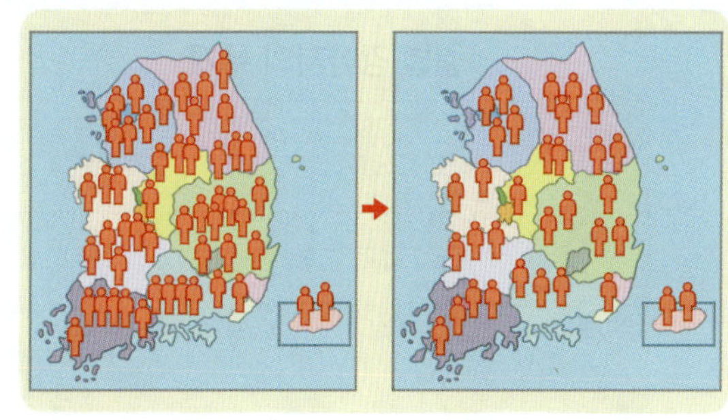

개념 1 꺾은선그래프 알기

연속적으로 변화하는 양을 점으로 표시하고, 그 점들을 선분으로 이어 그린 그래프를 **꺾은선그래프**라고 합니다.

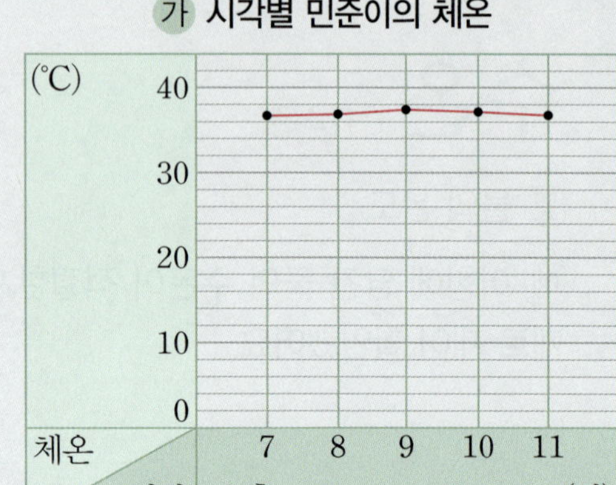

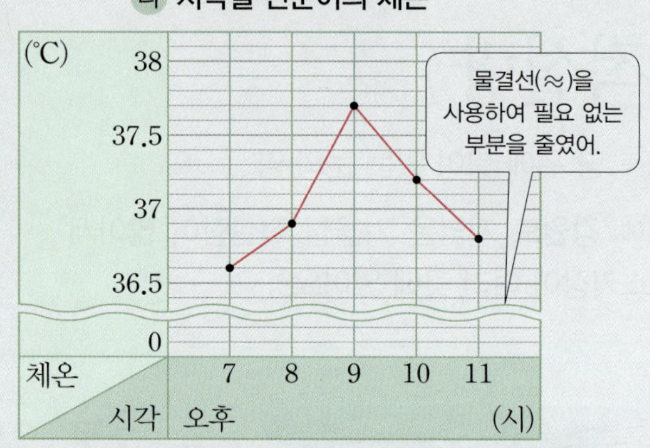

	가 그래프	나 그래프
① 가로가 나타내는 것	시각	
② 세로가 나타내는 것	체온	
③ 꺾은선이 나타내는 것	시각별 민준이의 체온 변화	
④ 세로 눈금 한 칸의 크기	2 ℃	0.1 ℃

세로 눈금 한 칸의 크기가 더 작아.

➡ 나 그래프는 필요 없는 부분을 물결선을 사용하여 줄여 나타내었기 때문에 민준이의 체온 변화가 더 뚜렷하게 나타납니다.

참고 꺾은선그래프를 보고 조사하지 않은 시각의 민준이의 체온을 예상할 수 있습니다.
• 오후 8시의 체온: 36.9 ℃   • 오후 9시의 체온: 37.7 ℃
➡ 오후 8시 30분의 체온: 36.9 ℃와 37.7 ℃의 중간인 37.3 ℃였을 것 같습니다.

확인 강아지의 무게를 월별로 조사하여 나타낸 그래프입니다. 알맞은 말에 ○표 하세요.

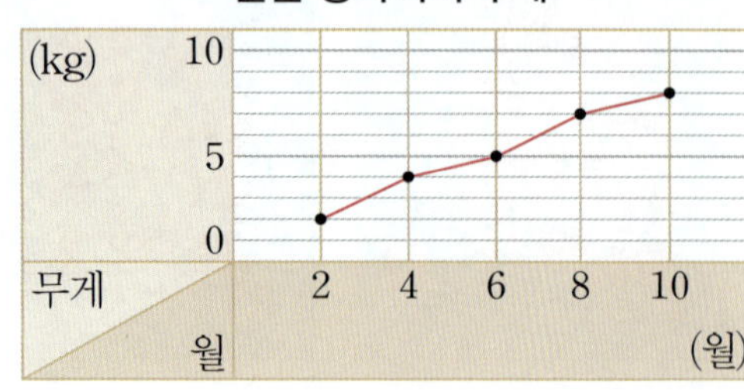

(1) 왼쪽과 같은 그래프를 (막대그래프 , 꺾은선그래프)라고 합니다.

(2) 가로는 (월 , 무게)을/를 나타내고, 세로는 (월 , 무게)을/를 나타냅니다.

│1~4│ 지윤이의 50 m 달리기 기록을 나이별로 조사하여 나타낸 두 그래프입니다. 물음에 답하세요.

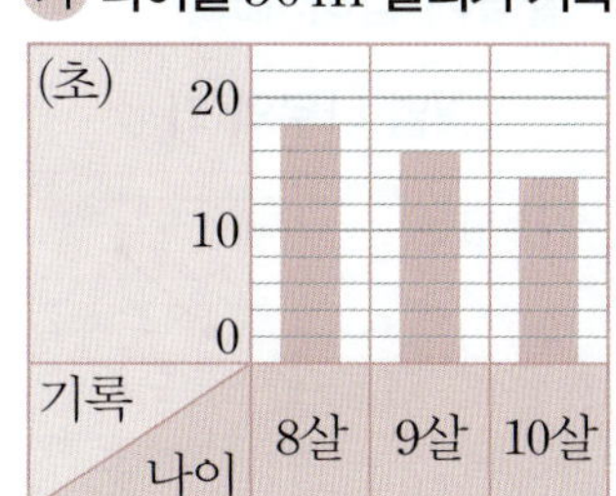

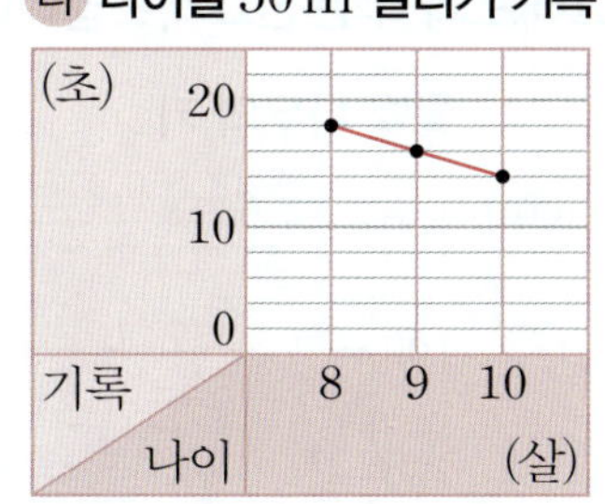

1 가 그래프의 가로와 세로는 각각 무엇을 나타내나요?

가로 (　　　　　　　　　)

세로 (　　　　　　　　　)

2 나 그래프의 가로와 세로는 각각 무엇을 나타내나요?

가로 (　　　　　　　　　)

세로 (　　　　　　　　　)

3 알맞은 말에 ○표 하세요.

(1) 가 그래프는 50 m 달리기 기록을 (막대 , 점과 선분)(으)로 나타냈습니다.

(2) 나 그래프는 50 m 달리기 기록을 (막대 , 점과 선분)(으)로 나타냈습니다.

4 가 그래프와 나 그래프 중에서 지윤이의 50 m 달리기 기록의 변화를 한눈에 알아보기 쉬운 그래프는 어느 것인가요?

(　　　　　　　　　)

│5~6│ 주하가 강낭콩 줄기의 키를 3일마다 조사하여 나타낸 꺾은선그래프입니다. 물음에 답하세요.

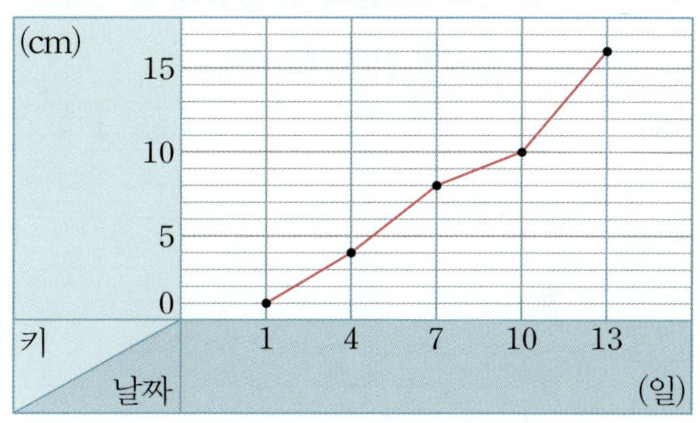

5 세로 눈금 한 칸은 몇 cm를 나타내나요?

(　　　　　　　　　)

6 꺾은선은 무엇을 나타내나요?

(　　　　　　　　　)

7 어느 강좌의 수강생 수를 월별로 조사하여 두 꺾은선그래프로 나타냈습니다. 알맞은 기호에 ○표 하세요.

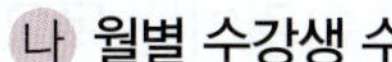

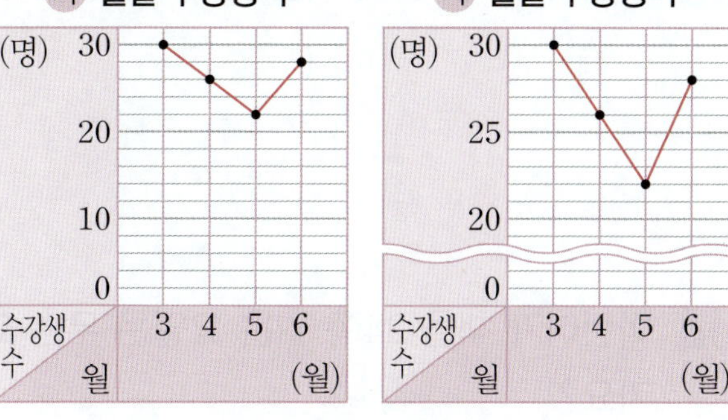

(1) 물결선을 사용하여 나타낸 그래프는 (가 , 나) 그래프입니다.

(2) 수강생 수의 변화를 더 뚜렷하게 나타내는 그래프는 (가 , 나) 그래프입니다.

|01~04| 아린이가 읽은 책의 쪽수를 요일별로 조사하여 나타낸 꺾은선그래프입니다. 물음에 답하세요.

요일별 읽은 책의 쪽수

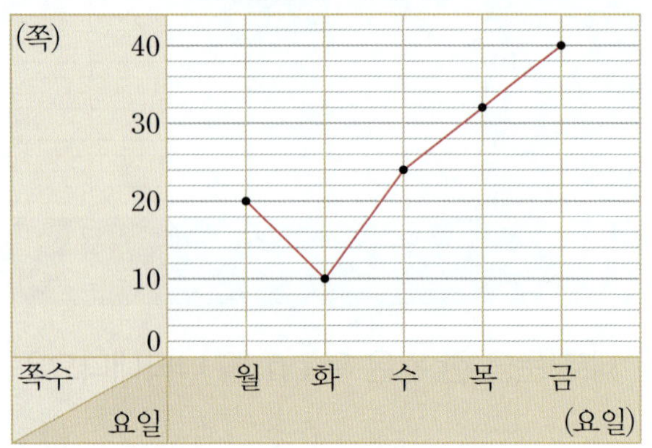

01 가로와 세로는 각각 무엇을 나타내나요?

가로 (　　　　　　　　　)

세로 (　　　　　　　　　)

02 세로 눈금 한 칸은 몇 쪽을 나타내나요?

(　　　　　　　　　)

03 아린이는 목요일에 책을 몇 쪽 읽었나요?

(　　　　　　　　　)

04 아린이가 책을 24쪽 읽은 요일은 무슨 요일인가요?

(　　　　　　　　　)

|05~07| 나무의 키를 월별로 조사하여 나타낸 막대그래프와 꺾은선그래프입니다. 물음에 답하세요.

월별 나무의 키　　　　　월별 나무의 키

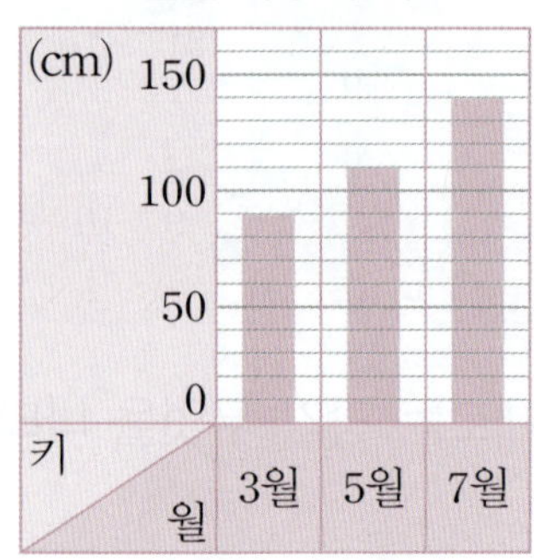
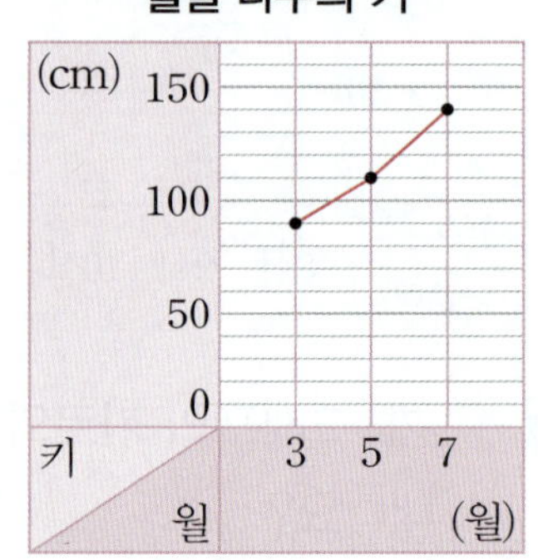

05 나무의 키의 변화를 한눈에 알아보기 쉬운 그래프는 막대그래프와 꺾은선그래프 중에서 어느 것인가요?

(　　　　　　　　　)

창의형

06 두 그래프의 같은 점과 다른 점을 각각 써 보세요.

같은 점

____

____

다른 점

____

____

07 막대그래프와 꺾은선그래프 중에서 4월의 나무의 키를 예상할 때 더 편리한 그래프는 어느 것인가요?

(　　　　　　　　　)

서술형 문제

| 08 ~ 10 | 정혁이가 베란다의 기온을 시각별로 조사하여 나타낸 두 꺾은선그래프입니다. 물음에 답하세요.

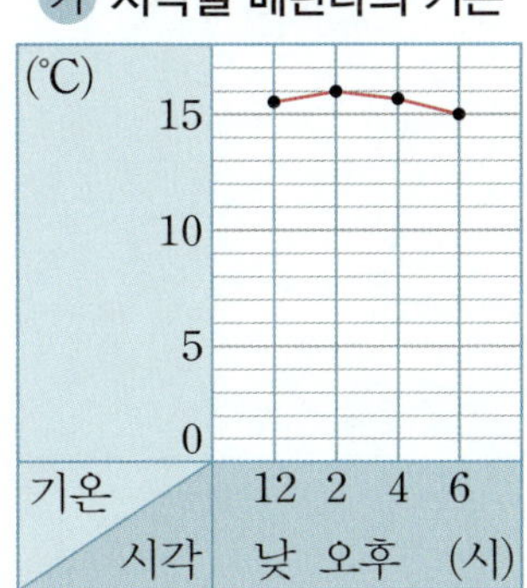

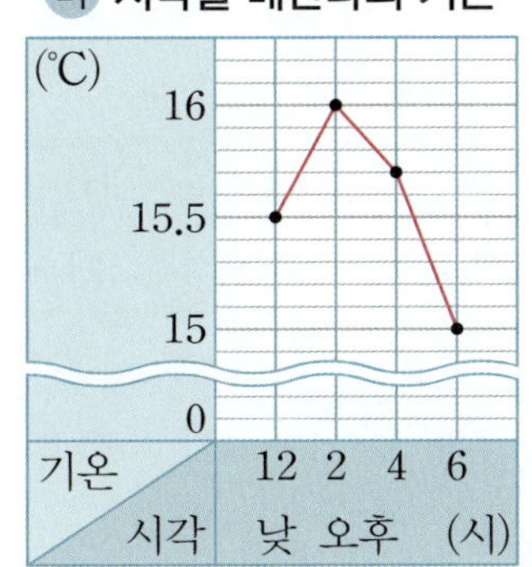

08 가 그래프와 나 그래프의 세로 눈금 한 칸은 각각 몇 ℃를 나타내나요?

가 그래프 (   )

나 그래프 (   )

09 가 그래프와 나 그래프 중에서 베란다의 기온 변화를 더 뚜렷하게 나타내는 그래프는 어느 것인가요?

(   )

10 두 그래프를 보고 바르게 말한 사람은 누구인가요?

(   )

11 예서가 사용하고 있는 연필의 길이를 매일 재어 나타낸 꺾은선그래프입니다. 잘못 설명한 것의 기호를 쓰고, 바르게 고쳐 보세요.

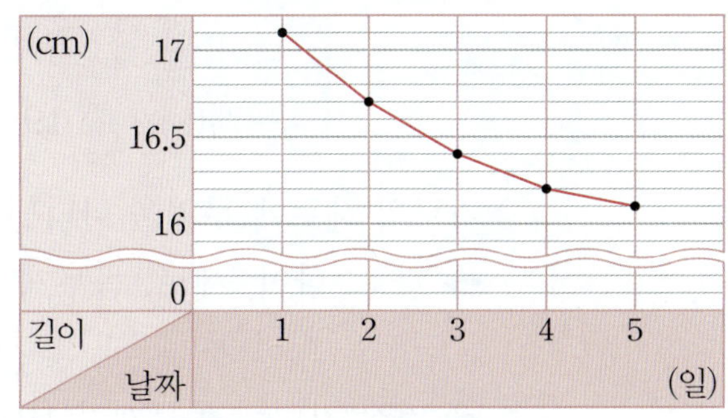

㉠ 세로는 날짜를 나타냅니다.
㉡ 꺾은선은 연필의 길이 변화를 나타냅니다.

[기호] ❶ [   ]

[바르게 고치기] ❷ 세로는 [   ]를 나타냅니다.

12 어느 지역의 적설량을 매년 1월에 조사하여 나타낸 꺾은선그래프입니다. 잘못 설명한 것의 기호를 쓰고, 바르게 고쳐 보세요.

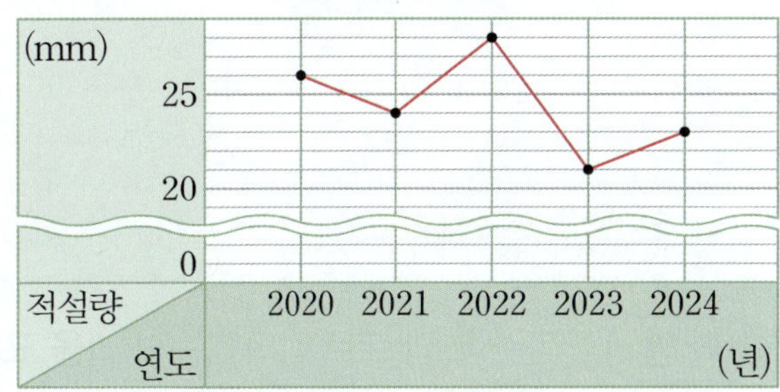

㉠ 세로 눈금 한 칸은 1 mm를 나타냅니다.
㉡ 꺾은선은 연도의 변화를 나타냅니다.

[기호]

[바르게 고치기]

학습 결과에 색칠하세요.

5 단원 1회

개념 1 꺾은선그래프로 나타내기

나이별 아인이의 몸무게

나이(살)	6	7	8	9	10
몸무게(kg)	19	22	26	28	33

① 가로와 세로에 무엇을 나타낼지 정하기

　➜ 가로: 나이, 세로: 몸무게

② 물결선을 그린다면 몇과 몇 사이에 넣으면 좋을지 정하기

　➜ 가장 가벼운 몸무게가 19 kg이므로

　0 kg**부터** 15 kg **사이**에 물결선을 넣습니다.

③ 세로 눈금 한 칸의 크기 정하기 ➜ 1 kg → 가장 큰 값까지 나타낼 수 있도록 정해요.

④ 가로 눈금과 세로 눈금이 만나는 자리에 점을 표시하고, 그 점들을 선분으로 잇기

⑤ 알맞은 제목 쓰기 → 제목을 먼저 써도 돼요.

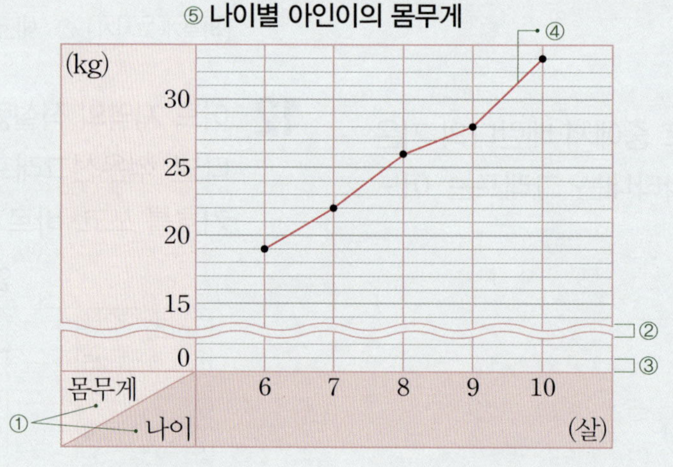

확 인 꺾은선그래프로 나타내는 방법을 표시한 그림입니다. □ 안에 알맞은 말을 써넣으세요.

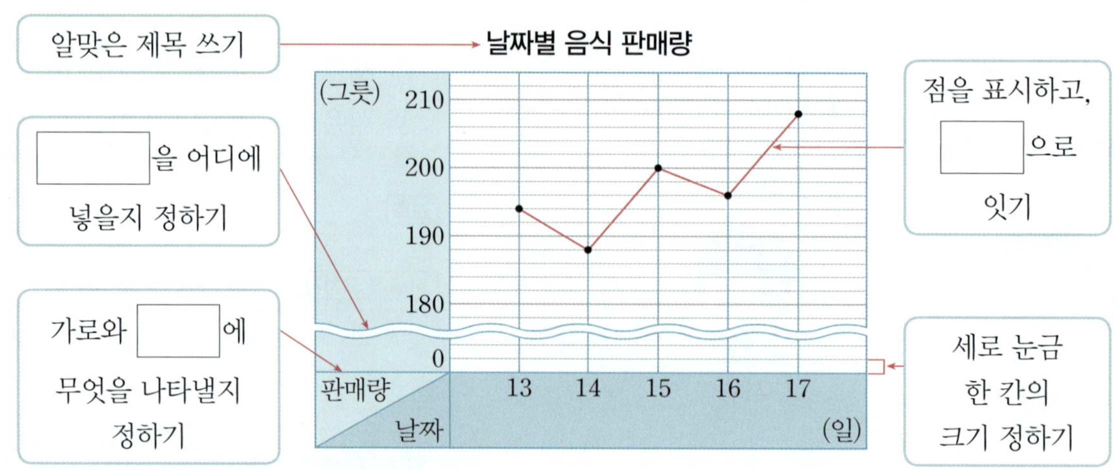

1 어느 지역의 비가 온 날수를 월별로 조사하여 나타낸 꺾은선그래프입니다. 바르게 나타낸 것에 ◯표 하세요.

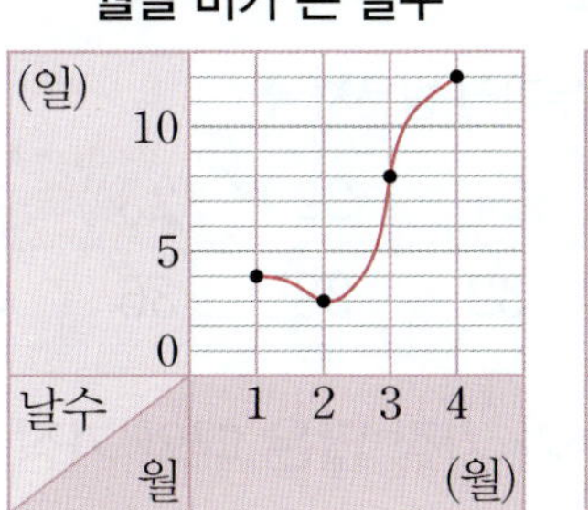

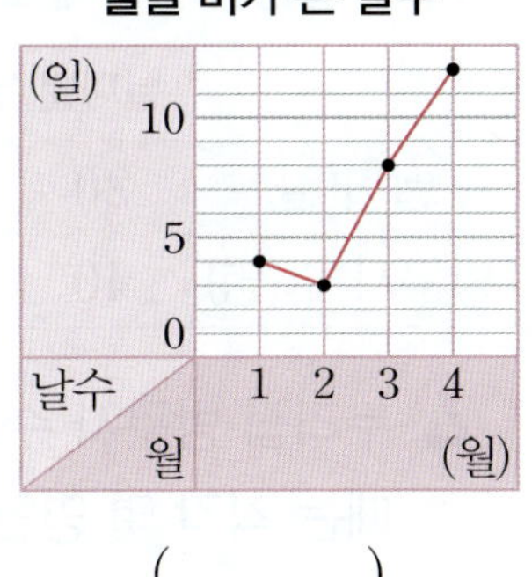

(   )   (   )

|2~4| 지우가 읽은 동화책 수를 월별로 조사하여 나타낸 표를 보고 꺾은선그래프로 나타내려고 합니다. 물음에 답하세요.

월별 읽은 동화책 수

월(월)	7	8	9	10	11
동화책 수(권)	11	9	12	15	17

2 꺾은선그래프의 가로에 월을 나타낸다면 세로에는 무엇을 나타내야 할까요?

(   )

3 꺾은선그래프의 세로 눈금 한 칸은 몇 권을 나타내면 좋을까요?

(   )

4 표를 보고 꺾은선그래프를 완성해 보세요.

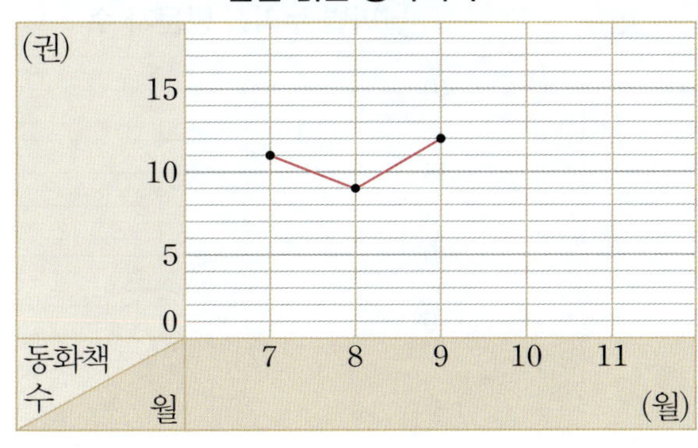

|5~8| 민재가 타자 연습을 하면서 1분 동안의 타수를 7일마다 조사하여 나타낸 표를 보고 물결선을 사용한 꺾은선그래프로 나타내려고 합니다. 물음에 답하세요.

날짜별 타수

날짜(일)	1	8	15	22	29
타수(타)	204	208	216	222	230

5 꺾은선그래프에 나타내야 할 타수는 몇 타부터 몇 타까지인가요?

(   )부터 (   )까지

6 물결선을 넣는다면 몇 타와 몇 타 사이에 넣으면 좋을지 알맞은 것에 ◯표 하세요.

0타와 230타 사이 ▭

0타와 200타 사이 ▭

7 물결선을 넣는다면 꺾은선그래프의 세로 눈금 한 칸은 몇 타를 나타내면 좋을까요?

(   )

8 표를 보고 물결선을 사용한 꺾은선그래프를 완성해 보세요.

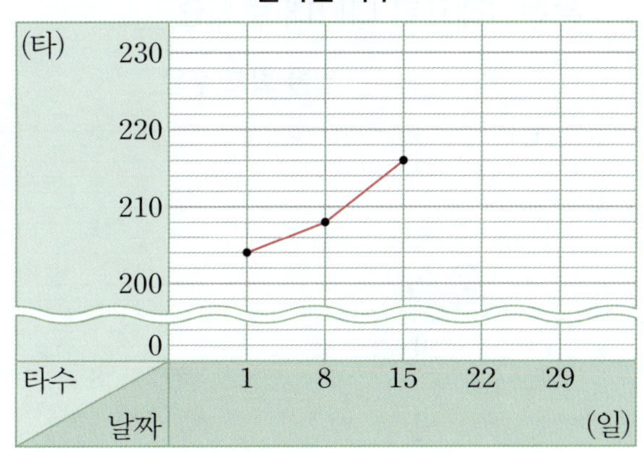

01 꺾은선그래프로 나타낼 때 주의해야 할 점을 바르게 말한 사람은 누구인가요?

> • 연수: 점을 이을 때는 곡선이 아닌 선분으로 이어야 해.
> • 주호: 점을 이을 때는 순서에 상관없이 빠진 점이 없게만 이으면 돼.

( )

|02~03| 어느 연못의 최고 수온을 2개월마다 조사하여 나타낸 표를 보고 꺾은선그래프로 나타내려고 합니다. 물음에 답하세요.

월별 최고 수온

월(월)	2	4	6	8	10
최고 수온(℃)	4	12	20	28	16

02 꺾은선그래프로 나타낼 때 세로 눈금은 적어도 몇 ℃까지 나타낼 수 있어야 할까요?

( )

창의형

03 표를 보고 세로 눈금 한 칸의 크기를 정하여 꺾은선그래프로 나타내 보세요.

월별 최고 수온

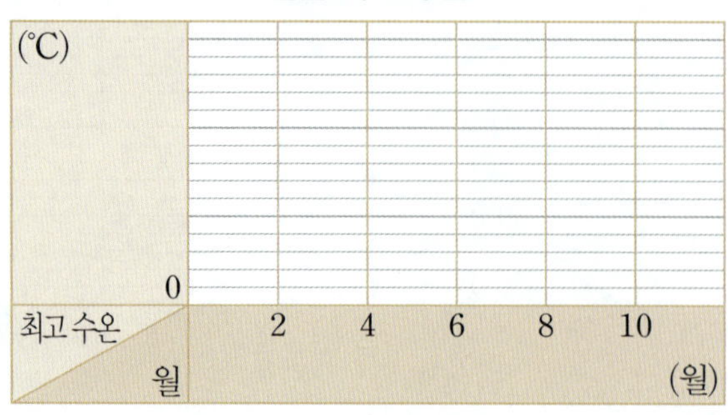

|04~06| 민아네 학교 누리집 방문자 수를 날짜별로 조사하여 나타낸 표를 보고 꺾은선그래프로 나타내려고 합니다. 물음에 답하세요.

날짜별 누리집 방문자 수

날짜(일)	20	21	22	23	24
방문자 수(명)	40	32	38	36	34

04 누리집 방문자 수가 가장 많은 때와 가장 적은 때는 각각 몇 명인가요?

가장 많은 때 ( )

가장 적은 때 ( )

05 물결선을 넣는다면 몇 명과 몇 명 사이에 넣으면 좋을까요?

( )과 ( ) 사이

06 두 가지 꺾은선그래프로 나타내 보세요.

(1) 날짜별 누리집 방문자 수

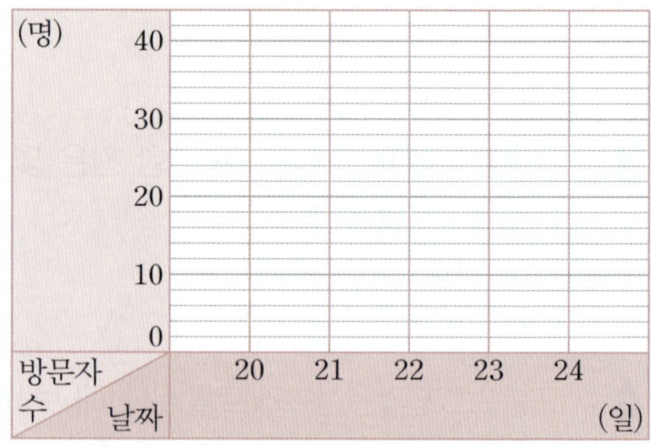

(2) 날짜별 누리집 방문자 수

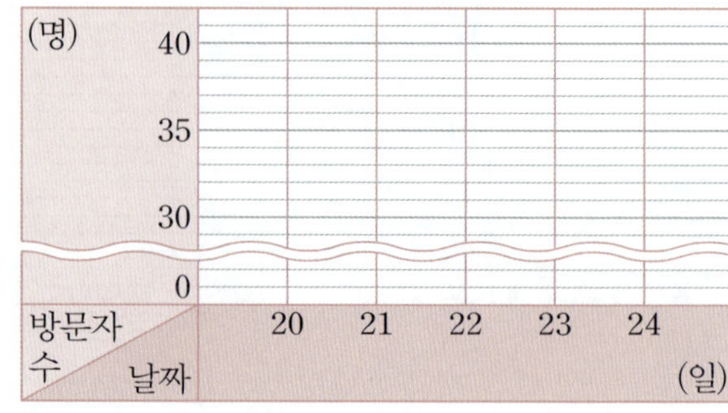

5
단원
2회

디지털 문해력

07 뉴스 화면을 보고 연도별 초미세 먼지 나쁨 일수를 꺾은선그래프로 나타내 보세요.

[출처] 에어 코리아, 2023

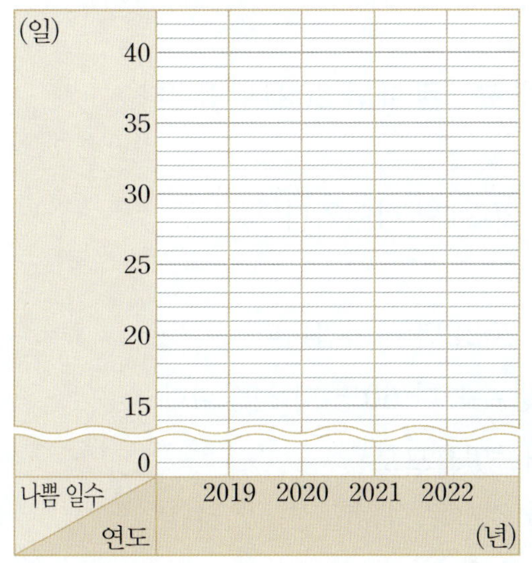

08 슬아가 운동한 시간을 요일별로 조사하여 나타낸 표와 꺾은선그래프를 완성해 보세요.

요일별 운동한 시간

요일(요일)	월	화	수	목	금
시간(분)	10	32			

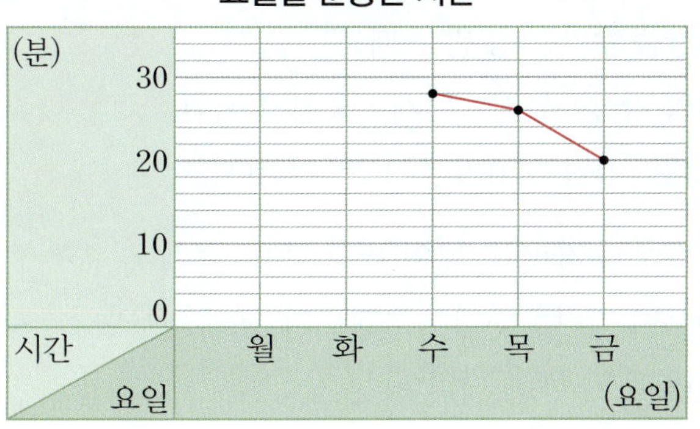

09 표를 보고 꺾은선그래프로 나타낸 것입니다. 잘못된 곳을 찾아 이유를 써 보세요.

연도별 심은 나무 수

연도(년)	2020	2021	2022	2023	2024
나무 수(그루)	320	380	390	410	420

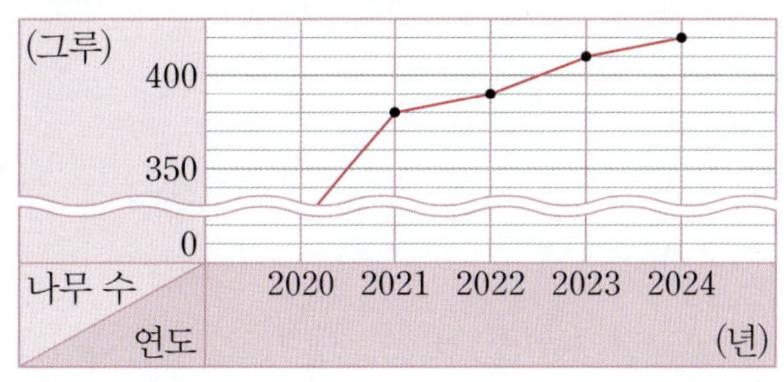

[이유] 가장 적게 심은 나무 수가 □ 그루이 므로 물결선을 0그루와 □ 그루 사이에 넣어야 하는데 잘못 넣었습니다.

10 표를 보고 꺾은선그래프로 나타낸 것입니다. 잘못된 곳을 찾아 이유를 써 보세요.

월별 강수량

월(월)	6	7	8	9	10
강수량(mm)	180	240	250	220	120

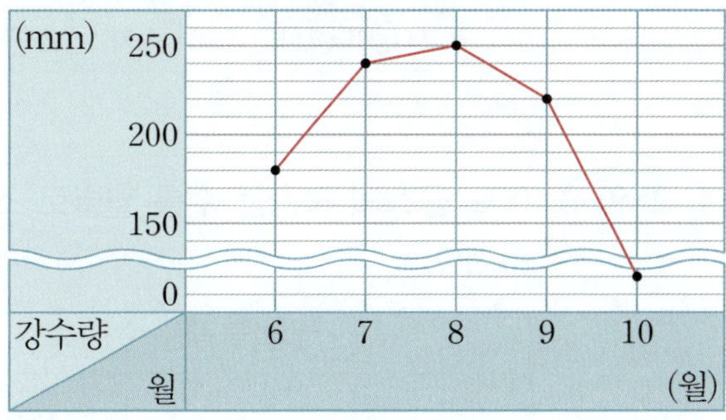

[이유] ______________________
____
____

학습 결과에 색칠하세요.   

개념 1 꺾은선그래프의 내용 알기

지혜네 학교의 연도별 전체 학생 수

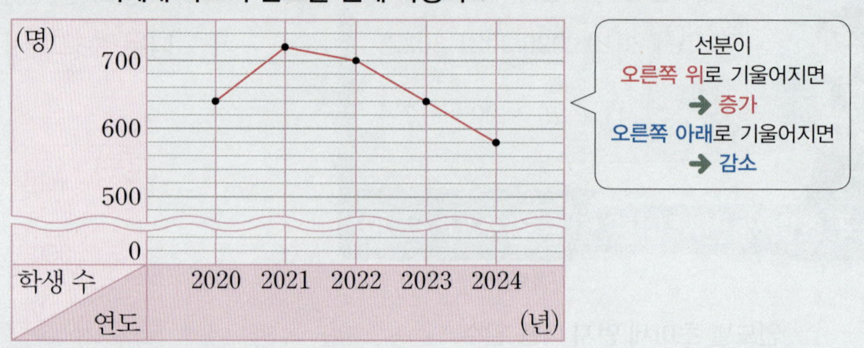

- 2023년의 전체 학생 수 ➜ 640명

- 전체 학생 수가 **가장 많은 때** ➜ 점이 **가장 높게 표시된** 때인 2021년입니다.

- 전체 학생 수가 **가장 많이 변한 때**
  ➜ 선분이 **가장 많이 기울어진** 때인 2020년과 2021년 사이입니다.

- 전체 학생 수가 **가장 적게 변한 때**
  ➜ 선분이 **가장 적게 기울어진** 때인 2021년과 2022년 사이입니다.

- 2024년의 전체 학생 수는 2023년의 전체 학생 수보다 60명 더 적습니다.

- 전체 학생 수가 2021년에서 2024년까지 줄어들었으므로
  2025년의 전체 학생 수는 2024년보다 줄어들 것으로 예상할 수 있습니다.

참고 선분이 기울어진 방향과 기울어진 정도에 따른 자료의 변화

선분의 모양					
자료의 변화	많이 증가	조금 증가	변화 없음	조금 감소	많이 감소

확인 어느 공장의 불량품 수를 월별로 조사하여 나타낸 꺾은선그래프를 보고 알맞은 말에 ○표 하세요.

월별 불량품 수

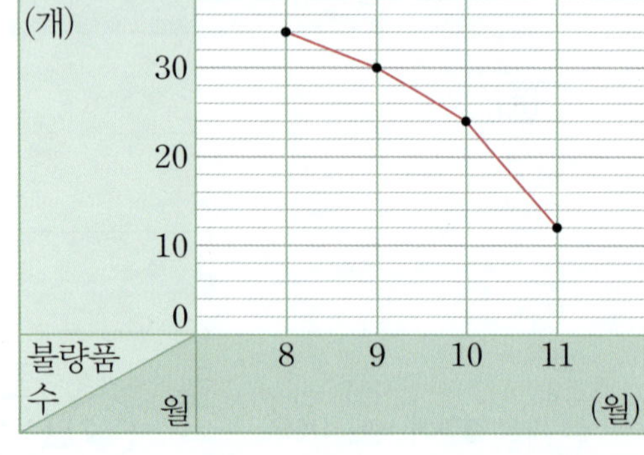

(1) 불량품 수가 가장 많은 때는
   점이 가장 (높게 , 낮게) 표시된 때인
   (8월 , 9월 , 10월 , 11월)입니다.

(2) 불량품 수가 가장 많이 변한 때는
   선분이 가장 (많이 , 적게) 기울어진 때인
   10월과 11월 사이입니다.

1 어느 판매점의 휴대 전화 판매량을 월별로 조사하여 나타낸 꺾은선그래프입니다. 바르게 설명했으면 ○표, 잘못 설명했으면 ×표 하세요.

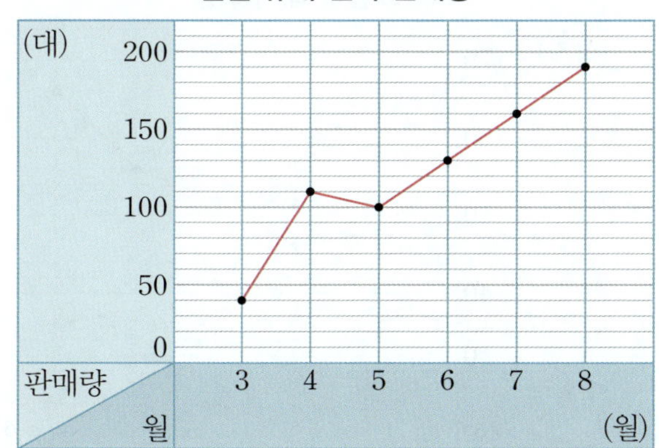

(1) 세로 눈금 한 칸은 10대를 나타냅니다.

( )

(2) 3월의 휴대 전화 판매량은 4대입니다.

( )

(3) 휴대 전화 판매량이 가장 많은 때는 8월입니다.

( )

(4) 휴대 전화 판매량이 가장 적은 때는 5월입니다.

( )

(5) 휴대 전화 판매량이 가장 많이 변한 때는 3월과 4월 사이입니다.

( )

(6) 전달에 비해 휴대 전화 판매량이 줄어든 때는 5월입니다.

( )

2 서준이의 줄넘기 최고 기록을 요일별로 조사하여 나타낸 꺾은선그래프입니다. □ 안에 알맞은 수나 말을 써넣으세요.

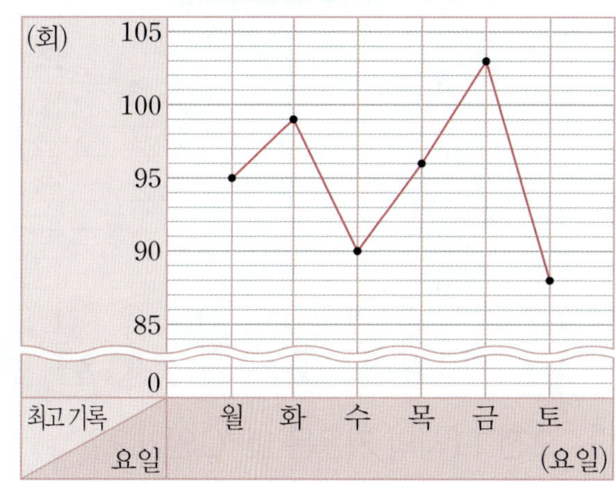

(1) 월요일의 최고 기록은 □ 회입니다.

(2) 최고 기록이 가장 좋은 때는 □ 요일입니다.

(3) 최고 기록이 목요일보다 좋은 요일은 □ 요일과 □ 요일입니다.

(4) 전날에 비해 최고 기록이 떨어진 때는 □ 요일과 □ 요일입니다.

(5) 전날에 비해 최고 기록이 가장 많이 떨어진 때는 □ 요일입니다.

(6) 금요일은 목요일보다 최고 기록이 □ 회 더 많습니다.

|01~04| 해린이가 어느 날 공원의 기온을 시각별로 조사하여 나타낸 꺾은선그래프입니다. 물음에 답하세요.

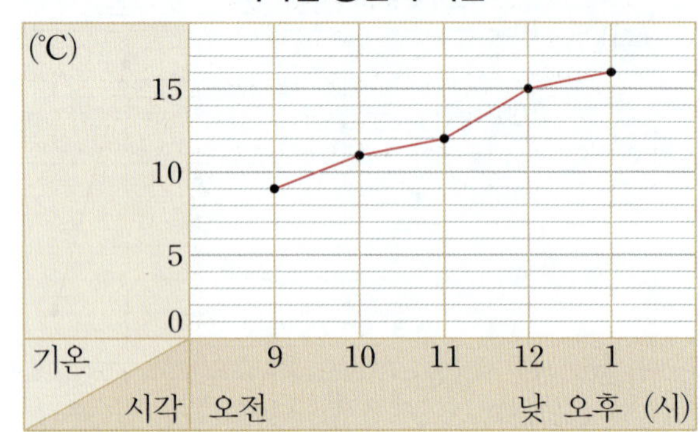

01 오전 11시의 기온은 몇 ℃인가요?

( )

02 기온이 가장 낮은 때는 몇 시인가요?

( )

03 조사한 시간 동안 공원의 기온은 몇 ℃ 높아졌나요?

( )

04 오전 9시 30분의 공원의 기온은 몇 ℃였을까요?

( )

|05~08| 어느 과수원의 배 수확량을 요일별로 조사하여 나타낸 꺾은선그래프입니다. 물음에 답하세요.

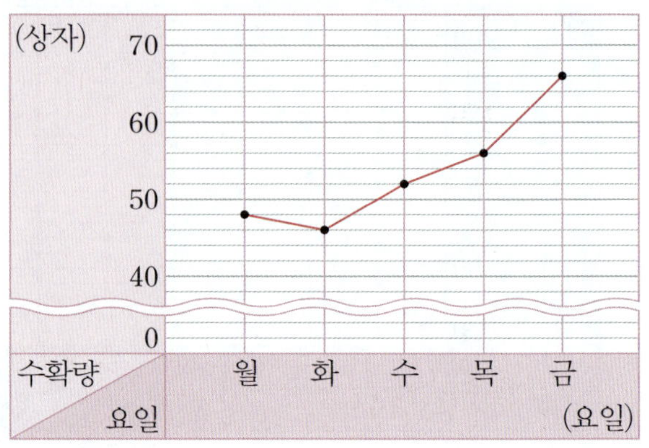

05 전날에 비해 배 수확량이 줄어든 요일은 무슨 요일인가요?

( )

06 배 수확량이 가장 많이 변한 때는 무슨 요일과 무슨 요일 사이인가요?

( )과 ( ) 사이

07 목요일은 화요일보다 배 수확량이 몇 상자 늘어났나요?

( )

창의형
08 꺾은선그래프를 보고 알 수 있는 내용을 1가지 써 보세요.

내용

| 09~11 | 두 마을의 인구수를 연도별로 조사하여 나타낸 꺾은선그래프입니다. 물음에 답하세요.

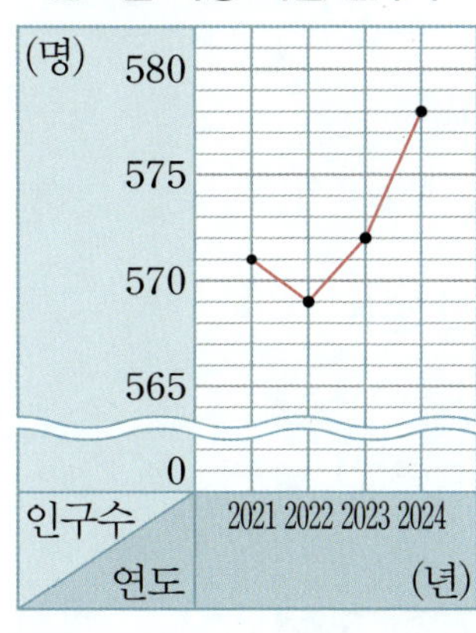

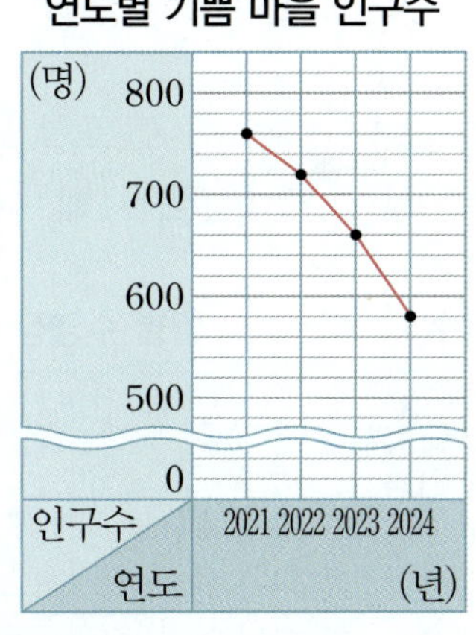

09 인구수가 줄었다가 다시 늘어난 마을은 어느 마을인가요?

(   )

10 꺾은선그래프의 내용을 잘못 설명한 것을 찾아 기호를 써 보세요.

> ㉠ 2021년의 기쁨 마을 인구수는 760명입니다.
> ㉡ 2024년의 인구수가 더 많은 마을은 사랑 마을입니다.
> ㉢ 사랑 마을 인구수가 가장 많이 늘어난 때는 2023년과 2024년 사이입니다.

(   )

11 2025년의 기쁨 마을 인구수는 어떻게 될지 예상해 보세요.

(   )

| 12~13 | 어느 카페의 녹차 음료 판매량을 매일 조사하여 나타낸 꺾은선그래프입니다. 물음에 답하세요.

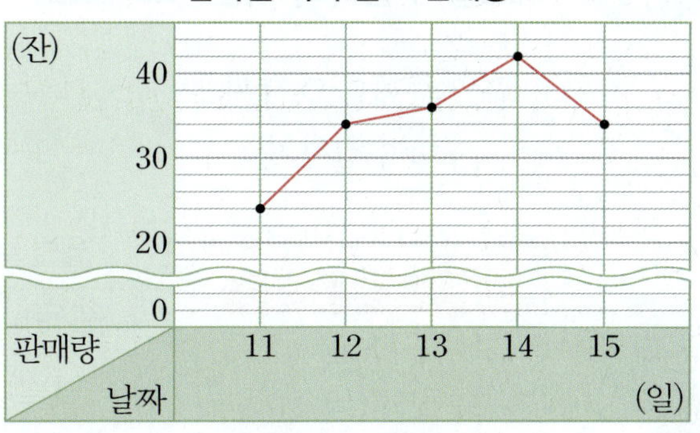

12 전날에 비해 녹차 음료 판매량이 가장 적게 늘어난 때는 며칠이고, 몇 잔 늘어났는지 풀이 과정을 쓰고, 답을 구해 보세요.

❶ 전날에 비해 녹차 음료 판매량이 가장 적게 늘어난 때는 전날에 비해 선분이 오른쪽 (위 , 아래)로 가장 (많이 , 적게) 기울어진 ☐ 일입니다.

❷ 세로 눈금 한 칸이 ☐ 잔을 나타내므로 판매량은 ☐ 잔 늘어났습니다.

답 ________________ , ________________

13 전날에 비해 녹차 음료 판매량이 가장 많이 늘어난 때는 며칠이고, 몇 잔 늘어났는지 풀이 과정을 쓰고, 답을 구해 보세요.

____

____

____

____

답 ________________ , ________________

학습 결과에 색칠하세요.   

개념 1 | 자료를 수집하여 꺾은선그래프로 나타내기

조사 주제를 정하여 자료 수집하기 → 수집한 자료를 표로 나타내기 → 표를 보고 꺾은선그래프로 나타내기

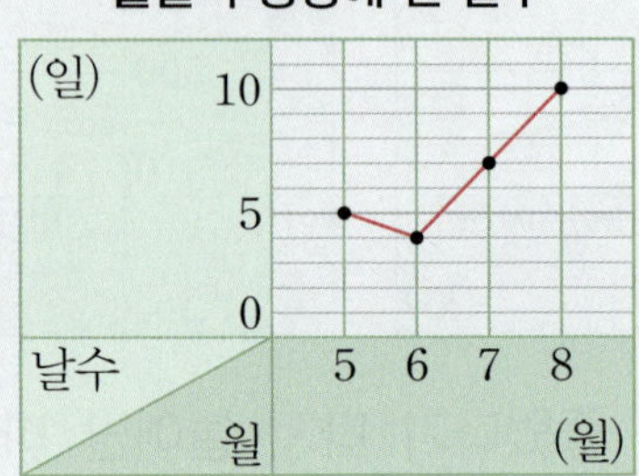

월별 수영장에 간 날수

5월: 5일
6월: 4일
7월: 7일
8월: 10일

월별 수영장에 간 날수

월(월)	5	6	7	8
날수(일)	5	4	7	10

개념 2 | 알맞은 그래프 선택하기

○ **항목별 수량의 많고 적음**을 비교할 때 편리한 그래프 → **막대그래프**

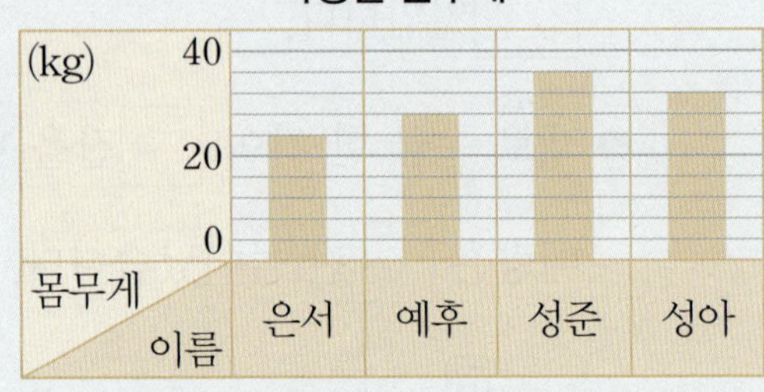

학생별 몸무게

- 몸무게가 가장 무거운 사람은 성준입니다.
- 몸무게가 가벼운 사람부터 차례로 쓰면 은서, 예후, 성아, 성준입니다.

○ **시간에 따른 자료의 변화**를 알아볼 때 편리한 그래프 → **꺾은선그래프**

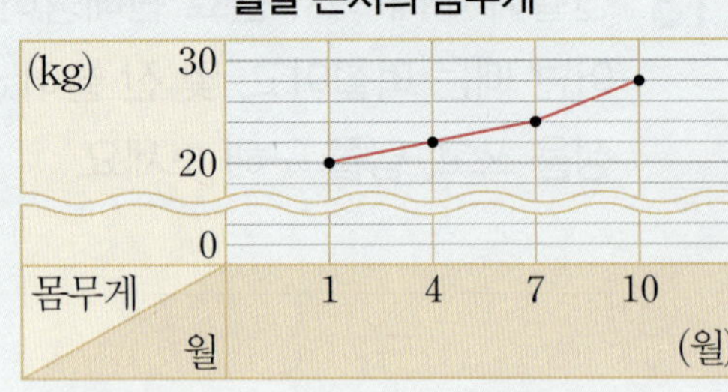

월별 은서의 몸무게

- 은서의 몸무게가 1월에서 10월까지 계속 늘어났습니다.
- 몸무게의 변화가 가장 큰 때는 7월과 10월 사이입니다.

확인 | ☐ 안에 알맞은 말을 써넣으세요.

(1) 항목별 수량의 많고 적음을 비교할 때는 ☐ 그래프로 나타내는 것이 알맞습니다.

(2) 시간에 따른 자료의 변화를 알아볼 때는 ☐ 그래프로 나타내는 것이 알맞습니다.

|1~4| 어느 지역의 음식물 쓰레기 배출량을 연도별로 조사한 자료를 보고 표와 꺾은선그래프로 나타내려고 합니다. 물음에 답하세요.

> **연도별 음식물 쓰레기 배출량**
>
> 2020년: 420 t | 2023년: 400 t
> 2021년: 424 t | 2024년: 380 t
> 2022년: 440 t

1 자료를 보고 표를 완성해 보세요.

연도별 음식물 쓰레기 배출량

연도(년)	2020	2021	2022	2023	2024
배출량(t)	420			400	

2 꺾은선그래프의 가로에 연도를 나타낸다면 세로에는 무엇을 나타내야 할까요?

(   )

3 물결선을 사용하는 것이 좋을지 알맞은 말에 ○표 하세요.

> 물결선을 (사용하는 , 사용하지 않는) 것이 좋습니다.

4 **1**의 표를 보고 물결선을 사용한 꺾은선그래프를 완성해 보세요.

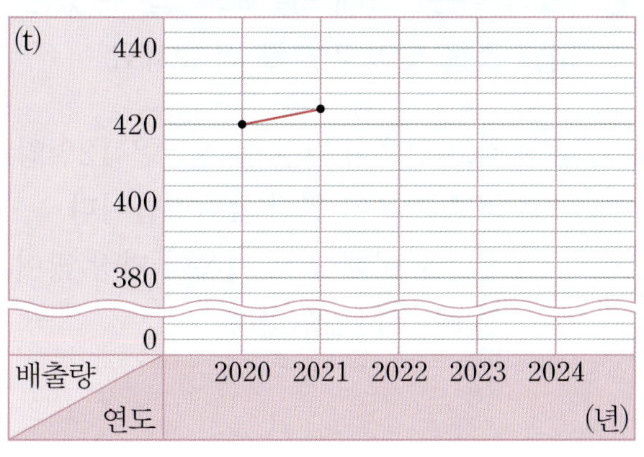

5 조사한 주제를 나타내기에 알맞은 그래프를 찾으려고 합니다. 알맞은 그래프가 막대그래프인 것에는 '막', 꺾은선그래프인 것에는 '꺾'을 써넣으세요.

(1) 월별 신발 수출량의 변화 ☐

(2) 좋아하는 계절별 학생 수 ☐

(3) 연도별 초등학생 수의 변화 ☐

|6~7| 어느 목장에 있는 염소 수를 연도별로 조사하여 두 그래프로 나타냈습니다. 물음에 답하세요.

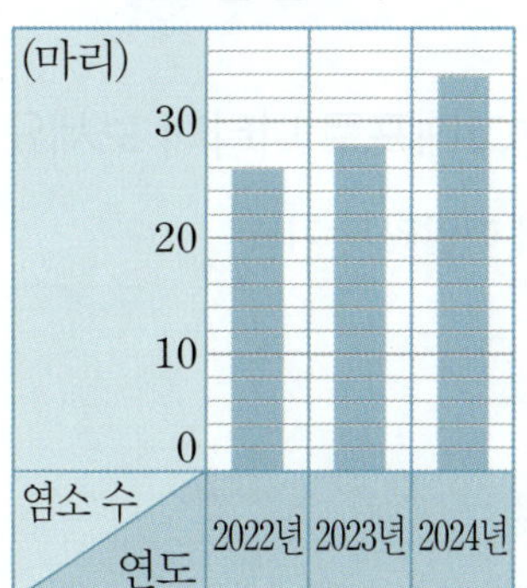

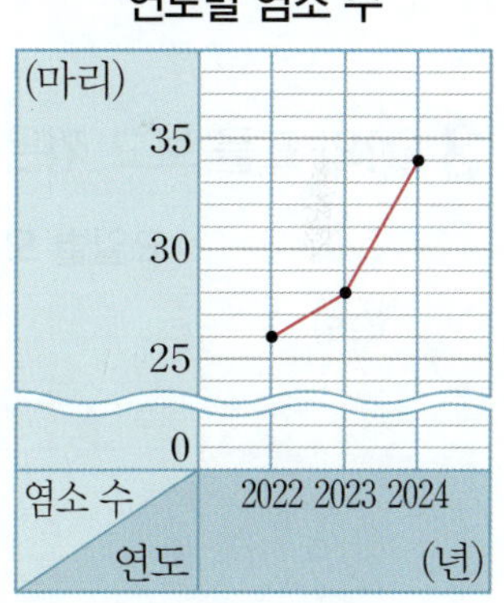

6 연도별 염소 수의 변화를 알아보기에 알맞은 그래프에 ○표 하세요.

> 막대그래프   꺾은선그래프

7 염소 수의 변화가 더 큰 때는 몇 년과 몇 년 사이인가요?

(   )과 (   ) 사이

|01~04| 은찬이가 철봉에 오래 매달리기를 한 기록을 요일별로 조사한 자료입니다. 물음에 답하세요.

> **요일별 오래 매달리기 기록**
>
> 월요일: 9초   화요일: 11초   수요일: 12초
>
> 목요일: 14초   금요일: 15초

01 자료를 보고 표로 나타내 보세요.

요일별 오래 매달리기 기록

요일(요일)	월	화	수	목	금
기록(초)					

02 01의 표를 보고 꺾은선그래프로 나타낼 때 기록을 나타내는 눈금은 적어도 몇 초까지 나타낼 수 있어야 할까요?

(   )

03 01의 표를 보고 꺾은선그래프로 나타내 보세요.

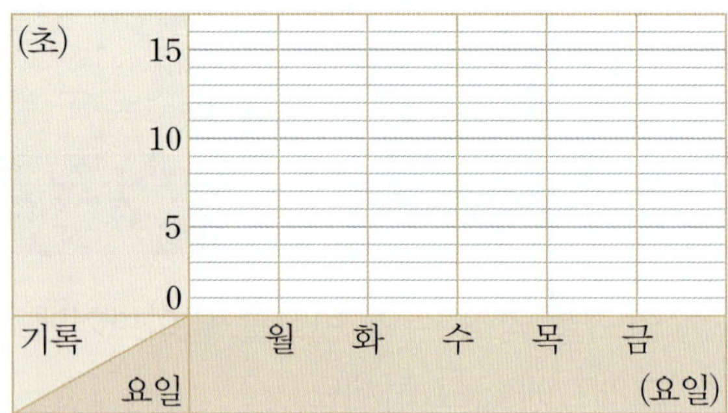

요일별 오래 매달리기 기록

창의형

04 03의 꺾은선그래프를 보고 서진이의 말을 완성해 보세요.

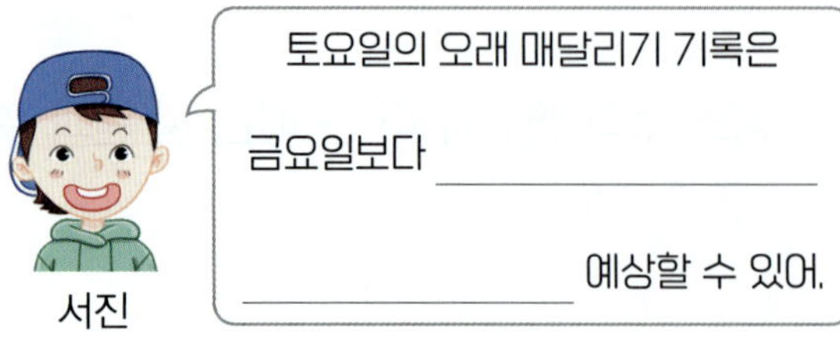

|05~06| 최고 기온을 날짜별로 조사하기 위해 온라인 뉴스 기사를 수집하였습니다. 물음에 답하세요.

○○신문

[날씨] 당분간 계속되는 더위

20XX-XX-XX 06:30

월요일인 오늘(10일)은 대체로 흐리고 비가 오겠으나, 내일부터는 더위가 계속될 예정입니다.

		최저	최고
10일(월)		20℃	23℃
11일(화)		21℃	27℃
12일(수)		22℃	29℃
13일(목)		20℃	26℃

05 자료를 보고 표와 꺾은선그래프로 나타내 보세요.

날짜별 최고 기온

날짜(일)	10	11	12	13
최고 기온(℃)				

날짜별 최고 기온

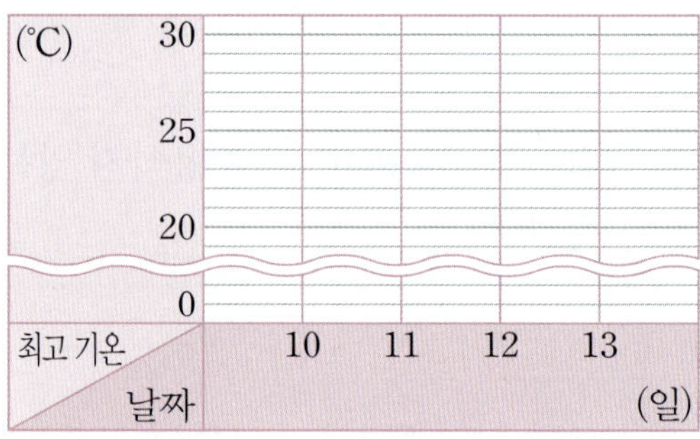

06 05의 꺾은선그래프를 보고 알 수 있는 내용이 <u>아닌</u> 것을 찾아 기호를 써 보세요.

> ㉠ 최고 기온이 가장 높은 날은 12일입니다.
>
> ㉡ 최고 기온이 점점 높아졌습니다.
>
> ㉢ 전날에 비해 최고 기온이 가장 많이 높아진 때는 11일입니다.

(   )

| 07~08 | 지후네 학교 4학년 학생들이 4개월 동안 도서관에서 대출한 책 수를 반별, 월별로 조사하여 나타낸 표입니다. 물음에 답하세요.

가 반별 도서관에서 대출한 책 수

반(반)	1	2	3	4
책 수(권)	200	190	160	230

나 월별 도서관에서 대출한 책 수

월(월)	9	10	11	12
책 수(권)	180	200	160	240

07 가와 나 중에서 꺾은선그래프로 나타내기에 알맞은 것의 기호를 써 보세요.

(   )

08 07에서 답한 표를 보고 꺾은선그래프로 나타내 보세요.

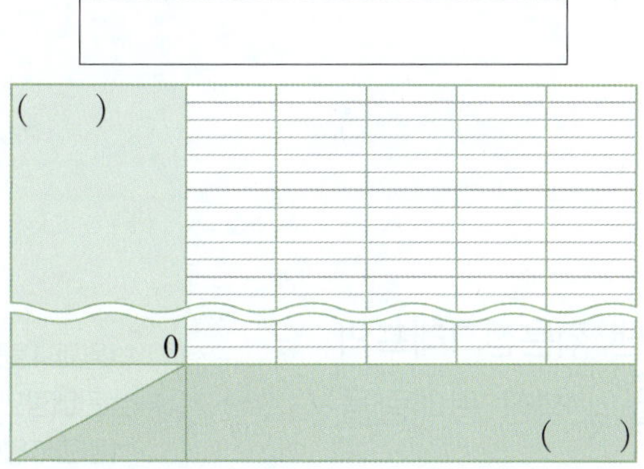

09 조사한 주제에 알맞은 그래프로 나타낸 사람은 누구인가요?

(   )

10 막대그래프로 나타내기에 알맞은 주제를 찾아 기호를 쓰려고 합니다. 풀이 과정을 쓰고, 답을 구해 보세요.

> ㉠ 학생별 50 m 달리기 기록
> ㉡ 나의 월별 50 m 달리기 기록의 변화
> ㉢ 민재의 연도별 50 m 달리기 기록의 변화

❶ ☐ 그래프는 항목별 수량의 많고 적음을 비교하기에 알맞습니다.

❷ 따라서 막대그래프로 나타내기에 알맞은 주제는 ☐ 입니다.

답 ______________

11 꺾은선그래프로 나타내기에 알맞은 주제를 찾아 기호를 쓰려고 합니다. 풀이 과정을 쓰고, 답을 구해 보세요.

> ㉠ 좋아하는 해수욕장별 학생 수
> ㉡ 해수욕장의 월별 수온의 변화
> ㉢ 지역별 해수욕장의 수

____

____

____

답 ______________

학습 결과에 색칠하세요.     

5
단원
4회

1 꺾은선그래프에서 찢어진 부분의 값 구하기

어느 미술 대회에 참가한 학생 수를 연도별로 조사하여 나타낸 꺾은선그래프의 일부가 찢어졌습니다. 학생 수의 변화가 일정할 때 2023년에 참가한 학생 수를 구해 보세요.

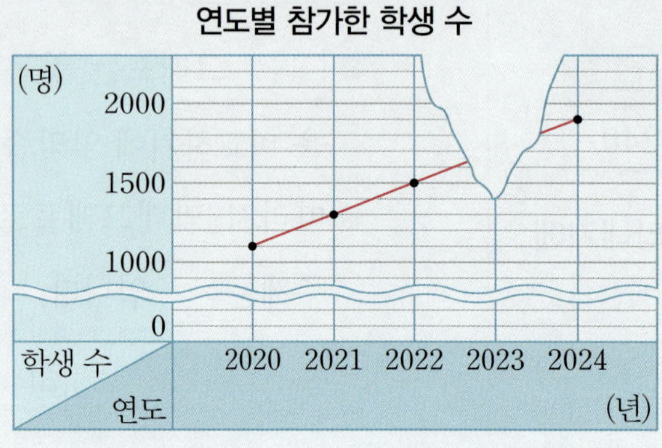

문제해결 TIP

학생 수의 변화가 일정하므로 전년에 비해 늘어난 학생 수는 매년 같아요.

1단계 참가한 학생 수가 전년에 비해 몇 명씩 늘어났는지 구하기

(　　　　　　　)

2단계 2023년에 참가한 학생 수 구하기

(　　　　　　　)

1-1 어느 가구점의 책상 판매량을 월별로 조사하여 나타낸 꺾은선그래프의 일부가 찢어졌습니다. 판매량의 변화가 일정할 때 5월의 책상 판매량을 구해 보세요.

(　　　　　　　)

2 표와 꺾은선그래프를 비교하여 완성하기

민서네 학교 급식실에서 남은 음식물의 양을 요일별로 조사하여 나타낸 표와 꺾은선그래프입니다. 금요일에는 목요일보다 남은 음식물의 양이 3 kg 더 많았습니다. 표와 꺾은선그래프를 각각 완성해 보세요.

표의 빈 곳은 꺾은선그래프를 보고, 꺾은선그래프의 빈 곳은 표를 보고 완성해요.

요일별 남은 음식물의 양

요일(요일)	월	화	수	목	금
음식물의 양(kg)	5	6			

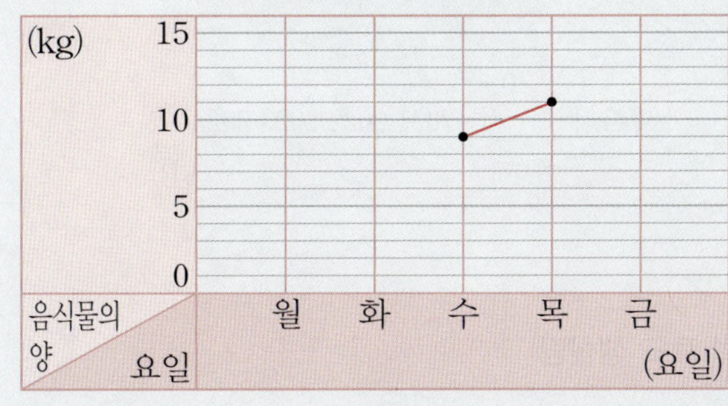

요일별 남은 음식물의 양

1단계 꺾은선그래프를 보고 표 완성하기

2단계 표를 보고 꺾은선그래프 완성하기

2-1 지후의 발 길이를 나이별로 재어 나타낸 표와 꺾은선그래프입니다. 8살 때는 7살 때보다 발 길이가 8 mm 더 커졌습니다. 표와 꺾은선그래프를 각각 완성해 보세요.

나이별 지후의 발 길이

나이(살)	6	7	8	9	10
발 길이(mm)	174	178			

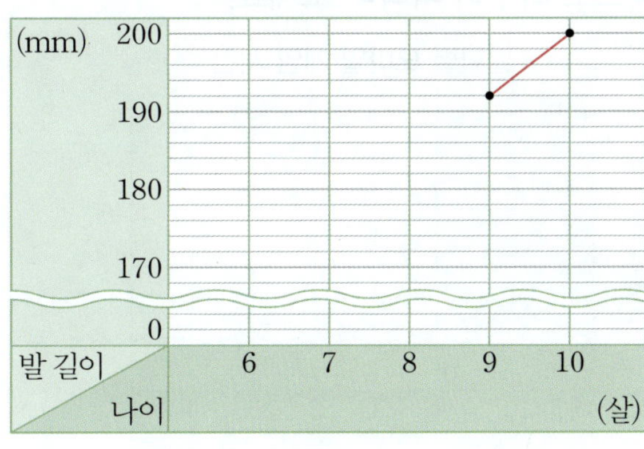

나이별 지후의 발 길이

3 물결선을 사용한 꺾은선그래프로 나타내기

어느 마을의 포도 생산량을 연도별로 조사하여 나타낸 꺾은선그래프를 보고 물결선을 사용한 꺾은선그래프로 바꾸어 나타내 보세요.

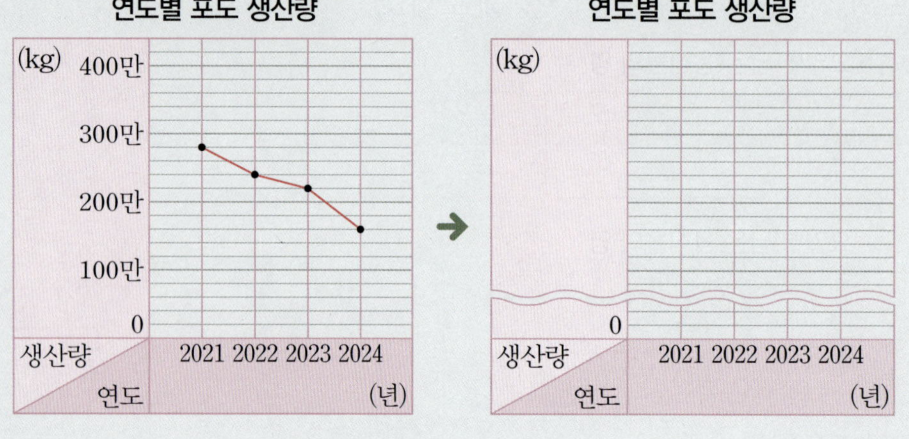

1단계 연도별 포도 생산량 알아보기

연도별 포도 생산량

연도(년)	2021	2022	2023	2024
생산량(kg)				

2단계 물결선을 몇 kg과 몇 kg 사이에 넣을지 정하기

(   )과 (   ) 사이

3단계 세로 눈금 한 칸이 몇 kg을 나타낼지 정하기

(   )

4단계 물결선을 사용한 꺾은선그래프로 나타내기

3-1

시윤이의 모바일 게임 시간을 날짜별로 조사하여 나타낸 꺾은선그래프를 보고 물결선을 사용한 꺾은선그래프로 바꾸어 나타내 보세요.

4 꺾은선그래프의 두 가지 항목 비교하기

어느 날 운동장과 교실의 기온을 시각별로 조사하여 나타낸 꺾은선그래프입니다. 운동장과 교실의 기온 차가 가장 큰 때는 언제이고, 그때의 기온 차는 몇 ℃인지 구해 보세요.

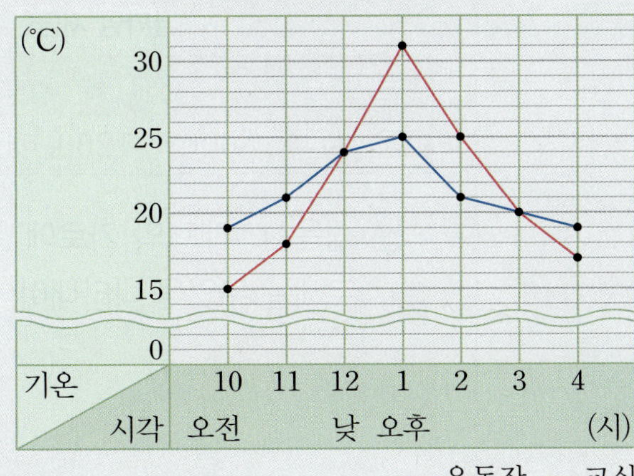

1단계 운동장과 교실의 기온 차가 가장 큰 때 구하기

(   )

2단계 운동장과 교실의 기온 차가 가장 큰 때의 기온 차 구하기

(   )

5
단원
5회

4-1 어느 서점의 만화책과 소설책의 판매량을 월별로 조사하여 나타낸 꺾은선그래프입니다. 만화책과 소설책의 판매량의 차가 가장 작은 때는 몇 월이고, 그때의 판매량의 차는 몇 권인지 구해 보세요.

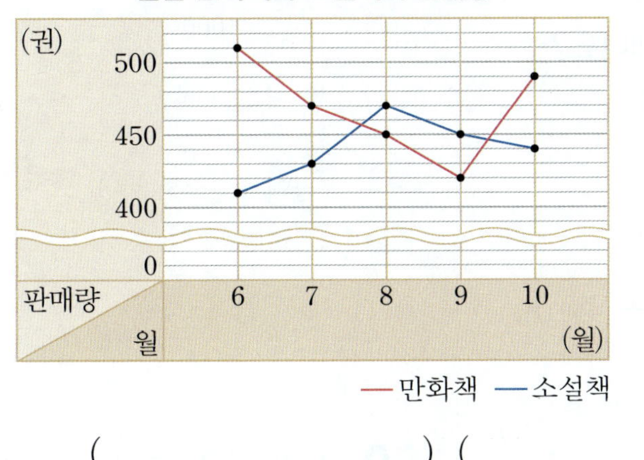

(   ), (   )

학습 결과에 색칠하세요.   

|01~04| 배추흰나비 애벌레의 몸길이를 2일 간격으로 재어 나타낸 그래프입니다. 물음에 답하세요.

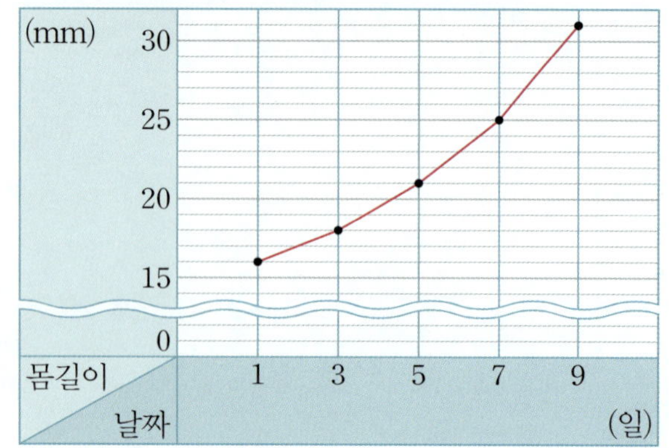

날짜별 배추흰나비 애벌레의 몸길이

01 위와 같이 연속적으로 변화하는 양을 점으로 표시하고, 그 점들을 선분으로 이어 그린 그래프를 무엇이라고 하나요?

( )

02 가로와 세로는 각각 무엇을 나타내나요?

가로 ( )

세로 ( )

03 세로 눈금 한 칸은 몇 mm를 나타내나요?

( )

04 5일의 배추흰나비 애벌레의 몸길이는 몇 mm인가요?

( )

|05~08| 예준이가 7일마다 저금한 금액을 조사하여 나타낸 표를 보고 꺾은선그래프로 나타내려고 합니다. 물음에 답하세요.

날짜별 저금한 금액

날짜(일)	1	8	15	22	29
금액(원)	600	1200	1400	1000	800

05 꺾은선그래프의 가로에 날짜를 나타낸다면 세로에는 무엇을 나타내야 할까요?

( )

06 꺾은선그래프의 세로 눈금 한 칸은 몇 원을 나타내면 좋을까요?

( )

07 표를 보고 꺾은선그래프로 나타내 보세요.

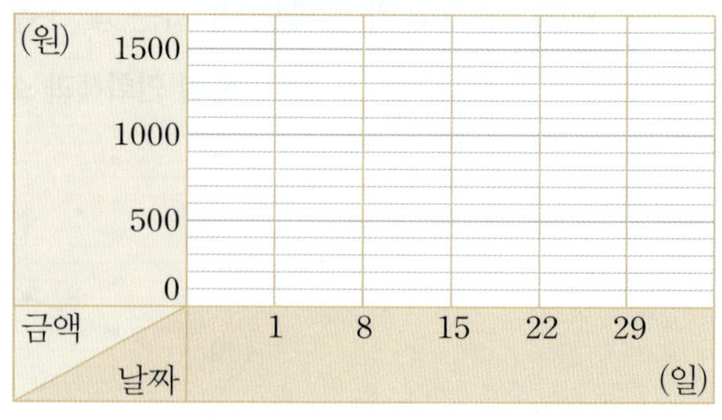

날짜별 저금한 금액

08 07의 꺾은선그래프를 보고 저금한 금액이 가장 많은 때는 며칠인지 써 보세요.

( )

| 09~10 | 혜나의 키를 매년 1월 1일에 재어 나타낸 꺾은선그래프입니다. 물음에 답하세요.

연도별 혜나의 키

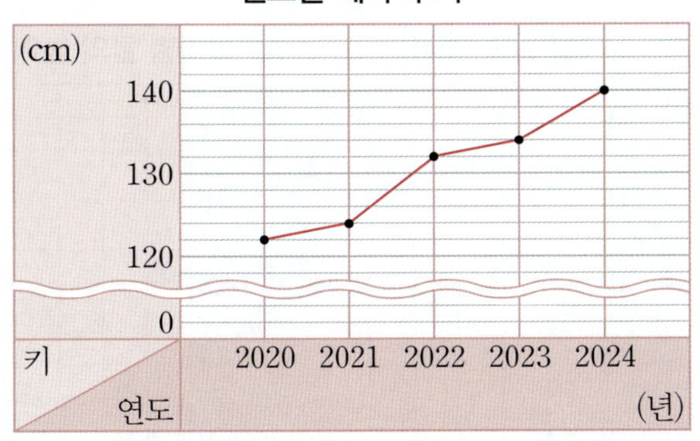

09 2023년의 혜나의 키는 몇 cm인가요?

(   )

서술형

10 혜나의 키가 가장 많이 자란 때는 몇 년과 몇 년 사이인지 풀이 과정을 쓰고, 답을 구해 보세요.

답

11 꺾은선그래프로 나타내기에 알맞은 주제를 모두 골라 보세요. (   )

① 초등학교별 입학생 수

② 좋아하는 과일별 학생 수

③ 월별 고양이 무게의 변화

④ 우리 동네에 있는 종류별 음식점 수

⑤ 서울의 월별 최고 기온의 변화

| 12~14 | 성주가 줄넘기를 한 횟수를 요일별로 조사한 자료입니다. 성주는 금요일에 목요일보다 줄넘기를 3회 더 많이 했습니다. 물음에 답하세요.

요일별 줄넘기 횟수

월요일: 71회 | 수요일: 72회
화요일: 74회 | 목요일: 76회

12 자료를 보고 표로 나타내 보세요.

요일별 줄넘기 횟수

요일(요일)	월	화	수	목	금
횟수(회)					

13 **12**의 표를 보고 물결선을 사용한 꺾은선그래프로 나타내 보세요.

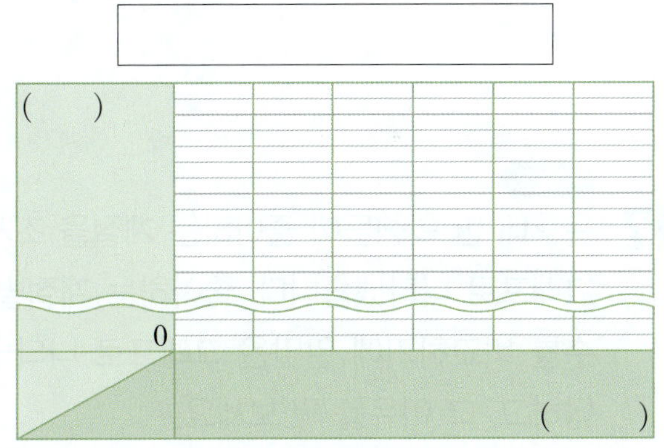

14 토요일의 줄넘기 횟수는 어떻게 될지 예상해 보세요.

(   )

|15~16| 어느 전시회의 방문객 수를 날짜별로 조사하여 나타낸 꺾은선그래프입니다. 물음에 답하세요.

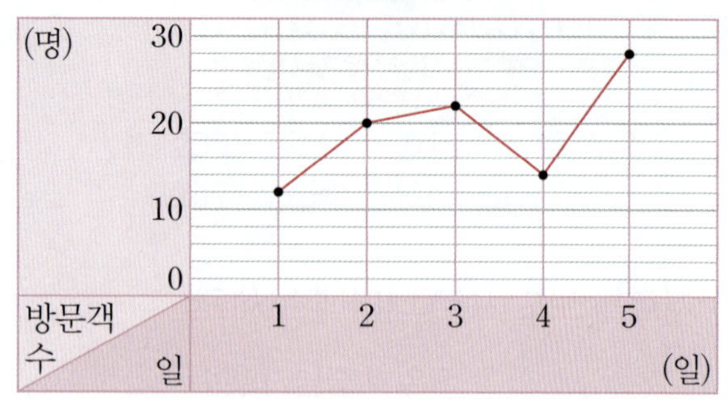

15 꺾은선그래프를 보고 표로 나타내 보세요.

날짜별 방문객 수

날짜(일)	1	2	3	4	5
방문객 수(명)					

16 1일부터 5일까지 전시회의 방문객은 모두 몇 명인가요?

( )

서술형

17 윤후네 반 학생들이 좋아하는 계절을 조사하여 그래프로 나타냈습니다. 좋아하는 계절별 학생 수를 비교하기에 알맞은 그래프로 나타냈는지 답하고, 그 이유를 써 보세요.

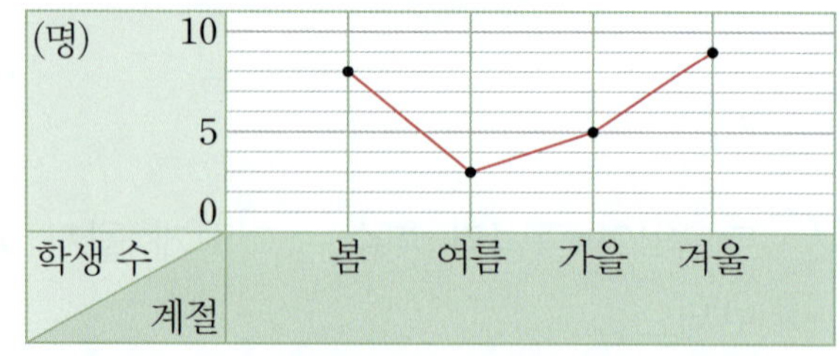

답 좋아하는 계절별 학생 수를 비교하기에
(알맞습니다 , 알맞지 않습니다).

이유

|18~20| 서호가 비커에 담긴 물의 높이를 매일 조사하여 두 꺾은선그래프로 나타낸 것입니다. 물음에 답하세요.

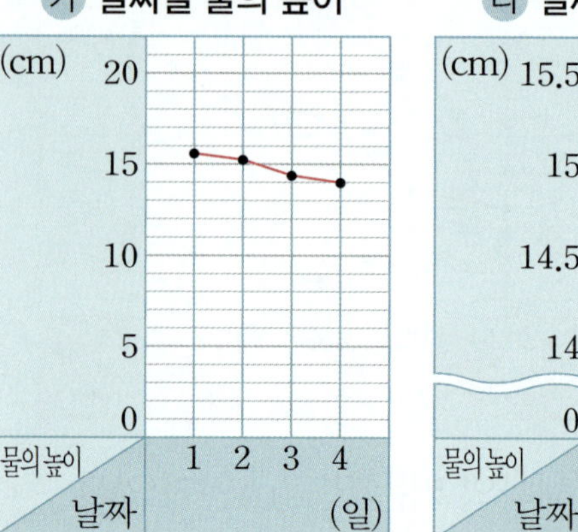

18 가 그래프와 나 그래프의 세로 눈금 한 칸은 각각 몇 cm를 나타내나요?

가 그래프 ( )
나 그래프 ( )

19 가 그래프와 나 그래프 중에서 비커에 담긴 물의 높이 변화를 더 뚜렷하게 나타내는 그래프는 어느 것인가요?

( )

20 전날에 비해 물의 높이가 가장 적게 줄어든 때는 며칠인가요?

( )

|21~22| 호수의 수온을 시각별로 조사하여 나타낸 꺾은선그래프입니다. 물음에 답하세요.

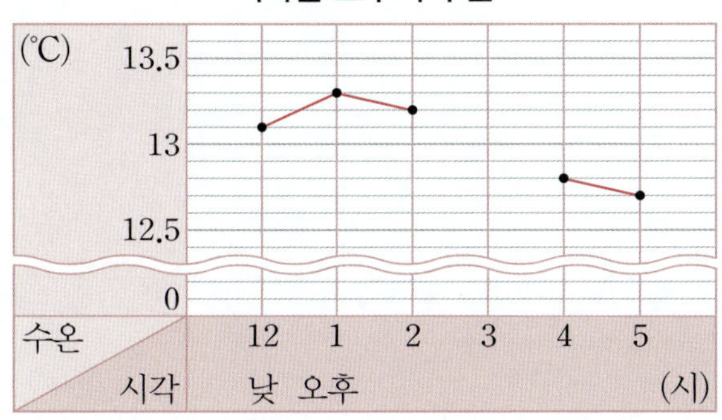

21 오후 1시의 호수의 수온은 낮 12시의 호수의 수온보다 몇 ℃ 올랐나요?

(   )

22 오후 3시의 호수의 수온은 몇 ℃였을까요?

(   )

23 지수가 자전거를 타고 이동한 거리를 시간별로 조사하여 나타낸 꺾은선그래프의 일부가 찢어졌습니다. 이동한 거리의 변화가 일정할 때 30초 동안 지수가 이동한 거리를 구해 보세요.

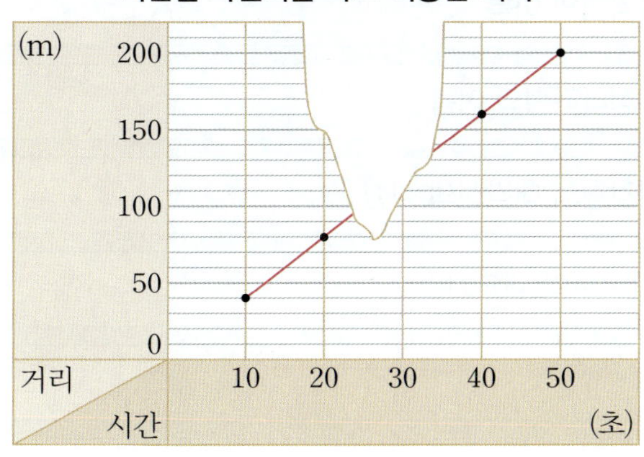

(   )

|24~25| 아라가 미세 먼지와 마스크 판매량에 대해 조사하여 발표 자료를 만들었습니다. 물음에 답하세요.

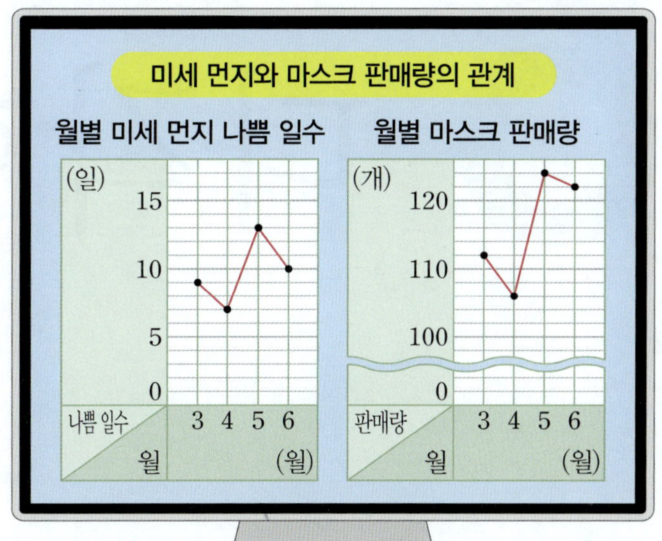

5
단원
6회

24 미세 먼지 나쁨 일수가 7일인 때는 몇 월이고, 그때의 마스크 판매량은 몇 개인지 구해 보세요.

(   ), (   )

25 7월의 미세 먼지 나쁨 일수가 6월보다 많아진다면 7월의 마스크 판매량은 어떻게 될지 예상해 보고, 그 이유를 써 보세요.

예상

이유

학습 결과에 색칠하세요.     

6 다각형

● **문해력을 높이는 어휘**

곡선

뜻 모나지 않고 부드럽게 구부러진 선

예 **곡선** 구간에서는 속도를 줄여 운전해야 안전해요.

공예 / 151쪽

뜻 일상생활에 필요한 물건을 아름답고 쓸 모 있게 만들어 내는 것

예 도자기 마을에 가서 점토로 그릇을 만드는 도자기 **공예** 체험을 했어요.

채우다

뜻 일정한 공간에 사람, 사물 등을 가득하게 하다.

예 빈 유리병을 종이학으로 가득 **채워** 예쁘게 진열해 놓았어요.

타일 / 157쪽

뜻 벽 또는 바닥에 붙여 장식하는 데 쓰는 얇고 작은 도자기 판

예 화장실의 **타일** 바닥이 젖어 있으면 미끄러우니 조심해야 해요.

개념 1 다각형

선분으로만 둘러싸인 도형을 **다각형**이라고 합니다.

└ 두 점을 곧게 이은 선

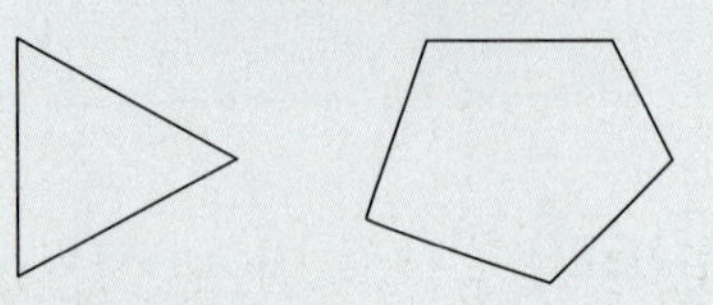

참고 다각형이 아닌 도형

예
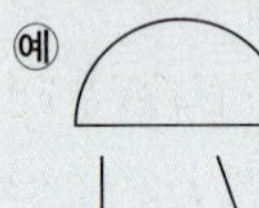

➔ 곡선이 포함되어 있으므로 다각형이 아닙니다.

➔ 선분으로 둘러싸여 있지 않고 열려 있으므로 다각형이 아닙니다.

개념 2 다각형의 이름

다각형의 이름은 **변의 수**에 따라 정해집니다.

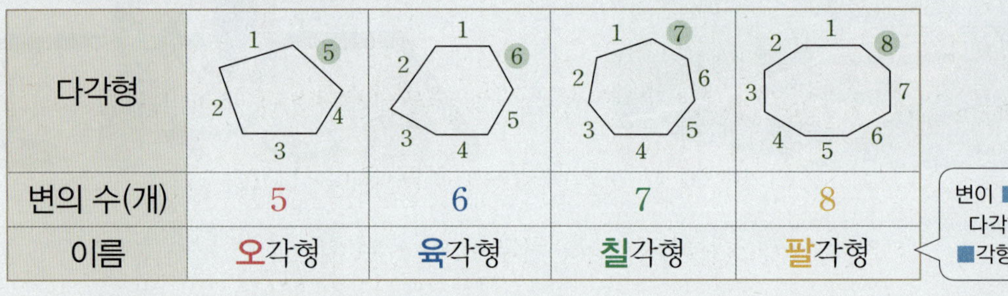

다각형				
변의 수(개)	5	6	7	8
이름	**오**각형	**육**각형	**칠**각형	**팔**각형

변이 ■개인 다각형은 ■각형이야.

참고 다각형에서 변의 수와 꼭짓점의 수는 같습니다.

예
➔ 팔각형은 변이 8개, 꼭짓점이 8개입니다.

확 인 도형을 보고 ☐ 안에 알맞은 기호나 말을 써넣으세요.

• 선분으로만 둘러싸인 도형은 ☐, ☐ 입니다.

• 곡선이 포함되어 있는 도형은 ☐, ☐ 입니다.

➔ ☐, ☐ 와 같이 선분으로만 둘러싸인 도형을 ☐ 이라고 합니다.

1 다각형을 찾아 기호를 써 보세요.

(1) 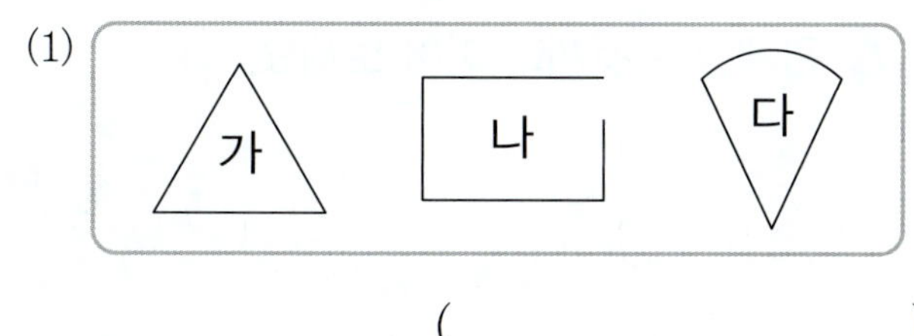

( )

(2) 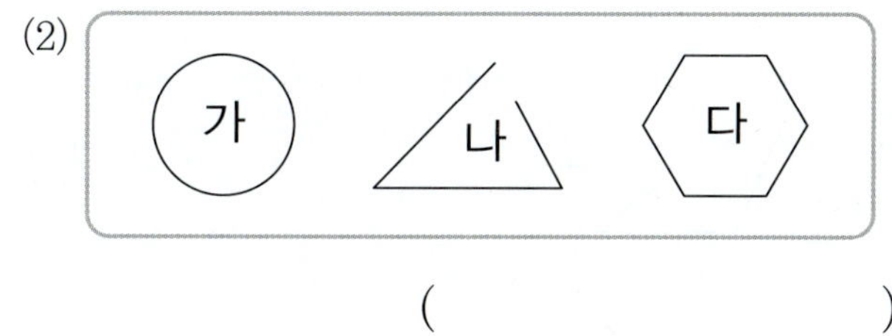

( )

2 다각형의 변의 수를 세어 □ 안에 써넣고, 다각형의 이름을 써 보세요.

(1) 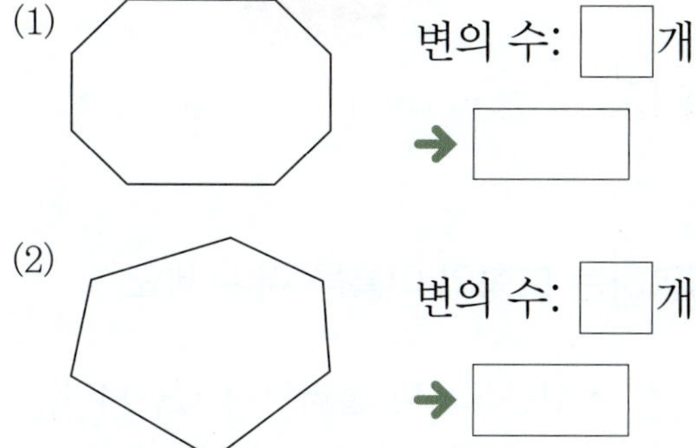

변의 수: □ 개

➡

(2)

변의 수: □ 개

➡

3 표를 완성하고, 알맞은 말에 ◯표 하세요.

다각형	오각형	육각형	칠각형
변의 수(개)	5		7
꼭짓점의 수(개)		6	

다각형에서 변의 수와 꼭짓점의 수는
(같습니다 , 다릅니다).

4 다각형의 이름을 써 보세요.

(1) 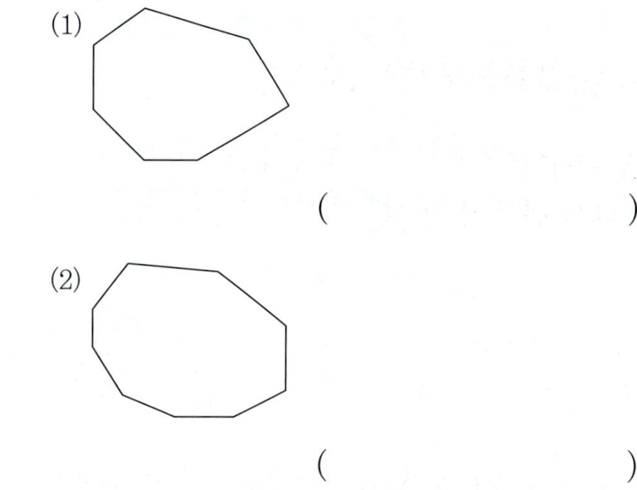

( )

(2)

( )

5 오각형을 찾아 ◯표 하세요.

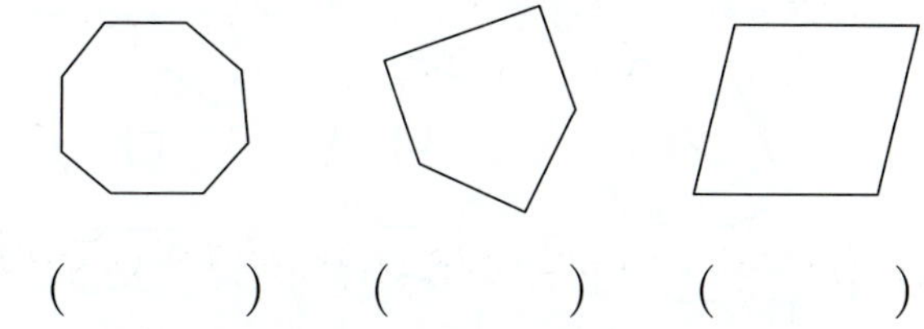

( ) ( ) ( )

6 주어진 선분을 이용하여 육각형과 칠각형을 각각 완성해 보세요.

(1) 육각형

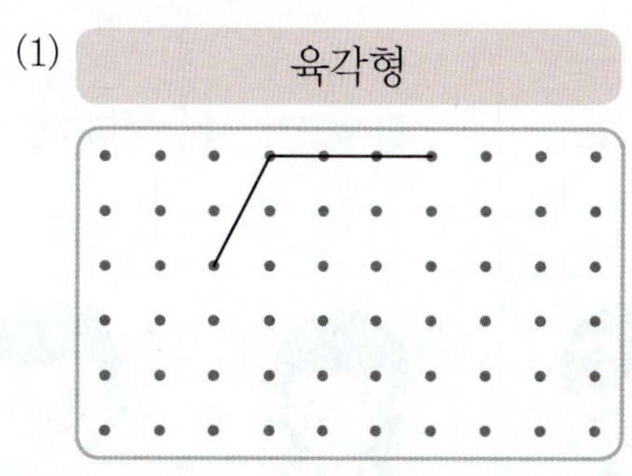

(2) 칠각형

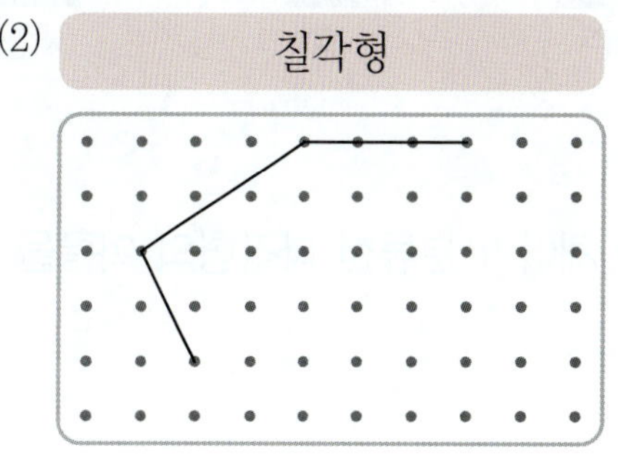

01 다각형을 모두 찾아 기호를 써 보세요.

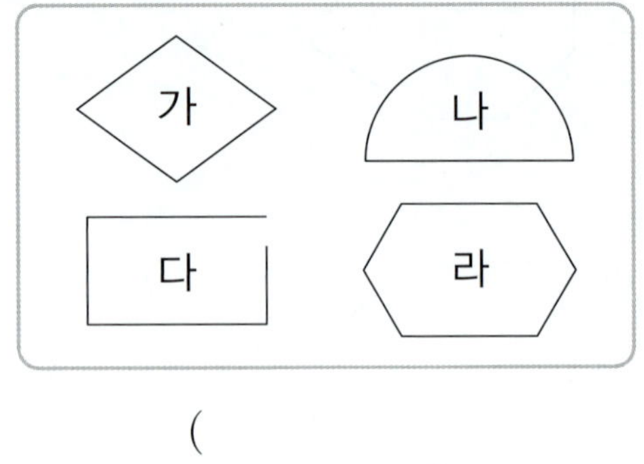

(   )

|02~03| 다각형을 보고 물음에 답하세요.

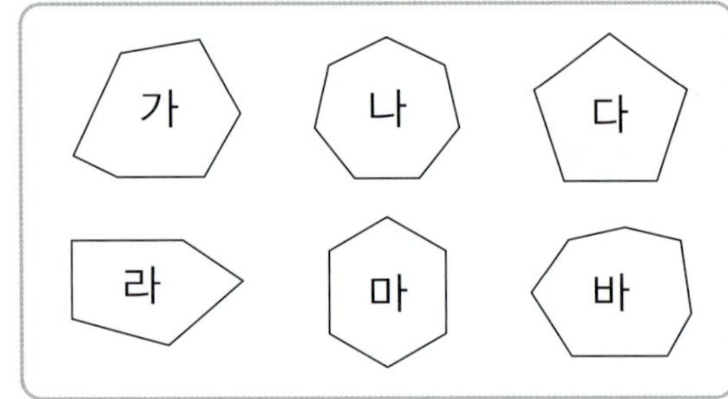

02 세 친구가 다각형을 변의 수에 따라 분류하려고 합니다. □ 안에 알맞은 기호를 써넣으세요.

03 **02**에서 채아가 분류한 다각형의 이름을 써 보세요.

(   )

04 관계있는 것끼리 이어 보세요.

05 교통안전 표지의 테두리에서 찾을 수 있는 다각형의 이름을 써 보세요.

(   )

06 설명하는 도형의 이름을 써 보세요.

- 선분으로만 둘러싸여 있습니다.
- 변과 꼭짓점이 각각 9개입니다.

(   )

07 여러 가지 다각형을 이용하여 그린 그림입니다. 오각형은 초록색, 육각형은 주황색으로 칠해 보세요.

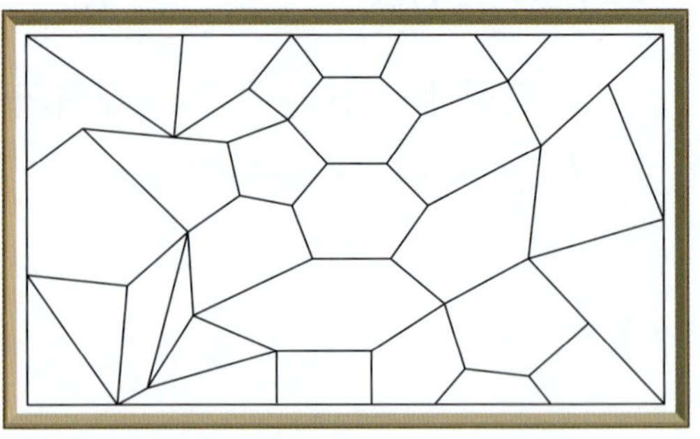

창의형

08 다각형을 1개 그리고, 그린 다각형에 대해 '변'과 '꼭짓점'을 사용하여 설명해 보세요.

설명

---

09 다각형에 대해 잘못 말한 사람은 누구인가요?

( )

10 ㉠과 ㉡에 알맞은 수의 합을 구해 보세요.

다각형	칠각형	팔각형	구각형
변의 수(개)	㉠	8	9
꼭짓점의 수(개)	7	㉡	9

( )

11 모양 자에서 다각형이 아닌 것을 모두 찾아 기호를 쓰고, 그 이유를 써 보세요.

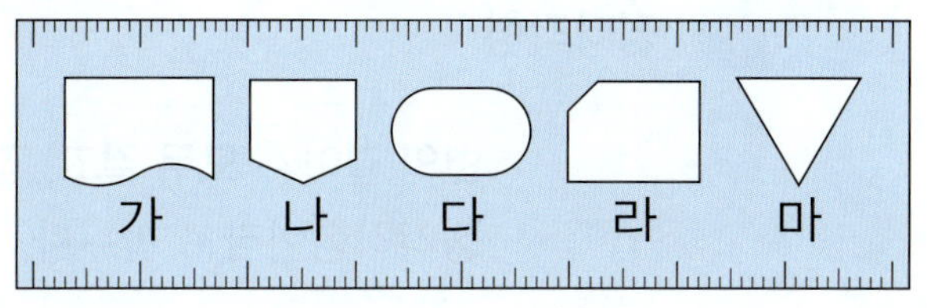

기호 ❶ □ , □

이유 ❷ 다각형은 □ 으로만 둘러싸인 도형인데 □ 와 □ 는 곡선이 포함되어 있으므로 다각형이 아닙니다.

12 종이띠에 그려진 모양이 다각형이 아닌 것을 모두 찾아 기호를 쓰고, 그 이유를 써 보세요.

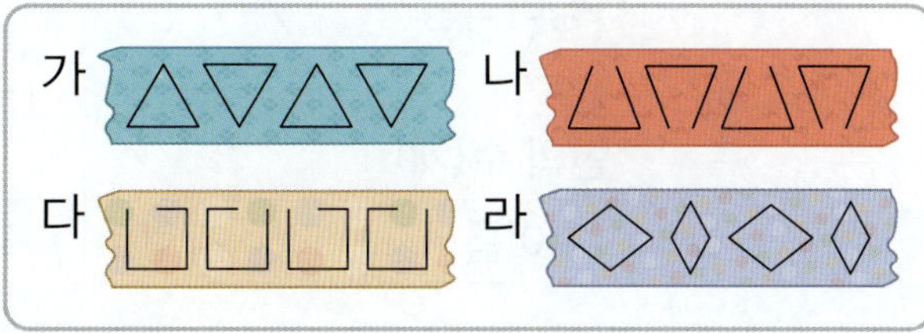

기호

이유

학습 결과에 색칠하세요.   

개념 1 　정다각형

> 변의 길이가 **모두 같고**, 각의 크기가 **모두 같은** 다각형을
> **정다각형**이라고 합니다.

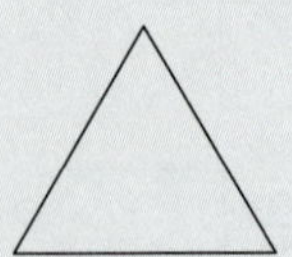 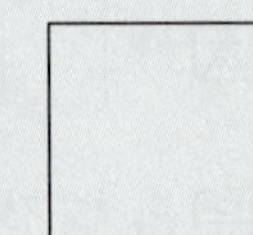 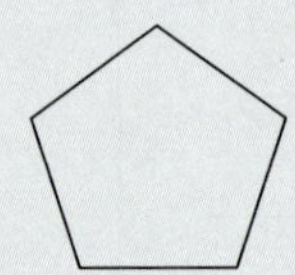 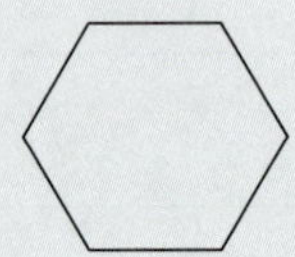

참고 **정다각형이 아닌 도형**

예 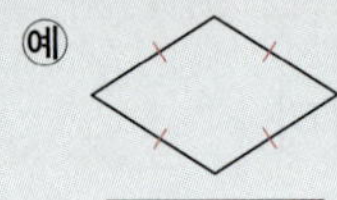 ➜ 변의 길이는 모두 같지만 각의 크기가 모두 같지 않으므로
정다각형이 아닙니다.

➜ 각의 크기는 모두 같지만 변의 길이가 모두 같지 않으므로
정다각형이 아닙니다.

개념 2 　정다각형의 이름

정다각형의 이름은 **변의 수**에 따라 정해집니다.

정다각형	△	□	⬠	⬡
변의 수(개)	3	4	5	6
이름	정**삼**각형	정**사**각형	정**오**각형	정**육**각형

> 변이 ■개인
> 정다각형은
> 정■각형이야.

참고 변의 수가 가장 적은 정다각형은 정삼각형입니다.

확인 도형을 보고 ☐ 안에 알맞은 기호나 말을 써넣으세요.

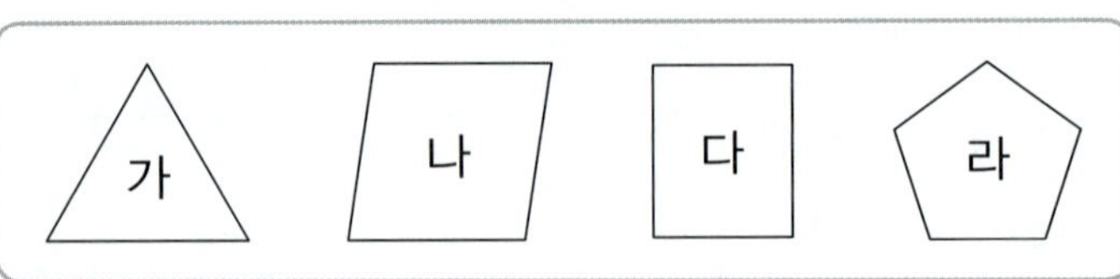

• 변의 길이가 모두 같은 다각형은 ☐, ☐, ☐ 입니다.

• 각의 크기가 모두 같은 다각형은 ☐, ☐, ☐ 입니다.

➜ ☐, ☐ 와 같이 변의 길이가 모두 같고, 각의 크기가 모두 같은 다각형을

☐ 이라고 합니다.

1 정다각형을 찾아 기호를 써 보세요.

(1)
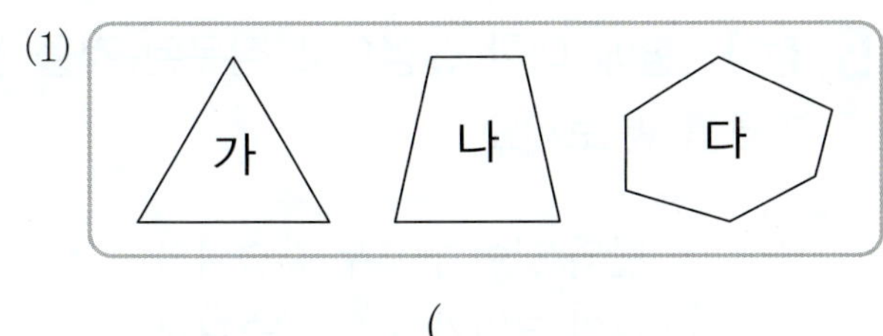

(   )

(2)
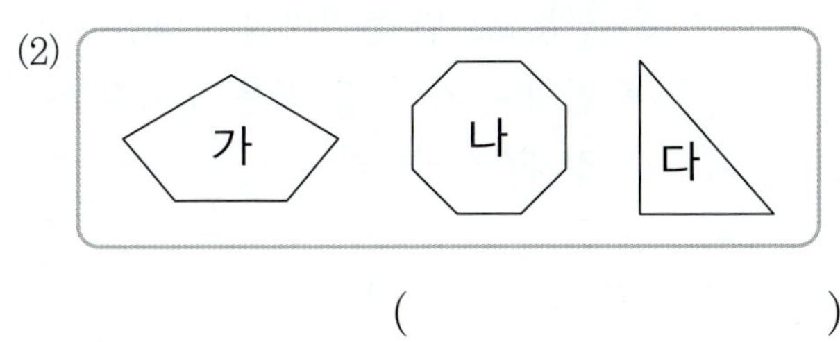

(   )

2 도형을 보고 알맞은 말에 ◯표 하세요.

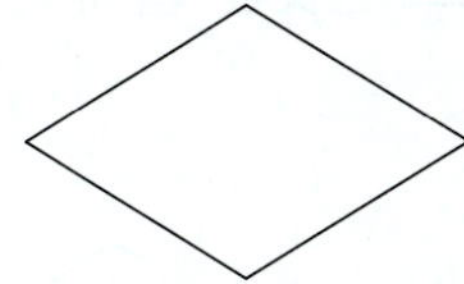

(변의 길이 , 각의 크기)는 모두 같지만
(변의 길이 , 각의 크기)가 모두 같지 않으므로
정다각형이 아닙니다.

3 정다각형의 이름을 알아보려고 합니다. 표의
빈칸에 알맞은 수나 말을 써넣으세요.

정다각형	변의 수(개)	이름
▽	3	정삼각형
▢		
⬠		
⬡		

4 정사각형을 찾아 ◯표 하세요.

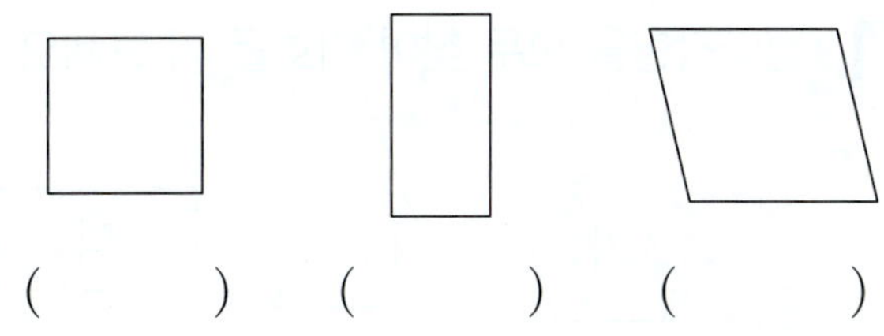

(   )   (   )   (   )

5 정팔각형이 <u>아닌</u> 것을 찾아 ×표 하세요.

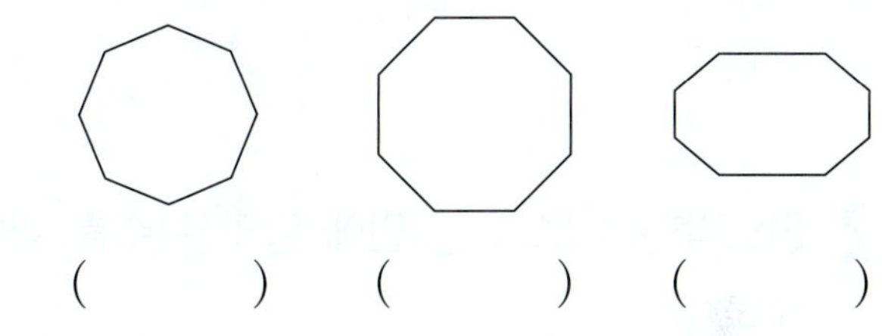

(   )   (   )   (   )

6 정오각형을 보고 □ 안에 알맞은 수를 써넣으
세요.

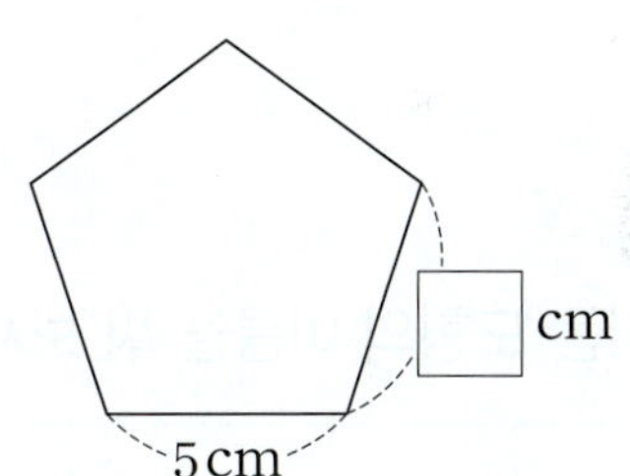

7 정육각형을 보고 □ 안에 알맞은 수를 써넣으
세요.

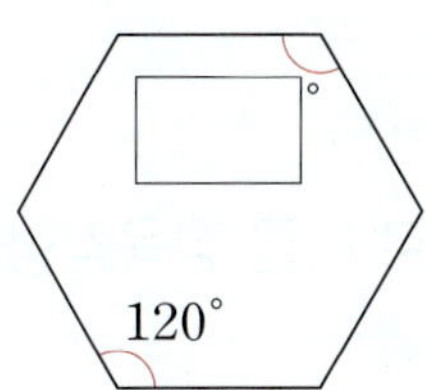

01 정다각형을 모두 찾아 기호를 써 보세요.

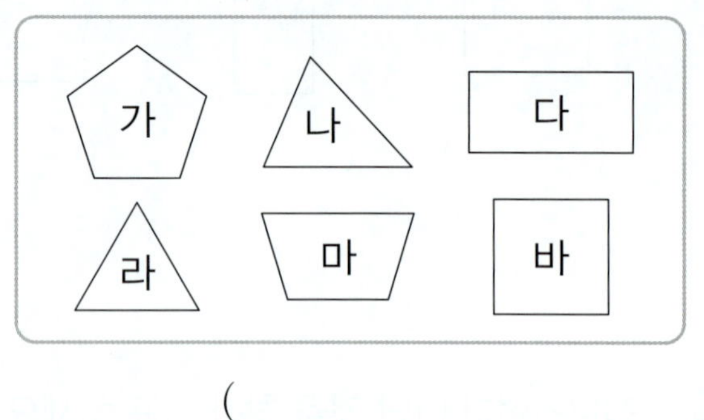

(   )

02 정오각형을 보고 □ 안에 알맞은 수를 써넣으세요.

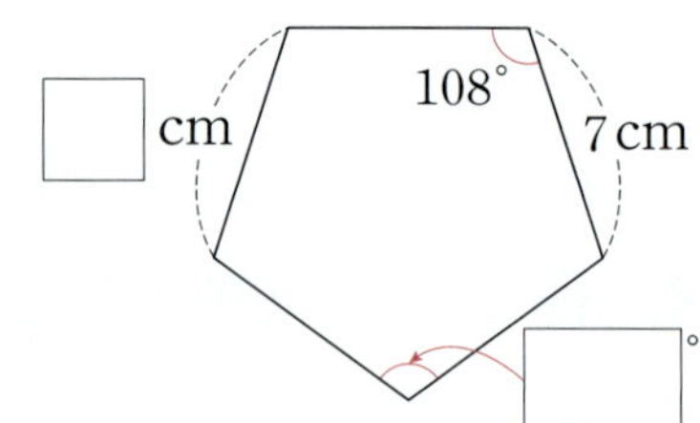

03 설명하는 도형의 이름을 써 보세요.

> • 선분 8개로 둘러싸여 있습니다.
> • 변의 길이가 모두 같습니다.
> • 각의 크기가 모두 같습니다.

(   )

창의형

04 크기가 서로 다른 정육각형을 2개 그려 보세요.

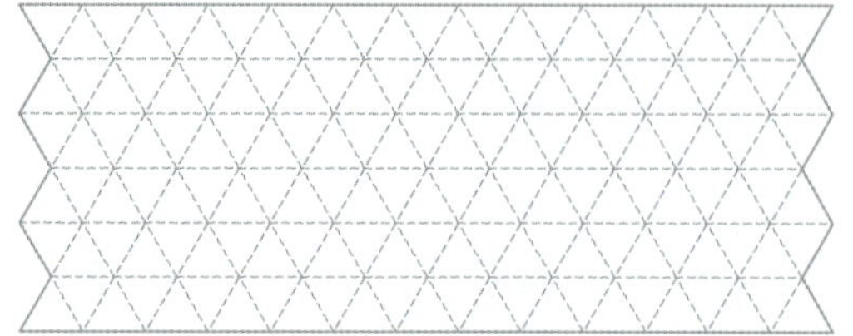

05 정다각형에 대한 설명으로 <u>잘못된</u> 것을 찾아 기호를 써 보세요.

> ㉠ 변의 길이가 모두 같습니다.
> ㉡ 각의 크기가 모두 같습니다.
> ㉢ 선분으로만 둘러싸인 도형입니다.
> ㉣ 변의 수가 가장 적은 정다각형은 정사각형입니다.

(   )

06 도형을 보고 알맞은 말에 ◯표 하고, 그 이유를 써 보세요.

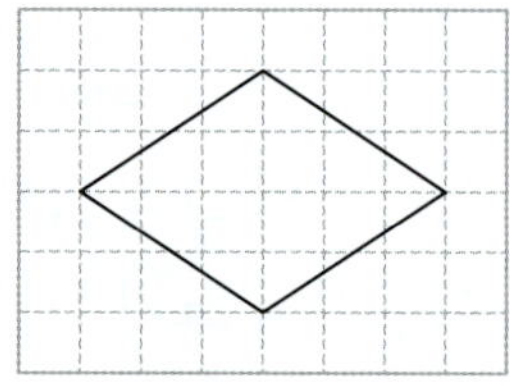

(정다각형입니다 , 정다각형이 아닙니다).

[이유]

07 정다각형을 모두 찾아 색칠하고, 색칠한 정다각형의 이름을 모두 써 보세요.

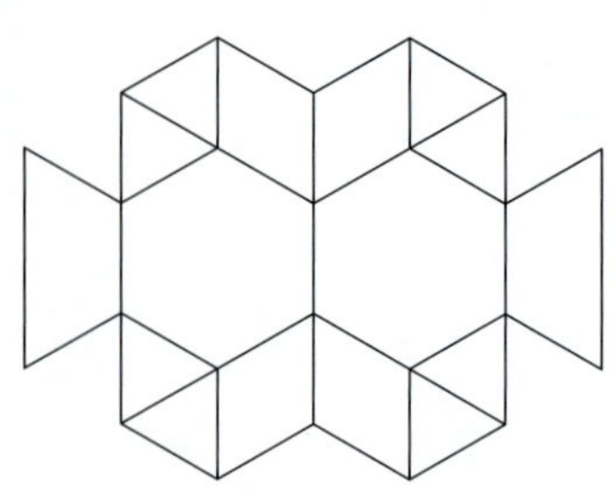

(   )

서술형 문제

08 지수가 올린 온라인 게시물입니다. 지수가 만든 작품에서 정오각형 모양 틀의 모든 변의 길이의 합은 몇 cm인가요?

(   )

09 모든 변의 길이의 합이 84 cm인 정칠각형의 한 변의 길이는 몇 cm인가요?

(   )

10 시우가 설명하는 정다각형의 이름을 써 보세요.

시우

(   )

11 정육각형의 한 각의 크기는 120°입니다. 정육각형의 모든 각의 크기의 합은 몇 도인지 풀이 과정을 쓰고, 답을 구해 보세요.

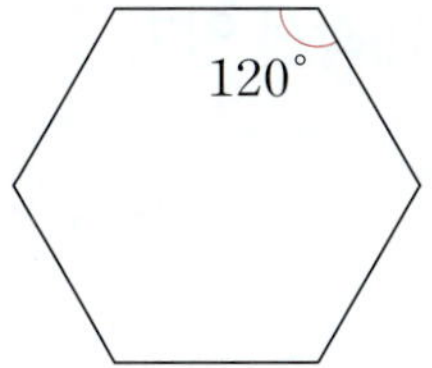

❶ 정육각형은 ▢개의 각의 크기가 모두
(같습니다 , 다릅니다).

❷ (정육각형의 모든 각의 크기의 합)
= 120° × ▢ = ▢ °

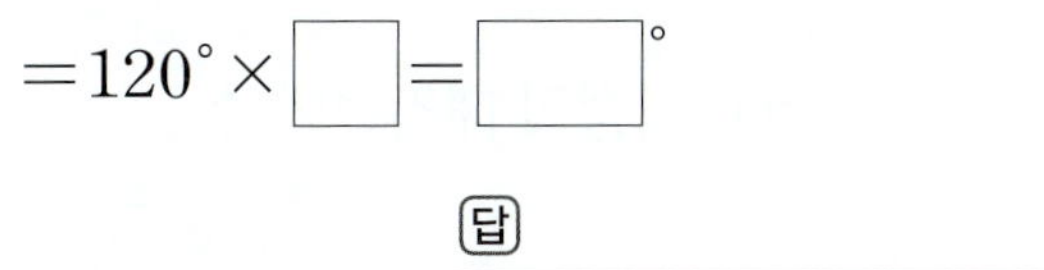

답 _______________

12 정팔각형의 한 각의 크기는 135°입니다. 정팔각형의 모든 각의 크기의 합은 몇 도인지 풀이 과정을 쓰고, 답을 구해 보세요.

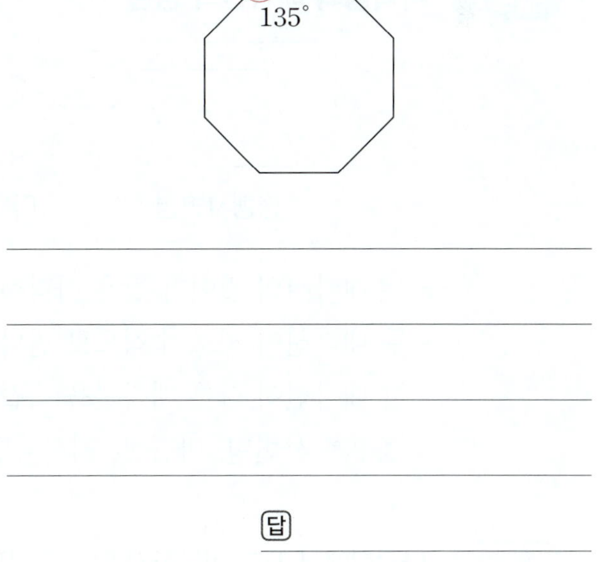

____

____

____

____

답 _______________

개념 1 대각선

○ 대각선 알기

> 다각형에서 **서로 이웃하지 않는 두 꼭짓점을 이은 선분**을
> **대각선**이라고 합니다.

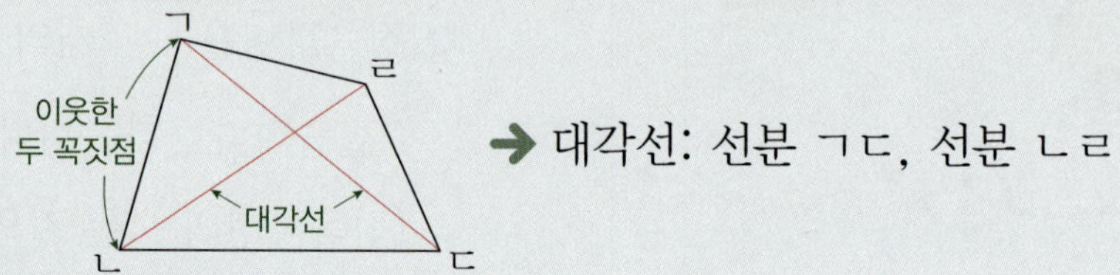

→ 대각선: 선분 ㄱㄷ, 선분 ㄴㄹ

○ 다각형의 대각선의 수

다각형	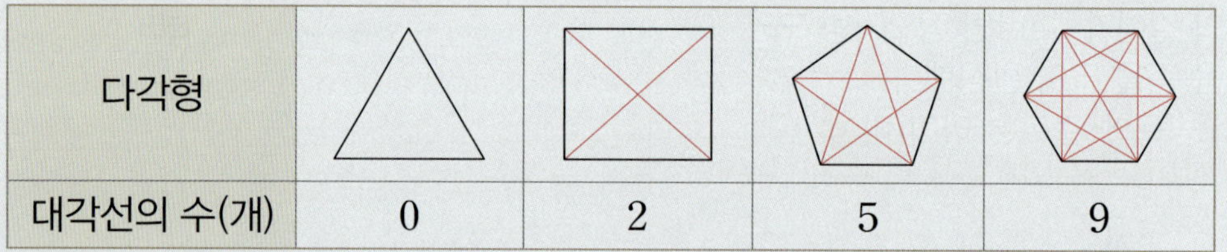			
대각선의 수(개)	0	2	5	9

→ 꼭짓점의 수가 많은 다각형일수록 대각선을 더 많이 그을 수 있습니다.

참고 삼각형은 모든 꼭짓점이 서로 이웃하고 있으므로 대각선을 그을 수 없습니다.

개념 2 사각형의 대각선의 성질

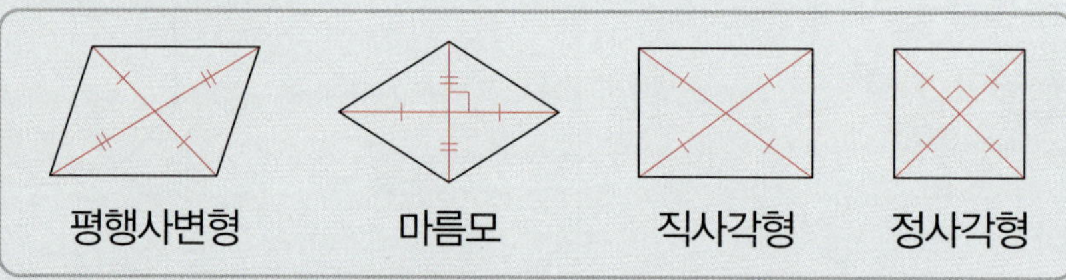

• 두 대각선의 길이가 같은 사각형 → 직사각형, 정사각형

• 두 대각선이 서로 수직으로 만나는 사각형 → 마름모, 정사각형

• 한 대각선이 다른 대각선을 똑같이 둘로 나누는 사각형

  → 평행사변형, 마름모, 직사각형, 정사각형

확인 다각형에서 서로 이웃하지 않는 두 꼭짓점을 모두 잇고, ☐ 안에 알맞은 말을 써넣으세요.

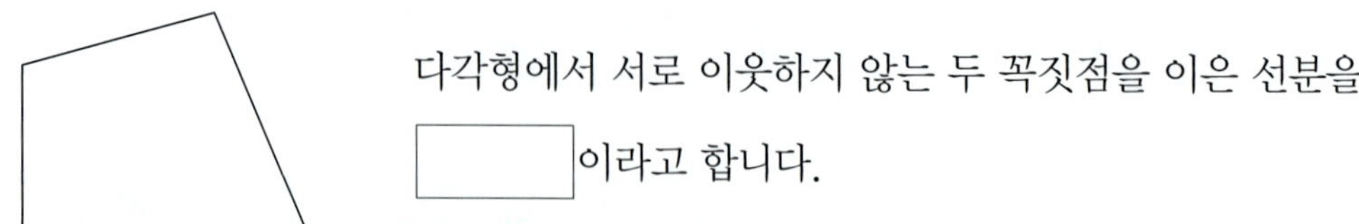

다각형에서 서로 이웃하지 않는 두 꼭짓점을 이은 선분을

☐ 이라고 합니다.

1 대각선을 바르게 그은 것에 ◯표 하세요.

(1) 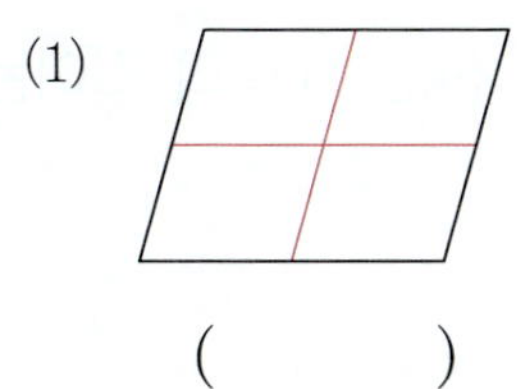

(   )   (   )

(2) 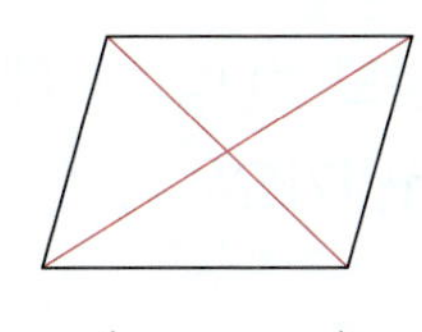

(   )   (   )

2 사각형에서 대각선을 모두 찾아 ◯표 하세요.

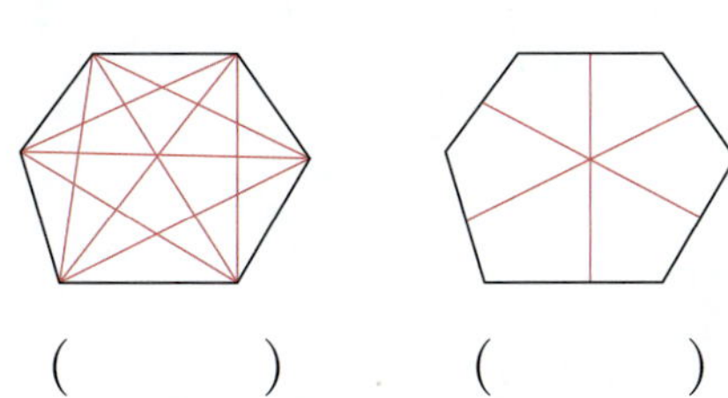

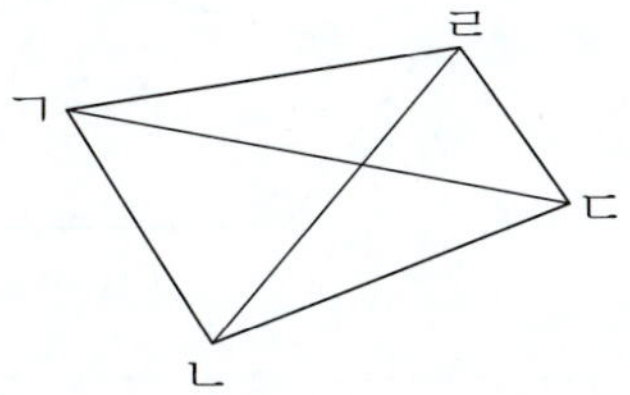

> 선분 ㄱㄴ   선분 ㄱㄷ
> 선분 ㄴㄷ   선분 ㄴㄹ

3 오각형에 대각선을 모두 그어 보세요.

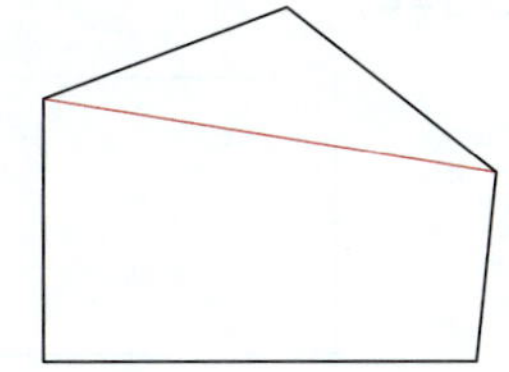

4 대각선을 그을 수 <u>없는</u> 도형을 찾아 ×표 하세요.

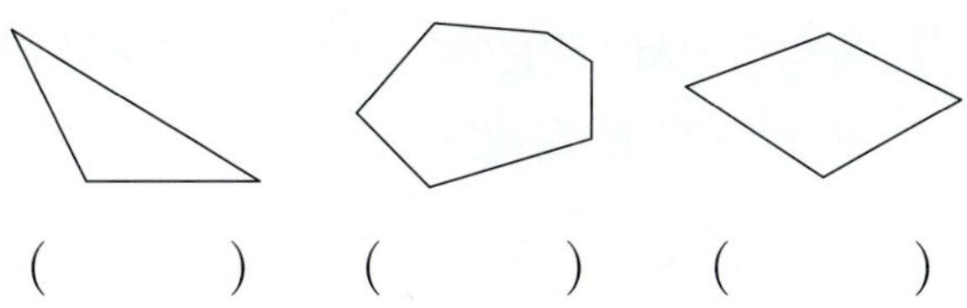

(   )   (   )   (   )

5 사각형에 그을 수 있는 대각선의 수를 각각 쓰고, 알맞은 말에 ◯표 하세요.

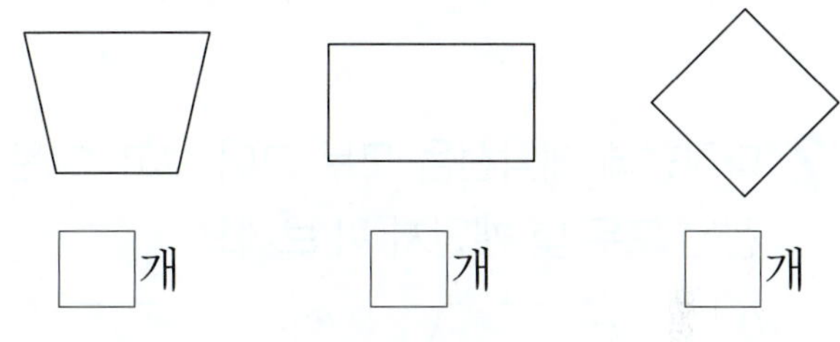

▢개   ▢개   ▢개

> 사각형의 모양은 달라도 대각선의 수는
> (같습니다 , 다릅니다).

6 사각형을 보고 ▢ 안에 알맞은 기호를 써넣으세요.

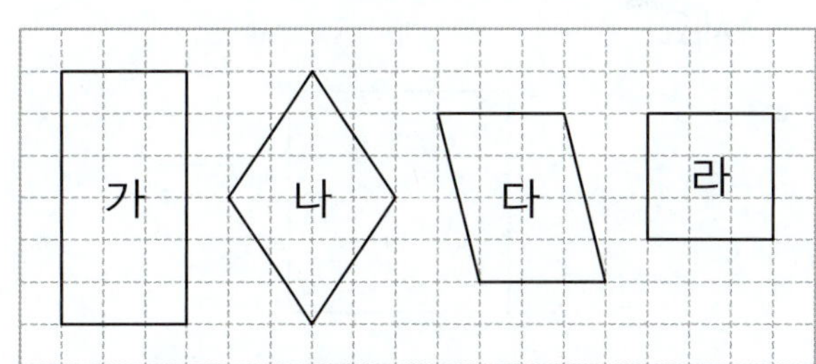

(1) 두 대각선의 길이가 같은 사각형은 ▢ , ▢ 입니다.

(2) 두 대각선이 서로 수직으로 만나는 사각형은 ▢ , ▢ 입니다.

(3) 한 대각선이 다른 대각선을 똑같이 둘로 나누는 사각형은 ▢ , ▢ , ▢ , ▢ 입니다.

01 육각형에서 대각선을 나타내는 선분이 <u>아닌</u> 것을 찾아 ◯표 하세요.

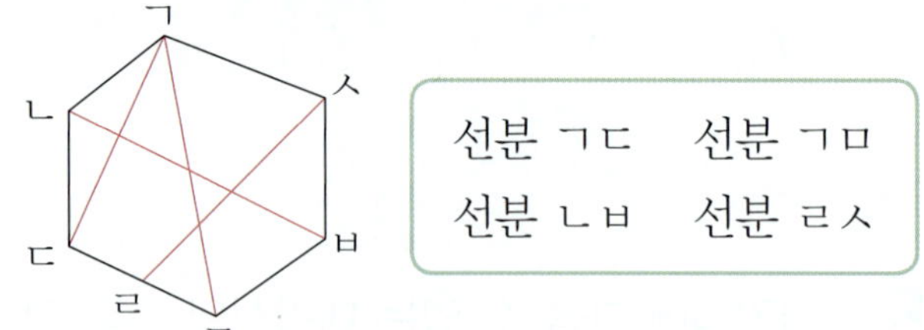

선분 ㄱㄷ 선분 ㄱㅁ
선분 ㄴㅂ 선분 ㄹㅅ

02 다각형에 대각선을 모두 그어 보고, 그은 대각선은 모두 몇 개인지 써 보세요.

(1) 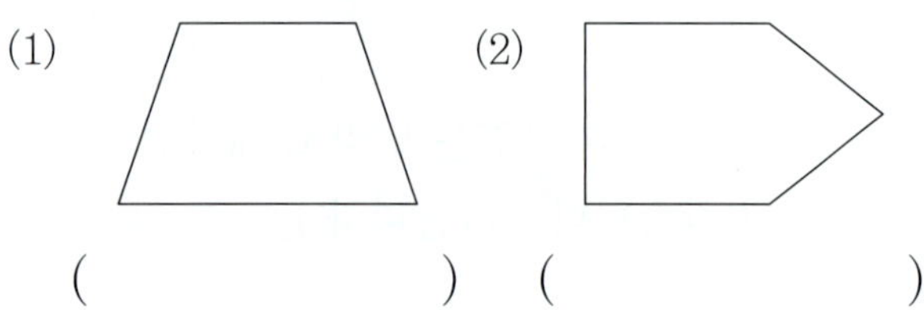 (2)

(   ) (   )

03 정사각형을 보고 ☐ 안에 알맞은 수를 써넣으세요.

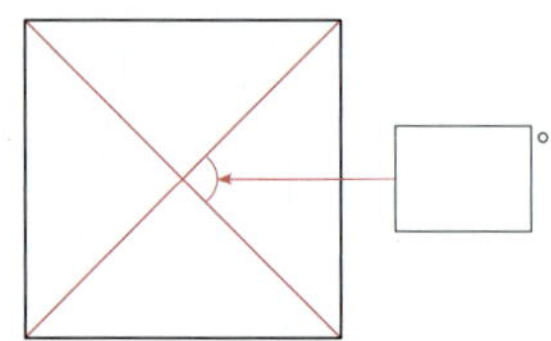

창의형

04 칠각형의 한 꼭짓점에서 그을 수 있는 대각선을 모두 그어 보고, ☐ 안에 그은 대각선의 수를 써넣으세요.

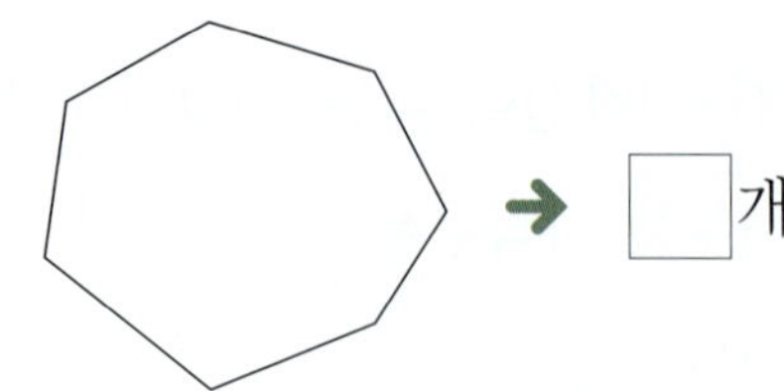

05 마름모 ㄱㄴㄷㄹ에서 선분 ㄱㄷ의 길이는 몇 cm인가요?

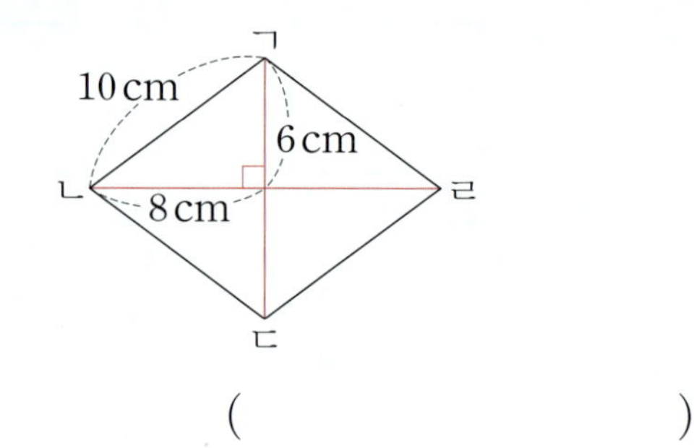

(   )

06 사각형에 그은 빨간색 선분이 대각선이 <u>아닌</u> 이유를 써 보세요.

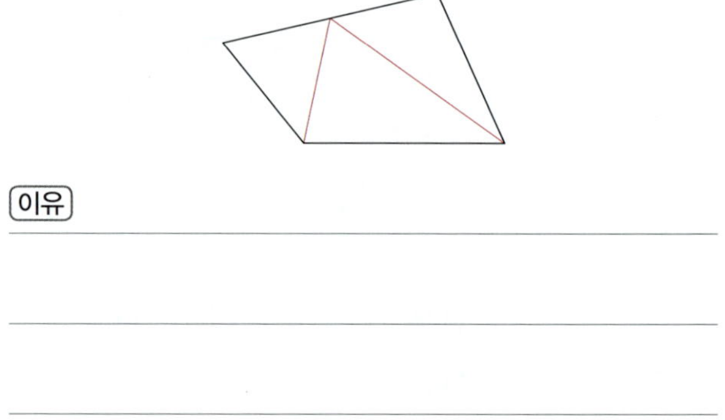

이유 ____________________

____

____

07 직사각형에 그은 두 대각선의 길이의 합이 34 cm입니다. 직사각형의 한 대각선의 길이는 몇 cm인가요?

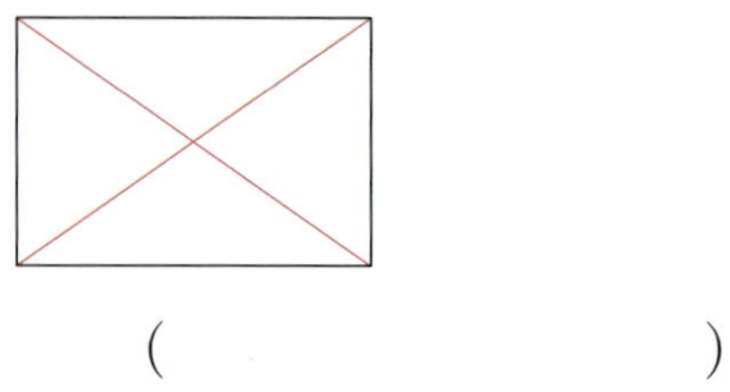

(   )

서술형 문제

08 다각형의 대각선에 대해 바르게 말한 사람은 누구인가요?

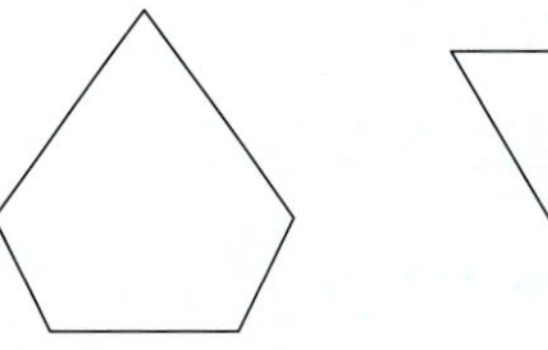

( )

09 그을 수 있는 대각선의 수가 적은 도형부터 차례로 기호를 써 보세요.

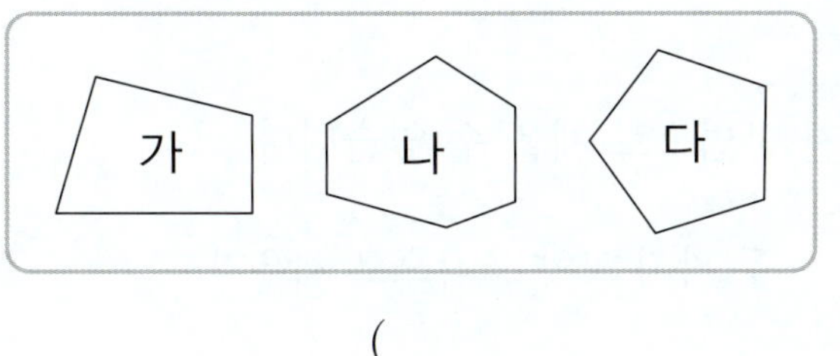

( )

10 다음은 어떤 다각형의 모든 대각선을 나타낸 것입니다. 어떤 다각형인지 그려 보고, 이 다각형의 이름을 써 보세요.

( )

11 두 다각형에 그을 수 있는 대각선의 수의 합은 몇 개인지 풀이 과정을 쓰고, 답을 구해 보세요.

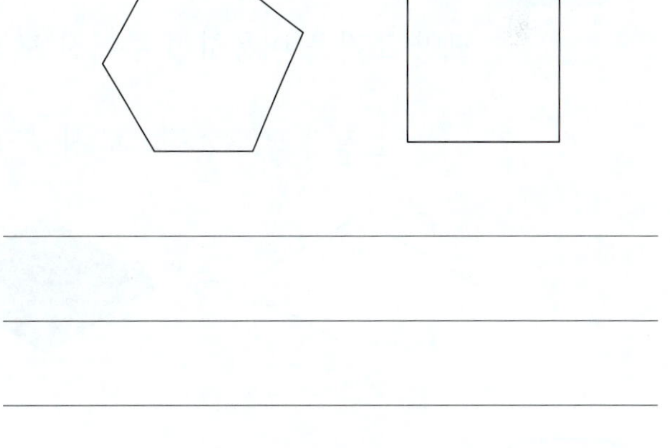

❶ 대각선을 오각형에는 ☐개 그을 수 있고, 삼각형에는 ☐개 그을 수 있습니다.

❷ 따라서 두 다각형에 그을 수 있는 대각선의 수의 합은 ☐+☐=☐(개)입니다.

답 ______________

6
단원
3회

12 두 다각형에 그을 수 있는 대각선의 수의 차는 몇 개인지 풀이 과정을 쓰고, 답을 구해 보세요.

답 ______________

학습 결과에 색칠하세요.   

개념 1 모양 만들기

● 모양 조각 알기

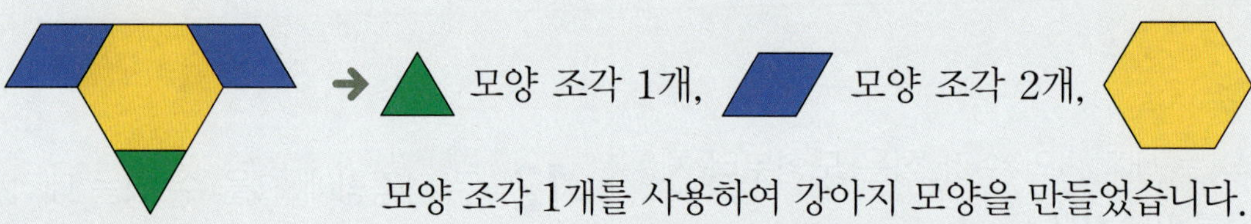

삼각형	사각형				육각형
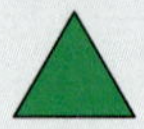 정삼각형	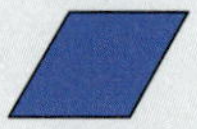 평행사변형 (마름모)	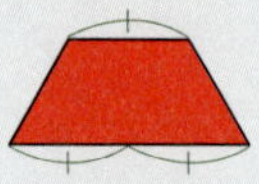 사다리꼴	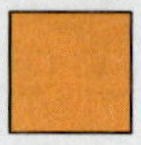 정사각형	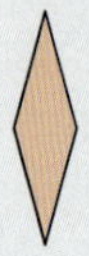 마름모 (평행사변형)	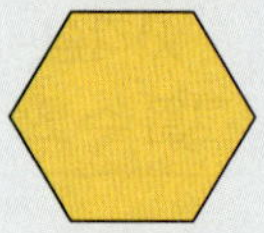 정육각형

사다리꼴의 가장 긴 변을 제외한
모양 조각의 모든 변의 길이는 같아.

● 모양 만들기

모양 조각을 서로 겹치지 않게 이어 붙여서 여러 가지 모양을 만듭니다.

▲ 모양 조각 1개, ◢ 모양 조각 2개,

모양 조각 1개를 사용하여 강아지 모양을 만들었습니다.

개념 2 모양 채우기

모양 조각을 이용하여 주어진 모양을 여러 가지 방법으로 채울 수 있습니다.

한 가지 모양 조각으로 채우기   두 가지 모양 조각으로 채우기

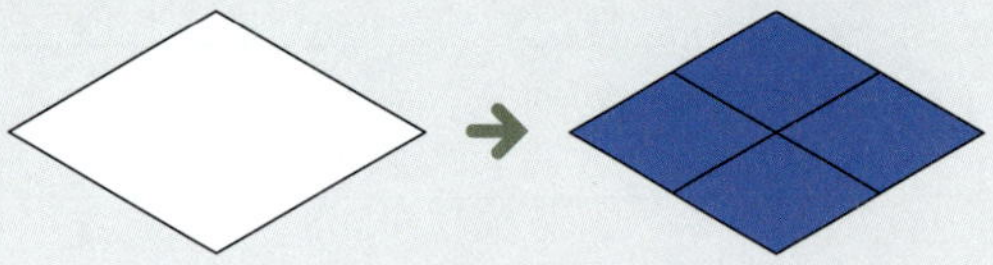

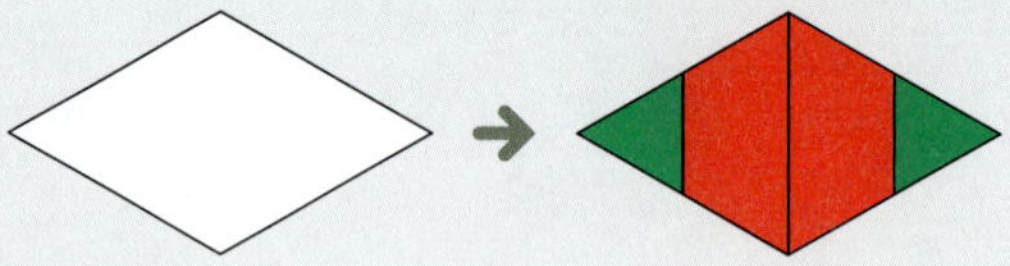

확인 모양 조각을 보고 ☐ 안에 알맞은 수나 기호를 써넣으세요.

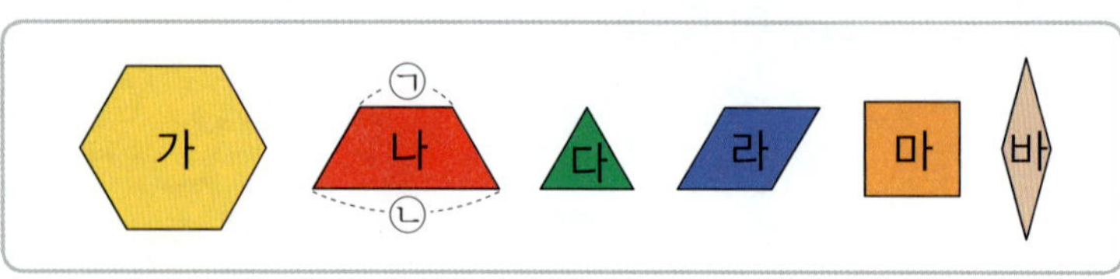

(1) 정다각형 모양 조각은 ☐, ☐, ☐ 입니다.

(2) 나 모양 조각에서 ㉡의 길이는 ㉠의 길이의 ☐ 배입니다.

1 모양을 만드는 데 사용한 모양 조각 수를 세어 보세요.

(1)

사용한 모양 조각	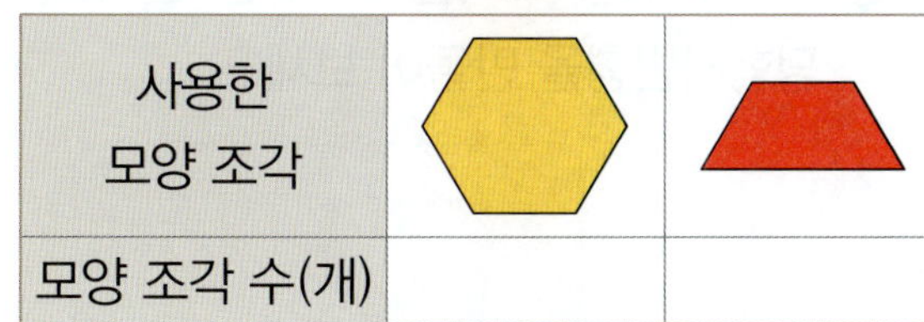	
모양 조각 수(개)		

(2)

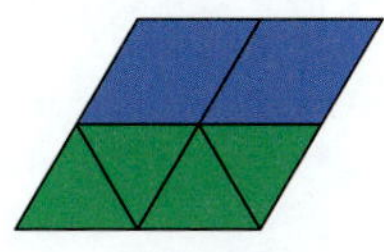

사용한 모양 조각		
모양 조각 수(개)		

2 모양을 만드는 데 사용한 다각형을 모두 찾아 ○표 하세요.

(1)

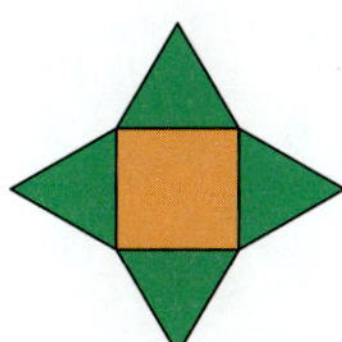

정삼각형　　정사각형　　정육각형

(2)

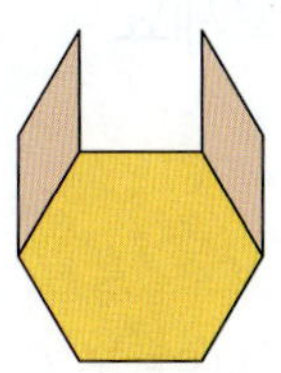

정사각형　　마름모　　정육각형

3 □ 안에 알맞은 수를 써넣으세요.

(1) 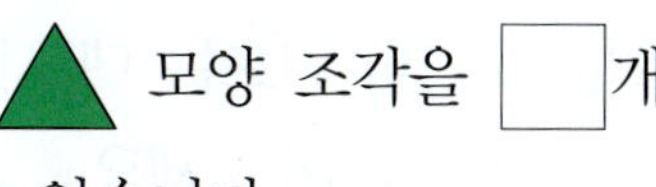 모양은 ▲ 모양 조각을 □ 개 사용하여 만들 수 있습니다.

(2) 모양은 ▲ 모양 조각을 □ 개 사용하여 만들 수 있습니다.

(3) 모양은 모양 조각을 □ 개 사용하여 만들 수 있습니다.

4 바닥을 다각형 모양 타일로 빈틈없이 채웠습니다. 바닥을 채우는 데 사용한 다각형을 모두 찾아 ○표 하세요.

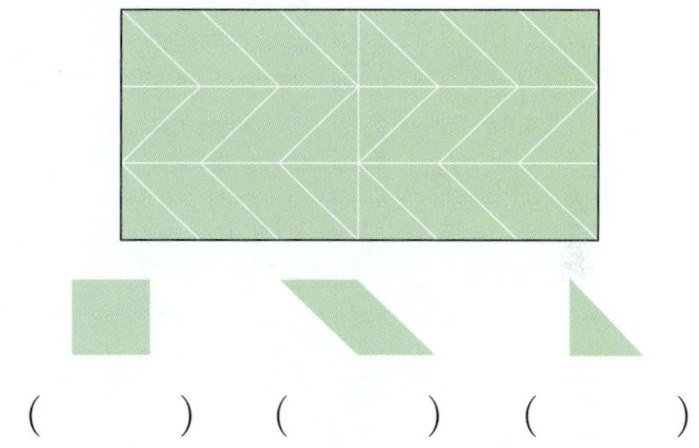

(　　) 　 (　　) 　 (　　)

5 2가지 모양 조각을 모두 사용하여 오른쪽 모양을 채워 보세요. (단, 같은 모양 조각을 여러 번 사용할 수 있습니다.)

(1)

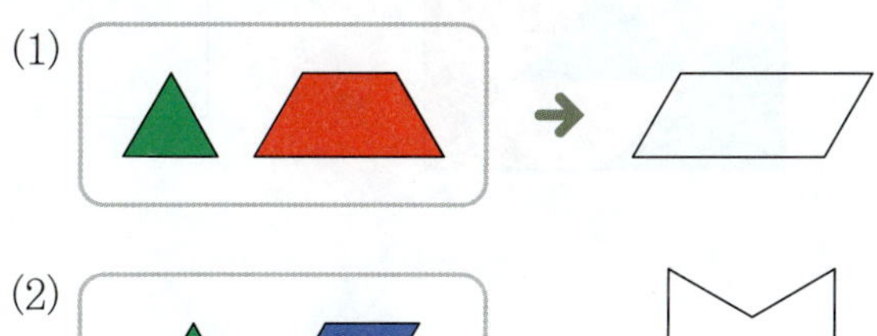

(2)

01 모양을 만드는 데 사용한 다각형을 모두 찾아 이름을 써 보세요.

(   )

02  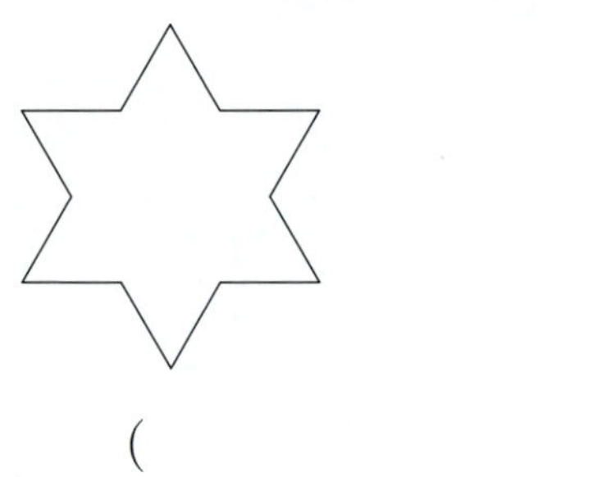 모양 조각만 사용하여 다음 모양을 빈 틈없이 채우려고 합니다.  모양 조각은 모두 몇 개 필요할까요?

(   )

03 칠교 조각 중에서 4개를 골라 한 번씩만 사용 하여 정사각형을 채워 보세요.

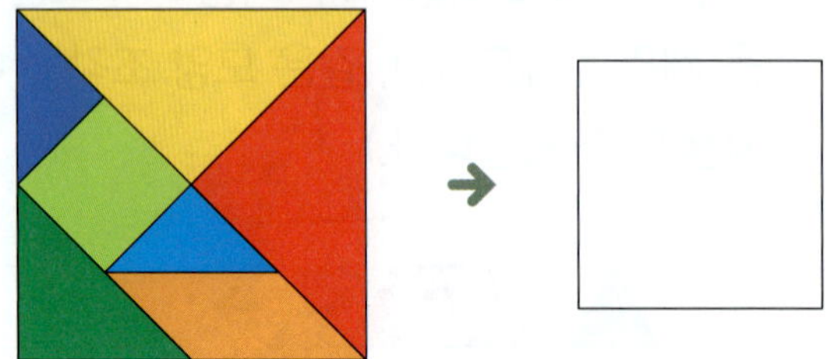

| 04~05 | **모양 조각을 보고 물음에 답하세요.**

04 3가지 모양 조각을 모두 한 번씩만 사용하여 평행사변형을 만들어 보세요.

창의형

05 모양 조각 중에서 2가지를 골라 서로 다른 방 법으로 정육각형을 채워 보세요. (단, 같은 모 양 조각을 여러 번 사용할 수 있습니다.)

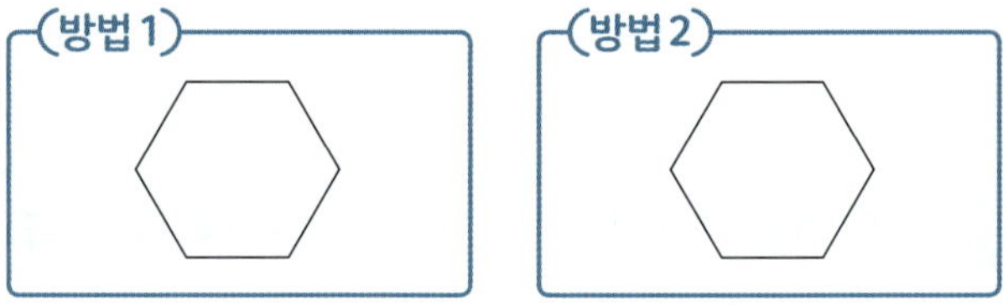

방법 1   방법 2

06 오른쪽 모양을 만든 방법 을 <u>잘못</u> 설명한 것을 찾아 기호를 써 보세요.

> ㉠ 3가지 모양 조각을 사용했습니다.
> ㉡ 각 모양 조각을 한 개씩만 사용했습니다.
> ㉢ 삼각형, 사각형, 육각형 모양 조각을 사용 했습니다.

(   )

디지털 문해력

07 온라인 게시글에 그려진 나비 모양을 모양 조각을 사용하여 채워 보세요. (단, 같은 모양 조각을 여러 번 사용할 수 있습니다.)

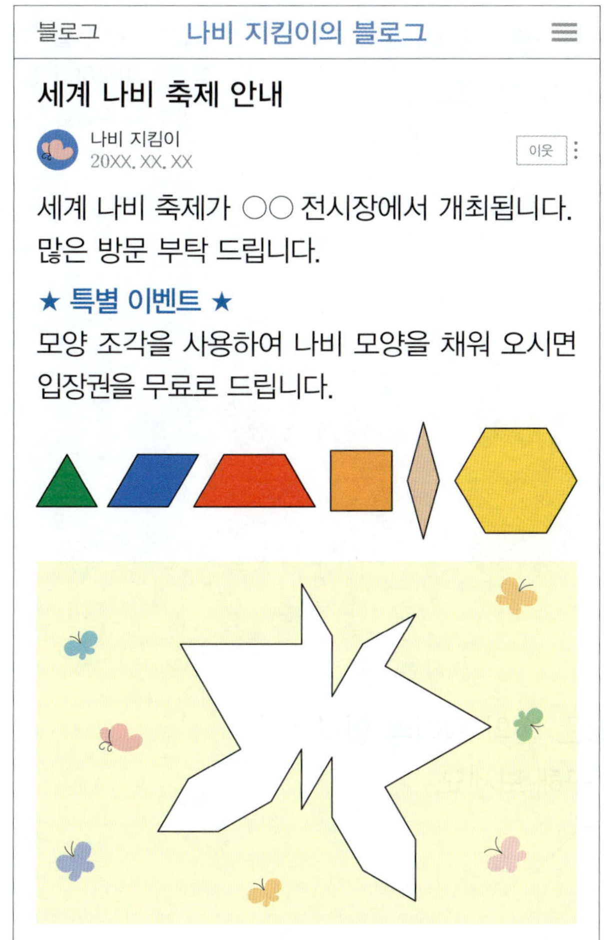

08  모양 조각을 4개까지 사용하여 만들 수 있는 다각형을 모두 찾아 기호를 써 보세요.

> ㉠ 사다리꼴　　㉡ 마름모　　㉢ 직각삼각형
> ㉣ 직사각형　　㉤ 정사각형　　㉥ 평행사변형

(　　　　　　　　　　)

09 재우는 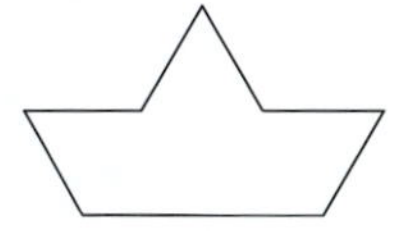 모양 조각, 연아는 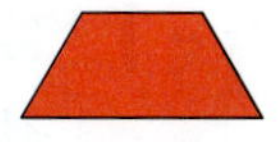 모양 조각을 여러 개 사용하여 주어진 모양을 빈틈없이 채웠습니다. 두 사람이 사용한 모양 조각 수의 차는 몇 개인지 풀이 과정을 쓰고, 답을 구해 보세요.

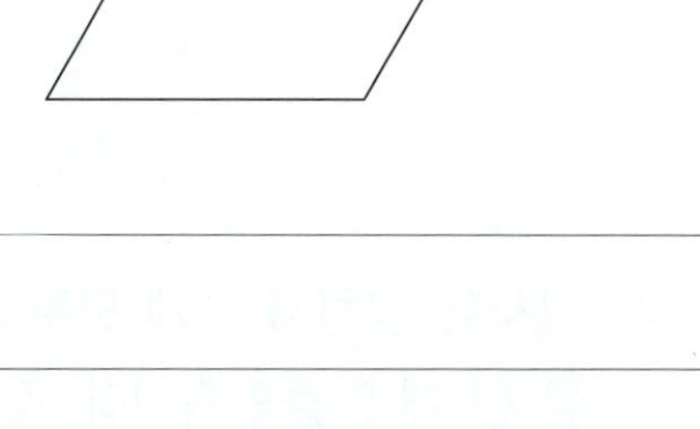

❶ 재우가 사용한 모양 조각 수: ☐ 개,

　　연아가 사용한 모양 조각 수: ☐ 개

❷ 따라서 두 사람이 사용한 모양 조각 수의 차는 ☐ − ☐ = ☐ (개)입니다.

답

6단원 **4회**

10 유나는  모양 조각, 우석이는  모양 조각을 여러 개 사용하여 주어진 모양을 빈틈없이 채웠습니다. 두 사람이 사용한 모양 조각 수의 합은 몇 개인지 풀이 과정을 쓰고, 답을 구해 보세요.

답

학습 결과에 색칠하세요.

1 정다각형의 한 변의 길이 구하기

직사각형의 모든 변의 길이의 합은 정구각형의 모든 변의 길이의 합과 같습니다. 정구각형의 한 변의 길이는 몇 cm인지 구해 보세요.

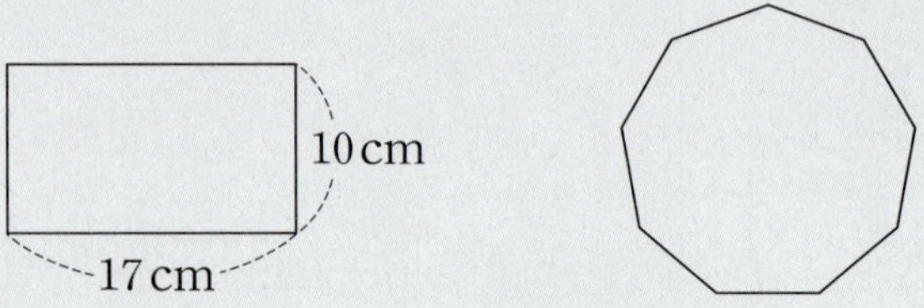

1단계 직사각형의 모든 변의 길이의 합 구하기

( )

2단계 정구각형의 한 변의 길이 구하기

( )

1-1 정삼각형의 모든 변의 길이의 합은 정팔각형의 모든 변의 길이의 합과 같습니다. 정팔각형의 한 변의 길이는 몇 cm인지 구해 보세요.

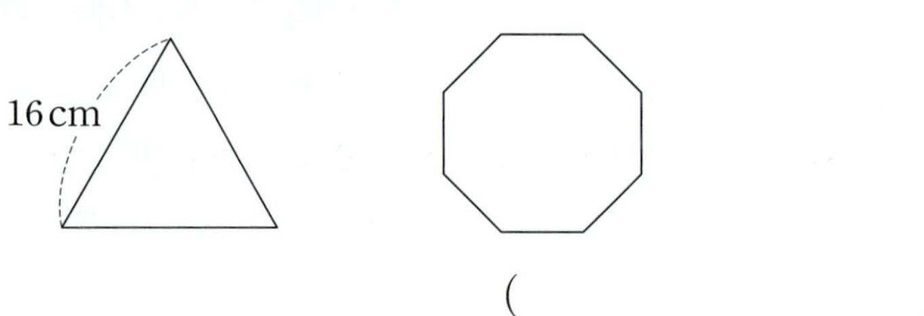

( )

1-2 철사를 겹치지 않게 모두 사용하여 한 변의 길이가 13 cm인 정오각형을 한 개 만들었습니다. 같은 길이의 철사를 겹치지 않게 사용하여 정육각형을 한 개 만들었더니 철사가 5 cm 남았습니다. 만든 정육각형의 한 변의 길이는 몇 cm인지 구해 보세요.

( )

2 사각형에 그은 두 대각선의 길이의 합 구하기

평행사변형 ㄱㄴㄷㄹ에서 두 대각선의 길이의 합은 몇 cm인지 구해 보세요.

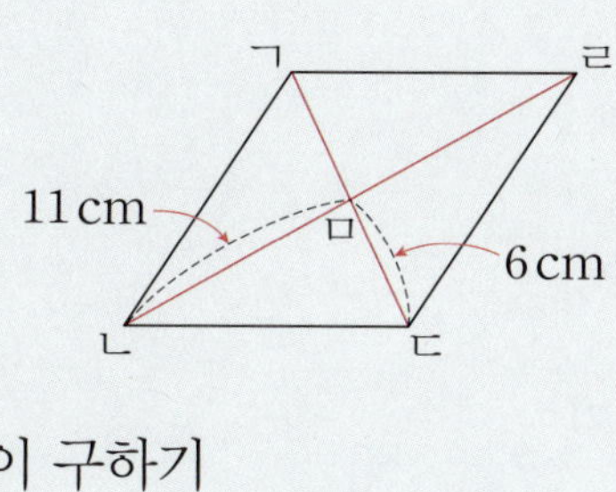

1단계 선분 ㄱㄷ의 길이 구하기

(   )

2단계 선분 ㄴㄹ의 길이 구하기

(   )

3단계 두 대각선의 길이의 합 구하기

(   )

2-1 직사각형 ㄱㄴㄷㄹ에서 두 대각선의 길이의 합은 몇 cm인지 구해 보세요.

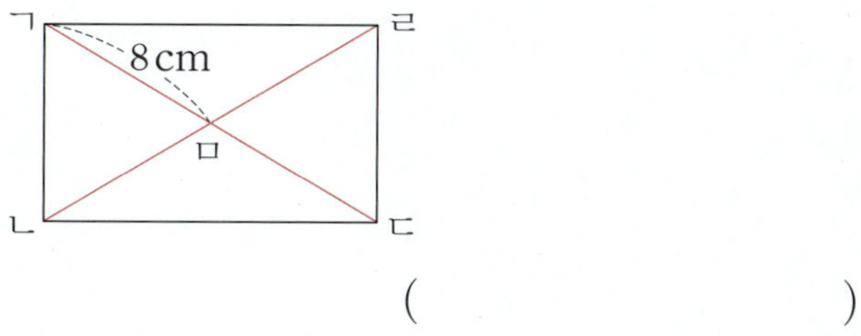

(   )

2-2 마름모 ㄱㄴㄷㄹ에서 삼각형 ㄱㅁㄹ의 세 변의 길이의 합이 40 cm일 때 두 대각선의 길이의 합을 구해 보세요.

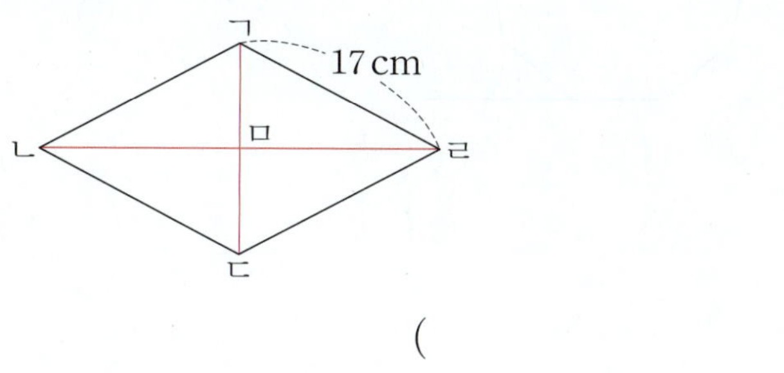

(   )

3 정다각형에서 한 각의 크기 구하기

다음 도형은 정팔각형입니다. 정팔각형의 한 각의 크기를 구해 보세요.

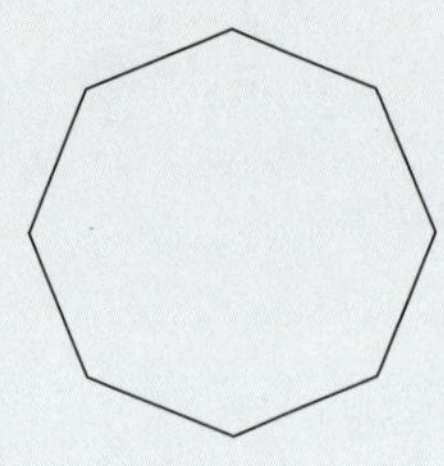

1단계 정팔각형의 모든 각의 크기의 합 구하기

(   )

2단계 정팔각형의 한 각의 크기 구하기

(   )

3-1 다음 도형은 정오각형입니다. 정오각형의 한 각의 크기를 구해 보세요.

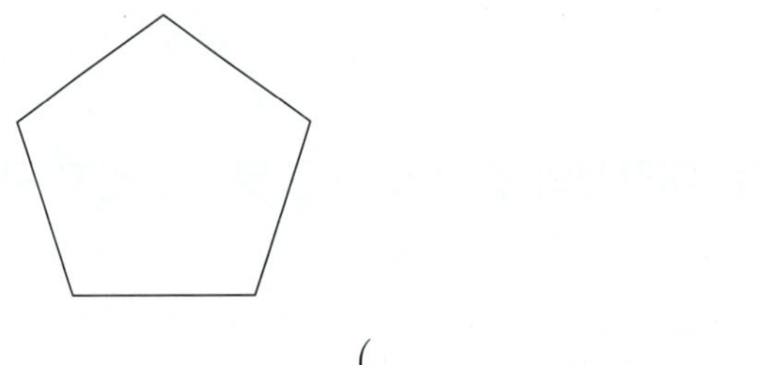

(   )

3-2 정구각형의 한 변을 늘인 것입니다. ㉠과 ㉡의 각도를 각각 구해 보세요.

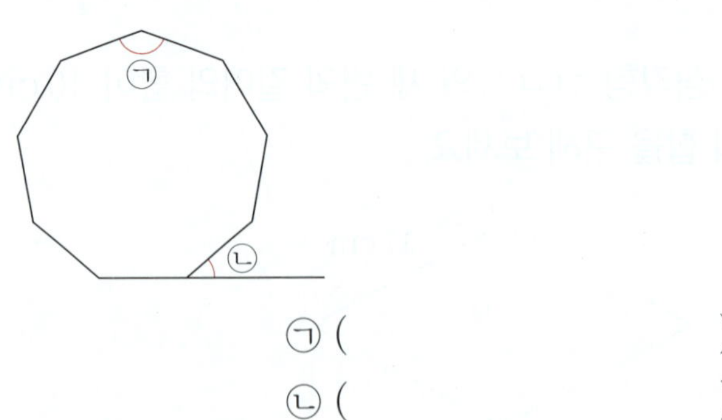

㉠ (   )

㉡ (   )

4 사각형의 대각선의 성질을 이용하여 각의 크기 구하기

사각형 ㄱㄴㄷㄹ은 마름모입니다. 각 ㄱㄴㅁ의 크기를 구해 보세요.

문제해결 TIP

마름모는 두 대각선이 서로 수직으로 만나요.

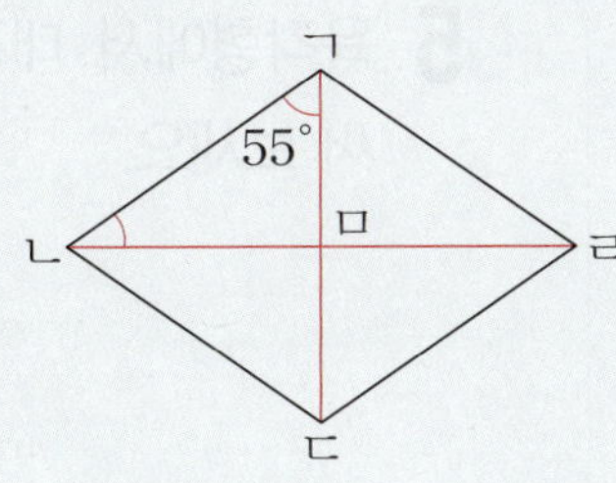

1단계 각 ㄱㅁㄴ의 크기 구하기

(   )

2단계 각 ㄱㄴㅁ의 크기 구하기

(   )

4-1 사각형 ㄱㄴㄷㄹ은 정사각형입니다. 각 ㄱㄴㅁ의 크기를 구해 보세요.

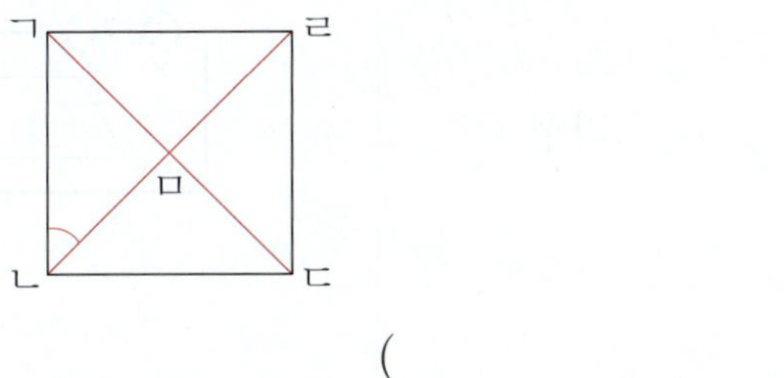

(   )

4-2 사각형 ㄱㄴㄷㄹ은 직사각형입니다. 각 ㄹㅁㄷ의 크기를 구해 보세요.

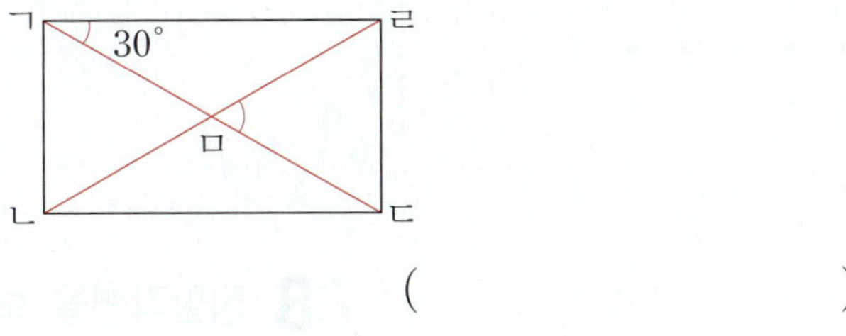

(   )

학습 결과에 색칠하세요.   

01 다각형을 모두 찾아 기호를 써 보세요.

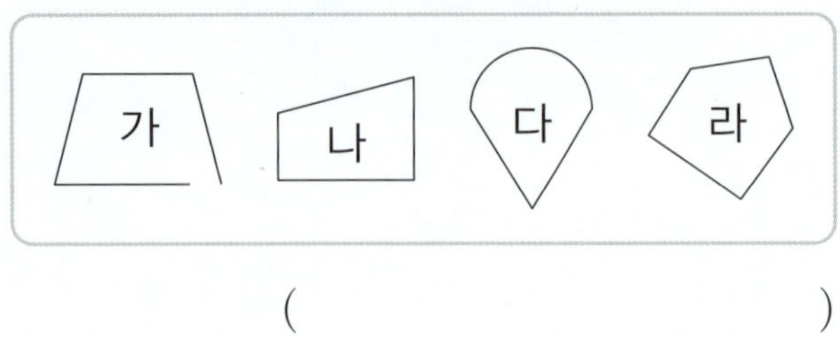

(   )

02 도형의 이름을 찾아 색칠해 보세요.

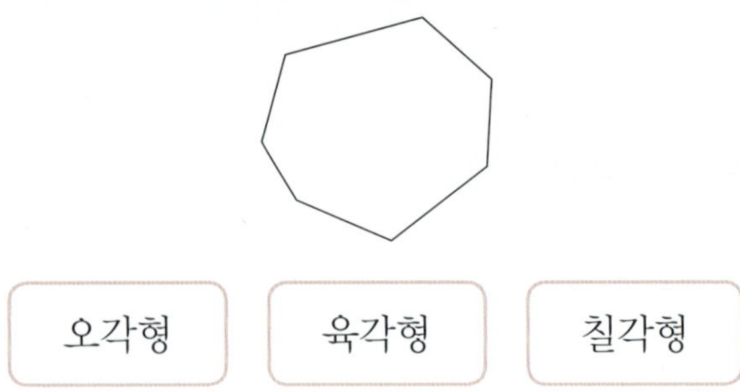

오각형   육각형   칠각형

03 주어진 선분을 이용하여 구각형을 완성해 보세요.

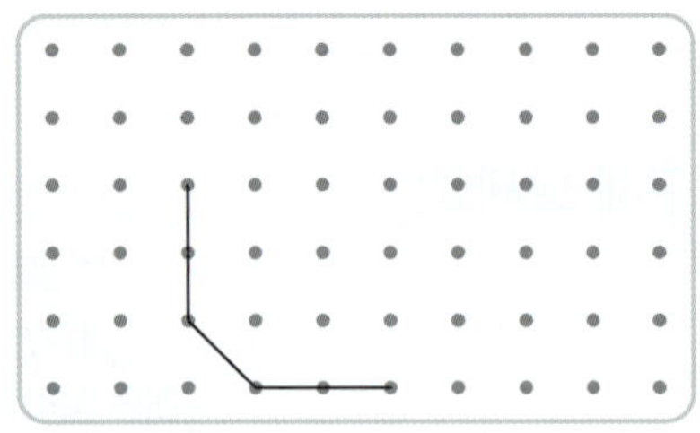

04 정오각형을 모두 찾아 ◯표 하세요.

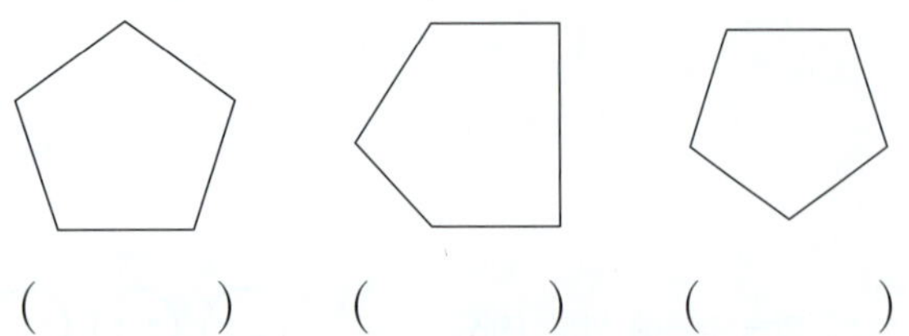

(   )   (   )   (   )

05 육각형에서 대각선이 <u>아닌</u> 것을 찾아 기호를 써 보세요.

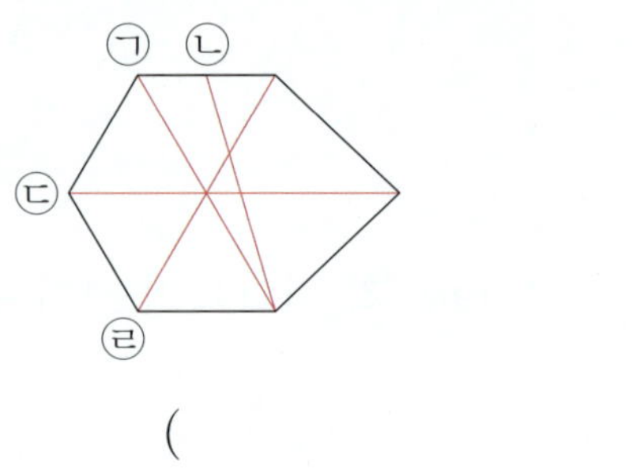

(   )

06 한 가지 모양 조각만 사용하여 (보기)의 모양을 채우려고 합니다. 필요한 모양 조각에 ◯표 하세요.

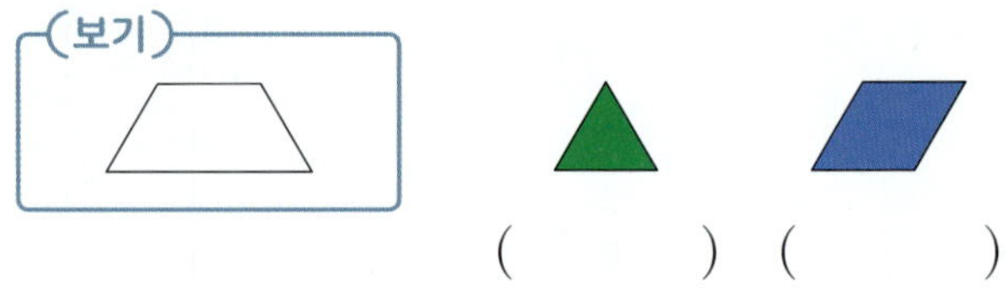

(   )   (   )

07 정육각형을 1개 그려 보세요.

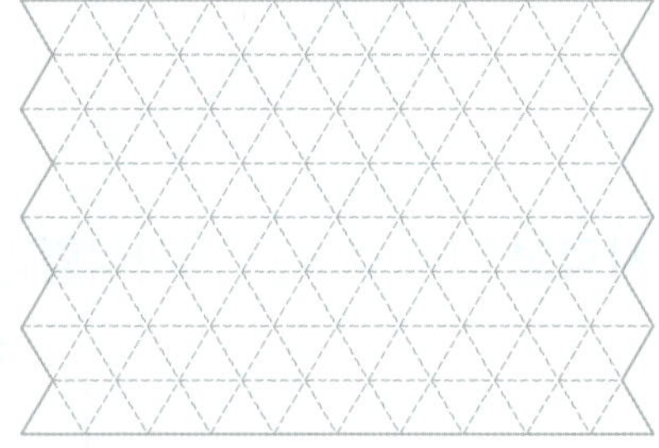

08 정팔각형을 보고 ☐ 안에 알맞은 수를 써넣으세요.

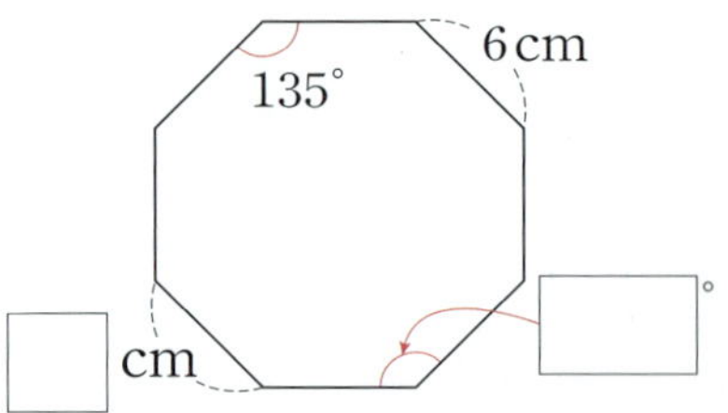

09 다각형이 <u>아닌</u> 것을 찾아 기호를 쓰고, 그 이유를 써 보세요.

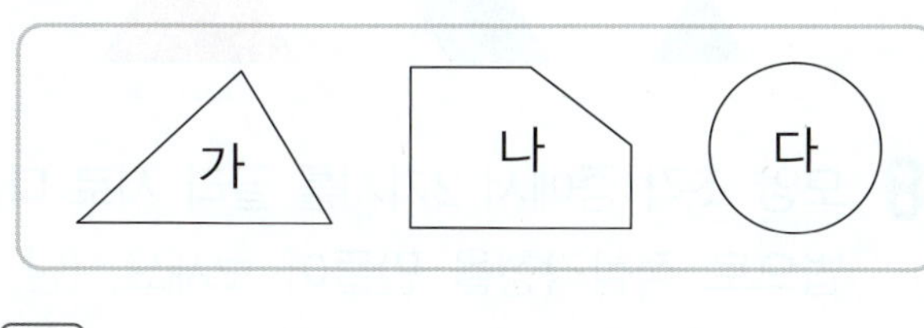

기호 ________________

이유 ________________

____

____

10  모양 조각과 　　 모양 조각을 모두 사용하여 사다리꼴을 만들어 보세요. (단, 같은 모양 조각을 여러 번 사용할 수 있습니다.)

11 두 대각선이 서로 수직으로 만나는 사각형을 모두 찾아 기호를 써 보세요.

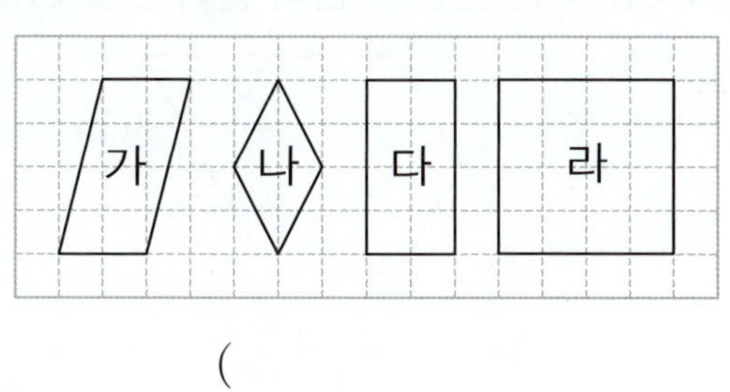

(　　　　　　)

12 변의 수가 가장 많은 다각형을 찾아 기호를 쓰고, 다각형의 이름을 써 보세요.

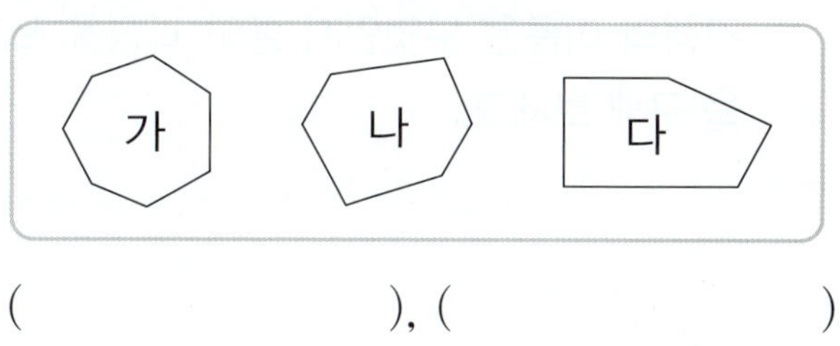

(　　　　), (　　　　)

13 모양 조각 중에서 2가지를 골라 육각형을 채워 보세요. (단, 같은 모양 조각을 여러 번 사용할 수 있습니다.)

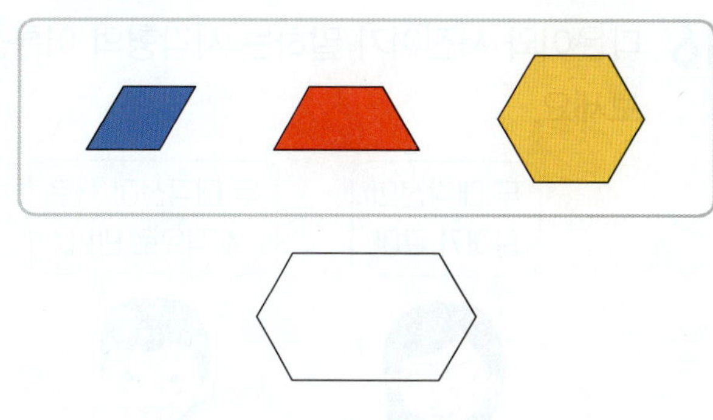

14 다각형에 대각선을 모두 그어 보고, 그은 대각선은 모두 몇 개인지 써 보세요.

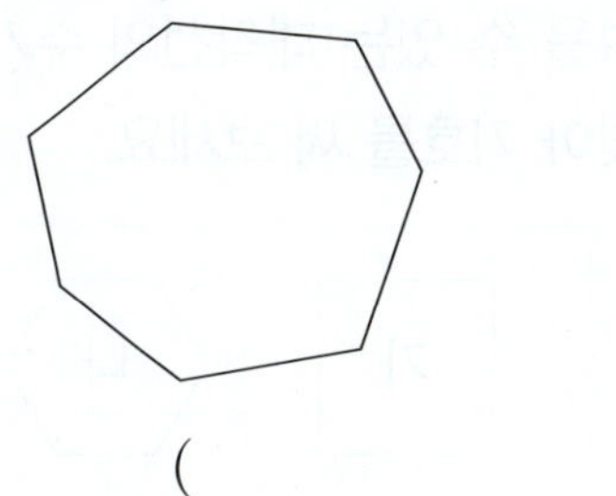

(　　　　　　)

15 한 변의 길이가 $9\,cm$이고, 모든 변의 길이의 합이 $81\,cm$인 정다각형이 있습니다. 이 정다각형의 이름은 무엇인지 풀이 과정을 쓰고, 답을 구해 보세요.

답 __________

16 다은이와 서진이가 말하는 사각형의 이름을 써 보세요.

( )

17 그을 수 있는 대각선의 수가 가장 많은 도형을 찾아 기호를 써 보세요.

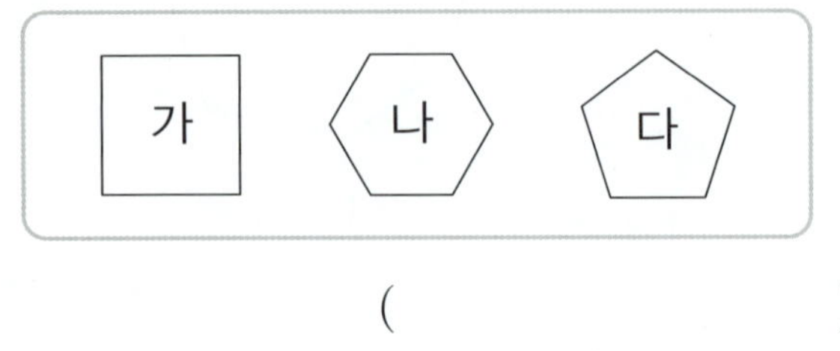

( )

| **18~19** | 모양 조각을 보고 물음에 답하세요.

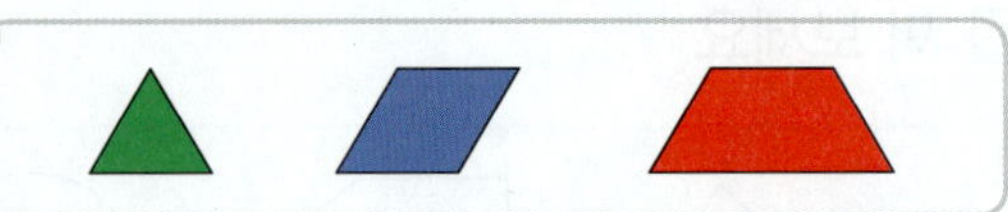

18 모양 조각 중에서 2가지를 골라 서로 다른 방법으로 정삼각형을 만들어 보세요. (단, 같은 모양 조각을 여러 번 사용할 수 있습니다.)

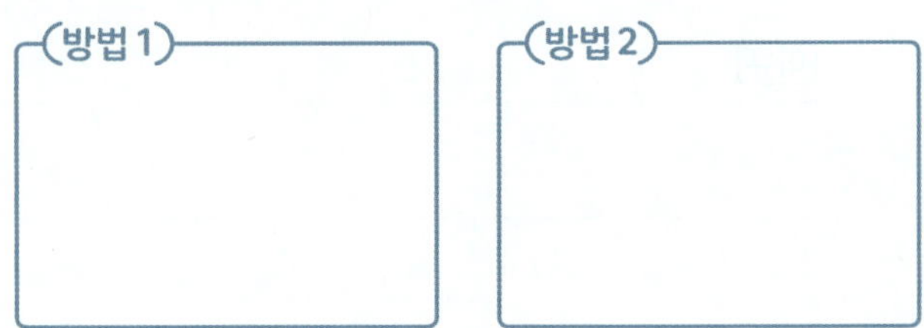

19 모양 조각을 모두 사용하여 주어진 모양을 채워 보세요. (단, 같은 모양 조각을 여러 번 사용할 수 있습니다.)

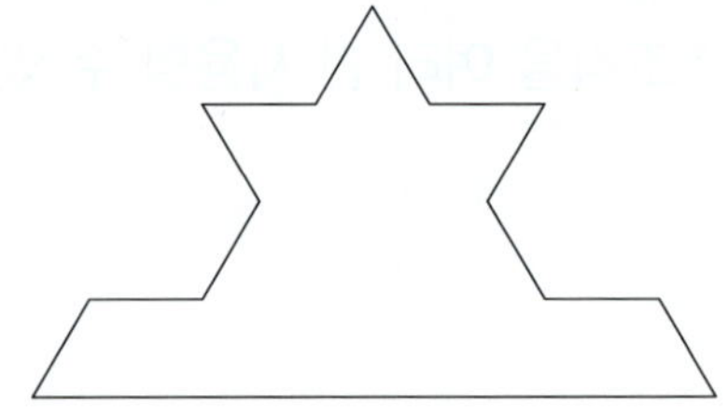

20 정육각형과 정삼각형을 겹치지 않게 이어 붙여서 만든 도형입니다. 정삼각형의 한 변의 길이가 $8\,cm$라면 빨간색 선의 길이는 몇 cm일까요?

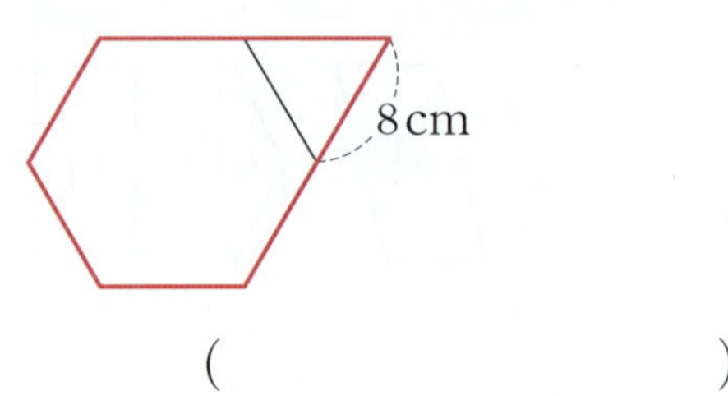

( )

21 마름모 ㄱㄴㄷㄹ에서 두 대각선의 길이의 합은 몇 cm인가요?

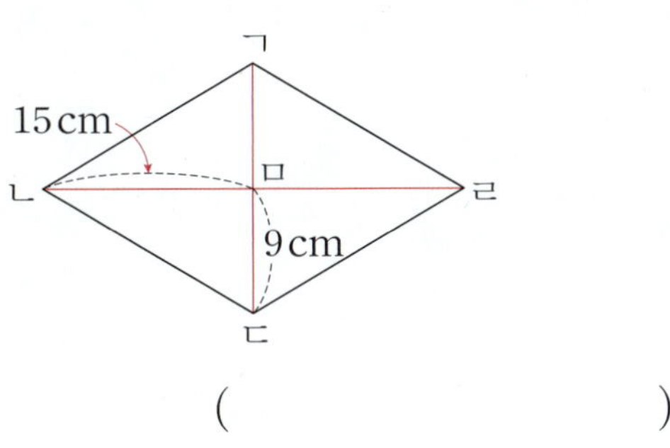

( )

22 다음 도형은 정육각형입니다. 정육각형의 한 각의 크기는 몇 도인가요?

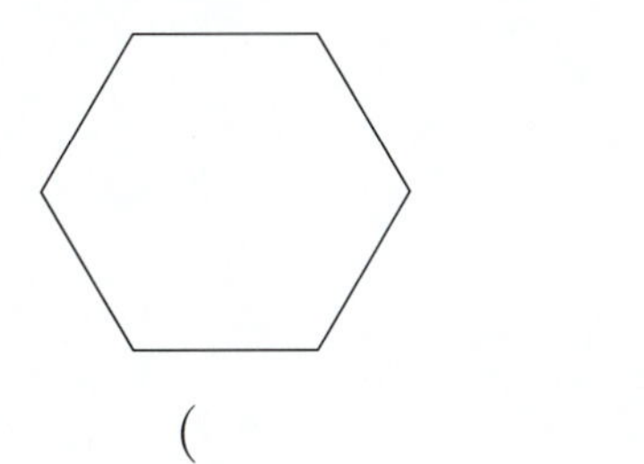

( )

23 사각형 ㄱㄴㄷㄹ은 평행사변형입니다. 삼각형 ㄹㅁㄷ의 세 변의 길이의 합은 몇 cm인가요?

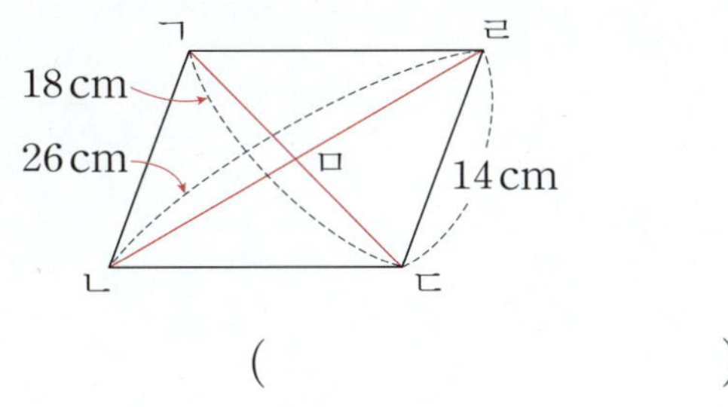

( )

|24~25| 해민이와 지훈이가 놀러 간 목장의 안내도입니다. 그림을 보고 물음에 답하세요.

24 해민이와 지훈이가 안내도에 그려진 울타리의 모양에 대해 설명한 것입니다. 울타리는 어떤 도형인지 이름을 써 보세요.

> • 해민: 한 변의 길이가 5 m인 선분 8개로 둘러싸인 도형이야.
> • 지훈: 8개의 각의 크기가 모두 같아.

( )

25 울타리의 길이는 몇 m인지 풀이 과정을 쓰고, 답을 구해 보세요.

답 _______________

6
단원
6회

memo

2022 개정 교육과정
동아출판

백점

수학 4·2

평가북

- 학교 시험 대비 수준별 **단원 평가**
- 핵심만 모은 **총정리 개념**

동아출판

1 수준별 단원 평가가 있습니다.
A단계, B단계 두 가지 난이도로 **단원 평가**를 제공

2 총정리 개념이 있습니다.
학습한 내용을 점검하며 마무리할 수 있도록 각
단원의 핵심 개념을 제공

백점

수학 4·2

차례

01 □ 안에 알맞은 수를 써넣으세요.

$$\frac{5}{7}+\frac{4}{7}=\frac{\boxed{}+\boxed{}}{7}=\frac{\boxed{}}{7}=\boxed{}\frac{\boxed{}}{7}$$

02 그림에 $\frac{3}{6}$ 만큼 ×표 하고, $\frac{5}{6}-\frac{3}{6}$ 을 계산해 보세요.

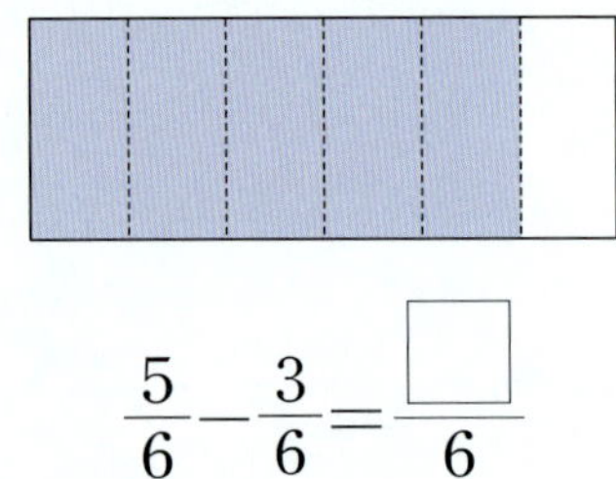

$$\frac{5}{6}-\frac{3}{6}=\frac{\boxed{}}{6}$$

03 계산해 보세요.

$$5-1\frac{1}{3}$$

04 □ 안에 알맞은 수를 써넣으세요.

$3\dfrac{2}{5}$ 는 $\dfrac{1}{5}$ 이 $\boxed{}$ 개

$1\dfrac{4}{5}$ 는 $\dfrac{1}{5}$ 이 $\boxed{}$ 개

$3\dfrac{2}{5}-1\dfrac{4}{5}$ 는 $\dfrac{1}{5}$ 이 $\boxed{}$ 개

$$\rightarrow 3\frac{2}{5}-1\frac{4}{5}=\frac{\boxed{}}{5}=\boxed{}\frac{\boxed{}}{5}$$

05 계산 결과를 찾아 ○표 하세요.

$$1\frac{2}{8}+3\frac{4}{8}$$

$4\dfrac{4}{8}$	$4\dfrac{6}{16}$	$4\dfrac{6}{8}$

06 빈칸에 알맞은 수를 써넣으세요.

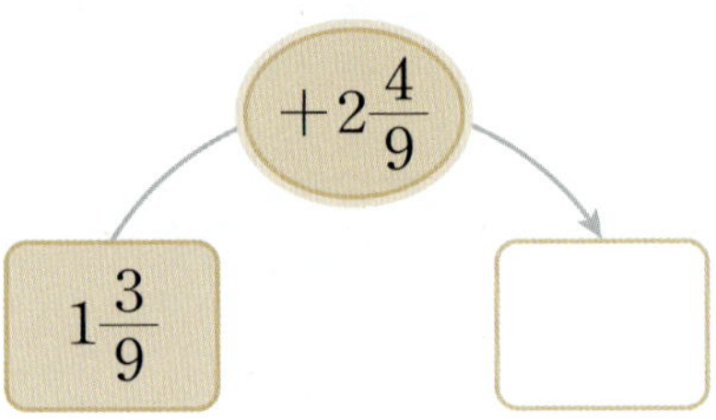

서술형

07 빨간색 페인트 $\dfrac{3}{10}$ L와 흰색 페인트 $\dfrac{5}{10}$ L를 섞어서 분홍색 페인트를 만들었습니다. 만든 분홍색 페인트는 모두 몇 L인지 풀이 과정을 쓰고, 답을 구해 보세요.

답

08 계산 결과가 다른 하나를 찾아 색칠해 보세요.

$$\frac{7}{9} - \frac{4}{9} \qquad 1 - \frac{5}{9} \qquad 2\frac{2}{9} - 1\frac{8}{9}$$

09 계산 결과를 비교하여 ○ 안에 >, =, <를 알맞게 써넣으세요.

$$\frac{8}{13} - \frac{3}{13} \;\bigcirc\; \frac{9}{13} - \frac{5}{13}$$

10 혜수는 월요일에 $7\frac{1}{5}$ 시간, 화요일에 $8\frac{3}{5}$ 시간 잤습니다. 혜수가 이틀 동안 잔 시간은 모두 몇 시간인가요?

(   )

11 학교에서 은행을 지나 소방서까지 가는 거리는 몇 km인가요?

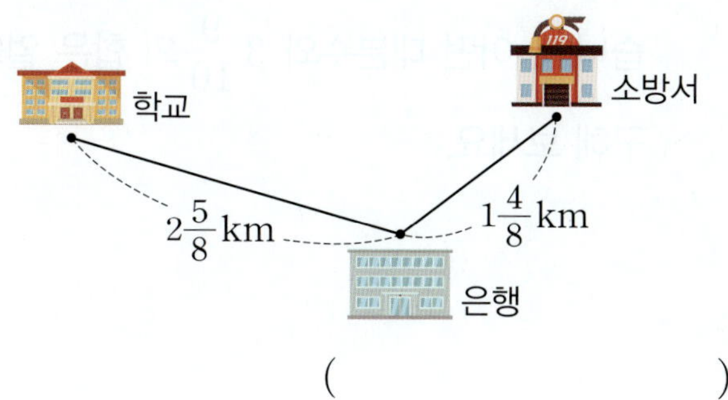

(   )

12 □ 안에 알맞은 대분수를 써넣으세요.

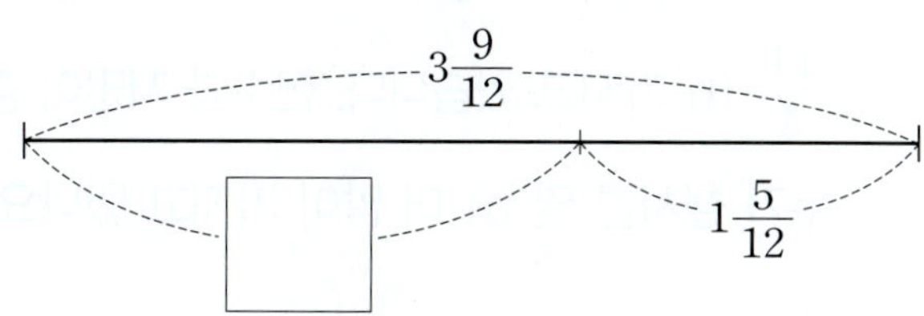

13 미술 시간에 찰흙을 성재는 $4\frac{6}{20}$ kg 사용했고, 지호는 성재보다 $\frac{23}{20}$ kg 더 적게 사용했습니다. 지호가 사용한 찰흙은 몇 kg인지 식을 쓰고, 답을 구해 보세요.

[식]

[답]

14 $4\frac{3}{10} - 1\frac{5}{10}$ 를 다음과 같이 계산했습니다. 잘못 계산한 곳을 찾아 이유를 쓰고, 바르게 계산해 보세요.

$$4\frac{3}{10} - 1\frac{5}{10} = 4\frac{13}{10} - 1\frac{5}{10} = 3\frac{8}{10}$$

[이유]

[바른 계산]

● 정답 **53**쪽

15 철사를 현수는 $4\dfrac{2}{4}$ m 가지고 있고, 지민이는 $\dfrac{11}{4}$ m 가지고 있습니다. 현수와 지민이 중에서 누가 철사를 몇 m 더 많이 가지고 있나요?

(   ), (   )

16 3장의 수 카드 중에서 2장을 골라 차가 가장 큰 뺄셈식을 만들고, 계산해 보세요.

$$1\dfrac{7}{8} \qquad \dfrac{14}{8} \qquad 4\dfrac{3}{8}$$

$$\boxed{} - \boxed{} = \boxed{}$$

17 ☐ 안에 알맞은 대분수를 써넣으세요.

$$\boxed{} + 2\dfrac{2}{6} = 5\dfrac{5}{6} + 3\dfrac{1}{6}$$

18 ☐ 안에 들어갈 수 있는 자연수를 모두 구해 보세요.

$$\dfrac{5}{7} + \dfrac{\square}{7} < 1\dfrac{2}{7}$$

(   )

19 〈보기〉에서 두 수를 골라 ☐ 안에 써넣어 차가 가장 작은 뺄셈식을 만들고, 계산해 보세요.

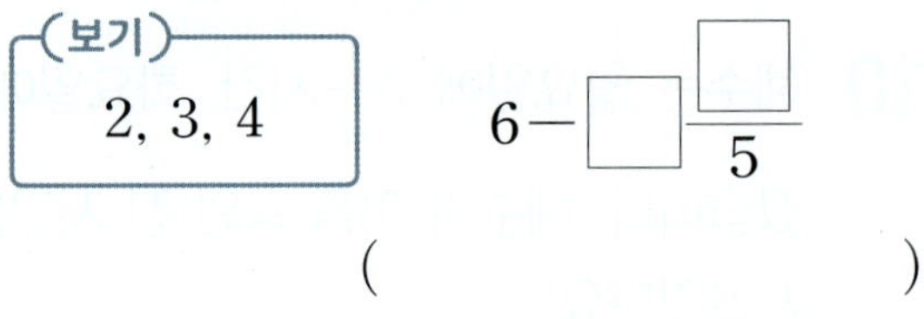

$$6 - \dfrac{\square}{5}$$

(   )

20 어떤 대분수에 $2\dfrac{7}{10}$ 을 더했더니 $7\dfrac{3}{10}$ 이 되었습니다. 어떤 대분수와 $3\dfrac{9}{10}$ 의 합은 얼마인지 구해 보세요.

(   )

01 □ 안에 알맞은 수를 써넣으세요.

$\dfrac{5}{9}$ 는 $\dfrac{1}{9}$ 이 □ 개, $\dfrac{7}{9}$ 은 $\dfrac{1}{9}$ 이 □ 개이므로 $\dfrac{5}{9}+\dfrac{7}{9}$ 은 $\dfrac{1}{9}$ 이 □ 개입니다.

→ $\dfrac{5}{9}+\dfrac{7}{9}=\dfrac{\Box}{9}=\Box\dfrac{\Box}{9}$

02 수직선을 보고 $1\dfrac{3}{5}+2\dfrac{1}{5}$ 을 구해 보세요.

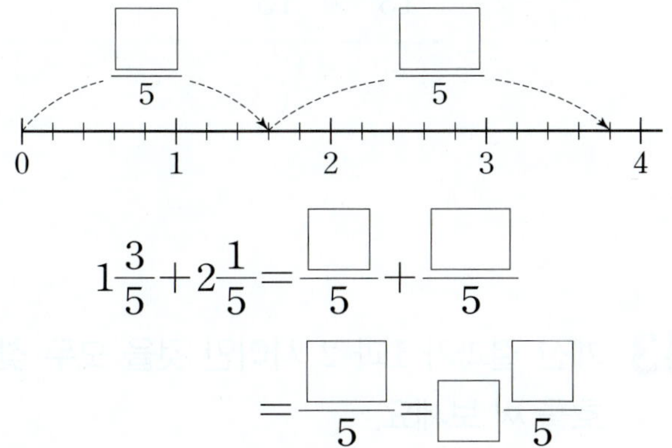

$1\dfrac{3}{5}+2\dfrac{1}{5}=\dfrac{\Box}{5}+\dfrac{\Box}{5}$

$=\dfrac{\Box}{5}=\Box\dfrac{\Box}{5}$

03 □ 안에 알맞은 수를 써넣으세요.

$3\dfrac{2}{7}-1\dfrac{5}{7}=\dfrac{\Box}{7}-\dfrac{\Box}{7}$

$=\dfrac{\Box}{7}=\Box\dfrac{\Box}{7}$

04 (보기)와 같은 방법으로 계산해 보세요.

(보기)

$9-2\dfrac{2}{6}=8\dfrac{6}{6}-2\dfrac{2}{6}=6\dfrac{4}{6}$

$7-3\dfrac{7}{8}=$ ______

05 빈칸에 두 분수의 합을 써넣으세요.

$1\dfrac{2}{6}$	$3\dfrac{3}{6}$

06 계산 결과를 찾아 이어 보세요.

$\dfrac{13}{15}-\dfrac{4}{15}$ ·

$\dfrac{10}{15}-\dfrac{5}{15}$ ·

· $\dfrac{5}{15}$

· $\dfrac{7}{15}$

· $\dfrac{9}{15}$

07 미호가 물을 어제는 $1\dfrac{7}{10}$ L 마셨고, 오늘은 $2\dfrac{5}{10}$ L 마셨습니다. 미호가 어제와 오늘 마신 물은 모두 몇 L인지 식을 쓰고, 답을 구해 보세요.

[식] ______

[답] ______

08 채아가 말하는 수가 얼마인지 구해 보세요.

( )

09 다음 설명에서 <u>잘못된</u> 곳을 찾아 바르게 고쳐 보세요.

$\dfrac{4}{7}+\dfrac{2}{7}$ 는 분모와 분자를 각각 더하면 되므로

$\dfrac{4}{7}+\dfrac{2}{7}=\dfrac{4+2}{7+7}=\dfrac{6}{14}$ 입니다.

바르게 고치기

____

____

10 선우네 집에서 박물관까지의 거리와 미술관까지의 거리입니다. 박물관에서 미술관까지의 거리는 몇 km인가요?

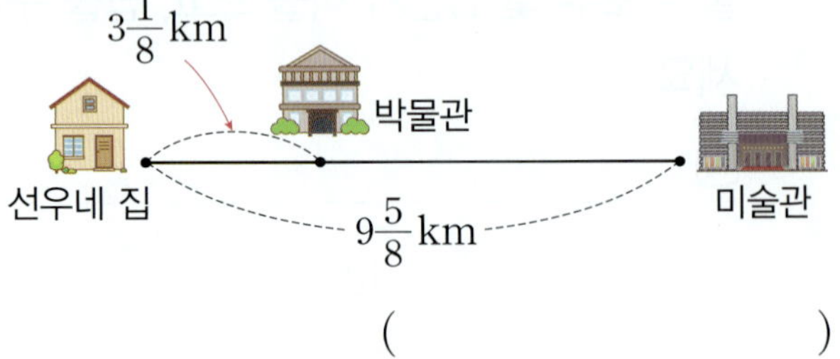

( )

11 지유는 4시간 동안 책을 읽고, $2\dfrac{9}{20}$시간 동안 종이접기를 했습니다. 지유가 책을 읽은 시간은 종이접기를 한 시간보다 몇 시간 더 많은가요?

( )

12 설명하는 수가 $\dfrac{5}{13}$인 것의 기호를 써 보세요.

㉠ $\dfrac{9}{13}$보다 $\dfrac{4}{13}$만큼 더 작은 수

㉡ $3\dfrac{8}{13}$과 $3\dfrac{5}{13}$의 차

( )

13 계산 결과가 1과 2 사이인 것을 모두 찾아 기호를 써 보세요.

㉠ $3-\dfrac{5}{8}$ ㉡ $5-\dfrac{10}{3}$ ㉢ $4-2\dfrac{3}{5}$

( )

14 계산 결과가 가장 큰 것을 찾아 ◯표 하세요.

| $1\dfrac{3}{6}+2\dfrac{5}{6}$ | $6-\dfrac{11}{6}$ | $5\dfrac{2}{6}-1\dfrac{4}{6}$ |

( )   ( )   ( )

15 □ 안에 알맞은 수를 구해 보세요.

$$\square - 3\frac{5}{7} = 4\frac{1}{7}$$

(   )

16 □ 안에 알맞은 대분수를 써넣으세요.

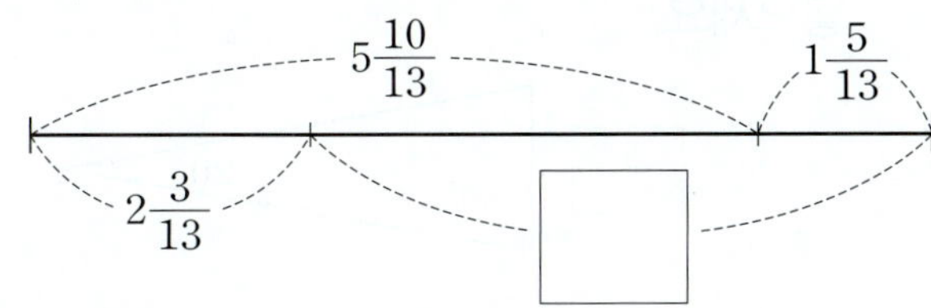

17 진우의 가방 무게는 $2\frac{3}{5}$ kg이고, 성규의 가방 무게는 진우의 가방 무게보다 $\frac{6}{5}$ kg 더 무겁습니다. 진우와 성규의 가방 무게의 합은 몇 kg인가요?

(   )

18 길이가 $8\,\text{cm}$인 색 테이프 3장을 $1\frac{3}{5}\,\text{cm}$씩 겹쳐서 이어 붙였습니다. 이어 붙인 색 테이프의 전체 길이는 몇 cm인가요?

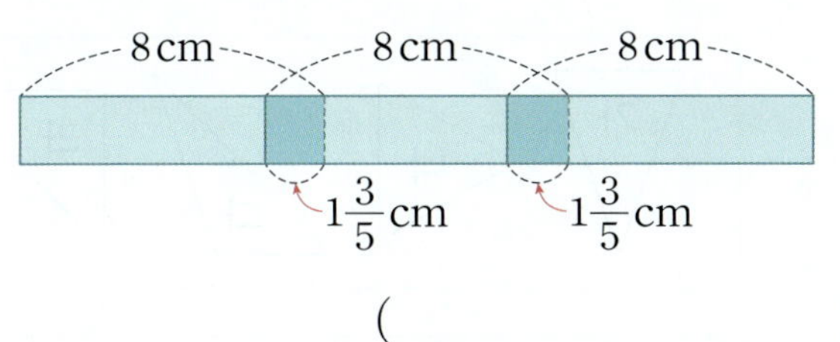

(   )

19 어떤 대분수에서 $1\frac{3}{11}$을 빼야 할 것을 잘못하여 더했더니 5가 되었습니다. 바르게 계산한 값을 구해 보세요.

(   )

서술형

20 케이크를 한 개 만드는 데 $\frac{4}{10}$ L의 우유가 필요합니다. 우유가 $1\frac{9}{10}$ L 있다면 케이크를 몇 개까지 만들 수 있고, 몇 L가 남는지 풀이 과정을 쓰고, 답을 구해 보세요.

답   ,

01 자를 이용하여 이등변삼각형과 정삼각형을 모두 찾아 빈칸에 알맞은 기호를 써넣으세요.

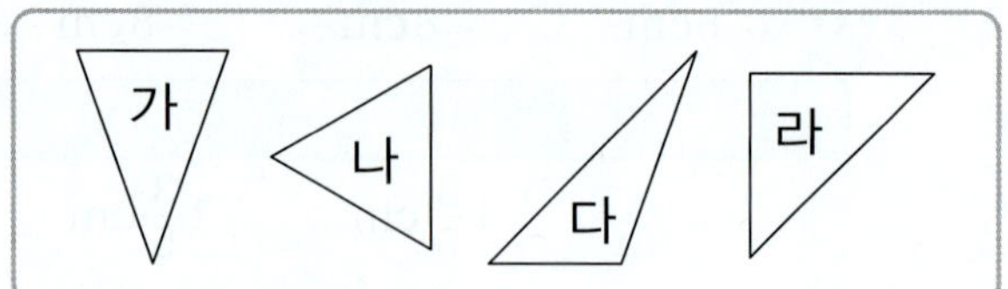

이등변삼각형	정삼각형

|02~04| 삼각형을 보고 물음에 답하세요.

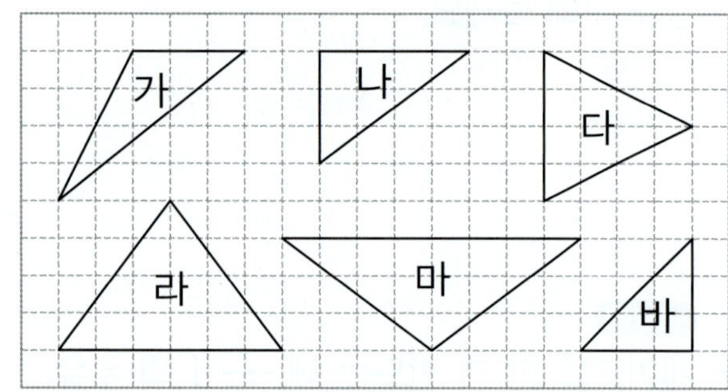

02 예각삼각형을 모두 찾아 기호를 써 보세요.

( )

03 직각삼각형을 모두 찾아 기호를 써 보세요.

( )

04 이등변삼각형이면서 둔각삼각형인 것을 찾아 기호를 써 보세요.

( )

05 정삼각형을 보고 □ 안에 알맞은 수를 써넣으세요.

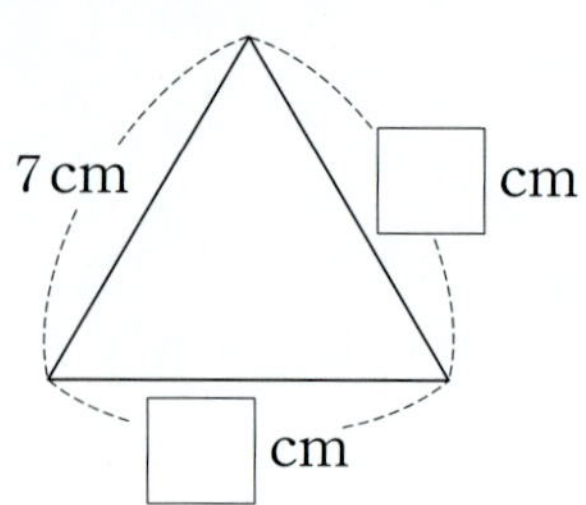

06 이등변삼각형을 보고 □ 안에 알맞은 수를 써넣으세요.

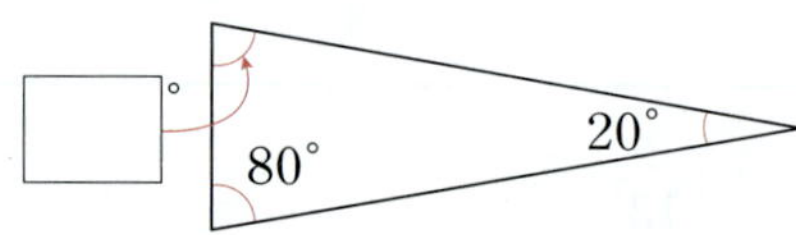

07 선분의 양 끝 점과 빨간색 점 중에서 한 점을 이어 삼각형을 그리려고 합니다. 둔각삼각형을 그릴 수 있는 점을 모두 찾아 기호를 써 보세요.

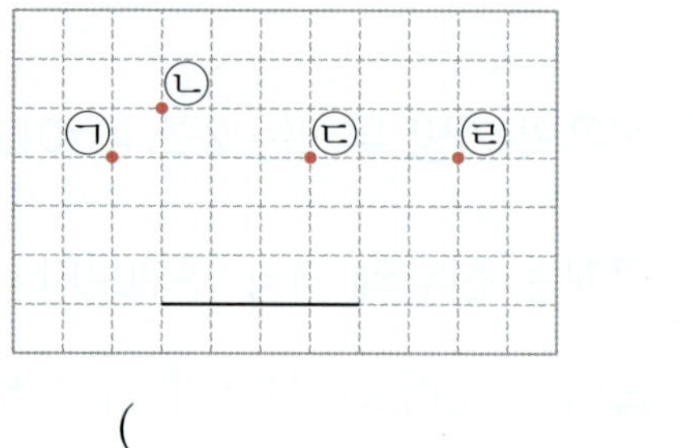

( )

08 □ 안에 알맞은 수를 써넣으세요.

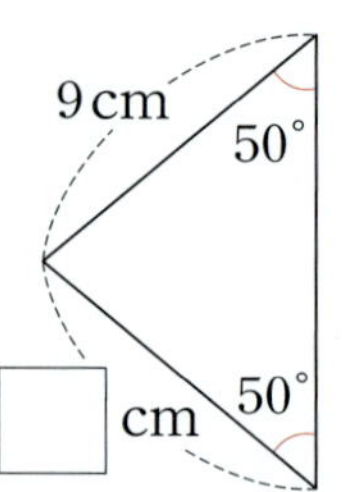

09 설명하는 도형의 이름을 써 보세요.

> • 굽은 선은 없습니다.
> • 변과 꼭짓점은 각각 3개입니다.
> • 변의 길이는 모두 4 cm입니다.

(   )

10 삼각형의 세 변의 길이의 합은 몇 cm인가요?

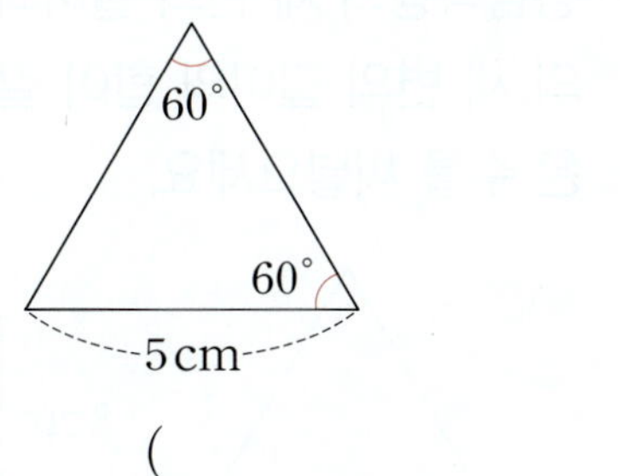

(   )

서술형

11 삼각형 모양의 종이를 반으로 접었더니 완전히 겹쳐졌습니다. 각 ㄱㄴㄷ의 크기는 몇 도인지 풀이 과정을 쓰고, 답을 구해 보세요.

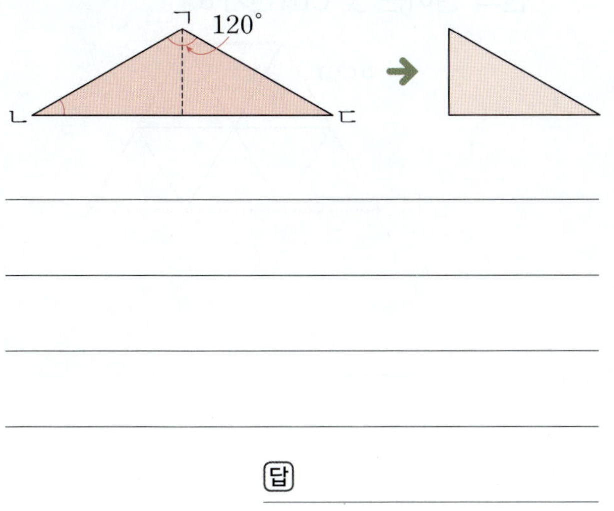

답

12 삼각형 ㄱㄴㄷ은 이등변삼각형입니다. 세 변의 길이의 합이 34 cm일 때 변 ㄱㄴ의 길이는 몇 cm일까요?

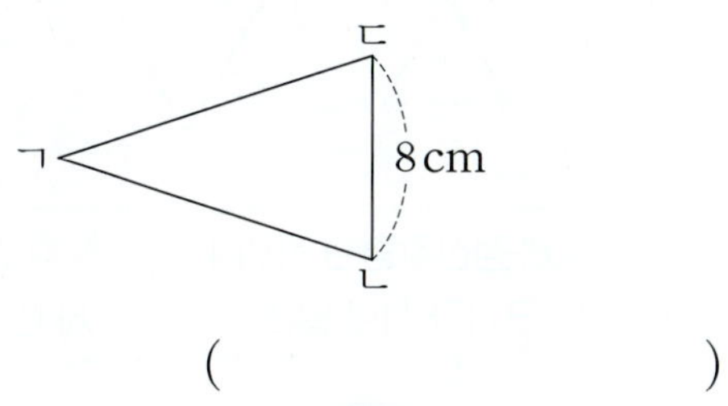

(   )

13 삼각형의 세 각 중 두 각의 크기를 나타낸 것입니다. 예각삼각형을 찾아 기호를 써 보세요.

> ㉠ 20°, 45°   ㉡ 50°, 40°
> ㉢ 55°, 25°   ㉣ 30°, 65°

(   )

14 삼각형을 분류하여 빈칸에 알맞은 기호를 써넣으세요.

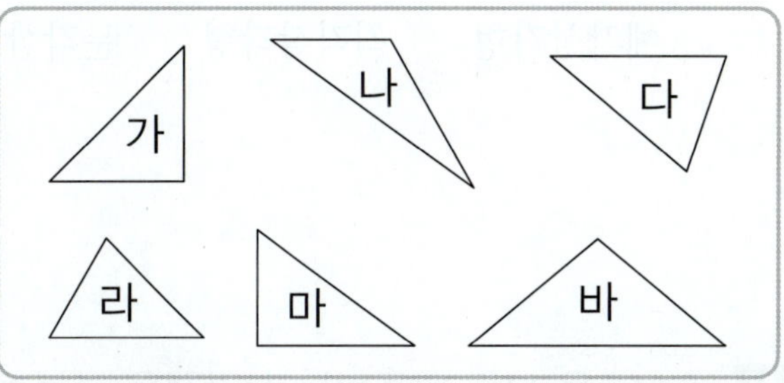

	예각 삼각형	직각 삼각형	둔각 삼각형
이등변삼각형			
세 변의 길이가 모두 다른 삼각형			

서술형

15 정삼각형을 보고 <u>잘못</u> 말한 사람의 이름을 쓰고, 그 이유를 써 보세요.

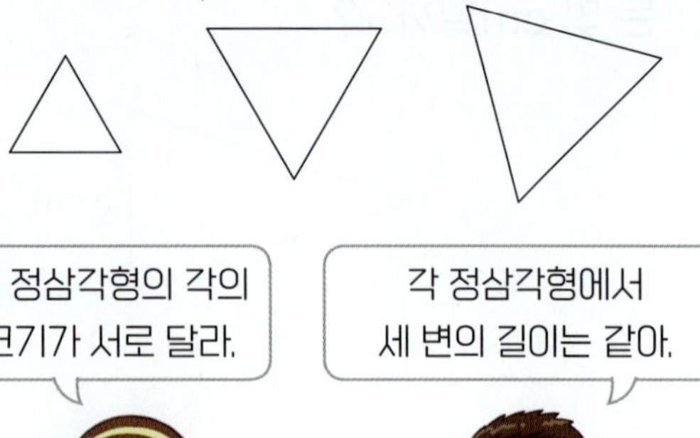

[이름]

[이유]

16 길이가 같은 연필 3자루를 변으로 하는 삼각형을 만들려고 합니다. 만든 삼각형의 이름으로 알맞은 것을 모두 찾아 ◯표 하세요.

이등변삼각형	정삼각형
예각삼각형	직각삼각형	둔각삼각형

17 (조건)을 모두 만족하는 삼각형을 그려 보세요.

(조건)
• 두 변의 길이가 같습니다.
• 한 각이 둔각입니다.

18 삼각형 ㄱㄴㄷ은 이등변삼각형입니다. ㉠의 각도를 구해 보세요.

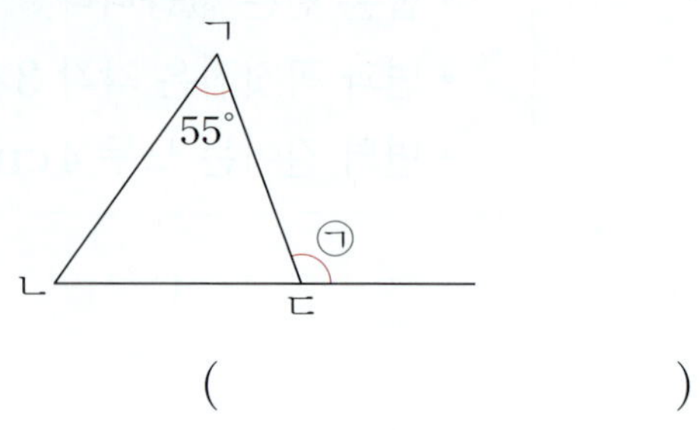

(   )

19 정삼각형의 세 변의 길이의 합과 이등변삼각형의 세 변의 길이의 합이 같을 때 ☐ 안에 알맞은 수를 써넣으세요.

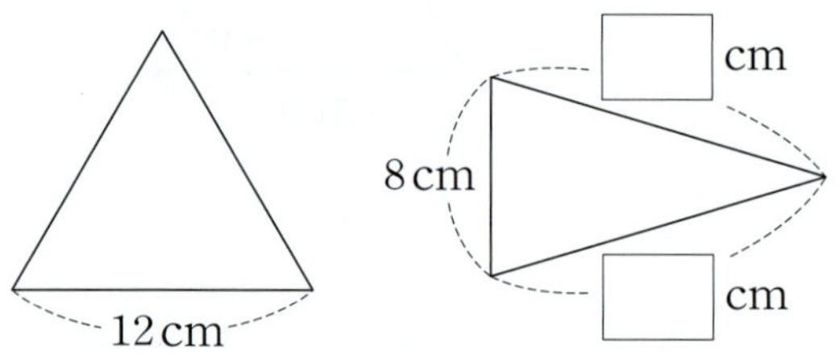

20 한 변의 길이가 5 cm인 정삼각형 8개를 겹치지 않게 이어 붙여서 만든 도형입니다. 빨간색 선의 길이는 몇 cm인가요?

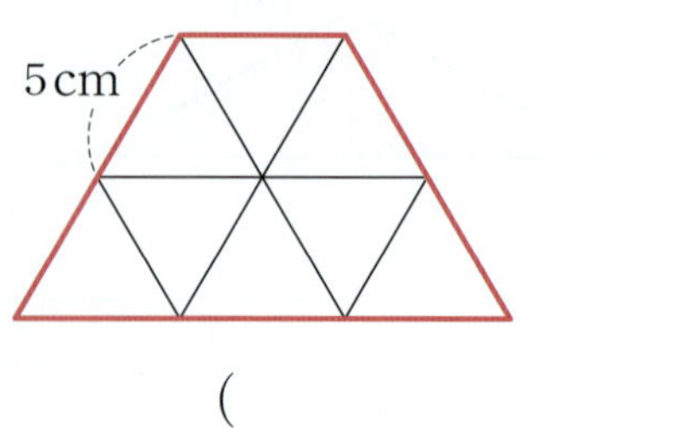

(   )

01 이등변삼각형에서 크기가 같은 각을 찾아 ◯표 하세요.

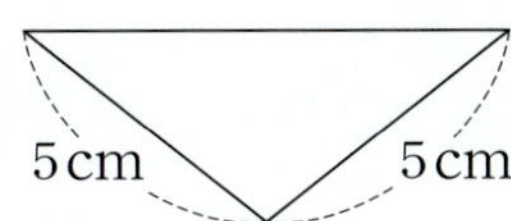

02 예각삼각형을 찾아 기호를 써 보세요.

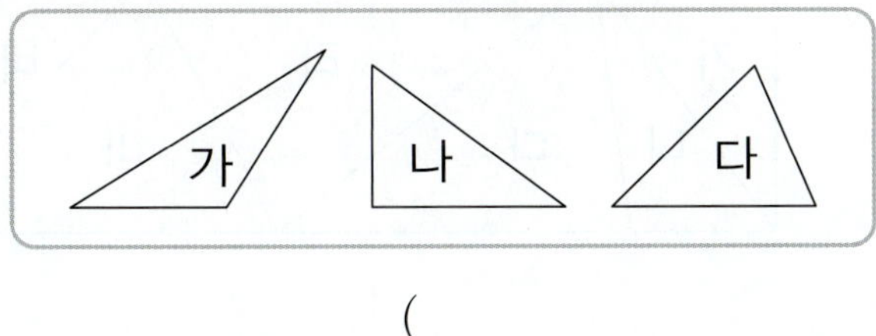

(   )

03 이등변삼각형을 보고 □ 안에 알맞은 수를 써넣으세요.

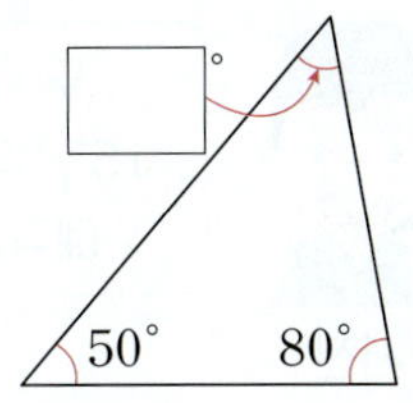

04 정삼각형을 보고 □ 안에 알맞은 수를 써넣으세요.

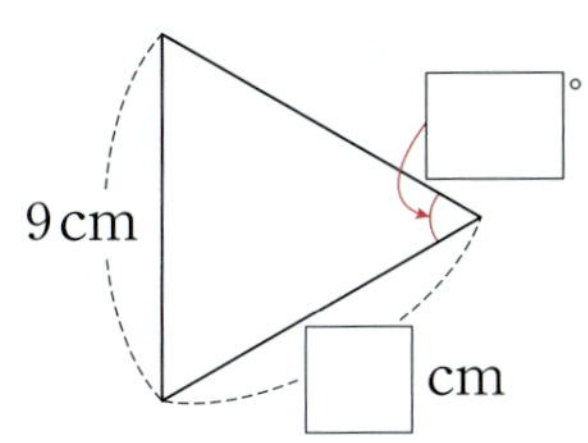

05 변의 길이에 따라 삼각형을 분류한 것입니다. 자를 이용하여 <u>잘못</u> 분류한 것을 찾아 기호를 써 보세요.

이등변삼각형	세 변의 길이가 모두 다른 삼각형
가 나	다 라

(   )

06 삼각형에 대해 바르게 말한 사람은 누구인가요?

- 진아: 예각삼각형은 한 각이 예각인 삼각형이야.
- 현수: 둔각삼각형에는 둔각이 1개 있어.
- 민규: 직각삼각형에는 예각이 없어.

(   )

07 도형 안에 꼭짓점을 지나는 선분을 2개 그어 예각삼각형 1개와 둔각삼각형 2개를 만들어 보세요.

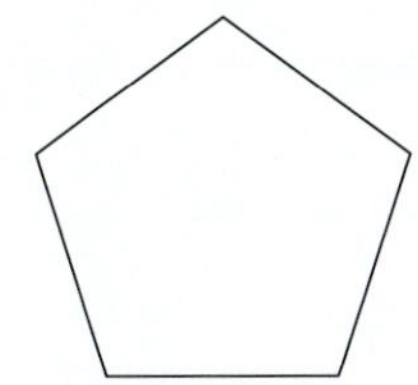

08 삼각형 ㄱㄴㄷ은 이등변삼각형입니다. 각 ㄱㄴㄷ 의 크기는 몇 도인가요?

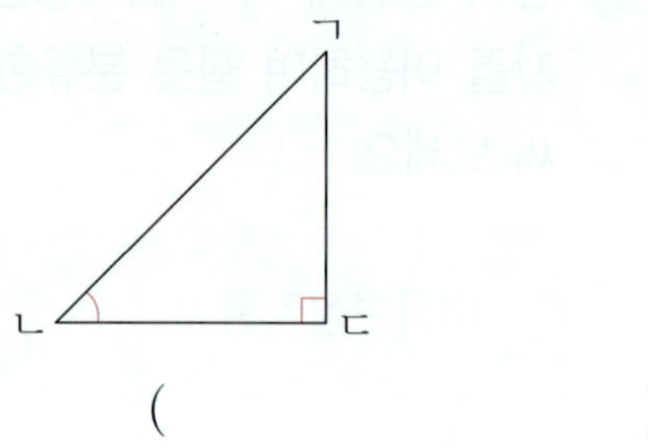

( )

09 오른쪽 삼각형의 이름으로 알맞지 <u>않은</u> 것을 찾아 기 호를 써 보세요.

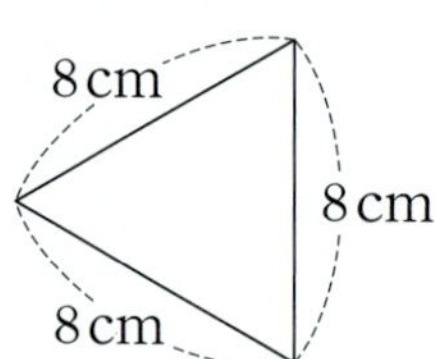

| ㉠ 정삼각형 | ㉡ 이등변삼각형 |
| ㉢ 예각삼각형 | ㉣ 둔각삼각형 |

( )

10 그림과 같이 색종이를 접어 선을 그은 후 선을 따라 잘라서 삼각형을 만들었습니다. 만든 삼 각형이 정삼각형인 이유를 써 보세요.

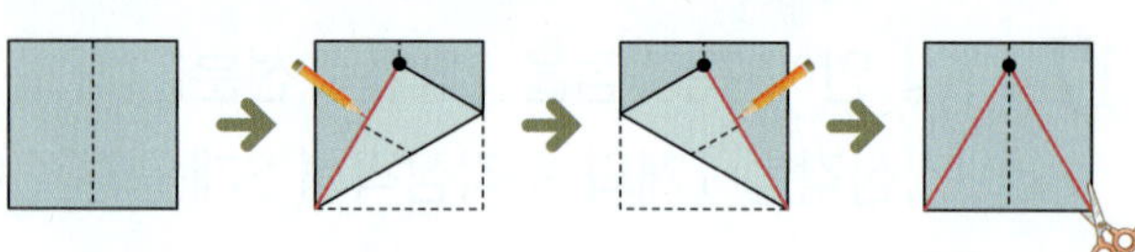

이유

11 한 변의 길이가 12 cm인 정삼각형의 세 변의 길이의 합은 몇 cm인가요?

( )

12 직사각형 모양의 종이를 선을 따라 모두 잘랐 을 때 만들어지는 둔각삼각형은 모두 몇 개일 까요?

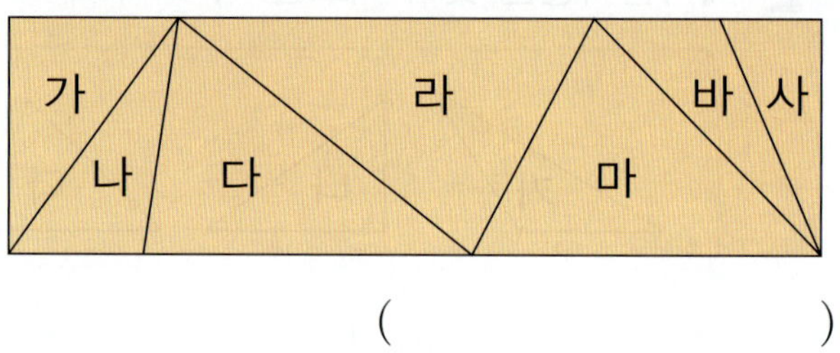

( )

13 서진이의 말이 옳은지 틀린지 답하고, 그 이유 를 써 보세요.

답

이유

14 이등변삼각형이면서 예각삼각형인 것을 찾아 기호를 써 보세요.

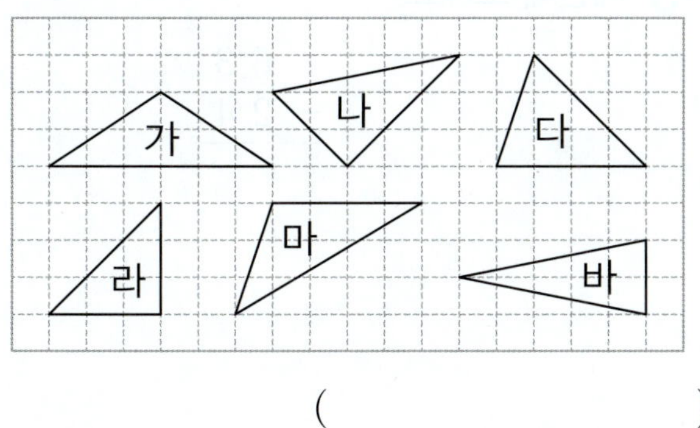

(   )

15 삼각형 ㄱㄴㄷ은 정삼각형입니다. □ 안에 알맞은 수를 써넣으세요.

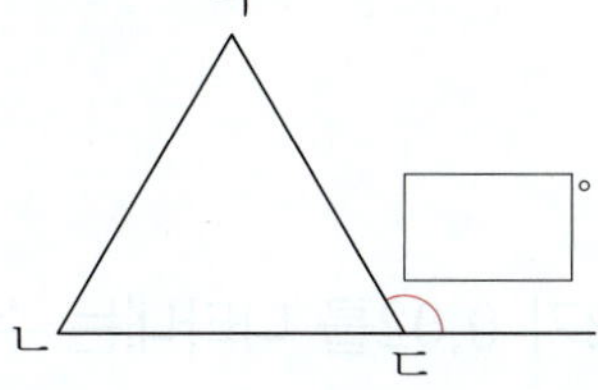

16 삼각형의 세 각 중 두 각의 크기를 나타낸 것입니다. 이등변삼각형을 찾아 기호를 써 보세요.

ㄱ 30˚, 110˚ ㄴ 65˚, 50˚ ㄷ 45˚, 100˚

(   )

17 삼각형의 일부가 보이지 않습니다. 이 삼각형의 이름을 2가지 써 보세요.

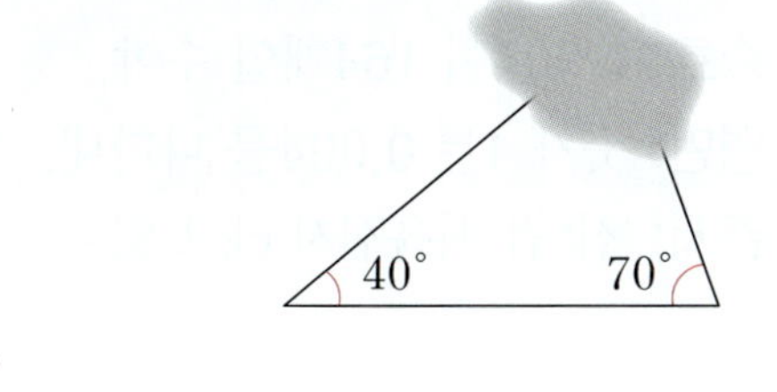

(   )

18 이등변삼각형의 세 변 중 두 변의 길이를 나타낸 것입니다. 이 삼각형의 세 변의 길이의 합이 될 수 있는 길이를 모두 써 보세요.

4 cm   7 cm

(   )

19 삼각형 ㄱㄴㄷ은 이등변삼각형, 삼각형 ㄹㄴㄷ은 정삼각형입니다. 각 ㄴㄱㄷ의 크기는 몇 도인가요?

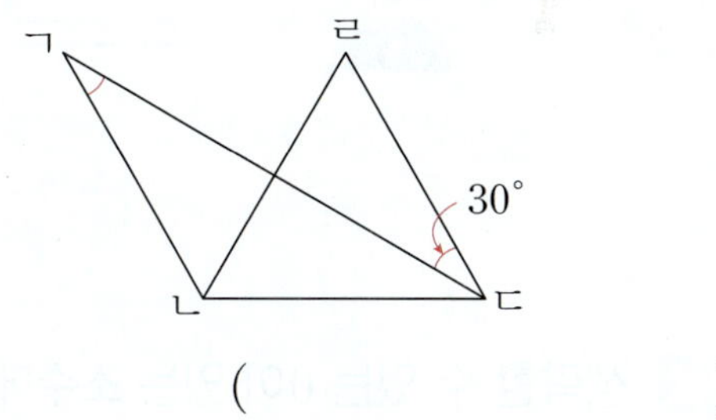

(   )

2
단원
B단계

20 그림에서 찾을 수 있는 크고 작은 예각삼각형은 모두 몇 개인가요?

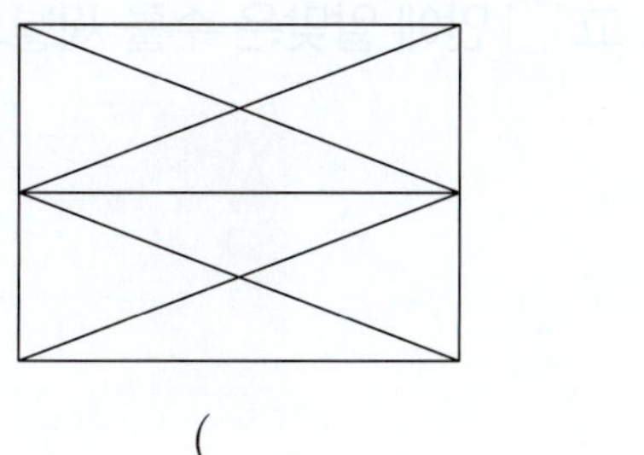

(   )

01 분수를 소수로 나타내고, 읽어 보세요.

$$3\frac{8}{100}$$

소수 (　　　　　　　　　　)

읽기 (　　　　　　　　　　)

02 □ 안에 알맞은 수를 써넣으세요.

03 생략할 수 있는 0이 있는 소수에 ○표 하세요.

0.905　　　1.70

04 전체 크기가 1인 모눈종이에 색칠된 그림을 보고 □ 안에 알맞은 수를 써넣으세요.

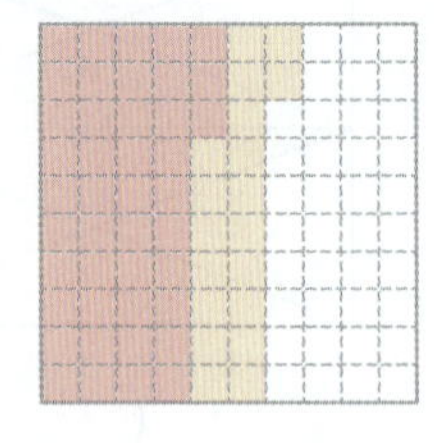

$0.43+0.19=$ □

05 계산해 보세요.

$$\begin{array}{r} 6.3 \\ -\ 2.4 \\ \hline \end{array}$$

06 빈칸에 알맞은 수를 써넣으세요.

0.36	$+0.12$	

07 숫자 2가 0.02를 나타내는 수를 찾아 ○표 하세요.

2.13　　7.025　　8.642　　4.271

08 다음 소수에 대해 바르게 말한 사람을 모두 찾아 이름을 써 보세요.

3.164

- 지혜: 소수 둘째 자리 숫자는 6이야.
- 승호: 0.001이 164개인 수야.
- 영민: 숫자 4는 0.004를 나타내.
- 준서: '삼 점 백육십사'라고 읽어.

(　　　　　　　　　　)

09 나타내는 수가 다른 하나를 찾아 기호를 써 보세요.

> ㉠ 128.5의 $\dfrac{1}{100}$ ㉡ 12.85의 $\dfrac{1}{10}$
> ㉢ 1.285 ㉣ 1.285의 100배

( )

10 두 수의 크기를 <u>잘못</u> 비교한 것은 어느 것인가요? ( )

① $0.5 < 1.2$ ② $0.78 > 0.8$
③ $0.403 > 0.043$ ④ $5.412 < 5.455$
⑤ $7.094 > 7.091$

11 계산 결과가 같은 것끼리 이어 보세요.

$0.5 + 2.3$	$4.7 - 3.1$
$0.8 + 0.8$	$3.2 - 0.7$
$1.6 + 0.9$	$5.4 - 2.6$

12 수호가 물 0.72 L와 포도 원액 0.14 L를 섞어서 포도주스를 만들었습니다. 수호가 만든 포도주스는 몇 L인지 식을 쓰고, 답을 구해 보세요.

[식]

[답]

13 가장 큰 수와 가장 작은 수의 합은 얼마인지 풀이 과정을 쓰고, 답을 구해 보세요.

> 2.85 4.32 5.09

[답]

14 시청에서 박물관까지의 거리와 미술관까지의 거리입니다. 박물관과 미술관 중 시청에서 더 가까운 곳은 어디이고, 몇 km 더 가까운가요?

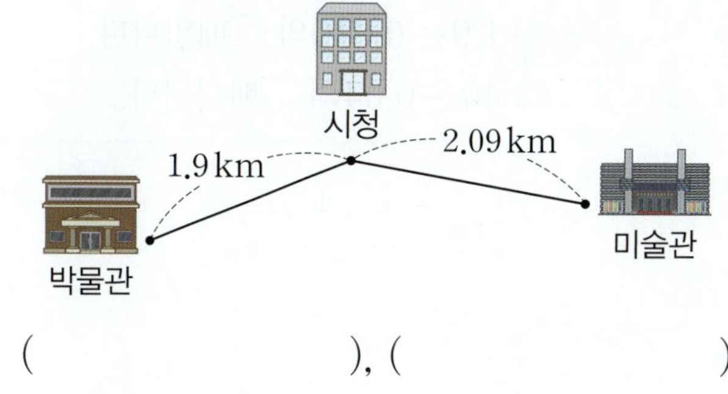

( ), ( )

15 ㉠과 ㉡이 나타내는 수의 합을 구해 보세요.

> ㉠ 0.01이 272개인 수
> ㉡ 1이 5개, 0.1이 4개, 0.01이 9개인 수

( )

16 (조건)을 모두 만족하는 소수를 구해 보세요.

> (조건)
> • 5.7보다 크고 5.8보다 작은 소수 세 자리 수
>   입니다.
> • 소수 둘째 자리 숫자는 0.03을 나타냅니다.
> • 소수 셋째 자리 숫자는 0.007을 나타냅니다.

( )

17 □ 안에 알맞은 수가 큰 것부터 차례로 기호를 써 보세요.

> ㉠ 32.57은 3.257의 □배입니다.
> ㉡ 1.9는 0.019의 □배입니다.
> ㉢ 40은 0.04의 □배입니다.

( )

18 4장의 카드를 한 번씩 모두 사용하여 소수 두 자리 수를 만들려고 합니다. 만들 수 있는 가장 큰 소수와 가장 작은 소수의 차는 얼마인지 풀이 과정을 쓰고, 답을 구해 보세요.

답

19 어떤 수에서 0.8을 빼야 할 것을 잘못하여 더했더니 4.55가 되었습니다. 바르게 계산한 값을 구해 보세요.

( )

20 0부터 9까지의 수 중에서 □ 안에 들어갈 수 있는 가장 큰 수를 구해 보세요.

> 13.□67 < 12.48 + 1.05

( )

01 전체 크기가 1인 모눈종이에 색칠된 부분의 크기를 소수로 나타내고, 읽어 보세요.

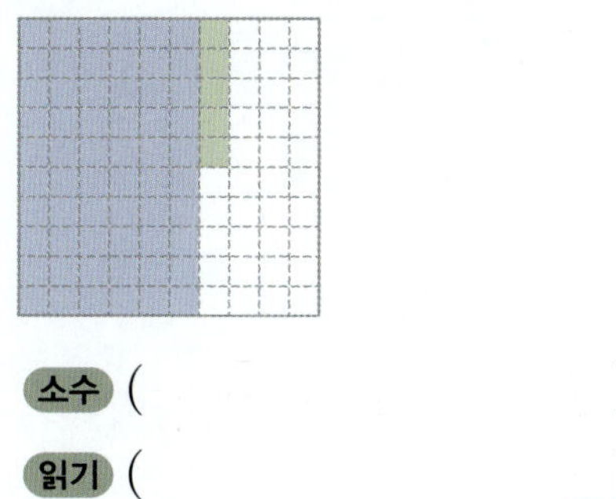

소수 (　　　　　　　　)

읽기 (　　　　　　　　)

02 빈칸에 알맞은 수를 써넣으세요.

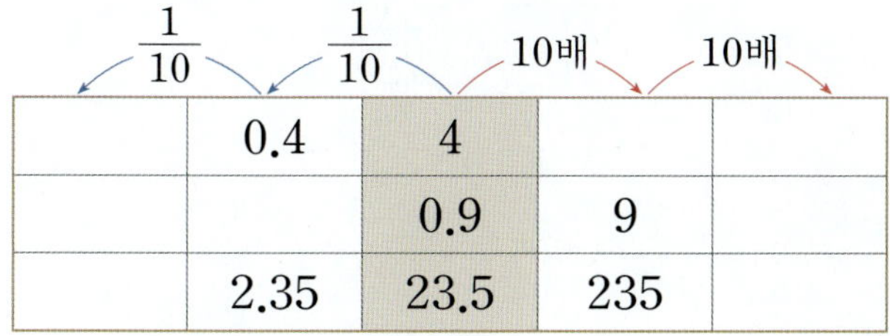

	$\frac{1}{10}$	$\frac{1}{10}$	10배	10배
	0.4	4		
		0.9	9	
	2.35	23.5	235	

03 □ 안에 알맞은 수를 써넣으세요.

3.4는 0.1이 □ 개, 1.8은 0.1이 □ 개

이므로 3.4＋1.8은 0.1이 □ 개입니다.

→ 3.4＋1.8＝□

04 계산해 보세요.

5.4－1.84

05 빈칸에 두 소수의 합을 써넣으세요.

3.6	0.9

06 관계있는 것끼리 이어 보세요.

0.09	•		•	영 점 영칠구
1.382	•		•	영 점 영구
$\frac{79}{1000}$	•		•	일 점 삼팔이

07 숫자 8이 나타내는 수가 가장 작은 것은 어느 것인가요? (　　　　)

① 8.905　　② 4.008　　③ 0.867

④ 81.75　　⑤ 2.087

08 두 소수의 크기를 비교하여 ○ 안에 ＞, ＝, ＜를 알맞게 써넣으세요.

0.83 ○ 0.825

09 오렌지주스가 담긴 병의 무게는 $2.1\,\text{kg}$입니다. 오렌지주스의 무게가 $2.01\,\text{kg}$이라면 빈 병의 무게는 몇 kg일까요?

(   )

서술형

10 어떤 수의 10배는 15.7입니다. 어떤 수는 얼마인지 풀이 과정을 쓰고, 답을 구해 보세요.

____

____

____

답 ____________________________

11 수직선을 보고 ㉠과 ㉡에 알맞은 소수의 합을 구해 보세요.

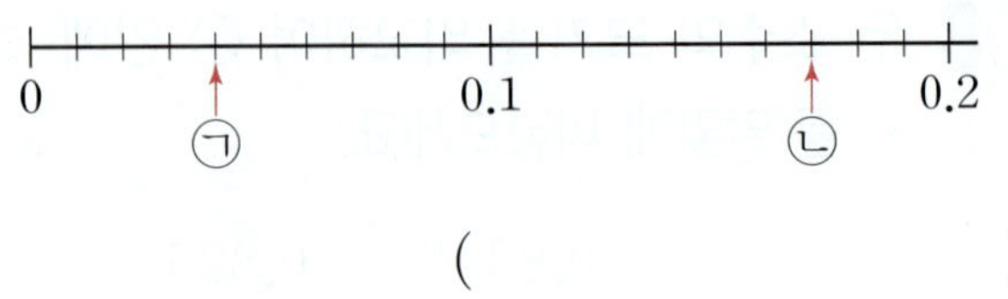

(   )

12 계산 결과가 큰 것부터 차례로 기호를 써 보세요.

㉠ $0.46+2.3$	㉡ $1.22+0.96$
㉢ $4.3-1.85$	㉣ $5.83-2.78$

(   )

13 ㉠이 나타내는 수는 ㉡이 나타내는 수의 몇 배인가요?

$$27.974$$
$$\underset{㉠}{}\ \underset{㉡}{}$$

(   )

14 어느 과자점에서 과자 한 상자를 만드는 데 필요한 재료와 재료의 양을 나타낸 것입니다. 과자 100상자를 만드는 데 필요한 밀가루, 버터, 설탕의 양은 각각 몇 kg인가요?

재료	밀가루	버터	설탕
재료의 양(kg)	0.65	0.087	0.2

밀가루 (   )

버터 (   )

설탕 (   )

15 ㉠, ㉡, ㉢에 알맞은 수를 모두 더하면 얼마인 가요?

> • 3.5는 0.035의 ㉠배입니다.
> • 70은 0.07의 ㉡배입니다.
> • 1.286은 12.86의 $\dfrac{1}{㉢}$입니다.

(   )

16 0부터 9까지의 수 중에서 □ 안에 들어갈 수 있는 수는 모두 몇 개인가요?

$$2.4 + 0.6 > □.5$$

(   )

17 더 큰 수를 말한 사람은 누구인가요?

(   )

18 □ 안에 알맞은 수를 써넣으세요.

$$\begin{array}{r} 7\,.\,8\,\boxed{} \\ -\ \ 3\,.\,\boxed{}\,5 \\ \hline \boxed{}\,.\,8\ \ 9 \end{array}$$

서술형

19 학교에서 도서관까지의 거리는 집에서 학교까지의 거리보다 0.59 km 더 가깝습니다. 집에서 학교를 지나 도서관까지 가는 거리는 몇 km인지 풀이 과정을 쓰고, 답을 구해 보세요.

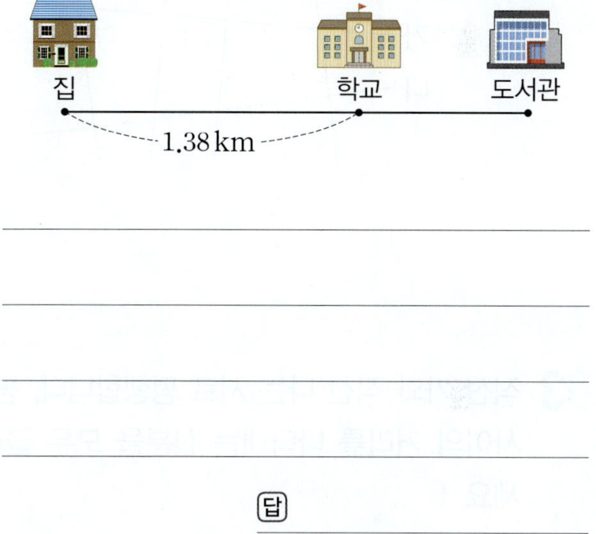

답

20 떨어진 높이의 $\dfrac{1}{10}$만큼 튀어 오르는 공이 있습 니다. 이 공을 75 m 높이에서 떨어뜨렸을 때 세 번째로 튀어 오른 공의 높이는 몇 m인가요?

(   )

3 단원 B단계

01 두 직선이 서로 수직인 것을 모두 찾아 ◯표 하세요.

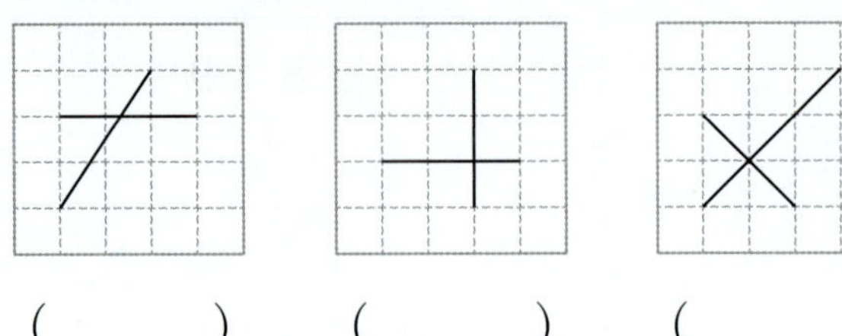

(　　　)　　　(　　　)　　　(　　　)

02 직선 다와 평행한 직선을 찾아 써 보세요.

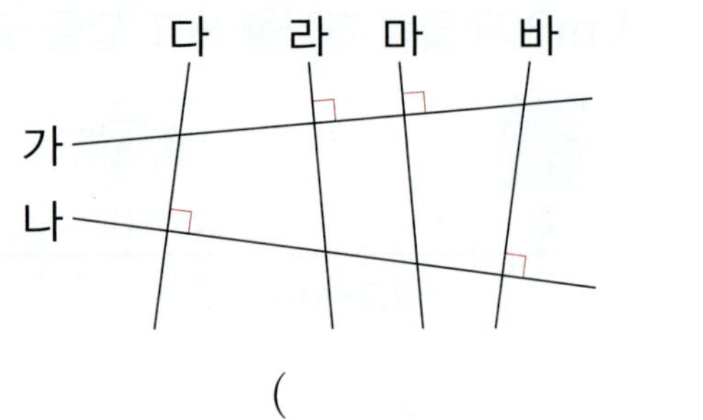

(　　　　　　)

03 직선 가와 직선 나는 서로 평행합니다. 평행선 사이의 거리를 나타내는 선분을 모두 골라 보세요. (　　　　　)

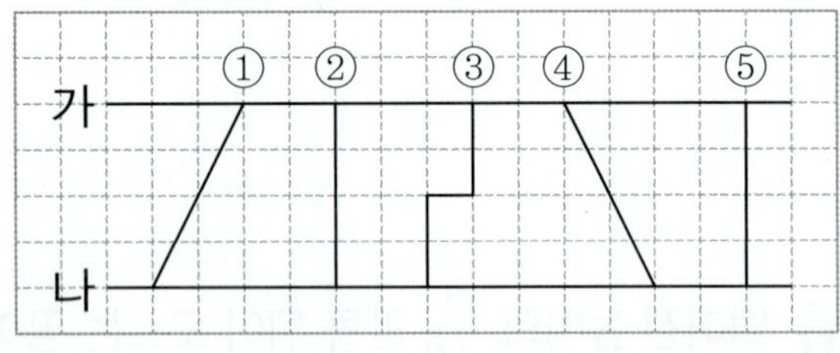

04 평행선 사이의 거리는 몇 cm인지 재어 보세요.

(　　　　　　)

05 주어진 선분을 두 변으로 하는 사다리꼴을 완성해 보세요.

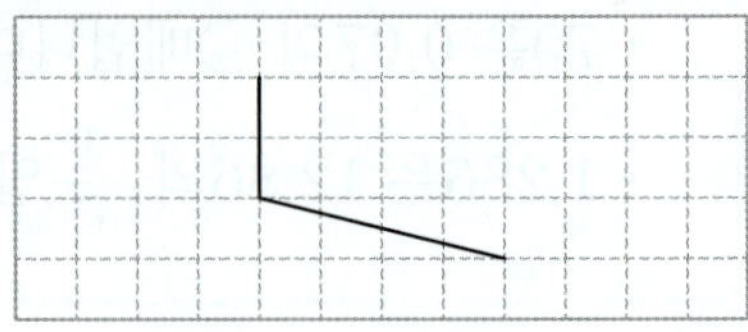

06 삼각자를 이용하여 점 ㄱ을 지나고 직선 가와 평행한 직선을 그어 보세요.

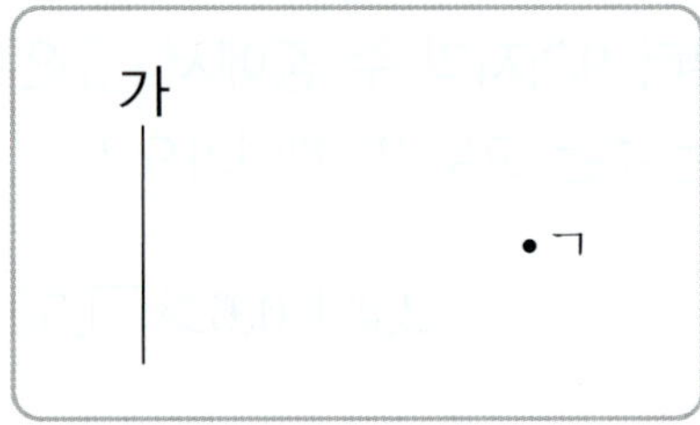

07 사다리꼴은 모두 몇 개인가요?

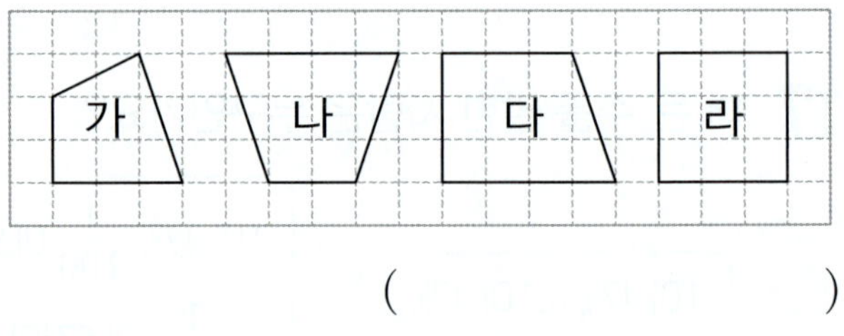

(　　　　　　)

08 평행사변형을 보고 □ 안에 알맞은 수를 써넣으세요.

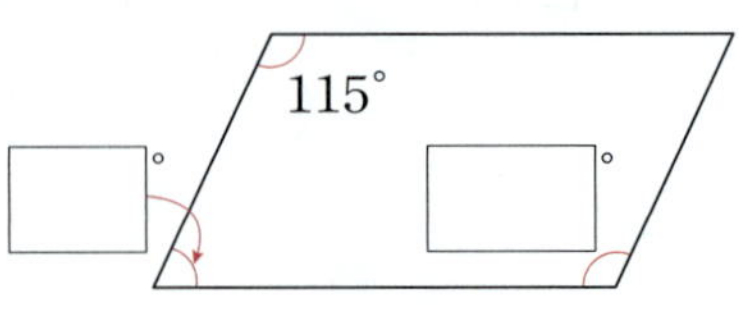

09 도형에서 평행한 변은 모두 몇 쌍인지 풀이 과정을 쓰고, 답을 구해 보세요.

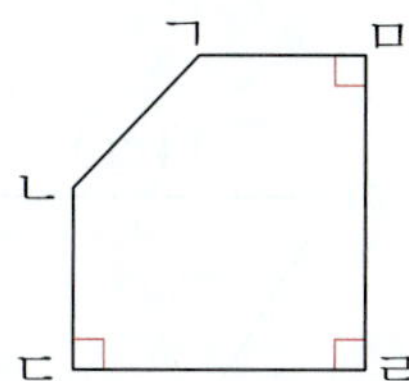

____

____

____

답

10 도형에서 평행선 사이의 거리는 몇 cm인가요?

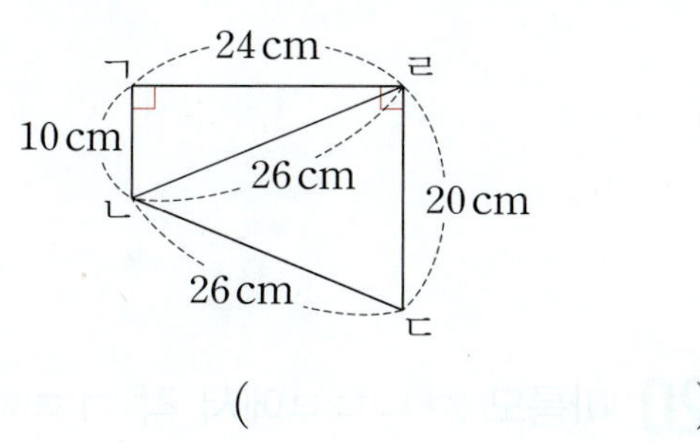

(   )

11 (보기)와 같이 꼭짓점을 한 개만 옮겨서 마름모를 만들어 보세요.

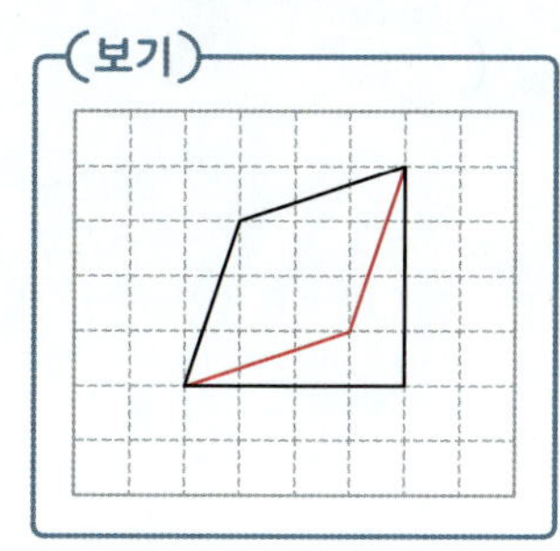 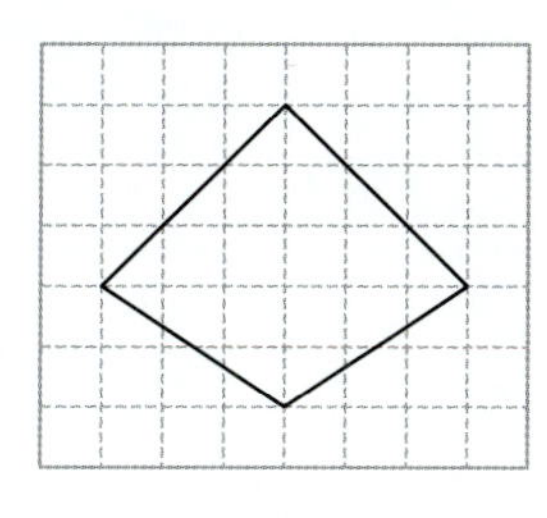

12 마름모 ㄱㄴㄷㄹ을 보고 바르게 말한 사람은 누구인가요?

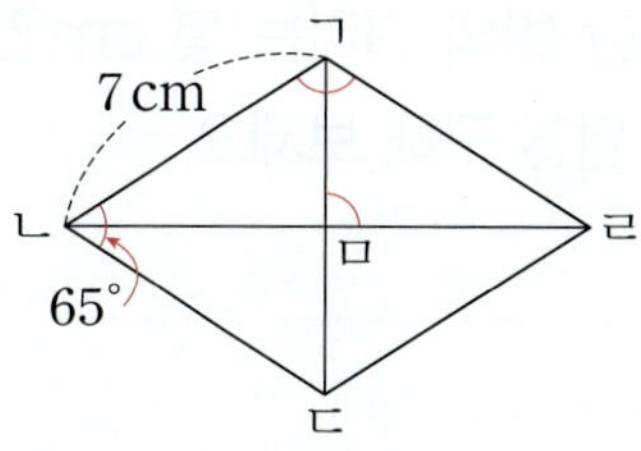

• 유은: 각 ㄴㄱㄹ의 크기는 130°야.
• 지우: 변 ㄴㄷ의 길이는 7 cm야.
• 현서: 각 ㄱㅁㄹ의 크기는 65°야.

(   )

13 사각형의 이름으로 알맞은 것을 (보기)에서 모두 찾아 써 보세요.

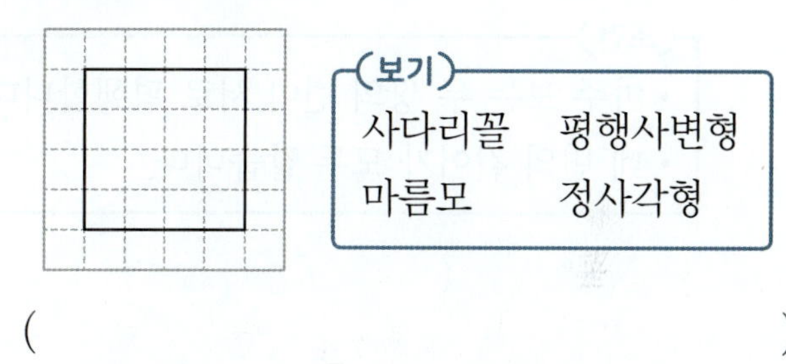

(   )

14 직사각형 모양의 종이를 선을 따라 모두 잘랐을 때 만들어지는 사각형 중에서 평행사변형을 모두 찾아 기호를 써 보세요.

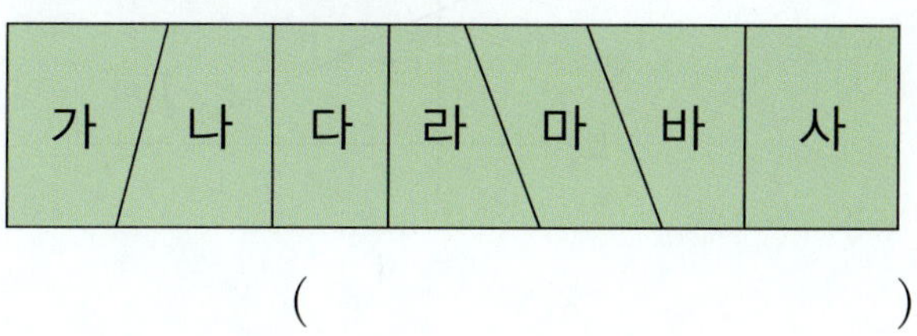

(   )

서술형

15 길이가 64 cm인 철사를 겹치지 않게 모두 사용하여 마름모를 1개 만들었습니다. 만든 마름모의 한 변의 길이는 몇 cm인지 풀이 과정을 쓰고, 답을 구해 보세요.

____

____

____

답 ___________

16 (조건)을 모두 만족하는 사각형의 이름을 모두 써 보세요.

(조건)
• 마주 보는 두 쌍의 변이 서로 평행합니다.
• 네 변의 길이가 모두 같습니다.

(   )

17 직선 다는 직선 나에 대한 수선입니다. ㉠의 각도를 구해 보세요.

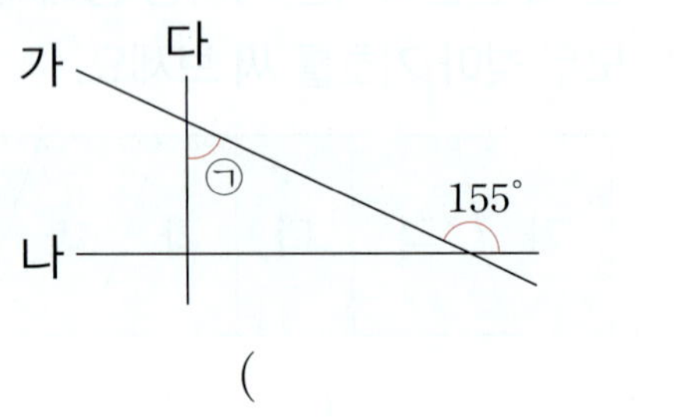

(   )

18 평행사변형 ㄱㄴㄷㄹ의 네 변의 길이의 합은 46 cm입니다. 변 ㄱㄴ의 길이는 몇 cm인가요?

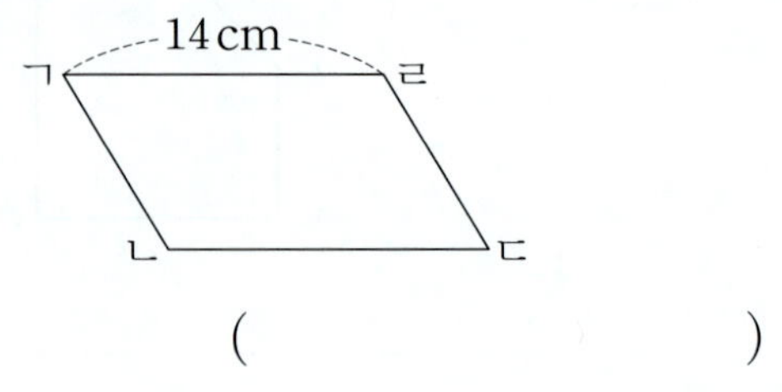

(   )

19 그림에서 찾을 수 있는 크고 작은 사다리꼴은 모두 몇 개인가요?

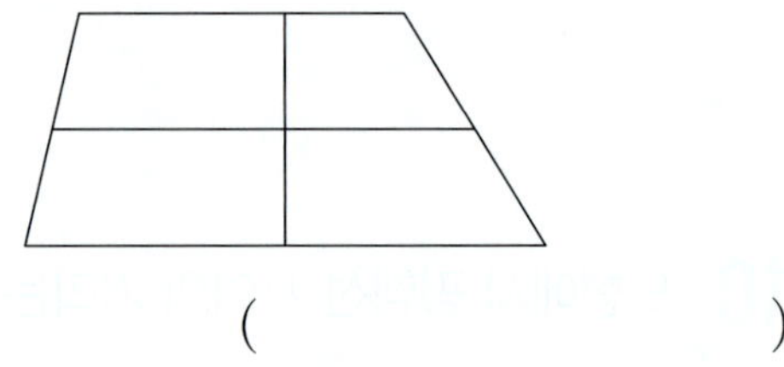

(   )

20 마름모 ㄱㄴㄷㄹ에서 각 ㄱㄹㄷ의 크기는 몇 도인가요?

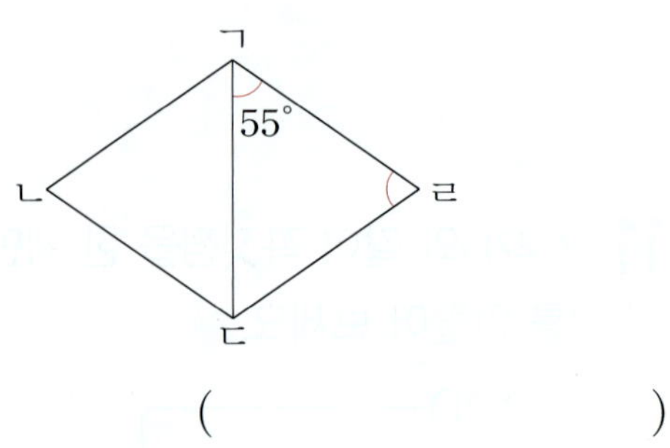

(   )

01 그림을 보고 □ 안에 알맞은 기호를 써넣으세요.

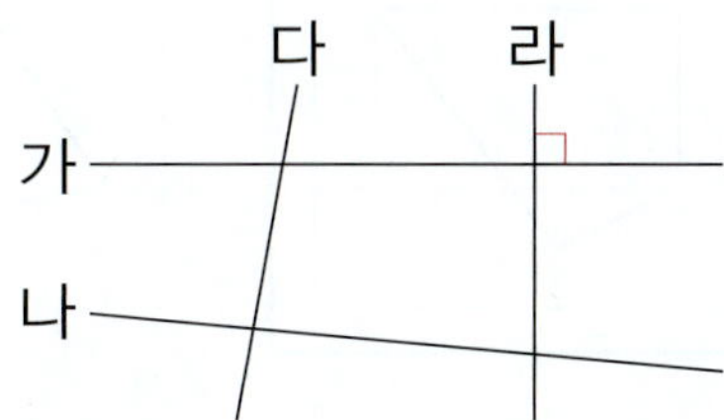

직선 가와 서로 수직인 직선은 직선 □입니다.

02 자를 이용하여 주어진 직선과 평행한 직선을 그어 보세요.

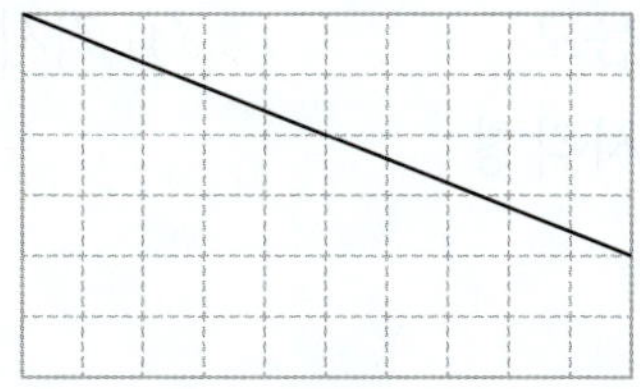

03 평행사변형을 보고 □ 안에 알맞은 수를 써넣으세요.

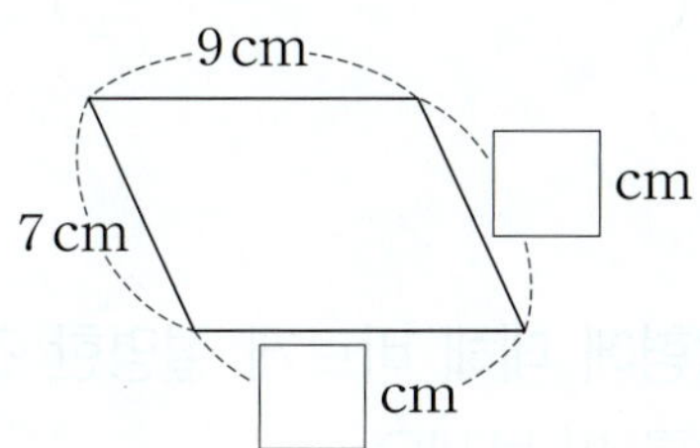

04 마름모를 모두 찾아 기호를 써 보세요.

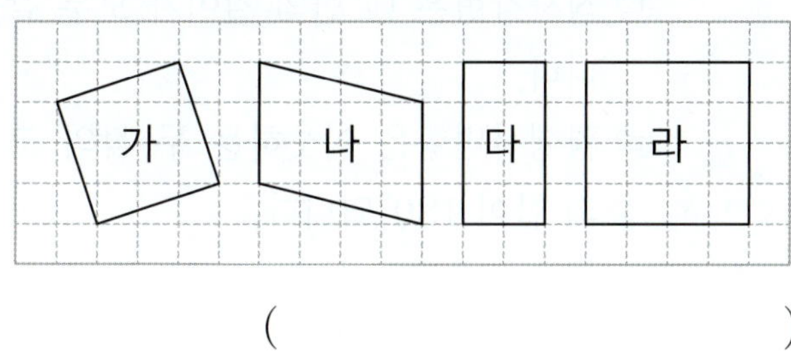

(　　　　　　　)

05 사각형에서 서로 평행한 변을 찾아 ○표 하고, 사각형의 이름을 써 보세요.

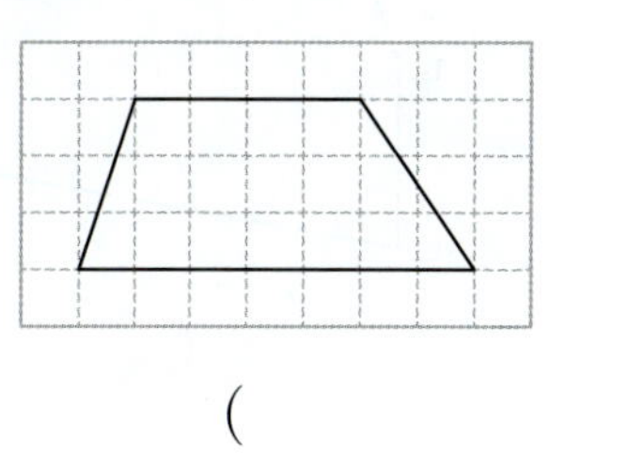

(　　　　　　　)

06 그림을 보고 잘못 말한 사람은 누구인가요?

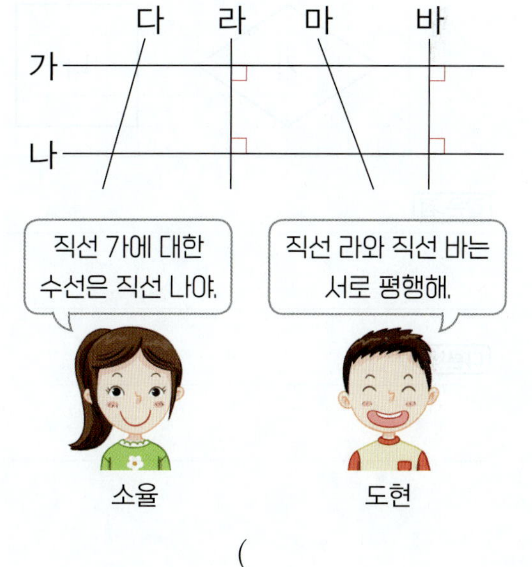

(　　　　　　　)

07 삼각자를 이용하여 도형에서 서로 수직인 선분을 찾아 써 보세요.

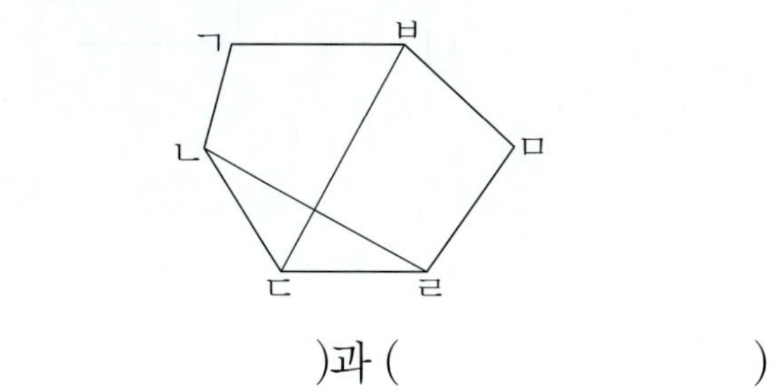

(　　　　　)과 (　　　　　)

08 도형에서 평행선을 찾아 평행선 사이의 거리는 몇 cm인지 재어 보세요.

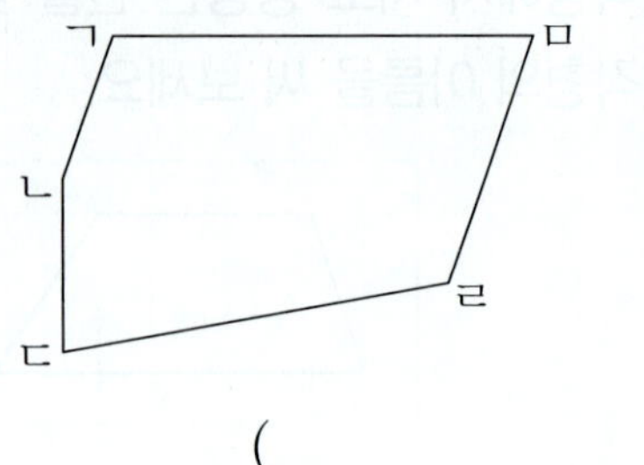

(   )

서술형

09 도형 가와 도형 나의 같은 점과 다른 점을 각각 1가지씩 써 보세요.

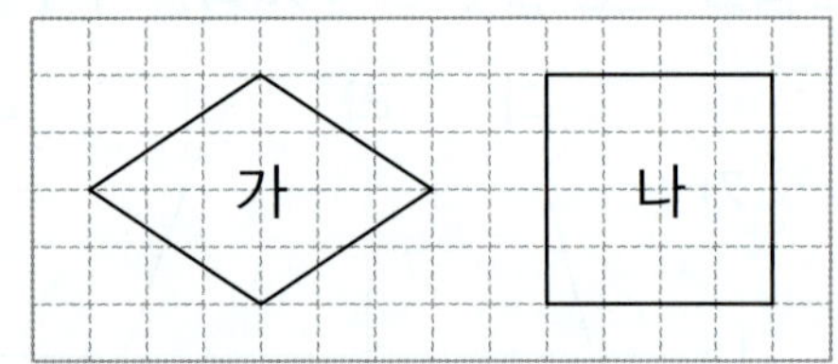

같은 점

———————————————

다른 점

———————————————

10 직선 가와 직선 나는 서로 평행합니다. 이 평행선 사이에 길이가 가장 짧은 선분을 그었을 때 ㉠의 각도를 구해 보세요.

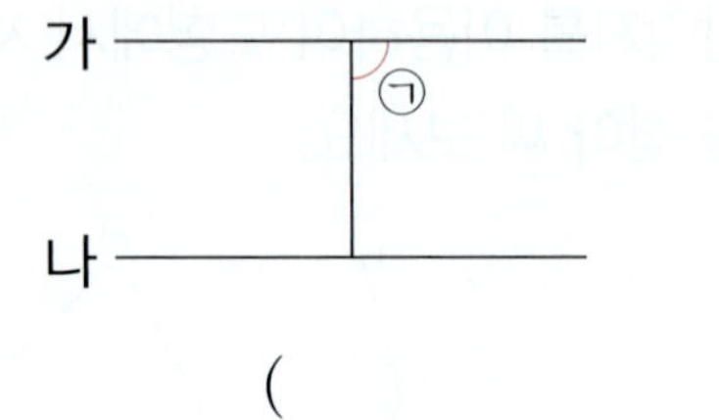

(   )

11 (보기)와 같이 주어진 도형을 한 꼭짓점을 지나는 직선으로 잘라 사다리꼴을 만들어 보세요.

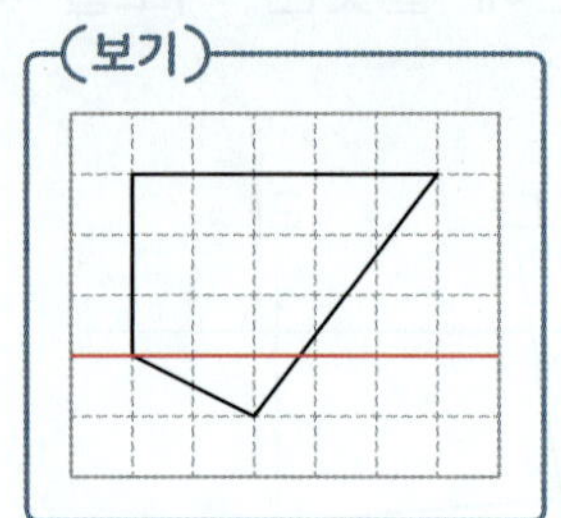
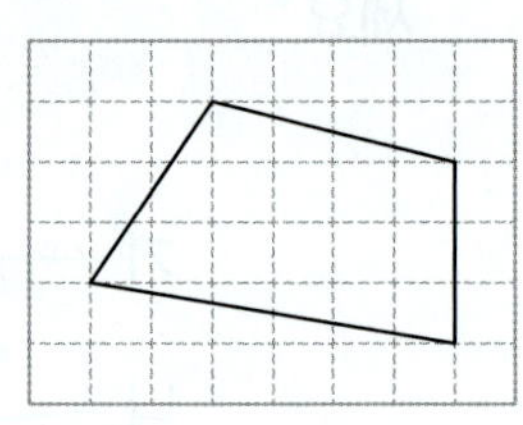

12 오른쪽 사각형의 이름으로 알맞은 것을 모두 골라 보세요.

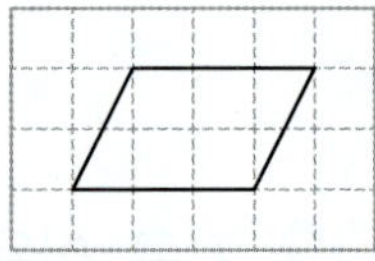

(   )

① 사다리꼴   ② 평행사변형

③ 마름모   ④ 직사각형

⑤ 정사각형

13 오른쪽 마름모의 네 변의 길이의 합은 몇 cm인가요?

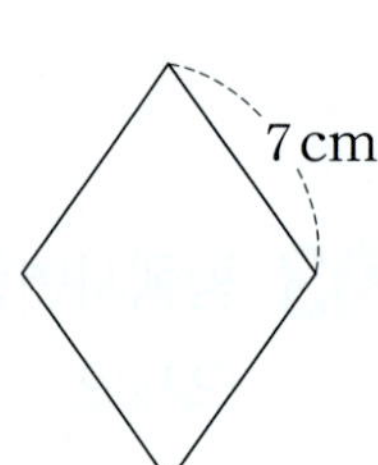

(   )

14 사각형에 대해 바르게 설명한 것을 모두 찾아 기호를 써 보세요.

> ㉠ 마름모는 마주 보는 두 각의 크기가 같습니다.
> ㉡ 직사각형은 네 변의 길이가 모두 같습니다.
> ㉢ 평행사변형은 이웃하는 두 각의 크기의 합이 180°입니다.

(   )

15 직선 가, 나, 다는 서로 평행합니다. 직선 가와 직선 다 사이의 거리는 몇 cm인가요?

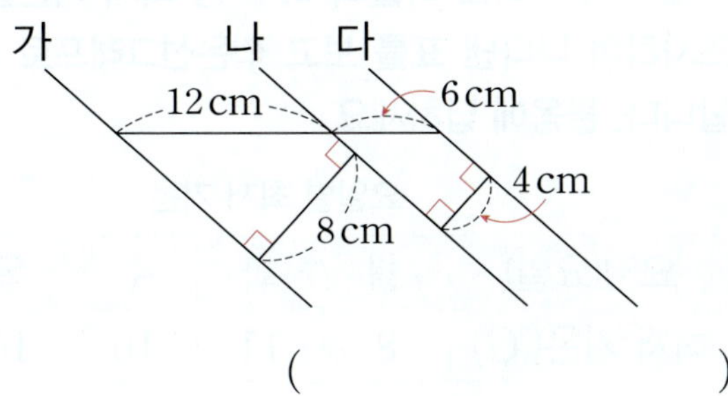

(   )

16 사각형 ㄱㄴㄷㄹ은 평행사변형입니다. 각 ㄹㄱㄴ의 크기는 몇 도인가요?

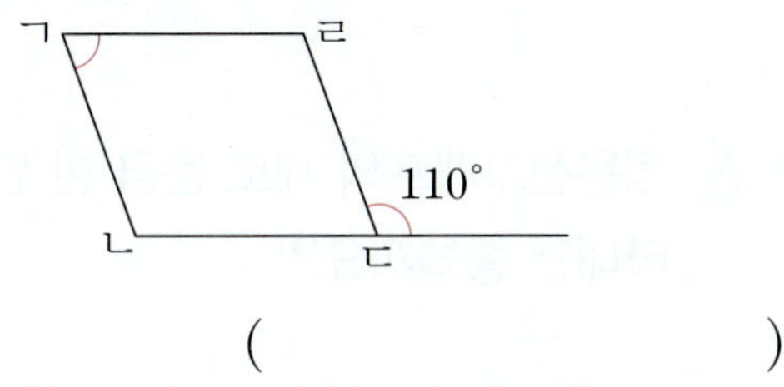

(   )

17 수선도 있고 평행선도 있는 도형은 모두 몇 개인가요?

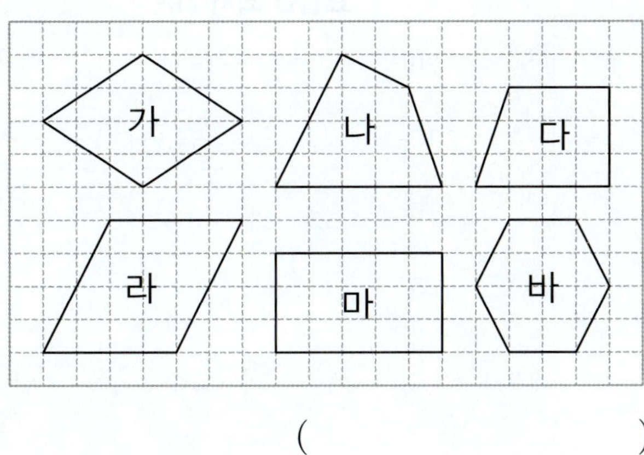

(   )

18 크기가 서로 다른 직사각형 모양의 종이 2장을 그림과 같이 겹쳤습니다. 겹쳐진 부분에 만들어진 사각형의 성질을 2가지 써 보세요.

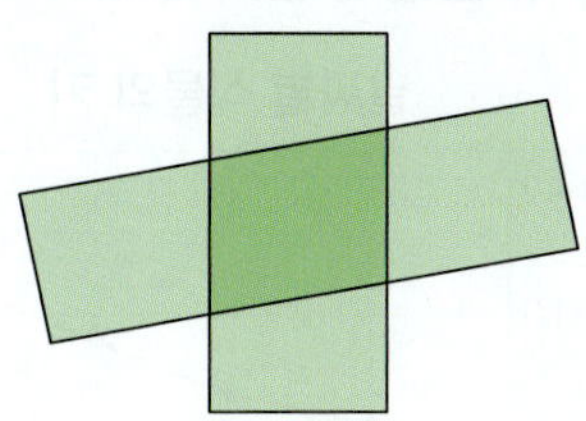

성질 1

____

____

성질 2

____

____

4
단원

B단계

19 정사각형과 마름모를 겹치지 않게 이어 붙여서 만든 도형입니다. 빨간색 선의 길이는 몇 cm인가요?

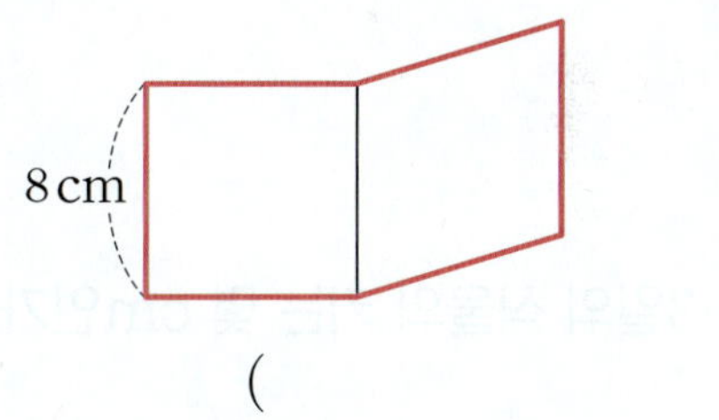

(   )

20 사각형 ㄱㄴㄷㄹ은 마름모입니다. 각 ㄱㄹㅁ의 크기는 몇 도인가요?

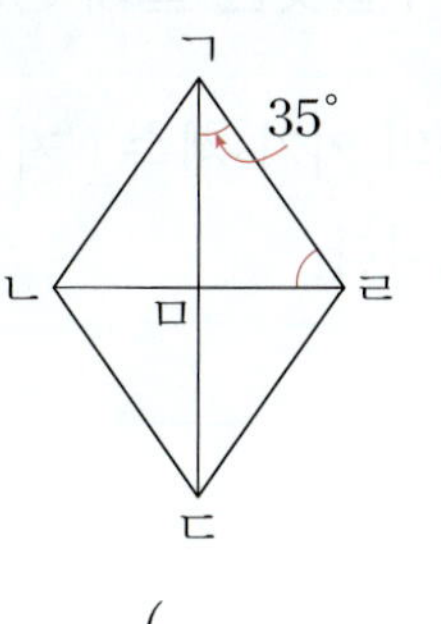

(   )

|01~04| 식물의 키를 2일마다 조사하여 나타낸 꺾은선그래프입니다. 물음에 답하세요.

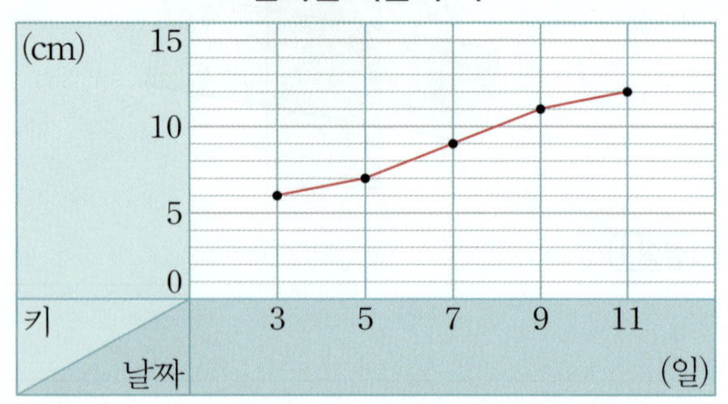

날짜별 식물의 키

01 가로와 세로는 각각 무엇을 나타내나요?

가로 (   )

세로 (   )

02 꺾은선은 무엇을 나타내나요?

(   )

03 3일의 식물의 키는 몇 cm인가요?

(   )

04 시간이 지남에 따라 식물의 키는 어떻게 변하고 있는지 알맞은 말에 ◯표 하세요.

식물의 키가 계속 (커지고 , 작아지고) 있습니다.

|05~07| 어느 마을의 하루 중 최저 기온을 요일별로 조사하여 나타낸 표를 보고 꺾은선그래프로 나타내려고 합니다. 물음에 답하세요.

요일별 최저 기온

요일(요일)	월	화	수	목	금
최저 기온(℃)	8	11	10	14	17

05 꺾은선그래프의 가로에 요일을 나타낸다면 세로에는 무엇을 나타내야 할까요?

(   )

06 꺾은선그래프의 세로 눈금 한 칸은 몇 ℃를 나타내면 좋을까요?

(   )

07 표를 보고 꺾은선그래프로 나타내 보세요.

요일별 최저 기온

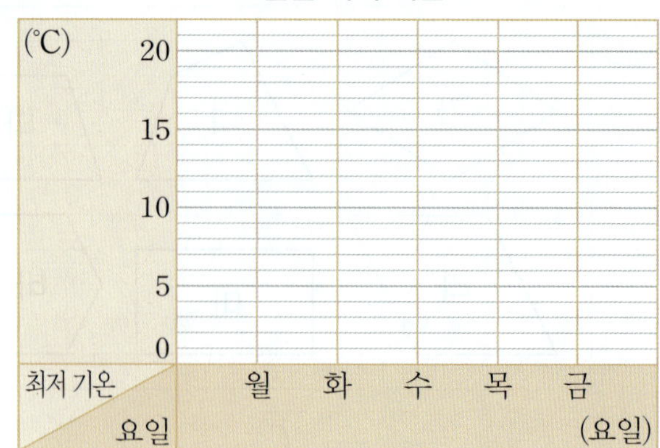

│08~11│ 어느 농장의 고구마 생산량을 연도별로 조사하여 나타낸 표를 보고 꺾은선그래프로 나타내려고 합니다. 물음에 답하세요.

연도별 고구마 생산량

연도(년)	2020	2021	2022	2023	2024
생산량(kg)	2570	2530	2590	2610	2640

08 물결선을 넣는다면 몇 kg과 몇 kg 사이에 넣으면 좋을까요?

( )과 ( ) 사이

09 물결선을 넣는다면 꺾은선그래프의 세로 눈금 한 칸은 몇 kg을 나타내면 좋을까요?

( )

10 표를 보고 물결선을 사용한 꺾은선그래프로 나타내 보세요.

연도별 고구마 생산량

〔서술형〕
11 물결선을 사용한 꺾은선그래프로 나타내면 좋은 점을 1가지만 써 보세요.

〔좋은 점〕

____

____

│12~14│ 우리나라의 1인당 연간 쌀 소비량을 연도별로 조사하여 나타낸 꺾은선그래프입니다. 물음에 답하세요.

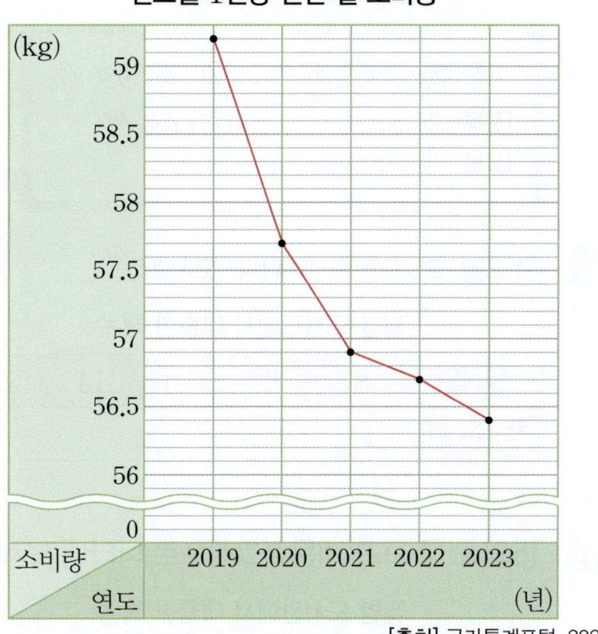

[출처] 국가통계포털, 2024

12 세로 눈금 한 칸은 몇 kg을 나타내나요?

( )

13 전년에 비해 1인당 연간 쌀 소비량이 가장 많이 줄어든 때는 몇 년인가요?

( )

14 2019년부터 2023년까지 1인당 연간 쌀 소비량은 몇 kg 줄어들었나요?

( )

| 15~16 | 인아가 도서관에서 대출한 책 수를 월별로 조사하여 정리한 자료입니다. 물음에 답하세요.

월별 도서관에서 대출한 책 수

8월: ///// ///// ///// //   9월: ///// ///// ///
10월: ///// /   11월: ///// ////
12월: ///// ///// /

15 자료를 보고 표로 나타내 보세요.

월별 도서관에서 대출한 책 수

월(월)	8	9	10	11	12
책 수(권)	17				

16 15의 표를 보고 꺾은선그래프로 나타내 보세요.

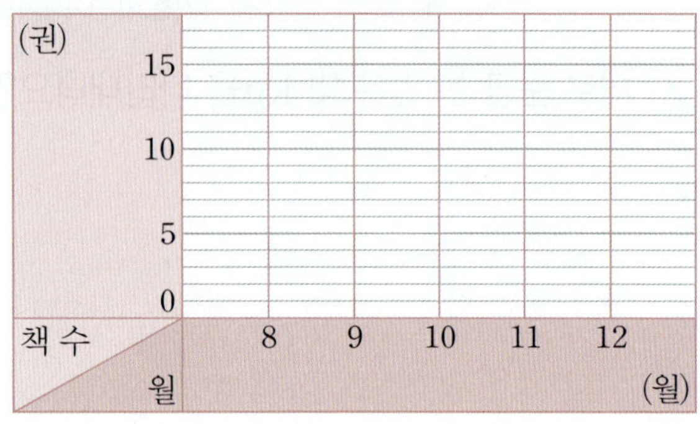

월별 도서관에서 대출한 책 수

17 진원이네 마을의 인구수를 2년마다 조사하여 나타낸 꺾은선그래프입니다. 진원이네 마을의 2021년 인구수는 몇 명이었을까요?

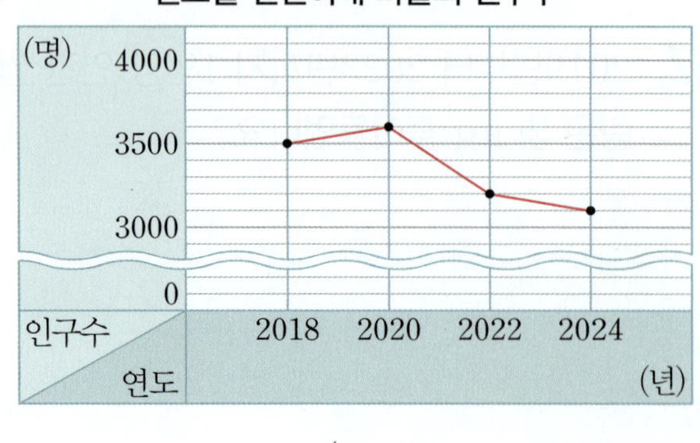

연도별 진원이네 마을의 인구수

(   )

| 18~20 | 재은이네 학교에서 재활용 쓰레기 줄이기 운동을 하고 있습니다. 1반과 2반의 재활용 쓰레기 양을 일주일마다 조사하여 나타낸 표입니다. 물음에 답하세요.

1반의 날짜별 재활용 쓰레기 양

날짜(일)	1	8	15	22
쓰레기 양(kg)	3.1	2.6	2.4	2.9

2반의 날짜별 재활용 쓰레기 양

날짜(일)	1	8	15	22
쓰레기 양(kg)	3.4	3.3	2.7	2.3

18 표를 보고 물결선을 사용한 꺾은선그래프로 나타내 보세요.

1반의 날짜별 재활용 쓰레기 양

2반의 날짜별 재활용 쓰레기 양

19 일주일 전에 비해 재활용 쓰레기 양이 가장 많이 줄어든 때는 각각 며칠인가요?

1반 (   )
2반 (   )

서술형

20 재활용 쓰레기 줄이기 운동의 성과가 더 좋은 반은 몇 반인지 쓰고, 그 이유를 써 보세요.

반 ______________________________

이유 ______________________________

____

| 01~02 | 윤서네 학교의 4학년 학생 수를 매년 3월에 조사하여 나타낸 꺾은선그래프입니다. 물음에 답하세요.

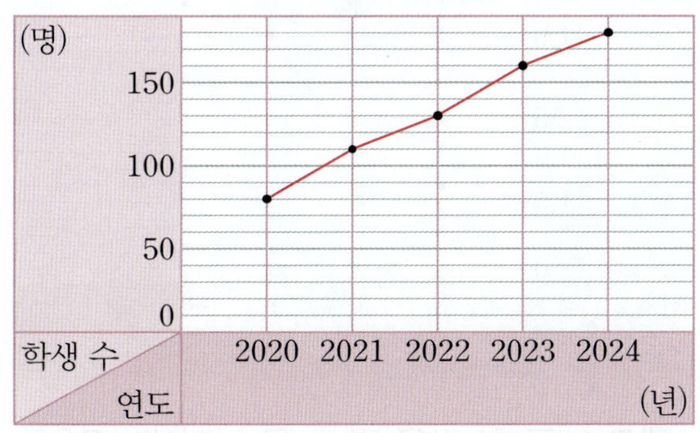

01 가로와 세로는 각각 무엇을 나타내나요?

가로 (   )

세로 (   )

02 2023년의 윤서네 학교 4학년 학생 수는 몇 명인가요?

(   )

03 어느 지역의 최고 기온을 2일마다 조사하여 나타낸 막대그래프와 꺾은선그래프입니다. 막대그래프와 꺾은선그래프 중 최고 기온의 변화를 한눈에 알아보기 쉬운 그래프는 어느 것인가요?

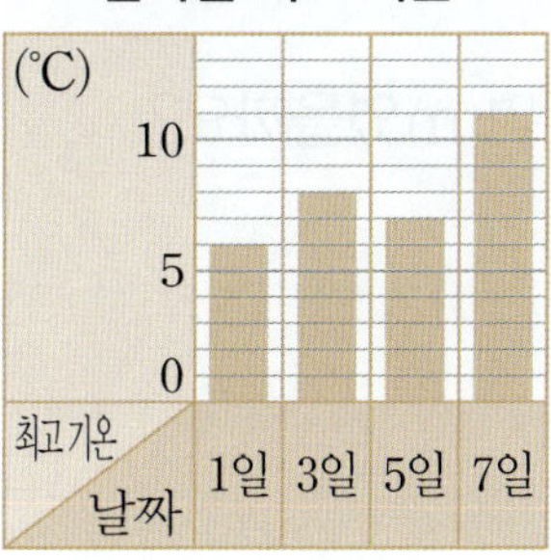

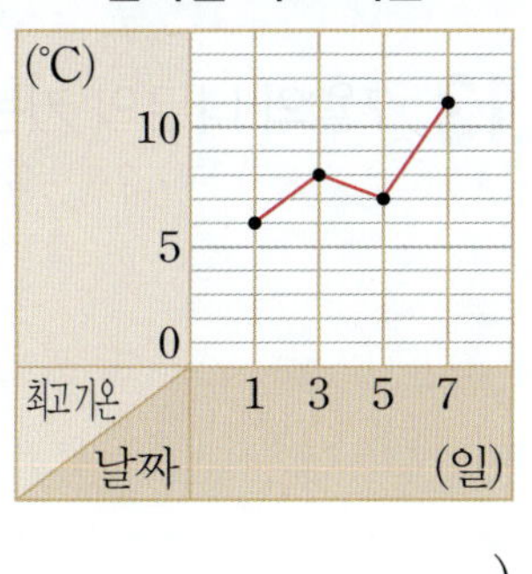

(   )

| 04~06 | 어느 도시의 낮과 밤의 길이 차를 매월 20일에 조사하여 나타낸 표를 보고 꺾은선그래프로 나타내려고 합니다. 물음에 답하세요.

월별 낮과 밤의 길이 차

월(월)	4	5	6	7	8
길이 차(분)	180	280	330	290	170

04 물결선을 넣는다면 몇 분과 몇 분 사이에 넣으면 좋을까요?

(   )과 (   ) 사이

05 표를 보고 물결선을 사용한 꺾은선그래프로 나타내 보세요.

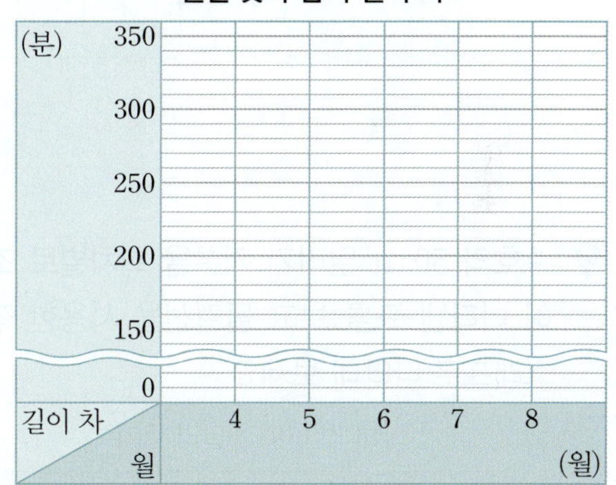

06 **05**의 꺾은선그래프를 보고 알 수 있는 내용을 1가지만 써 보세요.

내용

07 조사한 주제를 나타내기에 알맞은 그래프를 찾아 이어 보세요.

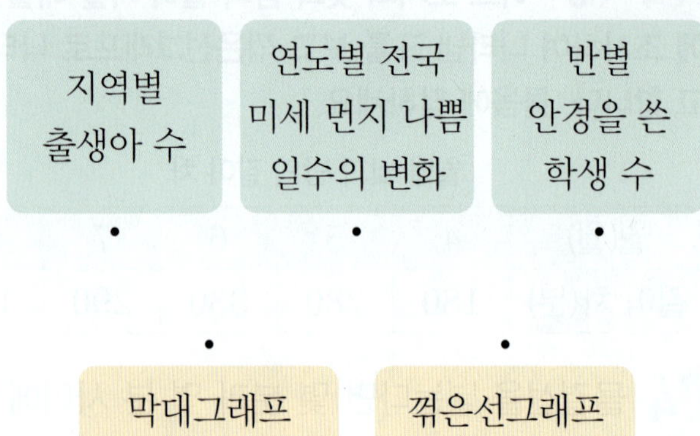

08 어느 지역의 눈이 온 날수를 연도별로 조사하여 나타낸 꺾은선그래프의 일부분입니다. 눈이 온 날수의 변화가 큰 것부터 차례로 기호를 써 보세요.

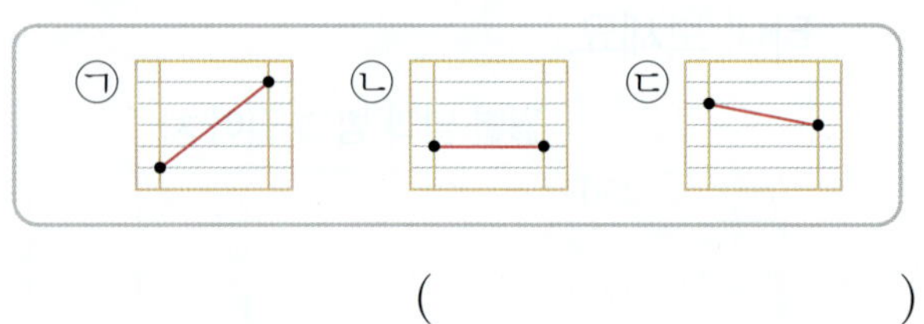

(   )

09 수호의 50 m 달리기 기록을 회차별로 조사하여 나타낸 표를 보고 물결선을 사용한 꺾은선그래프로 나타내 보세요.

회차별 50 m 달리기 기록

회차(회)	1	2	3	4	5
기록(초)	11.2	10.4	9.8	9.4	10.6

회차별 50 m 달리기 기록

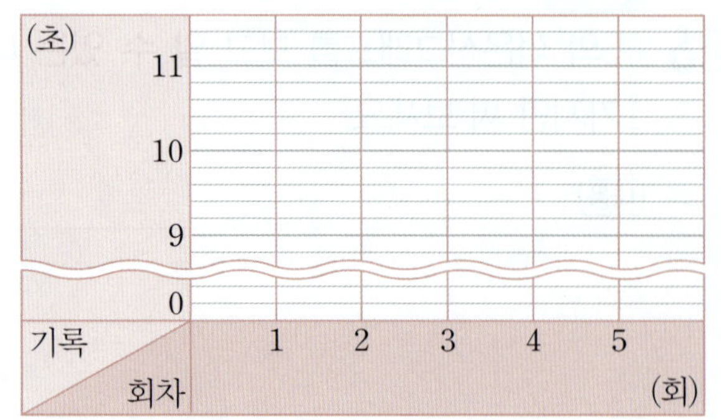

| 10 ~ 13 | 나무의 키를 2달마다 조사하여 나타낸 꺾은선그래프입니다. 물음에 답하세요.

월별 나무의 키

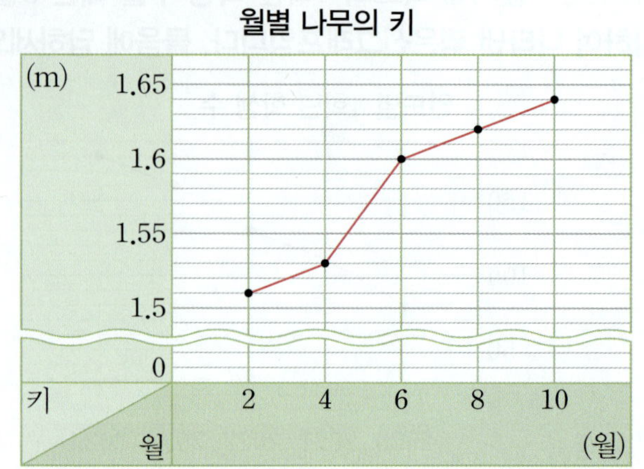

10 세로 눈금 한 칸은 몇 m를 나타내나요?

(   )

11 2월의 나무의 키는 몇 m인가요?

(   )

12 나무의 키가 가장 많이 자란 때는 몇 월과 몇 월 사이인가요?

(   )과 (   ) 사이

13 7월의 나무의 키는 몇 m였을까요?

(   )

| 14~17 | **아린이의 휴대 전화 데이터 사용량을 월별로 조사하여 나타낸 꺾은선그래프입니다. 물음에 답하세요.**

데이터 사용량을
나타내는 단위로
'기가바이트'라고 읽어요.

월별 데이터 사용량

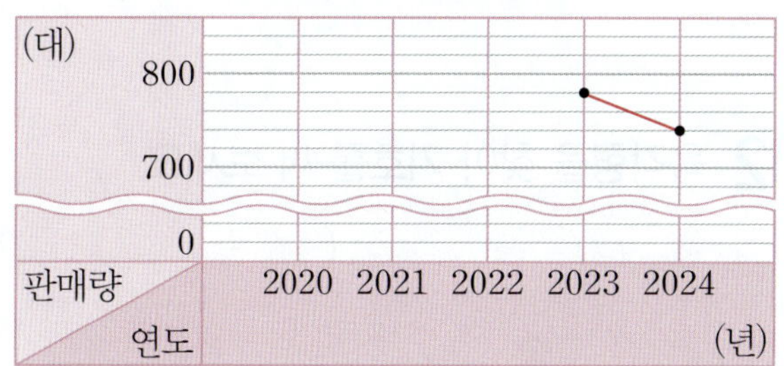

14 데이터 사용량이 1.4 GB인 때는 몇 월인가요?

( )

15 7월의 데이터 사용량은 6월에 비해 0.4 GB 더 늘어났습니다. 위의 꺾은선그래프를 완성해 보세요.

16 전달에 비해 데이터 사용량의 변화가 가장 적은 때는 몇 월인가요?

( )

17 데이터 사용량이 가장 많은 달과 가장 적은 달의 데이터 사용량의 차는 몇 GB인가요?

( )

18 어느 가게의 노트북 판매량을 연도별로 조사하여 나타낸 표와 꺾은선그래프입니다. 2022년의 노트북 판매량이 2021년보다 60대 더 많을 때 표와 꺾은선그래프를 완성해 보세요.

연도별 노트북 판매량

연도(년)	2020	2021	2022	2023	2024
판매량(대)	720	760			

연도별 노트북 판매량

| 19~20 | **어느 마을의 1인 가구 수와 전체 가구 수를 연도별로 조사하여 나타낸 꺾은선그래프입니다. 물음에 답하세요.**

연도별 1인 가구 수   **연도별 전체 가구 수**

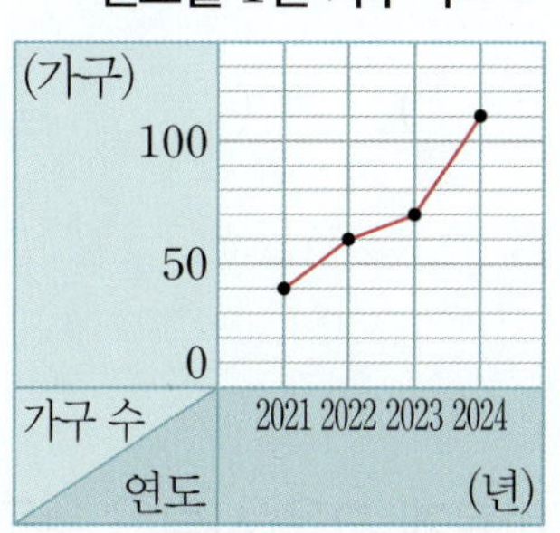

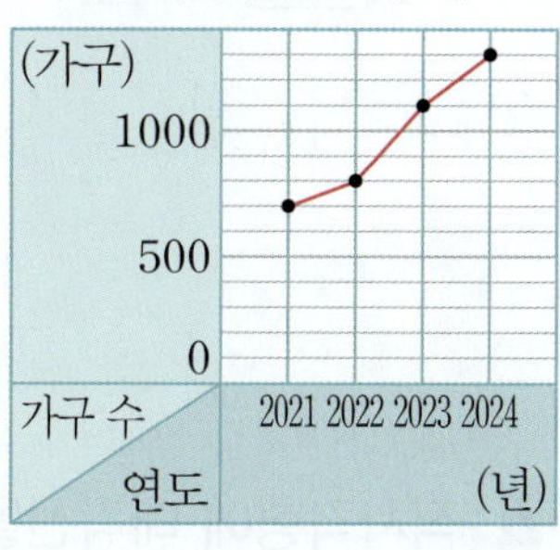

19 2024년은 2021년보다 몇 가구 늘어났는지 각각 구해 보세요.

1인 가구 수 ( )
전체 가구 수 ( )

서술형

20 2025년의 1인 가구 수와 전체 가구 수는 어떻게 될지 예상해 보세요.

예상

| 01~02 | **도형을 보고 물음에 답하세요.**

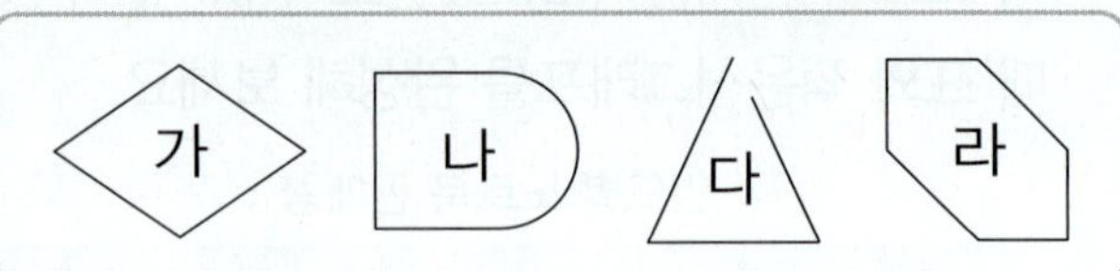

01 다각형을 모두 찾아 기호를 써 보세요.

(　　　　　　　)

02 육각형을 찾아 기호를 써 보세요.

(　　　　　　　)

03 정오각형을 찾아 ○표 하세요.

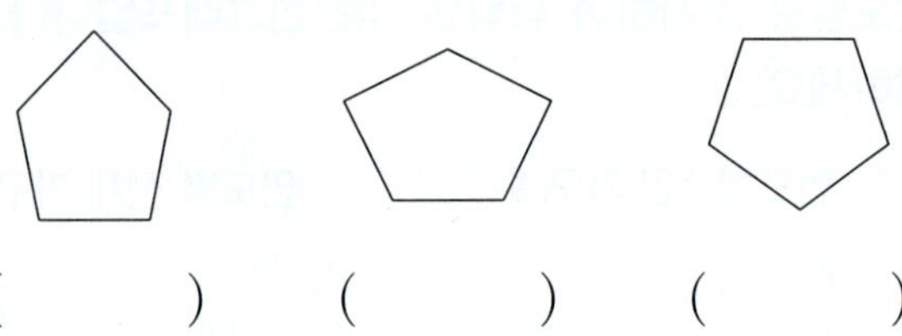

(　　　)   (　　　)   (　　　)

04 직사각형에 대각선을 바르게 그은 사람은 누구인가요?

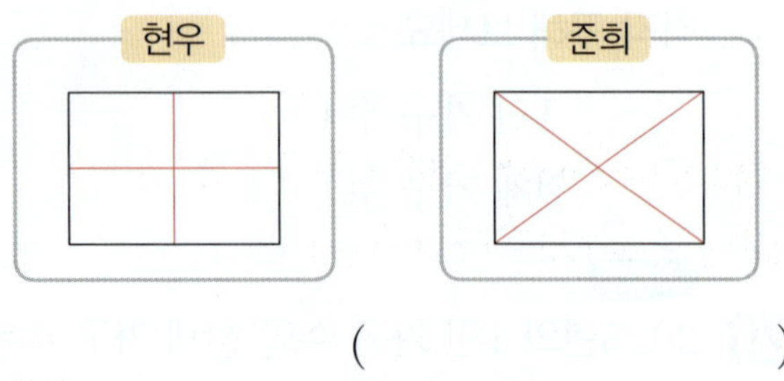

(　　　　　　　)

05 모양을 만드는 데 사용한 다각형을 모두 찾아 ○표 하세요.

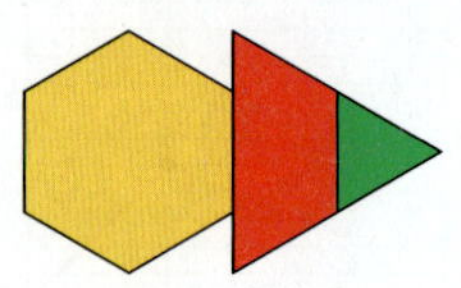

| 정삼각형   사다리꼴 |
| 평행사변형   정오각형   정육각형 |

서술형

06 다음 도형은 다각형이 아닙니다. 그 이유를 써 보세요.

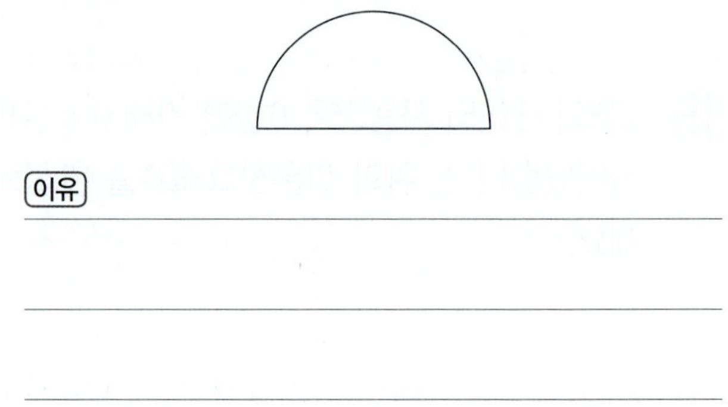

이유 ________________________

____

____

07 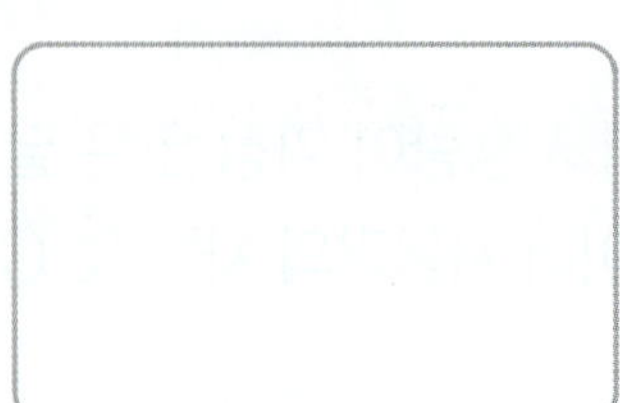 모양 조각과 　 모양 조각을 모두 사용하여 정육각형을 만들어 보세요. (단, 같은 모양 조각을 여러 번 사용할 수 있습니다.)

08 두 대각선이 서로 수직으로 만나는 사각형을 모두 찾아 기호를 써 보세요.

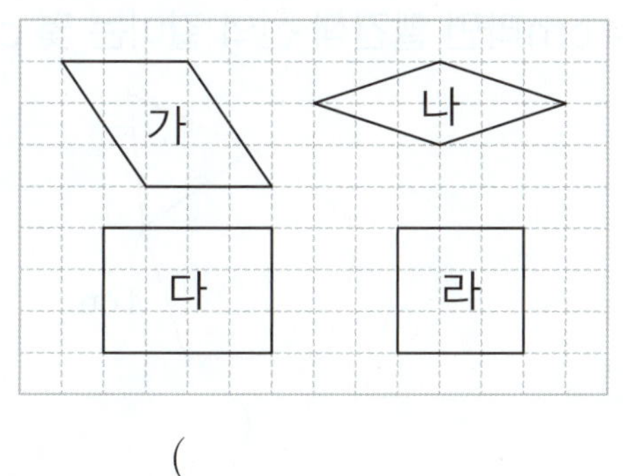

( )

09 설명하는 도형의 이름을 써 보세요.

> • 선분 5개로 둘러싸여 있습니다.
> • 변의 길이가 모두 같습니다.
> • 각의 크기가 모두 같습니다.

( )

10 육각형에 그을 수 있는 대각선은 모두 몇 개인가요?

( )

11 그을 수 있는 대각선의 수가 많은 도형부터 차례로 기호를 써 보세요.

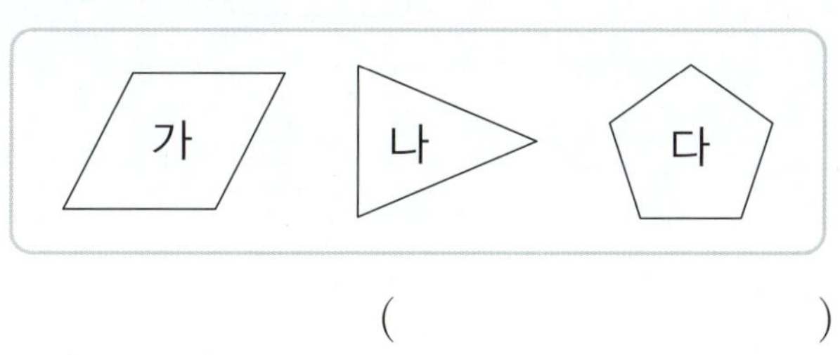

( )

12 모양 조각 중에서 2가지를 골라 사다리꼴을 채워 보세요. (단, 같은 모양 조각을 여러 번 사용할 수 있습니다.)

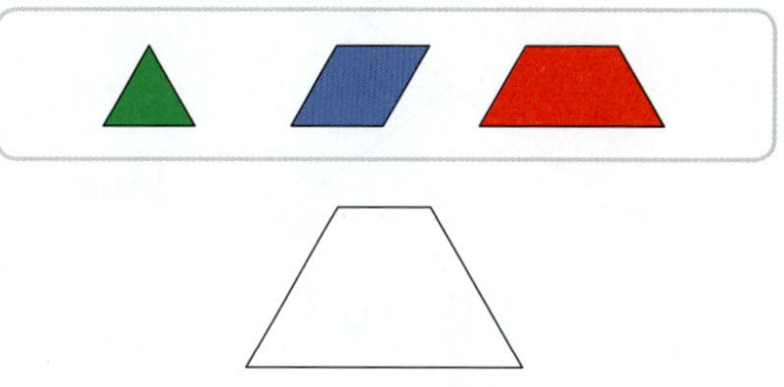

13 ㉠과 ㉡의 수의 합은 몇 개인가요?

> ㉠ 육각형의 변의 수
> ㉡ 팔각형의 꼭짓점의 수

( )

서술형

14 오른쪽 도형은 정다각형입니다. 모든 변의 길이의 합은 몇 cm인지 풀이 과정을 쓰고, 답을 구해 보세요.

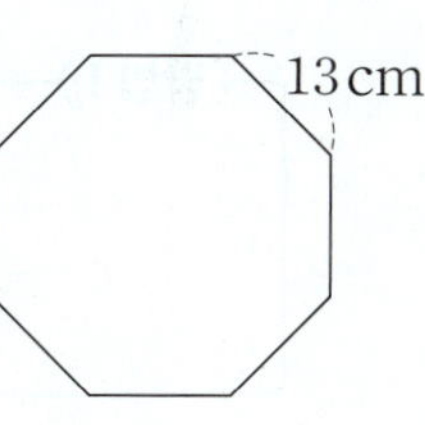

____

____

____

답

15 사각형 ㄱㄴㄷㄹ은 마름모입니다. 선분 ㄱㅁ 과 선분 ㄴㅁ의 길이는 각각 몇 cm인가요?

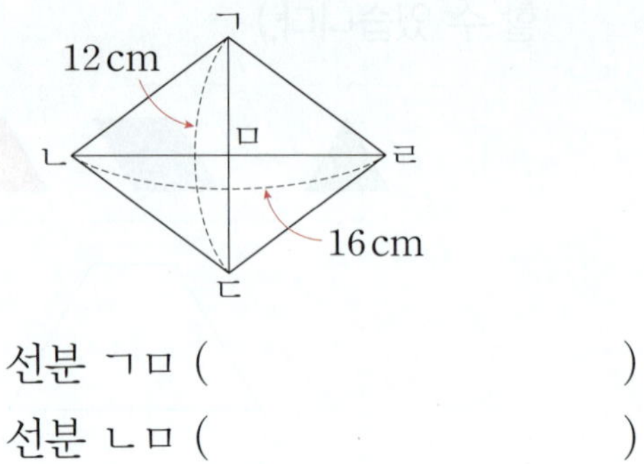

선분 ㄱㅁ (   )

선분 ㄴㅁ (   )

| **16~17** | **모양 조각을 보고 물음에 답하세요.**

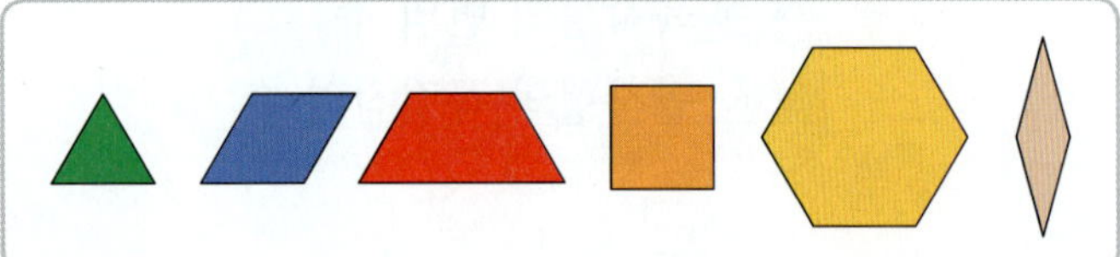

16 모양 조각 중에서 2가지를 골라 서로 다른 방 법으로 평행사변형을 만들어 보세요. (단, 같은 모양 조각을 여러 번 사용할 수 있습니다.)

(방법 1)

(방법 2)

17 모양 조각을 사용하여 주어진 모양을 채워 보 세요. (단, 같은 모양 조각을 여러 번 사용할 수 있습니다.)

18 정삼각형과 정오각형을 겹치지 않게 이어 붙여 서 만든 도형입니다. 정오각형의 한 변의 길이가 4 cm라면 빨간색 선의 길이는 몇 cm일까요?

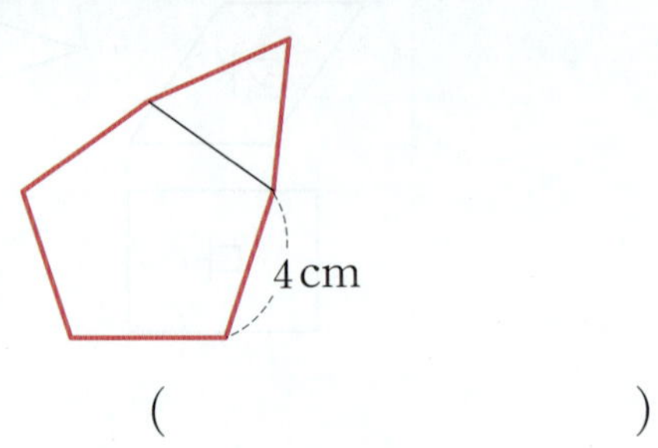

(   )

19 정사각형 ㄱㄴㄷㄹ에 대각선을 그은 것입니 다. 바르게 말한 사람은 누구인가요?

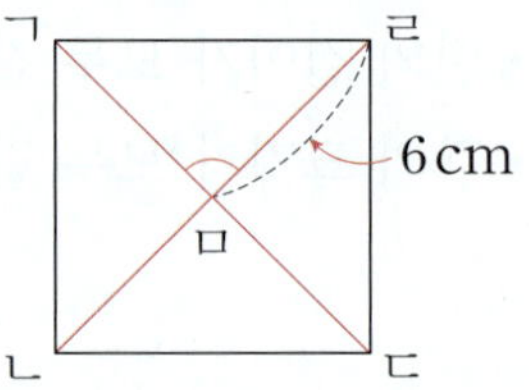

- 상호: 각 ㄱㅁㄹ의 크기는 90°야.
- 연우: 두 대각선의 길이의 합은 12 cm야.

(   )

20 다음 도형은 정오각형입니다. 정오각형의 한 각의 크기는 몇 도인가요?

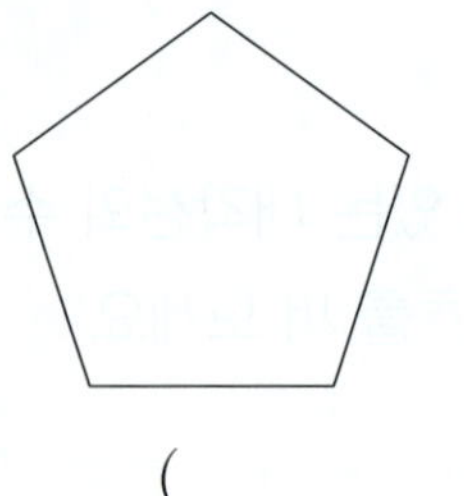

(   )

| 01~03 | 도형을 보고 물음에 답하세요.

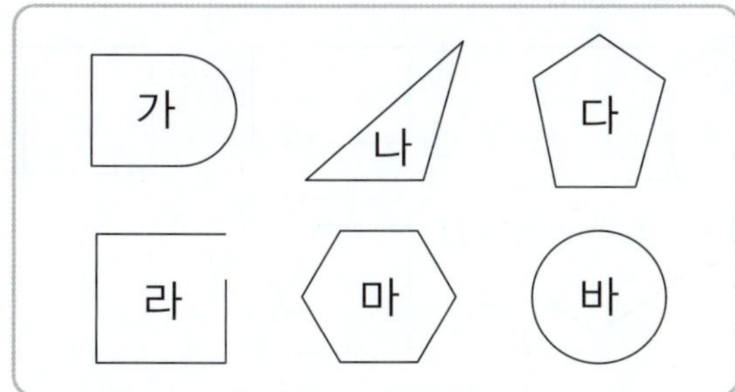

01 다각형을 모두 찾아 기호를 써 보세요.

( )

02 도형 다의 이름을 써 보세요.

( )

03 정육각형을 찾아 기호를 써 보세요.

( )

04 주어진 선분을 이용하여 정오각형을 완성해 보세요.

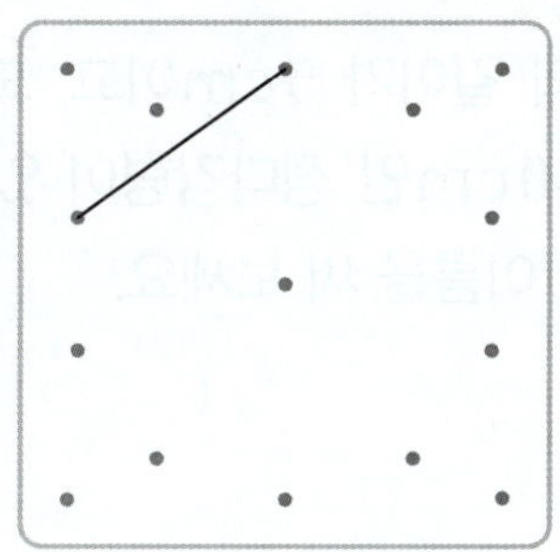

05 도형의 변의 수를 세어 쓰고, 도형의 이름을 써 보세요.

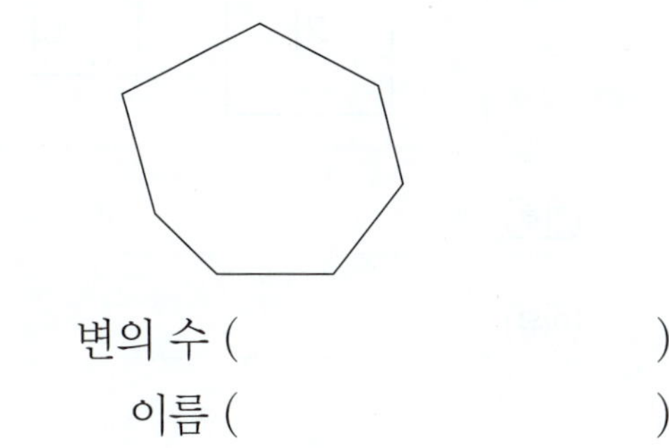

변의 수 ( )

이름 ( )

06 대각선을 그을 수 <u>없는</u> 도형은 어느 것인가요?

( )

① 삼각형   ② 사각형   ③ 오각형
④ 육각형   ⑤ 칠각형

07 다각형에 대각선을 모두 그어 보고, 그은 대각선은 모두 몇 개인지 써 보세요.

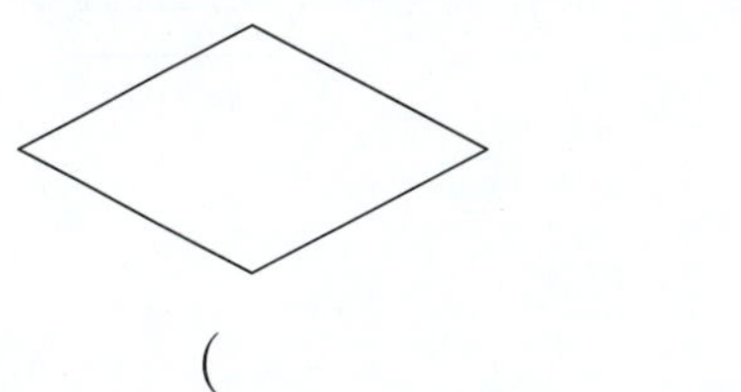

( )

08 설명하는 도형의 이름을 써 보세요.

• 선분으로만 둘러싸인 도형입니다.
• 변이 9개입니다.

( )

09 정다각형이 <u>아닌</u> 것의 기호를 쓰고, 그 이유를
써 보세요.

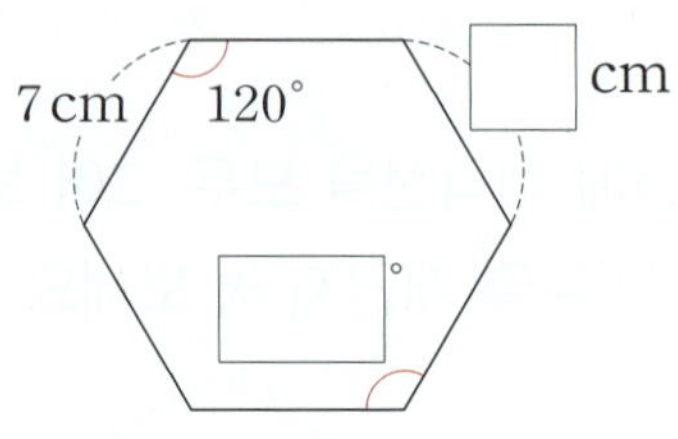

기호 ________________________

이유 ________________________

____

____

10 정육각형을 보고 ☐ 안에 알맞은 수를 써넣으
세요.

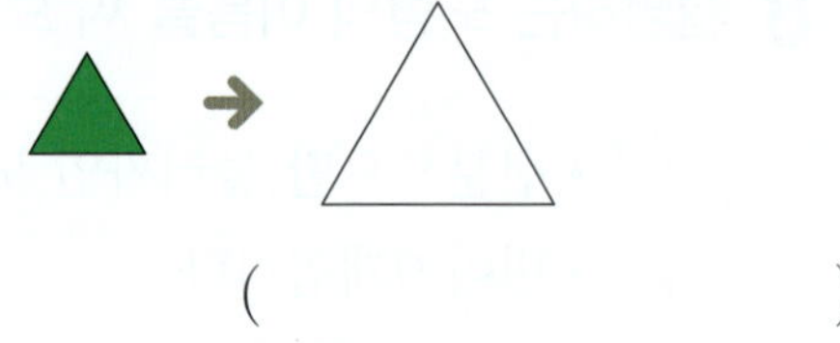

11 왼쪽 모양 조각을 사용하여 오른쪽 모양을 채
우려면 모양 조각은 모두 몇 개 필요할까요?

( )

12 두 대각선의 길이가 같고, 한 대각선이 다른 대
각선을 똑같이 둘로 나누는 사각형을 모두 골
라 보세요. ( )

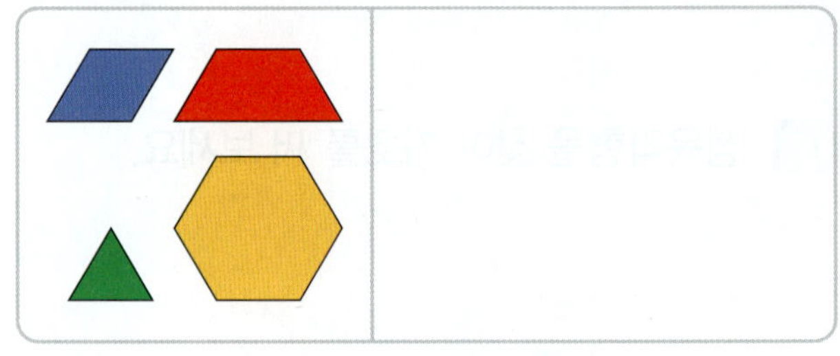

13 왼쪽 모양 조각을 모두 한 번씩만 사용하여 평
행사변형을 만들어 보세요.

14 한 변의 길이가 5 cm이고, 모든 변의 길이의
합이 40 cm인 정다각형이 있습니다. 이 정다
각형의 이름을 써 보세요.

( )

15 표시된 꼭짓점에서 그을 수 있는 대각선을 모두 그어 보고, 알게 된 점을 써 보세요.

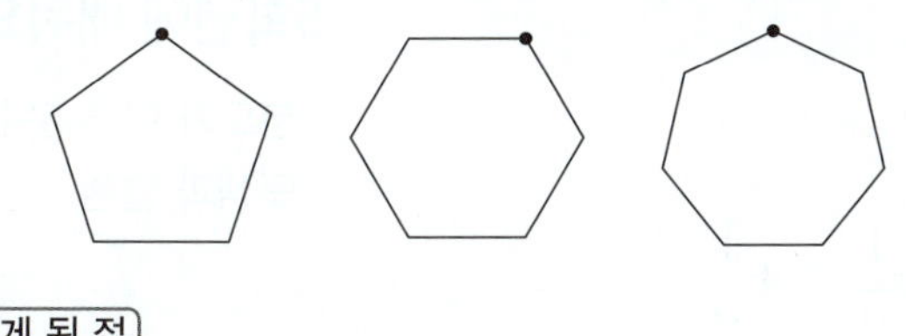

알게 된 점

____

____

16 두 다각형에 그을 수 있는 대각선의 수의 차는 몇 개인가요?

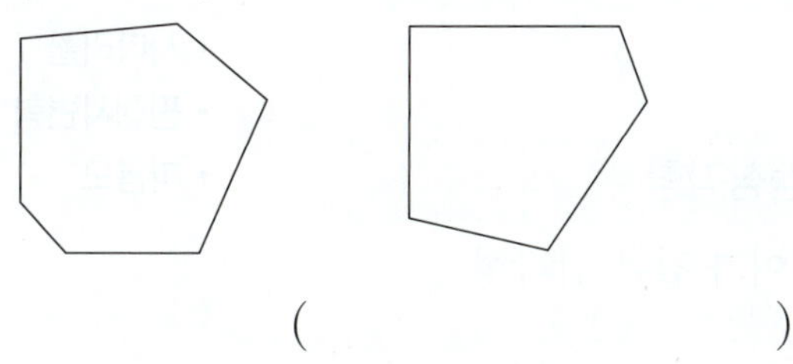

(   )

17 모양 조각을 모두 사용하여 주어진 모양을 채워 보세요. (단, 같은 모양 조각을 여러 번 사용할 수 있습니다.)

18 정육각형의 모든 변의 길이의 합은 정팔각형의 모든 변의 길이의 합과 같습니다. 정팔각형의 한 변의 길이는 몇 cm인가요?

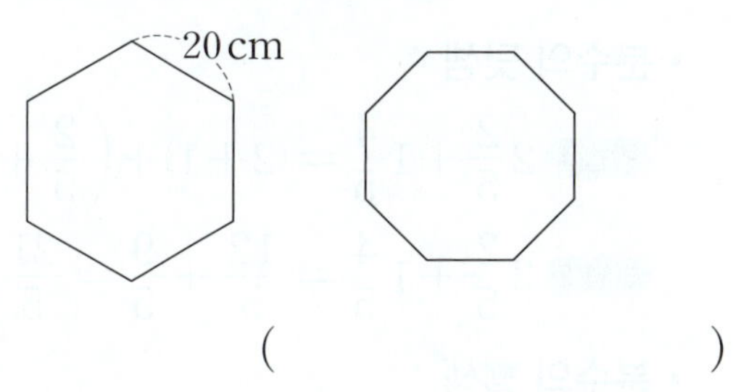

(   )

19 직사각형 ㄱㄴㄷㄹ에서 두 대각선의 길이의 합은 몇 cm인가요?

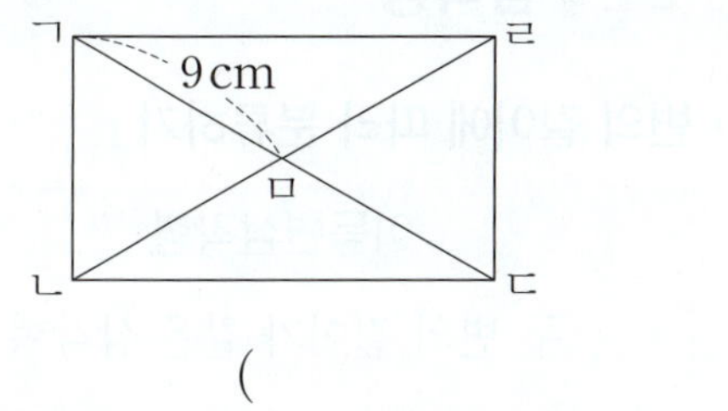

(   )

20 주어진 모양을 한 가지 모양 조각으로만 채우려고 합니다. 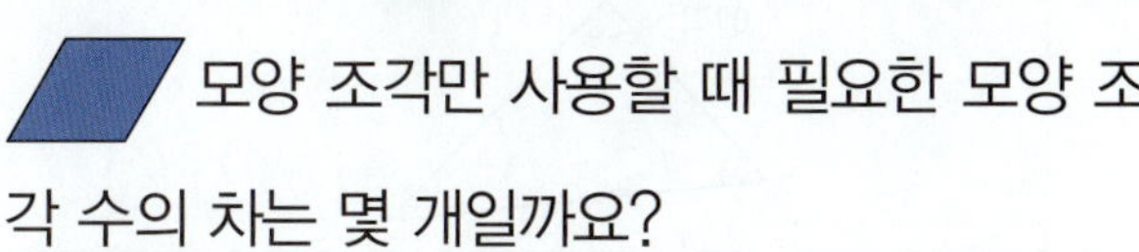 모양 조각만 사용할 때와 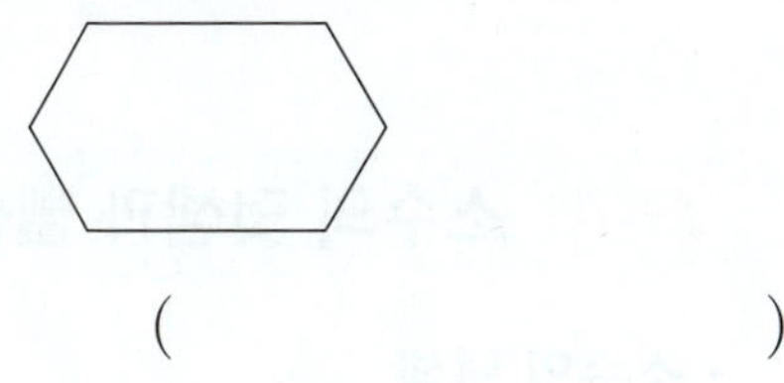 모양 조각만 사용할 때 필요한 모양 조각 수의 차는 몇 개일까요?

(   )

[2학기 총정리 개념]

1단원 | 분수의 덧셈과 뺄셈

5학년에 배워요
· 분모가 다른 분수의
  덧셈과 뺄셈

· **분수의 덧셈**

방법 1 $2\dfrac{2}{5}+1\dfrac{4}{5}=(2+1)+\left(\dfrac{2}{5}+\dfrac{4}{5}\right)=3+\dfrac{6}{5}=3+1\dfrac{1}{5}=4\dfrac{1}{5}$

방법 2 $2\dfrac{2}{5}+1\dfrac{4}{5}=\dfrac{12}{5}+\dfrac{9}{5}=\dfrac{21}{5}=4\dfrac{1}{5}$

· **분수의 뺄셈**

방법 1 $3\dfrac{1}{6}-1\dfrac{3}{6}=2\dfrac{7}{6}-1\dfrac{3}{6}=(2-1)+\left(\dfrac{7}{6}-\dfrac{3}{6}\right)=1+\dfrac{4}{6}=1\dfrac{4}{6}$

방법 2 $3\dfrac{1}{6}-1\dfrac{3}{6}=\dfrac{19}{6}-\dfrac{9}{6}=\dfrac{10}{6}=1\dfrac{4}{6}$

2단원 | 삼각형

4단원에 배워요
· 사다리꼴
· 평행사변형
· 마름모

· **변의 길이에 따라 분류하기**

이등변삼각형	정삼각형
두 변의 길이가 같은 삼각형	세 변의 길이가 같은 삼각형

· **각의 크기에 따라 분류하기**

예각삼각형	둔각삼각형
세 각이 모두 예각인 삼각형	한 각이 둔각인 삼각형

3단원 | 소수의 덧셈과 뺄셈

5학년에 배워요
· 소수의 곱셈

· **소수의 덧셈**

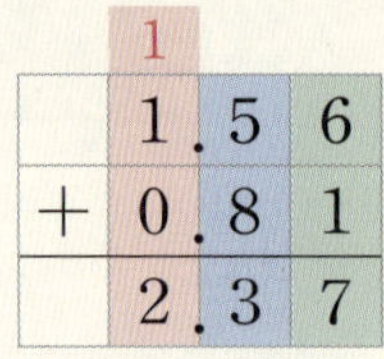

```
    1
    1 . 5  6
+   0 . 8  1
    2 . 3  7
```

· **소수의 뺄셈**

```
    3  10
    3 . 4  5
-   0 . 2  9
    3 . 1  6
```

4단원 | 사각형

6단원에 배워요
• 다각형, 정다각형
• 대각선

• 두 직선이 만나서 이루는 각이 직각일 때, 두 직선은 서로 **수직**이라고 합니다.
• 두 직선이 서로 수직으로 만나면 한 직선을 다른 직선에 대한 **수선**이라고 합니다.
• 서로 만나지 않는 두 직선을 **평행**하다고 합니다.
• 평행한 두 직선을 **평행선**이라고 합니다.

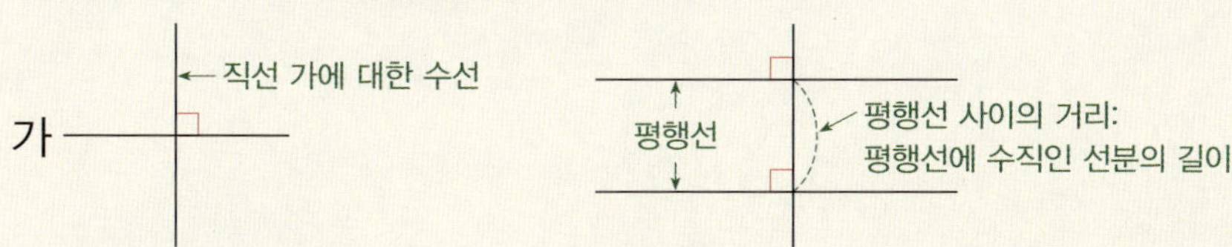

• **여러 가지 사각형**

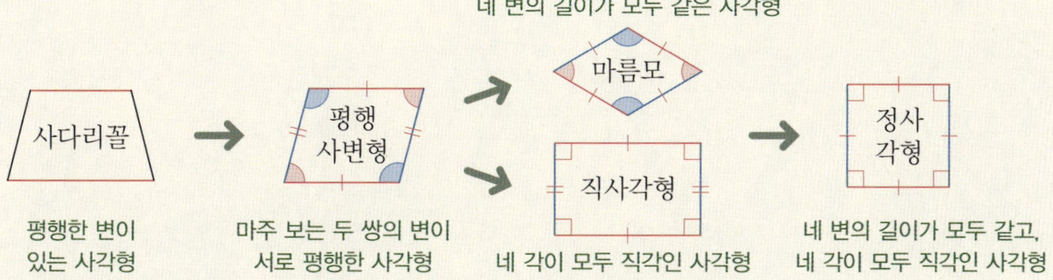

5단원 | 꺾은선그래프

6학년에 배워요
• 띠그래프
• 원그래프

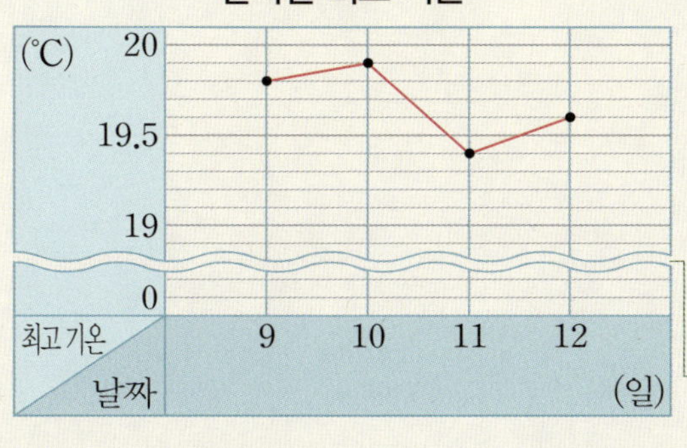

• 꺾은선그래프는 시간에 따른 자료의 변화를 알아볼 때 편리합니다.
• 최고 기온이 가장 많이 변한 때는 선분이 가장 많이 기울어진 10일과 11일 사이입니다.

물결선으로 필요 없는 부분을 줄여서 나타내면 변화를 더 뚜렷하게 나타낼 수 있어요.

6단원 | 다각형

5학년에 배워요
• 직육면체
• 정육면체

• **다각형**: 선분으로만 둘러싸인 도형
• **정다각형**: 변의 길이가 모두 같고, 각의 크기가 모두 같은 다각형
• **대각선**: 다각형에서 서로 이웃하지 않는 두 꼭짓점을 이은 선분

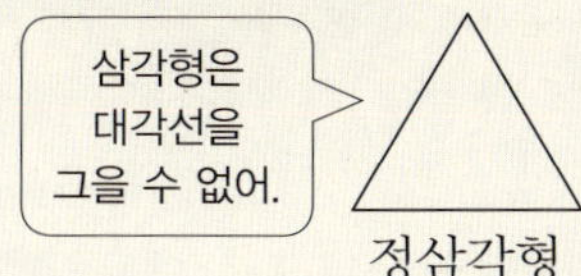

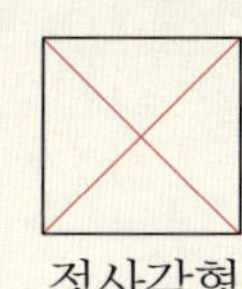

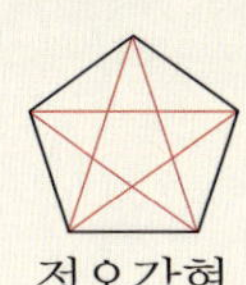

memo

문학, 비문학에 맞는 바른 독해법부터, 독해력을 키우는 어휘 학습까지!

#초등문해력 #완벽라인업 #빠작

비문학 독해에 사회, 과학 교과 개념 더하고!

초등 눈높이에 맞는 문법까지!

평가북

백점 **수학** 4·2

초등학교　　　　학년　　　반　　　번　　　이름

백점

수학 4·2

해설북

- 한눈에 보이는 **정확한 답**
- 한번에 이해되는 **자세한 풀이**

모바일
빠른 정답

동아출판

◦ 백점 수학 빠른 정답

QR코드를 찍으면 **정답과 풀이**를 쉽고 빠르게 확인할 수 있습니다.

모바일 빠른 정답
QR코드를 찍으면 정답과 풀이를
쉽고 빠르게 확인할 수 있습니다.

1. 분수의 덧셈과 뺄셈

이 단원에서는 계산 결과의 분수 종류를 제한하지 않은 경우,
대분수와 가분수 모두 정답으로 인정합니다.

1회 개념 학습
6~7쪽

확인 4 / 3, 1, 4

1 (1) 2 (2) 11, 1, 3   **2** 5, 2, 7
3 5, 7, 12 / 12, 1, 4
4 (1) 1, 3, 4 (2) 6, 7, 13, 1, 2
5 (1) $\dfrac{5}{7}$ (2) $1\dfrac{1}{4}\left(=\dfrac{5}{4}\right)$
6 (　　) (○)

1 (1) $\dfrac{1}{4}+\dfrac{1}{4}=\dfrac{1+1}{4}=\dfrac{2}{4}$

(2) $\dfrac{4}{8}+\dfrac{7}{8}=\dfrac{4+7}{8}=\dfrac{11}{8}=1\dfrac{3}{8}$

2 $\dfrac{1}{9}$씩 5칸 이동하고, $\dfrac{1}{9}$씩 2칸 더 이동했습니다.

➡ $\dfrac{1}{9}$씩 5+2=7(칸) 이동한 것과 같습니다.

3 $\dfrac{5}{8}+\dfrac{7}{8}=\dfrac{5+7}{8}=\dfrac{12}{8}=1\dfrac{4}{8}$

4 분모는 그대로 두고 분자끼리 더합니다.
이때 계산 결과가 가분수이면 대분수로 바꿉니다.

5 (1) $\dfrac{4}{7}+\dfrac{1}{7}=\dfrac{4+1}{7}=\dfrac{5}{7}$

(2) $\dfrac{3}{4}+\dfrac{2}{4}=\dfrac{3+2}{4}=\dfrac{5}{4}=1\dfrac{1}{4}$

주의 분모끼리 더하지 않도록 주의합니다.

6 (진분수)+(진분수)는 분모는 그대로 두고 분자끼리
더합니다.

• $\dfrac{1}{10}+\dfrac{6}{10}=\dfrac{1+6}{10+10}=\dfrac{7}{20}$ (×)

• $\dfrac{1}{10}+\dfrac{6}{10}=\dfrac{1+6}{10}=\dfrac{7}{10}$ (○)

1회 문제 학습
8~9쪽

01 $\dfrac{10}{11}$ **02** $1\dfrac{1}{14}$
03 (　) (○) (　)   **04** $\dfrac{6}{10}$, $1\dfrac{3}{10}$
05 =   **06** ·
07 예 2, 4 / $1\dfrac{1}{5}$ **08** $1\dfrac{12}{20}$ m
09 1, 2, 3, 4
10 9, 6, 15, 1, 5 또는 6, 9, 15, 1, 5
11 ❶ 9, 7, 5, 9, 5 ❷ 9, 5, 14, 1, 3   답 $1\dfrac{3}{11}$
12 ❶ 분수의 크기를 비교하면 $\dfrac{6}{8}>\dfrac{4}{8}>\dfrac{3}{8}$이므로

가장 큰 분수는 $\dfrac{6}{8}$, 가장 작은 분수는 $\dfrac{3}{8}$입니다.

❷ 따라서 가장 큰 분수와 가장 작은 분수의 합은

$\dfrac{6}{8}+\dfrac{3}{8}=\dfrac{9}{8}=1\dfrac{1}{8}$입니다.   답 $1\dfrac{1}{8}$

01 $\dfrac{2}{11}+\dfrac{8}{11}=\dfrac{2+8}{11}=\dfrac{10}{11}$

02 $\dfrac{6}{14}+\dfrac{9}{14}=\dfrac{6+9}{14}=\dfrac{15}{14}=1\dfrac{1}{14}$

03 $\dfrac{2}{7}+\dfrac{4}{7}=\dfrac{6}{7}$, $\dfrac{3}{7}+\dfrac{2}{7}=\dfrac{5}{7}$, $\dfrac{1}{7}+\dfrac{5}{7}=\dfrac{6}{7}$

04 • $\dfrac{3}{10}+\dfrac{3}{10}=\dfrac{3+3}{10}=\dfrac{6}{10}$

• $\dfrac{6}{10}+\dfrac{7}{10}=\dfrac{6+7}{10}=\dfrac{13}{10}=1\dfrac{3}{10}$

05 • $\dfrac{7}{9}+\dfrac{5}{9}=\dfrac{12}{9}=1\dfrac{3}{9}$ • $\dfrac{4}{9}+\dfrac{8}{9}=\dfrac{12}{9}=1\dfrac{3}{9}$

06 • $\dfrac{5}{8}+\dfrac{2}{8}=\dfrac{5+2}{8}=\dfrac{7}{8}$ • $\dfrac{3}{8}+\dfrac{4}{8}=\dfrac{3+4}{8}=\dfrac{7}{8}$

• $\dfrac{6}{8}+\dfrac{1}{8}=\dfrac{6+1}{8}=\dfrac{7}{8}$

참고 분자끼리의 합이 7이 되는 두 수를 찾습니다.

1
단원

개념북

07 분모가 5인 진분수는 $\dfrac{1}{5}$, $\dfrac{2}{5}$, $\dfrac{3}{5}$, $\dfrac{4}{5}$입니다.

$$\dfrac{1}{5}+\dfrac{2}{5}=\dfrac{3}{5},\ \dfrac{1}{5}+\dfrac{3}{5}=\dfrac{4}{5},\ \dfrac{1}{5}+\dfrac{4}{5}=\dfrac{5}{5}=1,$$

$$\dfrac{2}{5}+\dfrac{3}{5}=\dfrac{5}{5}=1,\ \dfrac{2}{5}+\dfrac{4}{5}=\dfrac{6}{5}=1\dfrac{1}{5},$$

$$\dfrac{3}{5}+\dfrac{4}{5}=\dfrac{7}{5}=1\dfrac{2}{5}$$

08 $\dfrac{8}{20}+\dfrac{8}{20}+\dfrac{8}{20}+\dfrac{8}{20}=\dfrac{32}{20}=1\dfrac{12}{20}$ (m)

09 $\dfrac{8}{13}+\dfrac{\square}{13}=\dfrac{8+\square}{13}$에서 덧셈의 계산 결과로 나올 수

있는 진분수는 $\dfrac{9}{13}$, $\dfrac{10}{13}$, $\dfrac{11}{13}$, $\dfrac{12}{13}$입니다.

➜ □ 안에 들어갈 수 있는 자연수는 1, 2, 3, 4입니다.

10 • 만들 수 있는 가장 큰 진분수: $\dfrac{9}{10}$

　• 만들 수 있는 가장 작은 진분수: $\dfrac{6}{10}$

➜ $\dfrac{9}{10}+\dfrac{6}{10}=\dfrac{15}{10}=1\dfrac{5}{10}$

주의　진분수는 분자가 분모보다 작아야 하므로 분자에 10을 넣을
수 없습니다.

11

채점 기준		
❶ 가장 큰 분수와 가장 작은 분수를 각각 찾은 경우	2점	5점
❷ 가장 큰 분수와 가장 작은 분수의 합을 구한 경우	3점	

12

채점 기준		
❶ 가장 큰 분수와 가장 작은 분수를 각각 찾은 경우	2점	5점
❷ 가장 큰 분수와 가장 작은 분수의 합을 구한 경우	3점	

2회 개념 학습　10~11쪽

확인　3, 4, 3, 4

1 2, 2, 2, 2　　　　**2** 11, 14, 25, 2, 7

3 9, 17, 26 / 26, 3, 5

4 ⑴ 3, 2, 3, 2　⑵ 20, 19, 39, 4, 7

5 $2\dfrac{1}{6}+1\dfrac{4}{6}=(2+1)+\left(\dfrac{1}{6}+\dfrac{4}{6}\right)$

$$=3+\dfrac{5}{6}=3\dfrac{5}{6}$$

6 ⑴ $4\dfrac{3}{5}\left(=\dfrac{23}{5}\right)$　⑵ $7\dfrac{2}{3}\left(=\dfrac{23}{3}\right)$

---

1 $1\dfrac{1}{3}+1\dfrac{1}{3}=(1+1)+\left(\dfrac{1}{3}+\dfrac{1}{3}\right)=2+\dfrac{2}{3}=2\dfrac{2}{3}$

2 $1\dfrac{2}{9}=\dfrac{11}{9}$이므로 $\dfrac{1}{9}$씩 11칸 이동하고,

$1\dfrac{5}{9}=\dfrac{14}{9}$이므로 $\dfrac{1}{9}$씩 14칸 더 이동했습니다.

➜ $\dfrac{1}{9}$씩 $11+14=25$(칸) 이동한 것과 같습니다.

3 $1\dfrac{2}{7}=\dfrac{9}{7}$이므로 $\dfrac{1}{7}$이 9개, $2\dfrac{3}{7}=\dfrac{17}{7}$이므로 $\dfrac{1}{7}$이

17개입니다.

➜ $1\dfrac{2}{7}+2\dfrac{3}{7}=\dfrac{9}{7}+\dfrac{17}{7}=\dfrac{9+17}{7}=\dfrac{26}{7}=3\dfrac{5}{7}$

5 (보기)는 자연수 부분끼리 더하고, 분수 부분끼리 더
하는 방법입니다.

6 ⑴ $1\dfrac{2}{5}+3\dfrac{1}{5}=(1+3)+\left(\dfrac{2}{5}+\dfrac{1}{5}\right)=4+\dfrac{3}{5}=4\dfrac{3}{5}$

⑵ $4\dfrac{1}{3}+3\dfrac{1}{3}=(4+3)+\left(\dfrac{1}{3}+\dfrac{1}{3}\right)=7+\dfrac{2}{3}=7\dfrac{2}{3}$

2회 문제 학습　12~13쪽

01 $5\dfrac{5}{13}$

02 (위에서부터) $4\dfrac{5}{9}$ / $5\dfrac{7}{9}$

03 도현　　　　　　**04** ㉠

05 $1\dfrac{3}{8}+1\dfrac{1}{8}=2\dfrac{4}{8}$ 또는 $1\dfrac{3}{8}+1\dfrac{1}{8}$ / $2\dfrac{4}{8}$ kg

06 예 $1\dfrac{3}{7}$, $4\dfrac{2}{7}$, $5\dfrac{5}{7}$　　**07** $4\dfrac{7}{8}$ km

08 2　　　　　　　**09** $5\dfrac{4}{9}$

10 ❶ 1, 4, 3, 6　❷ 3, 6, 1, 3, 7　　답 $3\dfrac{7}{10}$ kg

11 ❶ 수호가 마신 물의 양은 $1\dfrac{2}{5}+1\dfrac{1}{5}=2\dfrac{3}{5}$ (L)

입니다.

❷ 따라서 희수가 마신 물의 양은

$2\dfrac{3}{5}+\dfrac{1}{5}=2\dfrac{4}{5}$ (L)입니다.　　　　답 $2\dfrac{4}{5}$ L

01 $4\dfrac{2}{13}+1\dfrac{3}{13}=5+\dfrac{5}{13}=5\dfrac{5}{13}$

02 $\cdot\ 3\dfrac{4}{9}+1\dfrac{1}{9}=4+\dfrac{5}{9}=4\dfrac{5}{9}$

$\cdot\ 3\dfrac{4}{9}+2\dfrac{3}{9}=5+\dfrac{7}{9}=5\dfrac{7}{9}$

03 채아: $3\dfrac{4}{10}+1\dfrac{3}{10}=4+\dfrac{7}{10}=4\dfrac{7}{10}$

04 ㉠ $2\dfrac{6}{11}+7\dfrac{1}{11}=9+\dfrac{7}{11}=9\dfrac{7}{11}$

ⓛ $5\dfrac{5}{11}+4\dfrac{3}{11}=9+\dfrac{8}{11}=9\dfrac{8}{11}$

05 (서우가 캔 감자의 양)

$=$(지안이가 캔 감자의 양)$+1\dfrac{1}{8}$

$=1\dfrac{3}{8}+1\dfrac{1}{8}=2+\dfrac{4}{8}=2\dfrac{4}{8}$ (kg)

06 $2\dfrac{1}{7}+1\dfrac{3}{7}=3\dfrac{4}{7}$, $2\dfrac{1}{7}+4\dfrac{2}{7}=6\dfrac{3}{7}$,

$2\dfrac{1}{7}+3\dfrac{1}{7}=5\dfrac{2}{7}$, $1\dfrac{3}{7}+4\dfrac{2}{7}=5\dfrac{5}{7}$,

$1\dfrac{3}{7}+3\dfrac{1}{7}=4\dfrac{4}{7}$, $4\dfrac{2}{7}+3\dfrac{1}{7}=7\dfrac{3}{7}$

07 (주호네 집~놀이터~도서관)

$=$(주호네 집~놀이터)$+$(놀이터~도서관)

$=1\dfrac{5}{8}+3\dfrac{2}{8}=4+\dfrac{7}{8}=4\dfrac{7}{8}$ (km)

08 $4\dfrac{1}{4}+1\dfrac{\square}{4}=(4+1)+\left(\dfrac{1}{4}+\dfrac{\square}{4}\right)=5\dfrac{3}{4}$ 이므로

$\dfrac{1}{4}+\dfrac{\square}{4}=\dfrac{3}{4}$ 입니다.

따라서 $1+\square=3$ 에서 $\square$ 안에 알맞은 수는 2입니다.

09 $\cdot$ 2보다 $\dfrac{3}{9}$ 만큼 더 큰 수: $2\dfrac{3}{9}$

$\cdot\ \dfrac{1}{9}$ 이 28개인 수: $\dfrac{28}{9}=3\dfrac{1}{9}$

$\rightarrow 2\dfrac{3}{9}+3\dfrac{1}{9}=5+\dfrac{4}{9}=5\dfrac{4}{9}$

10

채점	❶ 나 주머니의 무게를 구한 경우	2점	
기준	❷ 다 주머니의 무게를 구한 경우	3점	5점

11

채점	❶ 수호가 마신 물의 양을 구한 경우	2점	
기준	❷ 희수가 마신 물의 양을 구한 경우	3점	5점

◖ 3회 개념 학습　　14~15쪽

확인　11, 1, 3, 3, 3

1 2, 7, 2, 1, 2, 3, 2　　**2** 11, 9, 20, 3, 2

3 12, 16, 28 / 28, 3, 1

4 (1) 9, 1, 2, 5, 2　(2) 18, 19, 37, 5, 2

5 (1) $6\dfrac{4}{8}\left(=\dfrac{52}{8}\right)$　(2) $8\dfrac{2}{11}\left(=\dfrac{90}{11}\right)$

6 $6\dfrac{1}{4}$

1 자연수 부분끼리 더하고, 분수 부분끼리 더합니다.

$1\dfrac{3}{5}+1\dfrac{4}{5}=(1+1)+\left(\dfrac{3}{5}+\dfrac{4}{5}\right)$

$=2+\dfrac{7}{5}=2+1\dfrac{2}{5}=3\dfrac{2}{5}$

2 $1\dfrac{5}{6}=\dfrac{11}{6}$ 이므로 $\dfrac{1}{6}$ 씩 11칸 이동하고,

$1\dfrac{3}{6}=\dfrac{9}{6}$ 이므로 $\dfrac{1}{6}$ 씩 9칸 더 이동했습니다.

$\rightarrow \dfrac{1}{6}$ 씩 $11+9=20$(칸) 이동한 것과 같습니다.

3 $1\dfrac{3}{9}=\dfrac{12}{9}$ 이므로 $\dfrac{1}{9}$ 이 12개, $1\dfrac{7}{9}=\dfrac{16}{9}$ 이므로 $\dfrac{1}{9}$ 이

16개입니다.

$\rightarrow 1\dfrac{3}{9}+1\dfrac{7}{9}=\dfrac{12}{9}+\dfrac{16}{9}=\dfrac{28}{9}=3\dfrac{1}{9}$

4 (1) 자연수 부분끼리 더하고, 분수 부분끼리 더하는 방법입니다.

(2) 대분수를 가분수로 바꾸어 더하는 방법입니다.

5 (1) $3\dfrac{6}{8}+2\dfrac{6}{8}=(3+2)+\left(\dfrac{6}{8}+\dfrac{6}{8}\right)$

$=5+\dfrac{12}{8}=5+1\dfrac{4}{8}=6\dfrac{4}{8}$

(2) $5\dfrac{8}{11}+2\dfrac{5}{11}=(5+2)+\left(\dfrac{8}{11}+\dfrac{5}{11}\right)$

$=7+\dfrac{13}{11}=7+1\dfrac{2}{11}=8\dfrac{2}{11}$

6 $3\dfrac{2}{4}+2\dfrac{3}{4}=(3+2)+\left(\dfrac{2}{4}+\dfrac{3}{4}\right)$

$=5+\dfrac{5}{4}=5+1\dfrac{1}{4}=6\dfrac{1}{4}$

3회 문제 학습 16~17쪽

01 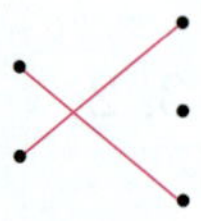

02 $6\frac{1}{3}$

03 ( ) (○)

04 $2\frac{4}{7}+3\frac{6}{7}$

05 $5\frac{4}{6}+2\frac{3}{6}=7+\frac{7}{6}=7+1\frac{1}{6}=8\frac{1}{6}$

06 $4\frac{1}{5}$시간

07 예 12, 16 / 13, 15

08 $5\frac{4}{7}$, $4\frac{5}{7}$, $10\frac{2}{7}$ 또는 $4\frac{5}{7}$, $5\frac{4}{7}$, $10\frac{2}{7}$

09 $4\frac{2}{4}$

10 ❶ 4, 3, 3, 1, 4, 2

❷ ㉡, ㉢, ㉠ 답 ㉡, ㉢, ㉠

11 ❶ ㉠ $1\frac{7}{8}+1\frac{2}{8}=3\frac{1}{8}$, ㉡ $1\frac{6}{8}+\frac{7}{8}=2\frac{5}{8}$,

㉢ $1\frac{5}{8}+1\frac{5}{8}=3\frac{2}{8}$입니다.

❷ 따라서 계산 결과가 큰 것부터 차례로 기호를 쓰면 ㉢, ㉠, ㉡입니다. 답 ㉢, ㉠, ㉡

01 • $1\frac{2}{4}+4\frac{3}{4}=5+\frac{5}{4}=5+1\frac{1}{4}=6\frac{1}{4}$

• $3\frac{3}{4}+2\frac{3}{4}=5+\frac{6}{4}=5+1\frac{2}{4}=6\frac{2}{4}$

02 $2\frac{2}{3}+3\frac{2}{3}=5+\frac{4}{3}=5+1\frac{1}{3}=6\frac{1}{3}$

➜ 시우가 말하는 수는 $6\frac{1}{3}$입니다.

03 • $3\frac{4}{10}+2\frac{9}{10}=5+\frac{13}{10}=5+1\frac{3}{10}=6\frac{3}{10}$

• $4\frac{8}{10}+1\frac{6}{10}=5+\frac{14}{10}=5+1\frac{4}{10}=6\frac{4}{10}$

➜ $6\frac{3}{10}<6\frac{4}{10}$

04 • $3\frac{3}{5}+1\frac{4}{5}=4+\frac{7}{5}=4+1\frac{2}{5}=5\frac{2}{5}$

• $2\frac{4}{7}+3\frac{6}{7}=5+\frac{10}{7}=5+1\frac{3}{7}=6\frac{3}{7}$

• $3\frac{7}{8}+3\frac{5}{8}=6+\frac{12}{8}=6+1\frac{4}{8}=7\frac{4}{8}$

05 분수 부분을 계산할 때 분모는 그대로 두고 분자끼리 더해야 하는데 분모끼리도 더하여 잘못 계산했습니다.

06 $2\frac{2}{5}+1\frac{4}{5}=3+\frac{6}{5}=3+1\frac{1}{5}=4\frac{1}{5}$(시간)

07 $3\frac{1}{9}=\frac{28}{9}$이므로 $\frac{■}{9}+\frac{▲}{9}$가 $\frac{28}{9}$이 되는 덧셈식을 찾습니다. 이때 분모가 9인 가분수이므로 ■, ▲는 9와 같거나 9보다 큰 수이어야 합니다.

따라서 분자가 될 수 있는 두 수를 짝 지어 보면 (9, 19), (10, 18), (11, 17), (12, 16), (13, 15), (14, 14)입니다.

08 합이 가장 큰 덧셈식을 만들려면 가장 큰 수와 두 번째로 큰 수를 더해야 합니다.

➜ $5\frac{4}{7}+4\frac{5}{7}=9+\frac{9}{7}=9+1\frac{2}{7}=10\frac{2}{7}$

09 1보다 크고 2보다 작은 대분수의 자연수 부분은 1입니다.

자연수 부분이 1이고, 분모가 4인 대분수는 $1\frac{1}{4}$, $1\frac{2}{4}$, $1\frac{3}{4}$입니다.

➜ $1\frac{1}{4}+1\frac{2}{4}+1\frac{3}{4}=2\frac{3}{4}+1\frac{3}{4}=3\frac{6}{4}=4\frac{2}{4}$

10

채점 기준			
채점 기준	❶ ㉠, ㉡, ㉢의 계산 결과를 각각 구한 경우	4점	5점
	❷ 계산 결과가 작은 것부터 차례로 기호를 쓴 경우	1점	

11

채점 기준			
채점 기준	❶ ㉠, ㉡, ㉢의 계산 결과를 각각 구한 경우	4점	5점
	❷ 계산 결과가 큰 것부터 차례로 기호를 쓴 경우	1점	

4회 개념 학습 18~19쪽

확인 4, 1, 2, 1

1 3

2 11, 5, 6, 1, 2

3 31, 9, 22 / 22, 2, 6

4 (1) 9, 3, 6 (2) 1, 2, 1, 2

5 (1) $\frac{2}{9}$ (2) $2\frac{2}{5}\left(=\frac{12}{5}\right)$

6 예 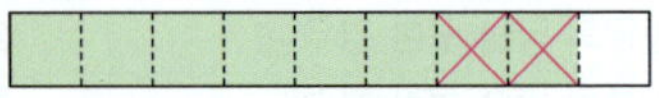 / 6

1 $\dfrac{5}{8}-\dfrac{2}{8}=\dfrac{5-2}{8}=\dfrac{3}{8}$

2 $2\dfrac{3}{4}=\dfrac{11}{4}$이므로 $\dfrac{1}{4}$씩 11칸 이동하고,

$1\dfrac{1}{4}=\dfrac{5}{4}$이므로 $\dfrac{1}{4}$씩 5칸 되돌아왔습니다.

→ $\dfrac{1}{4}$씩 $11-5=6$(칸) 이동한 것과 같습니다.

3 $3\dfrac{7}{8}=\dfrac{31}{8}$이므로 $\dfrac{1}{8}$이 31개, $1\dfrac{1}{8}=\dfrac{9}{8}$이므로 $\dfrac{1}{8}$이 9개입니다.

→ $3\dfrac{7}{8}-1\dfrac{1}{8}=\dfrac{31}{8}-\dfrac{9}{8}=\dfrac{22}{8}=2\dfrac{6}{8}$

4 (1) 분모는 그대로 두고 분자끼리 뺍니다.
(2) 자연수 부분끼리 빼고, 분수 부분끼리 뺍니다.

5 (1) $\dfrac{5}{9}-\dfrac{3}{9}=\dfrac{5-3}{9}=\dfrac{2}{9}$

(2) $4\dfrac{3}{5}-2\dfrac{1}{5}=(4-2)+\left(\dfrac{3}{5}-\dfrac{1}{5}\right)$

$=2+\dfrac{2}{5}=2\dfrac{2}{5}$

6 $\dfrac{8}{9}$만큼 색칠한 것에서 $\dfrac{2}{9}$만큼 ×표 합니다.

C **4**회 **문제 학습** 20~21쪽

01 $\dfrac{6}{13}$

02

$6\dfrac{8}{9}-5\dfrac{4}{9}$	$4\dfrac{6}{9}-3\dfrac{4}{9}$
$3\dfrac{5}{9}-2\dfrac{3}{9}$	$5\dfrac{7}{9}-3\dfrac{5}{9}$

03 $>$　　　　**04** (예) $\dfrac{7}{8},\ \dfrac{6}{8},\ \dfrac{1}{8}$

05 $5\dfrac{8}{10}-3\dfrac{6}{10}=2\dfrac{2}{10}$ 또는 $5\dfrac{8}{10}-3\dfrac{6}{10}$

　　／ $2\dfrac{2}{10}$ kg

06 $\dfrac{2}{5}$컵　　　　**07** $3\dfrac{6}{11}$

08 마트, $1\dfrac{3}{8}$ km　　**09** $2\dfrac{2}{7}$

---

10 $\dfrac{2}{9},\ \dfrac{5}{9}$

11 ❶ $6,\ \dfrac{2}{6},\ \dfrac{5}{6}$　❷ $\dfrac{5}{6},\ \dfrac{2}{6},\ \dfrac{3}{6}$　　답 $\dfrac{3}{6}$

12 ❶ 작은 눈금 한 칸의 크기는 $\dfrac{1}{5}$이므로

㉠$=1\dfrac{1}{5}$, ㉡$=2\dfrac{3}{5}$입니다.

❷ 따라서 ㉠과 ㉡이 나타내는 수의 차는

$2\dfrac{3}{5}-1\dfrac{1}{5}=1\dfrac{2}{5}$입니다.　　답 $1\dfrac{2}{5}$

01 $\dfrac{11}{13}-\dfrac{5}{13}=\dfrac{11-5}{13}=\dfrac{6}{13}$

02 ・$6\dfrac{8}{9}-5\dfrac{4}{9}=1+\dfrac{4}{9}=1\dfrac{4}{9}$

・$4\dfrac{6}{9}-3\dfrac{4}{9}=1+\dfrac{2}{9}=1\dfrac{2}{9}$

・$3\dfrac{5}{9}-2\dfrac{3}{9}=1+\dfrac{2}{9}=1\dfrac{2}{9}$

・$5\dfrac{7}{9}-3\dfrac{5}{9}=2+\dfrac{2}{9}=2\dfrac{2}{9}$

03 ・$5\dfrac{3}{7}-2\dfrac{1}{7}=3+\dfrac{2}{7}=3\dfrac{2}{7}$

・$4\dfrac{5}{7}-1\dfrac{4}{7}=3+\dfrac{1}{7}=3\dfrac{1}{7}$

→ $3\dfrac{2}{7}>3\dfrac{1}{7}$

04 $\dfrac{7}{8}-\dfrac{3}{8}=\dfrac{7-3}{8}=\dfrac{4}{8}$, $\dfrac{6}{8}-\dfrac{3}{8}=\dfrac{6-3}{8}=\dfrac{3}{8}$,

$\dfrac{7}{8}-\dfrac{6}{8}=\dfrac{7-6}{8}=\dfrac{1}{8}$

05 (오른쪽 상자의 무게)−(왼쪽 상자의 무게)

$=5\dfrac{8}{10}-3\dfrac{6}{10}=2+\dfrac{2}{10}=2\dfrac{2}{10}$ (kg)

06 (필요한 밀가루의 양)−(필요한 김치의 양)

$=1\dfrac{3}{5}-1\dfrac{1}{5}=\dfrac{8}{5}-\dfrac{6}{5}=\dfrac{2}{5}$(컵)

07 $5\dfrac{7}{11}-\square=2\dfrac{1}{11}$, $\square=5\dfrac{7}{11}-2\dfrac{1}{11}=3\dfrac{6}{11}$

08 $2\dfrac{5}{8}>1\dfrac{2}{8}$이므로 윤서네 집에서 더 가까운 곳은 마트이고, $2\dfrac{5}{8}-1\dfrac{2}{8}=1+\dfrac{3}{8}=1\dfrac{3}{8}$ (km) 더 가깝습니다.

1
단원
개념북

09 어떤 대분수를 □라고 하면 $\Box+3\dfrac{4}{7}=5\dfrac{6}{7}$입니다.

➡ $\Box=5\dfrac{6}{7}-3\dfrac{4}{7}=2+\dfrac{2}{7}=2\dfrac{2}{7}$이므로 어떤 대분수는 $2\dfrac{2}{7}$입니다.

10 분모가 같은 진분수의 덧셈과 뺄셈은 분모는 그대로 두고 분자끼리 계산합니다.

분모가 9인 진분수 중에서 분자끼리의 합이 7인 경우는 분자가 각각 1과 6, 2와 5, 3과 4일 때이고, 이 중 분자끼리의 차가 3인 경우는 2와 5입니다.

➡ 서진이와 다은이가 설명하는 두 진분수는 $\dfrac{2}{9}$, $\dfrac{5}{9}$입니다.

11

채점 기준			
❶ ㉠과 ㉡이 나타내는 수를 각각 구한 경우	2점		5점
❷ ㉠과 ㉡이 나타내는 수의 차를 구한 경우	3점		

12

채점 기준			
❶ ㉠과 ㉡이 나타내는 수를 각각 구한 경우	2점		5점
❷ ㉠과 ㉡이 나타내는 수의 차를 구한 경우	3점		

5회 개념 학습　　　22~23쪽

[확인] 7, 3

1 2, 3, 2, 2　　　　**2** 8, 6, 2

3 36, 14, 22 / 22, 2, 4

4 (1) 2, 3　(2) 3, 6, 1, 1, 1, 1

　(3) 24, 11, 13, 1, 5

5 $8-4\dfrac{1}{5}=\dfrac{40}{5}-\dfrac{21}{5}=\dfrac{19}{5}=3\dfrac{4}{5}$

6 (1) $\dfrac{1}{8}$　(2) $1\dfrac{1}{2}\left(=\dfrac{3}{2}\right)$

1 3에서 1만큼을 $\dfrac{3}{3}$으로 바꾸어 뺍니다.

2 $2=\dfrac{8}{4}$이므로 $\dfrac{1}{4}$씩 8칸 이동하고,

$1\dfrac{2}{4}=\dfrac{6}{4}$이므로 $\dfrac{1}{4}$씩 6칸 되돌아왔습니다.

➡ $\dfrac{1}{4}$씩 $8-6=2$(칸) 이동한 것과 같습니다.

3 $4=\dfrac{36}{9}$이므로 $\dfrac{1}{9}$이 36개, $1\dfrac{5}{9}=\dfrac{14}{9}$이므로 $\dfrac{1}{9}$이 14개입니다. ➡ $4-1\dfrac{5}{9}=\dfrac{36}{9}-\dfrac{14}{9}=\dfrac{22}{9}=2\dfrac{4}{9}$

5 (보기)는 자연수와 대분수를 가분수로 바꾸어 빼는 방법입니다.

6 (1) $1-\dfrac{7}{8}=\dfrac{8}{8}-\dfrac{7}{8}=\dfrac{8-7}{8}=\dfrac{1}{8}$

(2) $5-3\dfrac{1}{2}=4\dfrac{2}{2}-3\dfrac{1}{2}=1+\dfrac{1}{2}=1\dfrac{1}{2}$

5회 문제 학습　　　24~25쪽

01 $\dfrac{2}{5}$, $4\dfrac{3}{8}$　　　**02** (선 잇기)

03 (예) $8-1\dfrac{6}{10}=7\dfrac{10}{10}-1\dfrac{6}{10}=6\dfrac{4}{10}$

/ (예) $8-1\dfrac{6}{10}=\dfrac{80}{10}-\dfrac{16}{10}=\dfrac{64}{10}=6\dfrac{4}{10}$

04 $9-1\dfrac{2}{5}=8\dfrac{5}{5}-1\dfrac{2}{5}=7\dfrac{3}{5}$

05 $1\dfrac{1}{8}$ kg　　　**06** 1, 3, 2

07 (예) 

/ $1\dfrac{3}{4}$, $\dfrac{1}{4}$

08 $3\dfrac{5}{6}$　　　　　**09** $2\dfrac{7}{10}$

10 ❶ 1, 5, 2, 4, 4, 7, 2, 2　❷ 새미　　[답] 새미

11 ❶ 수 카드에 적힌 두 수의 차를 각각 구하면

재현이는 $8-5\dfrac{9}{11}=2\dfrac{2}{11}$,

수린이는 $3-\dfrac{6}{11}=2\dfrac{5}{11}$입니다.

❷ 따라서 수 카드에 적힌 두 수의 차가 더 작은 사람은 재현입니다.　　[답] 재현

01 • $1-\dfrac{3}{5}=\dfrac{5}{5}-\dfrac{3}{5}=\dfrac{2}{5}$

• $8-3\dfrac{5}{8}=7\dfrac{8}{8}-3\dfrac{5}{8}=4\dfrac{3}{8}$

02 $\cdot\,2-\dfrac{2}{7}=\dfrac{14}{7}-\dfrac{2}{7}=\dfrac{12}{7}=1\dfrac{5}{7}$

$\cdot\,4-\dfrac{8}{7}=\dfrac{28}{7}-\dfrac{8}{7}=\dfrac{20}{7}=2\dfrac{6}{7}$

$\cdot\,3-2\dfrac{4}{7}=\dfrac{21}{7}-\dfrac{18}{7}=\dfrac{3}{7}$

03 **방법 1** 자연수에서 1만큼을 가분수로 바꾸어 자연수 부분끼리 빼고, 분수 부분끼리 뺍니다.

방법 2 자연수와 대분수를 가분수로 바꾸어 뺍니다.

04 9에서 1만큼을 $\dfrac{5}{5}$로 바꾸어 $8\dfrac{5}{5}$로 나타내야 하는데 $9\dfrac{5}{5}$로 나타내어 잘못 계산했습니다.

05 (남은 찰흙의 양)

　=(처음에 있던 찰흙의 양)$-$(사용한 찰흙의 양)

　$=3-1\dfrac{7}{8}=2\dfrac{8}{8}-1\dfrac{7}{8}=1\dfrac{1}{8}$ (kg)

06 $\cdot\,4-\dfrac{5}{6}=3\dfrac{6}{6}-\dfrac{5}{6}=3\dfrac{1}{6}$

$\cdot\,9-\dfrac{15}{6}=\dfrac{54}{6}-\dfrac{15}{6}=\dfrac{39}{6}=6\dfrac{3}{6}$

$\cdot\,7-1\dfrac{3}{6}=6\dfrac{6}{6}-1\dfrac{3}{6}=5\dfrac{3}{6}$

➜ $3\dfrac{1}{6}<5\dfrac{3}{6}<6\dfrac{3}{6}$

07 1 m가 4칸으로 나누어져 있으므로 한 칸의 길이는 $\dfrac{1}{4}$ m입니다.

2에서 1만큼을 $\dfrac{4}{4}$로 바꾸어 사용할 색 테이프의 길이만큼을 뺍니다.

➜ $2-1\dfrac{3}{4}=1\dfrac{4}{4}-1\dfrac{3}{4}=\dfrac{1}{4}$ (m)

08 수의 크기를 비교하면 $6>5>3\dfrac{5}{6}>2\dfrac{1}{6}$입니다.

➜ $6-2\dfrac{1}{6}=5\dfrac{6}{6}-2\dfrac{1}{6}=3\dfrac{5}{6}$

09 ㉠$=1\dfrac{5}{10}+2\dfrac{5}{10}=3\dfrac{10}{10}=4$,

㉡$=1\dfrac{9}{10}-\dfrac{6}{10}=1\dfrac{3}{10}$

➜ ㉠$-$㉡$=4-1\dfrac{3}{10}=3\dfrac{10}{10}-1\dfrac{3}{10}=2\dfrac{7}{10}$

10

채점 기준		
❶ 수 카드에 적힌 두 수의 차를 각각 구한 경우	4점	5점
❷ 수 카드에 적힌 두 수의 차가 더 큰 사람을 쓴 경우	1점	

11

채점 기준		
❶ 수 카드에 적힌 두 수의 차를 각각 구한 경우	4점	5점
❷ 수 카드에 적힌 두 수의 차가 더 작은 사람을 쓴 경우	1점	

6회 개념 학습　　　26~27쪽

확인 (1) 4, 2　(2) 7, 4

1 2, 11, 1, 5　　　　**2** 14, 11, 3

3 13, 7, 6 / 6, 1, 2

4 (1) 8, 4, 1, 4　(2) 18, 9, 9, 1, 4

5 (1) $2\dfrac{8}{9}\left(=\dfrac{26}{9}\right)$　(2) $1\dfrac{5}{8}\left(=\dfrac{13}{8}\right)$

6 $4\dfrac{2}{7}-2\dfrac{5}{7}=\dfrac{30}{7}-\dfrac{19}{7}=\dfrac{11}{7}=1\dfrac{4}{7}$

---

1 분수 부분끼리 뺄 수 없으므로 $3\dfrac{3}{8}$에서 1만큼을 $\dfrac{8}{8}$로 바꾸어 $2\dfrac{11}{8}$로 나타낸 다음 자연수 부분끼리 빼고, 분수 부분끼리 뺍니다.

2 $2\dfrac{2}{6}=\dfrac{14}{6}$이므로 $\dfrac{1}{6}$씩 14칸 이동하고, $1\dfrac{5}{6}=\dfrac{11}{6}$이므로 $\dfrac{1}{6}$씩 11칸 되돌아왔습니다.

➜ $\dfrac{1}{6}$씩 $14-11=3$(칸) 이동한 것과 같습니다.

3 $3\dfrac{1}{4}=\dfrac{13}{4}$이므로 $\dfrac{1}{4}$이 13개, $1\dfrac{3}{4}=\dfrac{7}{4}$이므로 $\dfrac{1}{4}$이 7개입니다.

➜ $3\dfrac{1}{4}-1\dfrac{3}{4}=\dfrac{13}{4}-\dfrac{7}{4}=\dfrac{6}{4}=1\dfrac{2}{4}$

5 (1) $4\dfrac{5}{9}-1\dfrac{6}{9}=3\dfrac{14}{9}-1\dfrac{6}{9}=2+\dfrac{8}{9}=2\dfrac{8}{9}$

(2) $5\dfrac{2}{8}-3\dfrac{5}{8}=4\dfrac{10}{8}-3\dfrac{5}{8}=1+\dfrac{5}{8}=1\dfrac{5}{8}$

6 대분수를 가분수로 바꾸어 분모는 그대로 두고 분자끼리 뺍니다.

6회 문제 학습

01 $3\dfrac{5}{12}$

02 도현

03 $4\dfrac{3}{5}$, $2\dfrac{4}{5}$

04 $5\dfrac{2}{7}-2\dfrac{4}{7}$

05 $2\dfrac{4}{10}$ cm / $1\dfrac{3}{10}$ cm

06 ㉡

07 예 주전자에 물이 $2\dfrac{1}{4}$ L 있었습니다. 이 중 $1\dfrac{2}{4}$ L 를 마셨다면 주전자에 남은 물은 몇 L일까요? / $2\dfrac{1}{4}-1\dfrac{2}{4}=\dfrac{3}{4}$ 또는 $2\dfrac{1}{4}-1\dfrac{2}{4}$ / $\dfrac{3}{4}$ L

08 3개, $\dfrac{3}{8}$ m

09 $7\dfrac{5}{11}$, $5\dfrac{8}{11}$, $1\dfrac{8}{11}$

10 ❶ $>$, 채원

❷ 4, 3, 2, 4, 1, 4, 1, 4　　답 채원, $1\dfrac{4}{5}$ m

11 ❶ 분수의 크기를 비교하면 $5\dfrac{2}{5}>3\dfrac{3}{5}$이므로 수박이 더 무겁습니다.

❷ $5\dfrac{2}{5}-3\dfrac{3}{5}=4\dfrac{7}{5}-3\dfrac{3}{5}=1\dfrac{4}{5}$이므로 $1\dfrac{4}{5}$ kg 더 무겁습니다.　　답 수박, $1\dfrac{4}{5}$ kg

---

01 큰 수에서 작은 수를 뺍니다.
$$8\dfrac{4}{12}-4\dfrac{11}{12}=7\dfrac{16}{12}-4\dfrac{11}{12}=3\dfrac{5}{12}$$

02 • 도현: $5\dfrac{5}{9}-2\dfrac{7}{9}=4\dfrac{14}{9}-2\dfrac{7}{9}=2\dfrac{7}{9}$

• 예나: $4\dfrac{1}{9}-1\dfrac{8}{9}=3\dfrac{10}{9}-1\dfrac{8}{9}=2\dfrac{2}{9}$

03 $10\dfrac{1}{5}-5\dfrac{3}{5}=9\dfrac{6}{5}-5\dfrac{3}{5}=4\dfrac{3}{5}$,

$4\dfrac{3}{5}-1\dfrac{4}{5}=3\dfrac{8}{5}-1\dfrac{4}{5}=2\dfrac{4}{5}$

04 • $6\dfrac{1}{7}-4\dfrac{3}{7}=5\dfrac{8}{7}-4\dfrac{3}{7}=1\dfrac{5}{7}$

• $5\dfrac{2}{7}-2\dfrac{4}{7}=4\dfrac{9}{7}-2\dfrac{4}{7}=2\dfrac{5}{7}$

• $3\dfrac{5}{7}-2\dfrac{6}{7}=2\dfrac{12}{7}-2\dfrac{6}{7}=\dfrac{6}{7}$

05 • 가로: $15\dfrac{1}{10}-12\dfrac{7}{10}=14\dfrac{11}{10}-12\dfrac{7}{10}$
$$=2\dfrac{4}{10} \text{ (cm)}$$

• 세로: $10\dfrac{2}{10}-8\dfrac{9}{10}=9\dfrac{12}{10}-8\dfrac{9}{10}=1\dfrac{3}{10}$ (cm)

06 ㉠ $6\dfrac{1}{8}-2\dfrac{3}{8}=5\dfrac{9}{8}-2\dfrac{3}{8}=3\dfrac{6}{8}$

㉡ $7\dfrac{2}{8}-\dfrac{29}{8}=\dfrac{58}{8}-\dfrac{29}{8}=\dfrac{29}{8}=3\dfrac{5}{8}$

㉢ $6\dfrac{3}{8}-1\dfrac{7}{8}=5\dfrac{11}{8}-1\dfrac{7}{8}=4\dfrac{4}{8}$

➜ ㉡ $3\dfrac{5}{8}<$ ㉠ $3\dfrac{6}{8}<$ ㉢ $4\dfrac{4}{8}$이므로 계산 결과가 가장 작은 것은 ㉡입니다.

07 주어진 말을 넣어 알맞은 뺄셈 문제를 만들고, 뺄셈식을 세워 답을 구합니다.

08 $4\dfrac{1}{8}-1\dfrac{2}{8}=3\dfrac{9}{8}-1\dfrac{2}{8}=2\dfrac{7}{8}$, $2\dfrac{7}{8}-1\dfrac{2}{8}=1\dfrac{5}{8}$,

$1\dfrac{5}{8}-1\dfrac{2}{8}=\dfrac{3}{8}$이므로 인형을 3개까지 만들 수 있고, $\dfrac{3}{8}$ m가 남습니다.

09 • $10\dfrac{2}{11}-7\dfrac{5}{11}=9\dfrac{13}{11}-7\dfrac{5}{11}=2\dfrac{8}{11}$

• $10\dfrac{2}{11}-5\dfrac{8}{11}=9\dfrac{13}{11}-5\dfrac{8}{11}=4\dfrac{5}{11}$

• $7\dfrac{5}{11}-5\dfrac{8}{11}=6\dfrac{16}{11}-5\dfrac{8}{11}=1\dfrac{8}{11}$

➜ $1\dfrac{8}{11}<2\dfrac{8}{11}<4\dfrac{5}{11}$이므로 차가 가장 작은 뺄셈식은 $7\dfrac{5}{11}-5\dfrac{8}{11}=1\dfrac{8}{11}$입니다.

참고 차가 가장 작은 두 대분수를 찾을 때는 먼저 자연수 부분끼리의 차가 가장 작은 경우를 찾아 계산해 봅니다.

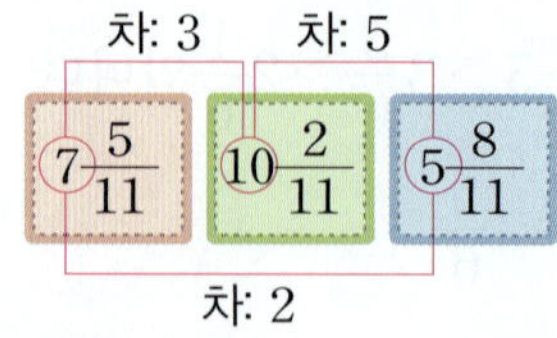

10

채점 기준		
❶ 누가 찬 공이 더 멀리 날아갔는지 구한 경우	2점	5점
❷ 몇 m 더 멀리 날아갔는지 구한 경우	3점	

11

채점 기준		
❶ 어느 과일이 더 무거운지 구한 경우	2점	5점
❷ 몇 kg 더 무거운지 구한 경우	3점	

1 1단계 $2\dfrac{4}{11}$　　2단계 3

1-1 8　　**1-2** 10

2 1단계 $5\dfrac{4}{12}$　　2단계 $1\dfrac{11}{12}$

2-1 $15\dfrac{1}{6}$　　**2-2** $4\dfrac{2}{9}$

3 1단계 $6\,\mathrm{m}$　　2단계 $5\dfrac{5}{8}\,\mathrm{m}$

3-1 $10\dfrac{3}{4}\,\mathrm{cm}$　　**3-2** $23\dfrac{6}{10}\,\mathrm{cm}$

4 1단계 $6\dfrac{5}{9}$　　2단계 $3\dfrac{4}{9}$

3단계 $3\dfrac{1}{9}$

4-1 $1\dfrac{1}{8}$　　**4-2** $9,\ 3\dfrac{6}{7}\ /\ 5\dfrac{1}{7}$

---

1 1단계 $4\dfrac{3}{11}-1\dfrac{10}{11}=3\dfrac{14}{11}-1\dfrac{10}{11}=2\dfrac{4}{11}$

2단계 $4\dfrac{3}{11}-1\dfrac{10}{11}<\square \Rightarrow 2\dfrac{4}{11}<\square$

따라서 □ 안에 들어갈 수 있는 자연수 중에서 가장 작은 수는 3입니다.

1-1 $2\dfrac{5}{8}+4\dfrac{7}{8}=6+\dfrac{12}{8}=6+1\dfrac{4}{8}=7\dfrac{4}{8}$

$2\dfrac{5}{8}+4\dfrac{7}{8}<\square \Rightarrow 7\dfrac{4}{8}<\square$

따라서 □ 안에 들어갈 수 있는 자연수 중에서 가장 작은 수는 8입니다.

1-2 $3\dfrac{4}{7}-1\dfrac{6}{7}=2\dfrac{11}{7}-1\dfrac{6}{7}=1\dfrac{5}{7}$이므로

$1\dfrac{5}{7}>1\dfrac{\square}{7}$에서 $5>\square$입니다.

따라서 □ 안에 들어갈 수 있는 자연수는 1, 2, 3, 4이므로 그 합은 $1+2+3+4=10$입니다.

2 1단계 어떤 대분수를 □라고 하면

$\square+3\dfrac{5}{12}=8\dfrac{9}{12}$,

$\square=8\dfrac{9}{12}-3\dfrac{5}{12}=5\dfrac{4}{12}$입니다.

2단계 $5\dfrac{4}{12}-3\dfrac{5}{12}=4\dfrac{16}{12}-3\dfrac{5}{12}=1\dfrac{11}{12}$

2-1 어떤 대분수를 □라고 하면 $\square-3\dfrac{4}{6}=7\dfrac{5}{6}$,

$\square=7\dfrac{5}{6}+3\dfrac{4}{6}=10+\dfrac{9}{6}=10+1\dfrac{3}{6}=11\dfrac{3}{6}$입니다. 따라서 바르게 계산하면

$11\dfrac{3}{6}+3\dfrac{4}{6}=14+\dfrac{7}{6}=14+1\dfrac{1}{6}=15\dfrac{1}{6}$입니다.

2-2 어떤 대분수를 □라고 하면 $\square+1\dfrac{8}{9}=8$,

$\square=8-1\dfrac{8}{9}=7\dfrac{9}{9}-1\dfrac{8}{9}=6\dfrac{1}{9}$입니다.

따라서 바르게 계산하면

$6\dfrac{1}{9}-1\dfrac{8}{9}=5\dfrac{10}{9}-1\dfrac{8}{9}=4\dfrac{2}{9}$입니다.

3 1단계 (색 테이프 2장의 길이의 합)$=3+3=6\,(\mathrm{m})$

2단계 (이어 붙인 색 테이프의 전체 길이)

$=6-\dfrac{3}{8}=5\dfrac{8}{8}-\dfrac{3}{8}=5\dfrac{5}{8}\,(\mathrm{m})$

3-1 (색 테이프 2장의 길이의 합)

$=6\dfrac{1}{4}+6\dfrac{1}{4}=12\dfrac{2}{4}\,(\mathrm{cm})$

$\Rightarrow$ (이어 붙인 색 테이프의 전체 길이)

$=12\dfrac{2}{4}-1\dfrac{3}{4}=11\dfrac{6}{4}-1\dfrac{3}{4}=10\dfrac{3}{4}\,(\mathrm{cm})$

3-2 • (색 테이프 3장의 길이의 합)

$=9+9+9=27\,(\mathrm{cm})$

• (겹쳐진 부분의 길이의 합)

$=1\dfrac{7}{10}+1\dfrac{7}{10}=2+\dfrac{14}{10}$

$=2+1\dfrac{4}{10}=3\dfrac{4}{10}\,(\mathrm{cm})$

$\Rightarrow$ (이어 붙인 색 테이프의 전체 길이)

$=27-3\dfrac{4}{10}=26\dfrac{10}{10}-3\dfrac{4}{10}=23\dfrac{6}{10}\,(\mathrm{cm})$

4 1단계 분모가 9인 대분수를 만들어야 하므로 분모에 9를 놓고, 남은 수 중 가장 큰 수인 6을 자연수 부분에, 두 번째로 큰 수인 5를 분자에 놓습니다.

2단계 분모가 9인 대분수를 만들어야 하므로 분모에 9를 놓고, 남은 수 중 가장 작은 수인 3을 자연수 부분에, 두 번째로 작은 수인 4를 분자에 놓습니다.

3단계 $6\dfrac{5}{9}-3\dfrac{4}{9}=3\dfrac{1}{9}$

4-1 분모가 8인 진분수를 만들어야 하므로 분모에 8을 놓습니다.

분자가 클수록 큰 수이므로 만들 수 있는 가장 큰 진분수는 $\dfrac{7}{8}$, 가장 작은 진분수는 $\dfrac{2}{8}$입니다.

$$\rightarrow \dfrac{7}{8}+\dfrac{2}{8}=\dfrac{9}{8}=1\dfrac{1}{8}$$

4-2 차가 가장 크려면 가장 큰 자연수에서 가장 작은 대분수를 뺍니다.

가장 큰 자연수: 9, 가장 작은 대분수: $3\dfrac{6}{7}$

$$\rightarrow 9-3\dfrac{6}{7}=8\dfrac{7}{7}-3\dfrac{6}{7}=5\dfrac{1}{7}$$

8회 마무리 평가 34~37쪽

01 12, 1, 4

02 3, 4, 5, 5, 5, 5

03 3, 7, 1, 3

04 $4\dfrac{11}{14}\left(=\dfrac{67}{14}\right)$

05 $4\dfrac{1}{9}$

06 $\dfrac{2}{7}$

07 (○) (　) (　)

08 <

09 $6\dfrac{2}{13}-2\dfrac{5}{13}=5\dfrac{15}{13}-2\dfrac{5}{13}=3\dfrac{10}{13}$

10 (　) (　) (○)

11 $1\dfrac{6}{8}+1\dfrac{5}{8}=3\dfrac{3}{8}$ 또는 $1\dfrac{6}{8}+1\dfrac{5}{8}$ / $3\dfrac{3}{8}$ L

12 ❶ ㉠ $\dfrac{1}{14}$이 11개인 수는 $\dfrac{11}{14}$이고, ㉡ $\dfrac{1}{14}$이 8개인 수는 $\dfrac{8}{14}$입니다.

❷ 따라서 ㉠과 ㉡이 나타내는 수의 차는 $\dfrac{11}{14}-\dfrac{8}{14}=\dfrac{11-8}{14}=\dfrac{3}{14}$입니다.　답 $\dfrac{3}{14}$

13 $2\dfrac{2}{12}$

14 ㉣, ㉢, ㉠, ㉡

15 $1\dfrac{2}{7}$

16 $7\dfrac{1}{9}$

17 서진

18 $11\dfrac{3}{10}$ cm

19 $1\dfrac{6}{8}$ m

20 ❶ $\dfrac{2}{6}+\dfrac{\square}{6}=\dfrac{2+\square}{6}$이고, $1\dfrac{1}{6}=\dfrac{7}{6}$이므로 $2+\square<7$에서 $\square$ 안에는 5보다 작은 수가 들어갈 수 있습니다.

❷ 따라서 $\square$ 안에 들어갈 수 있는 자연수는 1, 2, 3, 4입니다.　답 1, 2, 3, 4

21 $\dfrac{3}{4}$ kg

22 $9\dfrac{2}{5}$ cm

23 6, 9 / $\dfrac{12}{15}$

24 자전거 타기, $\dfrac{3}{6}$ 시간

25 ❶ (자전거 타기와 기타 연습을 한 시간)
$=1\dfrac{4}{6}+1\dfrac{1}{6}=2\dfrac{5}{6}$ (시간)

❷ (숙제를 한 시간)
$=3\dfrac{4}{6}-$ (자전거 타기와 기타 연습을 한 시간)
$=3\dfrac{4}{6}-2\dfrac{5}{6}=2\dfrac{10}{6}-2\dfrac{5}{6}=\dfrac{5}{6}$ (시간)

답 $\dfrac{5}{6}$ 시간

01 $\dfrac{1}{8}$씩 5칸 이동하고, $\dfrac{1}{8}$씩 7칸 더 이동했습니다.

$\rightarrow \dfrac{1}{8}$씩 $5+7=12$(칸) 이동한 것과 같습니다.

04 $5-\dfrac{3}{14}=4\dfrac{14}{14}-\dfrac{3}{14}=4\dfrac{11}{14}$

05 $1\dfrac{3}{9}+2\dfrac{7}{9}=3+\dfrac{10}{9}=3+1\dfrac{1}{9}=4\dfrac{1}{9}$

06 $\dfrac{6}{7}-\dfrac{4}{7}=\dfrac{6-4}{7}=\dfrac{2}{7}$

07 • $2-\dfrac{1}{10}=1\dfrac{10}{10}-\dfrac{1}{10}=1\dfrac{9}{10}$

• $\dfrac{3}{10}+\dfrac{8}{10}=\dfrac{11}{10}=1\dfrac{1}{10}$

• $3\dfrac{5}{10}-2\dfrac{4}{10}=1\dfrac{1}{10}$

08 • $3\dfrac{3}{5}-\dfrac{7}{5}=\dfrac{18}{5}-\dfrac{7}{5}=\dfrac{11}{5}=2\dfrac{1}{5}$

• $4-1\dfrac{3}{5}=3\dfrac{5}{5}-1\dfrac{3}{5}=2\dfrac{2}{5}$

$\rightarrow 2\dfrac{1}{5}<2\dfrac{2}{5}$

09 $6\frac{2}{13}$의 자연수에서 1만큼을 $\frac{13}{13}$으로 바꾸어 $5\frac{15}{13}$로 나타내야 하는데 $6\frac{15}{13}$로 나타내어 잘못 계산했습니다.

10 • $1\frac{5}{9}+1\frac{7}{9}=2+\frac{12}{9}=2+1\frac{3}{9}=3\frac{3}{9}$

• $3-1\frac{1}{4}=2\frac{4}{4}-1\frac{1}{4}=1\frac{3}{4}$

• $4\frac{3}{6}-1\frac{4}{6}=3\frac{9}{6}-1\frac{4}{6}=2\frac{5}{6}$

11 (어항에 담긴 물의 양)
= (처음 어항에 담겨 있던 물의 양)
　　+ (더 넣은 물의 양)
$=1\frac{6}{8}+1\frac{5}{8}=\frac{14}{8}+\frac{13}{8}=\frac{27}{8}=3\frac{3}{8}$ (L)

12

채점기준	❶ ㉠과 ㉡이 나타내는 수를 각각 구한 경우	2점	
	❷ ㉠과 ㉡이 나타내는 수의 차를 구한 경우	2점	4점

13 $3\frac{7}{12}-\square=1\frac{5}{12}$ ➡ $\square=3\frac{7}{12}-1\frac{5}{12}=2\frac{2}{12}$

14 ㉠ $\frac{7}{11}-\frac{2}{11}=\frac{5}{11}$　　㉡ $\frac{6}{11}-\frac{3}{11}=\frac{3}{11}$

㉢ $\frac{10}{11}-\frac{4}{11}=\frac{6}{11}$　　㉣ $\frac{8}{11}-\frac{1}{11}=\frac{7}{11}$

➡ ㉣ $\frac{7}{11}>$ ㉢ $\frac{6}{11}>$ ㉠ $\frac{5}{11}>$ ㉡ $\frac{3}{11}$

15 어떤 대분수를 $\square$라고 하면 $\square-\frac{4}{7}=\frac{5}{7}$입니다.

➡ $\square=\frac{5}{7}+\frac{4}{7}=\frac{9}{7}=1\frac{2}{7}$이므로 어떤 대분수는 $1\frac{2}{7}$입니다.

16 $\frac{21}{9}=2\frac{3}{9}$이므로 $4\frac{3}{9}>2\frac{7}{9}>\frac{21}{9}$입니다.

➡ (가장 큰 분수와 두 번째로 큰 분수의 합)
$=4\frac{3}{9}+2\frac{7}{9}=6+\frac{10}{9}=6+1\frac{1}{9}=7\frac{1}{9}$

17 • 서진: $3\frac{1}{5}+3\frac{4}{5}=6+\frac{5}{5}=6+1=7$

• 채아: $9\frac{2}{5}-2\frac{3}{5}=8\frac{7}{5}-2\frac{3}{5}=6\frac{4}{5}$

➡ $7>6\frac{4}{5}$

18 $2\frac{3}{10}+3\frac{6}{10}=5+\frac{9}{10}=5\frac{9}{10}$,

$5\frac{9}{10}+5\frac{4}{10}=10+\frac{13}{10}=10+1\frac{3}{10}=11\frac{3}{10}$

➡ 삼각형의 세 변의 길이의 합은 $11\frac{3}{10}$ cm입니다.

19 (은행나무의 높이)
= (소나무의 높이)$+1\frac{3}{8}$
$=2\frac{7}{8}+1\frac{3}{8}=3+\frac{10}{8}=3+1\frac{2}{8}=4\frac{2}{8}$ (m)

➡ (단풍나무의 높이)
= (은행나무의 높이)$-2\frac{4}{8}$
$=4\frac{2}{8}-2\frac{4}{8}=3\frac{10}{8}-2\frac{4}{8}=1\frac{6}{8}$ (m)

20

채점기준	❶ □ 안에 들어갈 수 있는 수의 조건을 구한 경우	3점	
	❷ □ 안에 들어갈 수 있는 자연수를 모두 구한 경우	1점	4점

21 (잼과 과일청을 만드는 데 사용한 설탕의 양)
$=3\frac{3}{4}+2\frac{2}{4}=5+\frac{5}{4}=5+1\frac{1}{4}=6\frac{1}{4}$ (kg)

➡ (남은 설탕의 양)
$=7-6\frac{1}{4}=6\frac{4}{4}-6\frac{1}{4}=\frac{3}{4}$ (kg)

22 (색 테이프 2장의 길이의 합)
$=5\frac{3}{5}+5\frac{3}{5}=10+\frac{6}{5}=10+1\frac{1}{5}=11\frac{1}{5}$ (cm)

➡ (이어 붙인 색 테이프의 전체 길이)
$=11\frac{1}{5}-1\frac{4}{5}=10\frac{6}{5}-1\frac{4}{5}=9\frac{2}{5}$ (cm)

23 차가 가장 작으려면 빼지는 수는 가장 작고, 빼는 수는 가장 커야 하므로 빼지는 수의 분자에 가장 작은 수인 6을 넣고, 빼는 수의 분자에 가장 큰 수인 9를 넣습니다.

➡ $4\frac{6}{15}-3\frac{9}{15}=3\frac{21}{15}-3\frac{9}{15}=\frac{12}{15}$

24 $1\frac{4}{6}>1\frac{1}{6}$이므로 자전거 타기를
$1\frac{4}{6}-1\frac{1}{6}=\frac{3}{6}$(시간) 더 많이 했습니다.

25

채점기준	❶ 자전거 타기와 기타 연습을 한 시간을 구한 경우	2점	
	❷ 숙제를 한 시간을 구한 경우	2점	4점

2. 삼각형

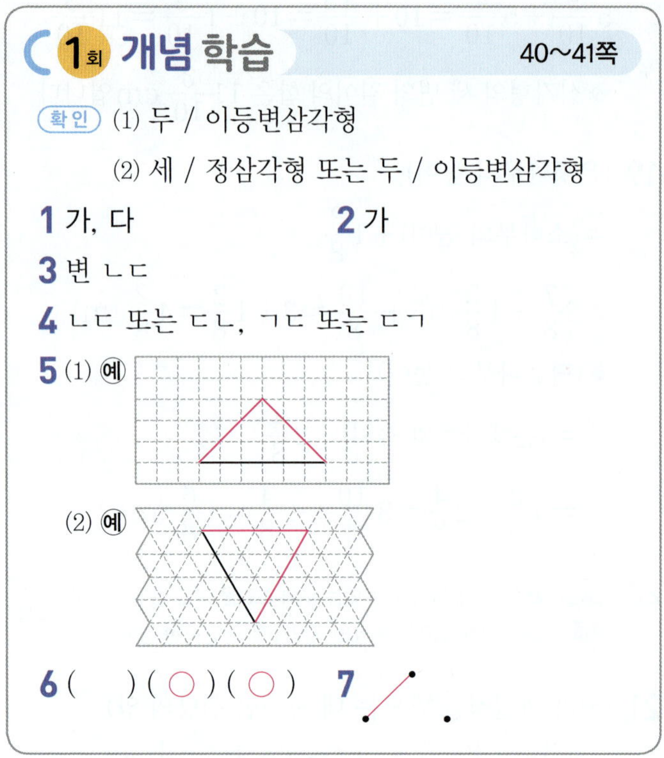

1회 개념 학습 40~41쪽

확인 (1) 두 / 이등변삼각형
　　 (2) 세 / 정삼각형 또는 두 / 이등변삼각형

1 가, 다　　　　**2** 가

3 변 ㄴㄷ

4 ㄴㄷ 또는 ㄷㄴ, ㄱㄷ 또는 ㄷㄱ

5 (1) 예

(2) 예

6 (　)(○)(○)　**7**

---

1 이등변삼각형은 두 변의 길이가 같은 삼각형입니다.
두 변의 길이가 같은 삼각형을 찾으면 **가, 다**입니다.

2 정삼각형은 세 변의 길이가 같은 삼각형입니다.
세 변의 길이가 같은 삼각형을 찾으면 **가**입니다.

3 이등변삼각형은 두 변의 길이가 같습니다.
➜ (변 ㄱㄷ)＝(변 ㄴㄷ)

4 정삼각형은 세 변의 길이가 같습니다.
➜ (변 ㄱㄴ)＝(변 ㄴㄷ)＝(변 ㄱㄷ)

5 (1) 이등변삼각형은 두 변의 길이가 같은 삼각형이므
로 주어진 선분과 길이가 같은 변을 1개 더 그리거
나 나머지 두 변의 길이가 같도록 변을 그립니다.
(2) 정삼각형은 세 변의 길이가 같은 삼각형이므로 주
어진 선분과 길이가 같도록 나머지 두 변을 그립
니다.

6 두 변의 길이가 같은 삼각형을 모두 찾습니다.
참고 세 변의 길이가 같은 삼각형도 이등변삼각형입니다.

4cm　4cm　4cm　4cm　4cm　4cm
　4cm　　　4cm　　　4cm

7 두 변의 길이가 같은 삼각형입니다. ➜ 이등변삼각형

1회 문제 학습 42~43쪽

01 가, 다, 라 / 가, 다　　**02** ㉡

03 (1) 5　(2) 4　　**04** (1) 7　(2) 3, 3

05 예

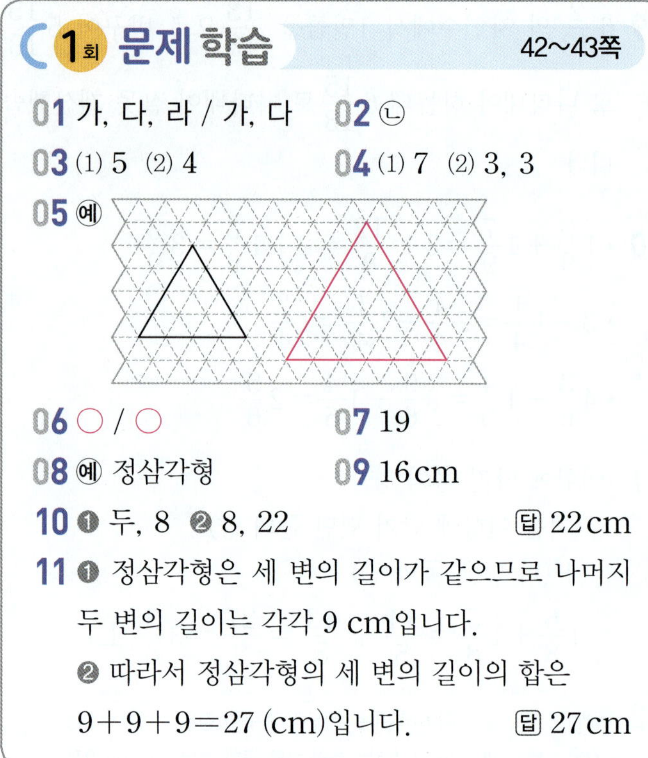

06 ○ / ○　　　　**07** 19

08 예 정삼각형　　**09** 16 cm

10 ❶ 두, 8　❷ 8, 22　　　답 22 cm

11 ❶ 정삼각형은 세 변의 길이가 같으므로 나머지
두 변의 길이는 각각 9 cm입니다.
❷ 따라서 정삼각형의 세 변의 길이의 합은
9＋9＋9＝27 (cm)입니다.　　답 27 cm

---

01 • 이등변삼각형: 두 변의 길이가 같은 삼각형
　　　➜ 가, 다, 라
• 정삼각형: 세 변의 길이가 같은 삼각형 ➜ 가, 다

02 세 변의 길이가 같은 삼각형을 찾으면 ㉡입니다.

03 이등변삼각형은 두 변의 길이가 같습니다.

04 (1) 한 변의 길이가 7 cm인 정삼각형이므로 세 변의
길이는 모두 7 cm입니다.
(2) 한 변의 길이가 3 cm인 정삼각형이므로 세 변의
길이는 모두 3 cm입니다.

05 정삼각형은 세 변의 길이가 같습니다.
주어진 정삼각형은 한 변의 길이가 4칸만큼이므로
한 변의 길이가 4칸보다 더 긴 정삼각형을 그립니다.

06 • 세 변의 길이가 같습니다. ➜ 정삼각형
• 세 변의 길이가 같으므로 두 변의 길이도 같습니다.
　➜ 이등변삼각형

07 철사의 길이는 73 cm이고, 이등변삼각형의 주어진 한
변의 길이는 35 cm입니다.
나머지 두 변의 길이의 합은 73－35＝38 (cm)이고,
이 두 변의 길이는 같으므로 한 변의 길이는
38÷2＝19 (cm)입니다.

08 굽은 선이 없고 변과 꼭짓점이 각각 3개인 도형은 삼각형입니다.

모든 변의 길이가 8 cm인 삼각형이므로 정삼각형입니다.

> **평가 기준** 두 변의 길이가 같으므로 이등변삼각형이라고 써도 정답으로 인정합니다.

09 정사각형은 네 변의 길이가 같으므로

(정사각형의 네 변의 길이의 합)

$=12+12+12+12=48\,(\text{cm})$입니다.

→ 정삼각형은 세 변의 길이가 같고,

정삼각형의 세 변의 길이의 합은 48 cm이므로

(정삼각형의 한 변의 길이)$=48\div3=16\,(\text{cm})$입니다.

10

채점 기준	❶ 나머지 한 변의 길이를 구한 경우	2점	5점
	❷ 이등변삼각형의 세 변의 길이의 합을 구한 경우	3점	

11

채점 기준	❶ 나머지 두 변의 길이를 구한 경우	2점	5점
	❷ 정삼각형의 세 변의 길이의 합을 구한 경우	3점	

(2회 개념 학습　　44~45쪽

확인 (1) 같습니다　(2) 60°

1 (1) 변 ㄱㄷ　(2) 각 ㄱㄷㄴ　(3) 두, 두

2 ㄴㄱㄷ 또는 ㄷㄱㄴ / 같습니다

3 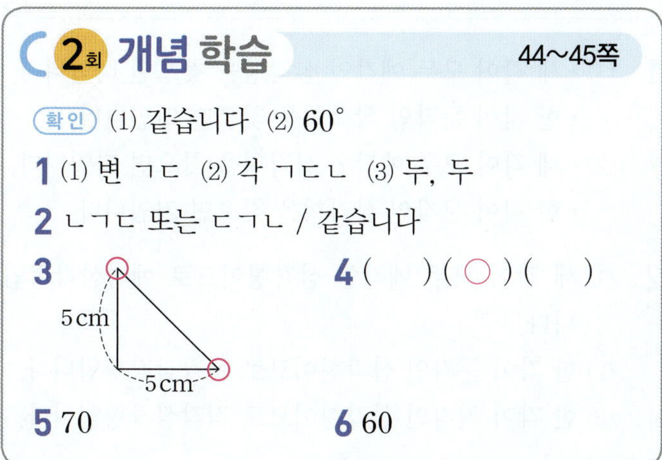
4 (　)(○)(　)

5 70　　**6** 60

1 (1) 겹쳐진 부분에 있는 변의 길이는 같습니다.

　→ (변 ㄱㄴ)=(변 ㄱㄷ)

(2) 겹쳐진 부분에 있는 각의 크기는 같습니다.

　→ (각 ㄱㄴㄷ)=(각 ㄱㄷㄴ)

(3) 이등변삼각형 ㄱㄴㄷ에서

(변 ㄱㄴ)=(변 ㄱㄷ)이고, (각 ㄱㄴㄷ)=(각 ㄱㄷㄴ)입니다.

---

2 정삼각형 ㄱㄴㄷ에서

(각 ㄱㄴㄷ)=(각 ㄱㄷㄴ)=(각 ㄴㄱㄷ)입니다.

3 이등변삼각형은 길이가 같은 두 변에 있는 두 각의 크기가 같으므로 길이가 같은 두 변에 있는 두 각에 ○표 합니다.

4 세 각의 크기가 모두 60°인 삼각형을 찾습니다.

5 이등변삼각형은 길이가 같은 두 변에 있는 두 각의 크기가 같습니다.

6 정삼각형은 세 각의 크기가 모두 60°입니다.

(2회 문제 학습　　46~47쪽

01 ㉠, ㉢　　　　**02** 7

03 (위에서부터) 4, 60　　**04** 110° / 35°

05 예 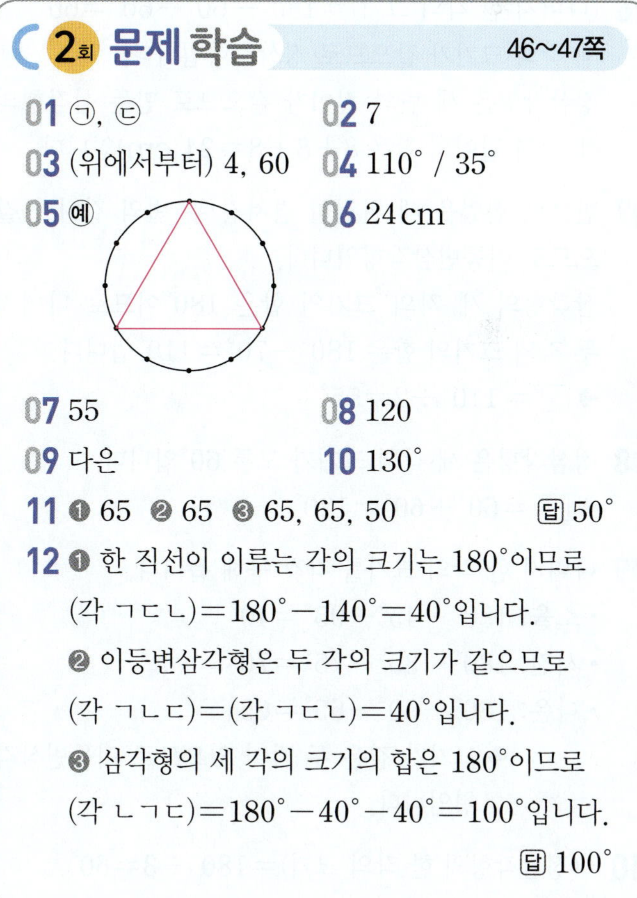　　**06** 24 cm

07 55　　　　**08** 120

09 다음　　　　**10** 130°

11 ❶ 65　❷ 65　❸ 65, 65, 50　　　답 50°

12 ❶ 한 직선이 이루는 각의 크기는 180°이므로

(각 ㄱㄷㄴ)$=180°-140°=40°$입니다.

❷ 이등변삼각형은 두 각의 크기가 같으므로

(각 ㄱㄴㄷ)=(각 ㄱㄷㄴ)=40°입니다.

❸ 삼각형의 세 각의 크기의 합은 180°이므로

(각 ㄴㄱㄷ)$=180°-40°-40°=100°$입니다.

　답 100°

01 두 변의 길이가 같은 삼각형을 이등변삼각형이라고 합니다.

→ 이등변삼각형은 길이가 같은 두 변에 있는 두 각의 크기가 같습니다.

02 두 각의 크기가 40°로 같으므로 주어진 삼각형은 이등변삼각형입니다.
이등변삼각형은 두 변의 길이가 같으므로 □=7입니다.

03 • 정삼각형은 세 각의 크기가 같으므로 한 각의 크기는 60°입니다.
• 정삼각형은 세 변의 길이가 같습니다. ➜ 4 cm

04 이등변삼각형은 길이가 같은 두 변에 있는 두 각의 크기가 같으므로 ⓛ=35°입니다.
➜ ㉠=180°−35°−35°=110°

05 점이 12개 있으므로 원 위의 한 점을 고른 후, 고른 점과 4칸 간격으로 있는 점 두 개를 더 고릅니다.
고른 세 점을 이으면 세 변의 길이가 같은 정삼각형이 됩니다.

06 (나머지 한 각의 크기)=180°−60°−60°=60°
세 각의 크기가 같으므로 정삼각형입니다.
정삼각형은 세 변의 길이가 같으므로 만든 삼각형의 세 변의 길이의 합은 8+8+8=24 (cm)입니다.

07 반으로 접었을 때 완전히 겹쳐진 두 변의 길이가 같으므로 이등변삼각형입니다.
삼각형의 세 각의 크기의 합은 180°이므로 나머지 두 각의 크기의 합은 180°−70°=110°입니다.
➜ □°=110°÷2=55°

08 정삼각형은 세 각의 크기가 모두 60°입니다.
➜ □°=60°+60°=120°

09 나머지 한 각의 크기를 각각 구해 봅니다.
• 소율: 180°−45°−95°=40°
• 서진: 180°−35°−75°=70°
• 다은: 180°−50°−65°=65°
➜ 크기가 같은 두 각이 있으므로 이등변삼각형입니다.

10 • (정삼각형의 한 각의 크기)=180°÷3=60°
➜ ㉠=60°
• 이등변삼각형은 길이가 같은 두 변에 있는 두 각의 크기가 같으므로 ⓛ=70°입니다.
따라서 ㉠과 ⓛ의 각도의 합은 60°+70°=130°입니다.

11

채점 기준	❶ 각 ㄱㄴㄷ의 크기를 구한 경우	2점	
	❷ 각 ㄱㄷㄴ의 크기를 구한 경우	2점	5점
	❸ 각 ㄴㄱㄷ의 크기를 구한 경우	1점	

12

채점 기준	❶ 각 ㄱㄷㄴ의 크기를 구한 경우	2점	
	❷ 각 ㄱㄴㄷ의 크기를 구한 경우	2점	5점
	❸ 각 ㄴㄱㄷ의 크기를 구한 경우	1점	

3회 개념 학습　48~49쪽

(확인) (1) 세, 예각삼각형　(2) 한, 둔각삼각형

1 (1) 나 / 다　(2) 다 / 가　　**2** (1) 예　(2) 둔　(3) 직

3 (1) 예
(2) 예

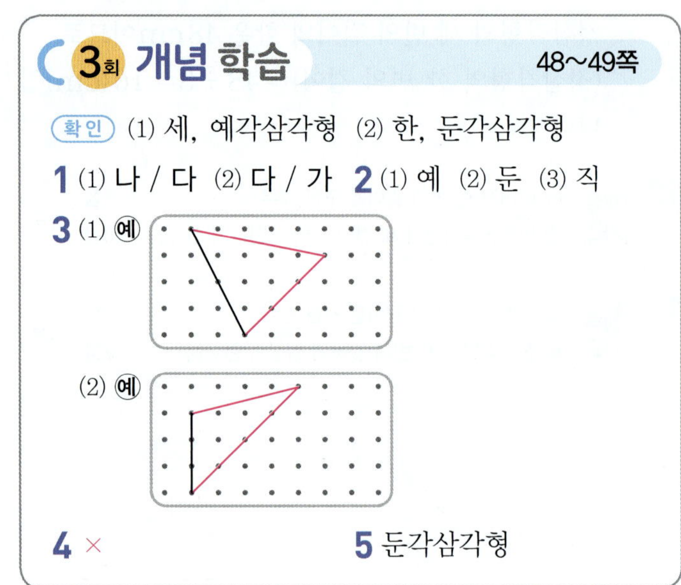

4 ×　　　　　**5** 둔각삼각형

1 (1) • 세 각이 모두 예각인 삼각형을 찾으면 나입니다.
• 한 각이 둔각인 삼각형을 찾으면 다입니다.
(2) • 세 각이 모두 예각인 삼각형을 찾으면 다입니다.
• 한 각이 둔각인 삼각형을 찾으면 가입니다.

2 (1) 세 각이 모두 예각인 삼각형이므로 예각삼각형입니다.
(2) 한 각이 둔각인 삼각형이므로 둔각삼각형입니다.
(3) 한 각이 직각인 삼각형이므로 직각삼각형입니다.

3 (1) 세 각이 모두 예각이 되도록 삼각형을 완성합니다.
(2) 한 각이 둔각이 되도록 삼각형을 완성합니다.

4 예각삼각형은 세 각이 모두 예각인 삼각형입니다.
따라서 유준이의 설명은 틀립니다.

5 45°와 40°는 예각이고, 95°는 둔각이므로 한 각이 둔각인 삼각형입니다.
➜ 둔각삼각형

01 다, 라 / 나 / 가   **02** (○) ( )

03 ㄹ   **04** ㄴ

05 도준

06 나, 다, 라, 바, 아 / 마, 사

07 (위에서부터) 나, 라, 다 / 바, 가, 마

08 예

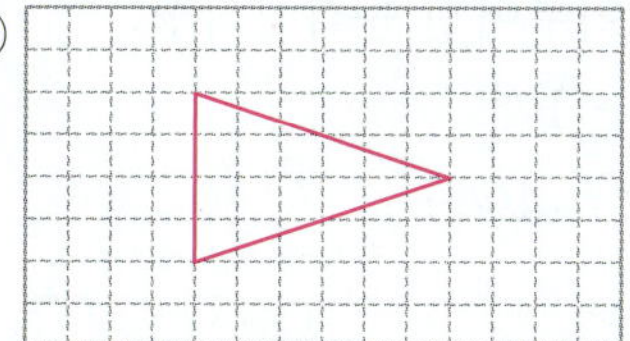

09 7개

10 ❶ 180, 70

    ❷ 70, 예각, 예각삼각형   답 예각삼각형

11 ❶ 삼각형의 세 각의 크기의 합은 180°이므로

    (나머지 한 각의 크기)

      =180°−35°−35°=110°입니다.

    ❷ 삼각형의 한 각이 110°로 둔각이므로 주어진

    삼각형은 둔각삼각형입니다.   답 둔각삼각형

---

01 • 예각삼각형: 세 각이 모두 예각인 삼각형 ➔ 다, 라

    • 직각삼각형: 한 각이 직각인 삼각형 ➔ 나

    • 둔각삼각형: 한 각이 둔각인 삼각형 ➔ 가

02 세 각이 모두 예각인 삼각형은 왼쪽 삼각형입니다.

    참고 오른쪽은 한 각이 둔각인 삼각형이므로 둔각삼각형입니다.

03

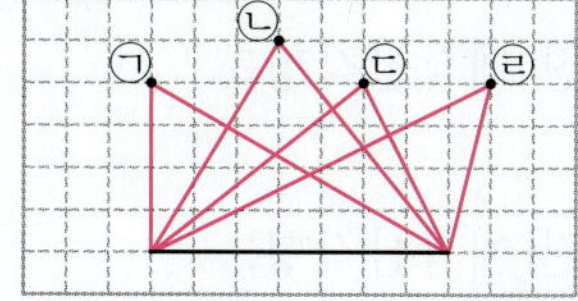

선분의 양 끝 점과 점 ㄹ을 이으면 한 각이 둔각인 둔각삼각형을 그릴 수 있습니다.

    참고 • 점 ㄱ과 이으면 직각삼각형을 그릴 수 있습니다.

    • 점 ㄴ 또는 점 ㄷ과 이으면 예각삼각형을 그릴 수 있습니다.

04 ㄱ 한 각이 직각이므로 직각삼각형입니다.

    ㄴ 한 각이 둔각이므로 둔각삼각형입니다.

    ㄷ 세 각이 모두 예각이므로 예각삼각형입니다.

05 도준: 예각삼각형은 세 각이 모두 예각인 삼각형이므로 예각이 3개 있습니다.

---

06 • 예각삼각형: 세 각이 모두 예각인 삼각형

           ➔ 나, 다, 라, 바, 아

    • 둔각삼각형: 한 각이 둔각인 삼각형 ➔ 마, 사

07 삼각형을 변의 길이와 각의 크기에 따라 분류합니다.

    • 이등변삼각형: 두 변의 길이가 같은 삼각형

    • 예각삼각형: 세 각이 모두 예각인 삼각형

    • 직각삼각형: 한 각이 직각인 삼각형

    • 둔각삼각형: 한 각이 둔각인 삼각형

08 • 두 변의 길이가 같으므로 이등변삼각형입니다.

    • 세 각이 모두 예각이므로 예각삼각형입니다.

    ➔ 이등변삼각형이면서 예각삼각형이 되도록 그립니다.

09 • 예각삼각형 ➔ 예각: 3개

    • 둔각삼각형 ➔ 예각: 2개

    • 직각삼각형 ➔ 예각: 2개

    따라서 삼각형을 한 개씩 그릴 때 세 삼각형에서 찾을 수 있는 예각은 모두 3+2+2=7(개)입니다.

10

채점 기준		
❶ 나머지 한 각의 크기를 구한 경우	2점	5점
❷ 예각삼각형, 직각삼각형, 둔각삼각형 중에서 어느 것인지 쓴 경우	3점	

11

채점 기준		
❶ 나머지 한 각의 크기를 구한 경우	2점	5점
❷ 예각삼각형, 직각삼각형, 둔각삼각형 중에서 어느 것인지 쓴 경우	3점	

---

1 1단계 8 cm   2단계 32 cm

1-1 48 cm   **1-2** 12 cm

2 1단계 12 cm   2단계 9 cm

2-1 10 cm   **2-2** 46 cm

3 1단계 2개 / 1개 / 1개

    2단계 4개

3-1 13개   **3-2** 보은

4 1단계 60°   2단계 75°

    3단계 135°

4-1 36°   **4-2** 32°

1   **1단계** (만든 도형의 한 변의 길이)
$$=4+4=8\,(\text{cm})$$
  2단계 (빨간색 선의 길이)
$$=(\text{만든 도형의 한 변의 길이})\times 4$$
$$=8\times 4=32\,(\text{cm})$$

1-1 (만든 도형의 한 변의 길이)$=8+8=16\,(\text{cm})$
  ➡ (빨간색 선의 길이)
$$=(\text{만든 도형의 한 변의 길이})\times 3$$
$$=16\times 3=48\,(\text{cm})$$

1-2 빨간색 선의 길이는 정삼각형의 한 변의 길이의 6배입니다.
  ➡ (정삼각형의 한 변의 길이)
$$=(\text{빨간색 선의 길이})\div 6$$
$$=72\div 6=12\,(\text{cm})$$

2   **1단계** 정삼각형은 세 변의 길이가 같으므로
(변 ㄴㄷ)=(변 ㄱㄴ)$=12\,\text{cm}$입니다.
  2단계 사각형 ㄱㄴㄷㄹ의 네 변의 길이의 합이
$42\,\text{cm}$이므로
(변 ㄱㄹ)+(변 ㄹㄷ)$=42-12-12=18\,(\text{cm})$입니다.
이등변삼각형은 두 변의 길이가 같으므로
(변 ㄱㄹ)$=18\div 2=9\,(\text{cm})$입니다.

2-1 정삼각형은 세 변의 길이가 같으므로
(변 ㄴㄷ)=(변 ㄱㄷ)=(변 ㄱㄴ)$=7\,\text{cm}$입니다.
이등변삼각형은 두 변의 길이가 같으므로
(변 ㄷㄹ)=(변 ㄱㄷ)$=7\,\text{cm}$입니다.
  ➡ 사각형 ㄱㄴㄷㄹ의 네 변의 길이의 합이 $31\,\text{cm}$
이므로 (변 ㄱㄹ)$=31-7-7-7=10\,(\text{cm})$입니다.

2-2 • 삼각형 ㄱㄷㄹ은 정삼각형이므로
(변 ㄱㄷ)=(변 ㄷㄹ)=(변 ㄱㄹ)$=15\,\text{cm}$입니다.
  • 이등변삼각형 ㄱㄴㄷ에서
세 변의 길이의 합이 $31\,\text{cm}$이므로
(변 ㄱㄴ)+(변 ㄴㄷ)$=31-15=16\,(\text{cm})$이고,
두 변의 길이가 같으므로
(변 ㄱㄴ)=(변 ㄴㄷ)$=16\div 2=8\,(\text{cm})$입니다.
  ➡ (사각형 ㄱㄴㄷㄹ의 네 변의 길이의 합)
$$=8+8+15+15=46\,(\text{cm})$$

3 

  1단계 둔각삼각형은 한 각이 둔각인 삼각형입니다.
• 삼각형 1개로 이루어진 둔각삼각형:
②, ③ → 2개
• 삼각형 2개로 이루어진 둔각삼각형:
⑥+⑦ → 1개
• 삼각형 3개로 이루어진 둔각삼각형:
③+④+⑤ → 1개
  2단계 $2+1+1=4(\text{개})$

3-1 정삼각형은 세 변의 길이가 같은 삼각형입니다.
• 삼각형 1개로 이루어진 정삼각형:
①, ②, ③, ④, ⑤, ⑥, ⑦, ⑧, ⑨, ⑩ → 10개
• 삼각형 4개로 이루어진 정삼각형:
①+②+③+④, ⑤+⑥+⑦+⑨,
⑥+⑧+⑨+⑩ → 3개
  ➡ 크고 작은 정삼각형은 모두 $10+3=13(\text{개})$입니다.

3-2 보은이가 그린 그림에서 예각삼각형을 찾아봅니다.
• 삼각형 1개로 이루어진 예각삼각형:
②, ③, ⑥, ⑦ → 4개
• 삼각형 4개로 이루어진 예각삼각형:
②+④+⑤+⑥, ③+④+⑤+⑦ → 2개
  ➡ $4+2=6(\text{개})$
상학이가 그린 그림에서 예각삼각형을 찾아봅니다.
• 삼각형 1개로 이루어진 예각삼각형:
①, ②, ③, ④, ⑤ → 5개
따라서 크고 작은 예각삼각형을 더 많이 찾을 수 있는 그림을 그린 사람은 보은입니다.
  참고 상학이가 그린 그림에서 ①+③+⑥, ①+④+⑥, ②+④+⑥, ②+⑤+⑥, ③+⑤+⑥으로 이루어진 삼각형은 둔각삼각형입니다.

4

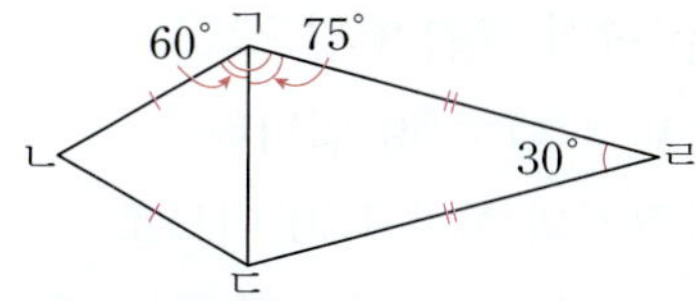

[1단계] 삼각형 ㄱㄴㄷ은 정삼각형이므로
(각 ㄴㄱㄷ)=60°입니다.

[2단계] 삼각형 ㄱㄷㄹ에서 삼각형의 세 각의 크기의
합은 180°이므로
(각 ㄷㄱㄹ)+(각 ㄱㄷㄹ)=180°−30°=150°이고,
이등변삼각형은 두 각의 크기가 같으므로
(각 ㄷㄱㄹ)=150°÷2=75°입니다.

[3단계] (각 ㄴㄱㄹ)
　　　=(각 ㄴㄱㄷ)+(각 ㄷㄱㄹ)
　　　=60°+75°=135°

4-1

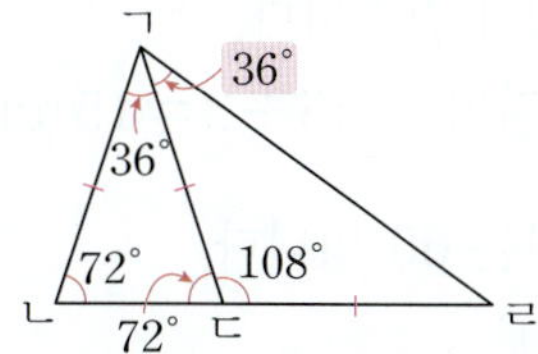

· 삼각형 ㄱㄴㄷ은 이등변삼각형이므로
　(각 ㄱㄷㄴ)=(각 ㄱㄴㄷ)=72°입니다.
· 한 직선이 이루는 각의 크기는 180°이므로
　(각 ㄱㄷㄹ)=180°−72°=108°입니다.
· 삼각형 ㄱㄷㄹ에서
　(각 ㄷㄱㄹ)+(각 ㄷㄹㄱ)=180°−108°=72°
　이고, 이등변삼각형은 두 각의 크기가 같으므로
　(각 ㄷㄱㄹ)=72°÷2=36°입니다.

4-2

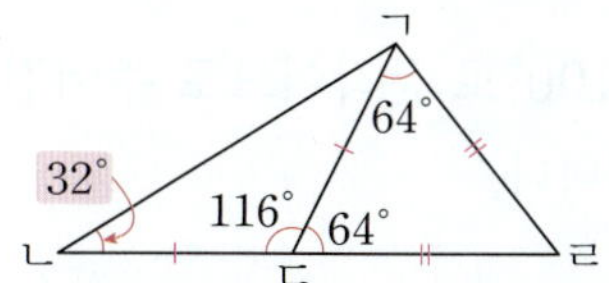

· (선분 ㄱㄹ)=(선분 ㄷㄹ)
➜ 삼각형 ㄱㄷㄹ은 이등변삼각형이므로
　(각 ㄱㄷㄹ)=(각 ㄷㄱㄹ)=64°입니다.
　한 직선이 이루는 각의 크기는 180°이므로
　(각 ㄱㄷㄴ)=180°−64°=116°입니다.
· (선분 ㄴㄷ)=(선분 ㄱㄷ)
➜ 삼각형 ㄱㄴㄷ은 이등변삼각형입니다.
　(각 ㄱㄴㄷ)+(각 ㄴㄱㄷ)=180°−116°=64°
　이고, 이등변삼각형은 두 각의 크기가 같으므로
　(각 ㄱㄴㄷ)=64°÷2=32°입니다.

---

2 단원 / 개념북

01 나, 마

02 라, 마 / 다, 바

03 (예)
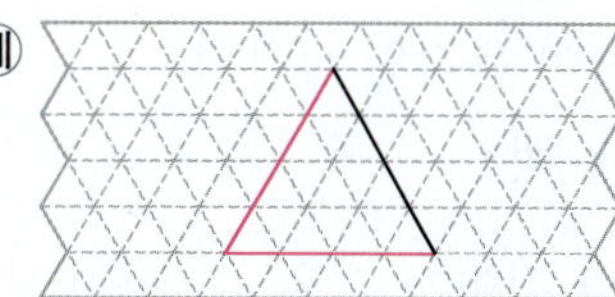

04 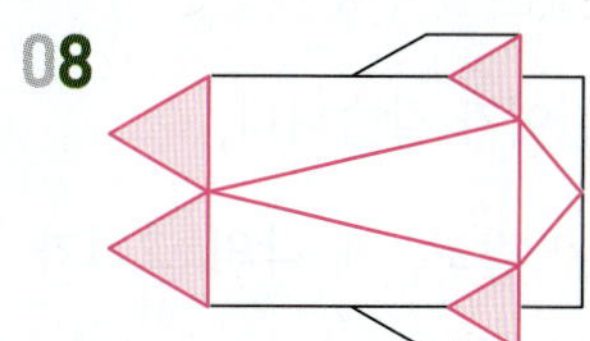

05 9

06 (위에서부터) 7, 60

07 7 cm, 5 cm

08
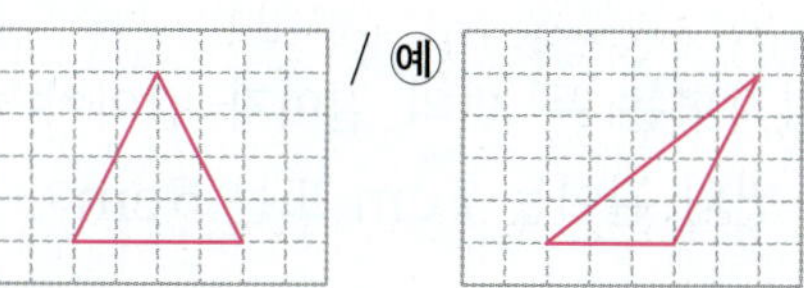

09 (예) / (예)
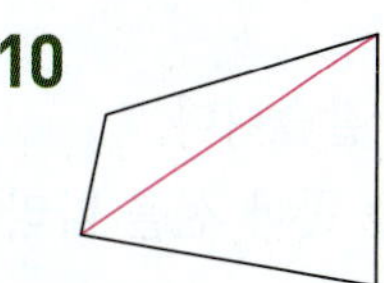

10

11 (예) 이 삼각형은 한 각이 둔각이므로 둔각삼각형
이야.

12 80°

13 ㉡

14 ❶ 이등변삼각형은 두 변의 길이가 같으므로
나머지 한 변의 길이는 12 cm입니다.
❷ 따라서 이등변삼각형의 세 변의 길이의 합은
12+17+12=41 (cm)입니다.　　답 41 cm

15 15

16 120°

17 나, 라, 바 / 다, 마, 사

18 둔각삼각형

19 이등변삼각형

20 40°

21 25°

22 7개

23 2개

24 이등변삼각형, 정삼각형, 예각삼각형

25 (예) 삼각형의 세 각의 크기의 합은 180°이므로 나
머지 한 각의 크기는 180°−100°−35°=45°
입니다. 크기가 같은 두 각이 없으므로 채아가 만
든 삼각형은 이등변삼각형이 아닙니다.

01 두 변의 길이가 같은 삼각형 ➜ 나, 마

02 • 예각삼각형: 세 각이 모두 예각인 삼각형
➜ 라, 마
• 둔각삼각형: 한 각이 둔각인 삼각형
➜ 다, 바

03 정삼각형은 세 변의 길이가 같은 삼각형이므로 주어진 선분과 길이가 같도록 나머지 두 변을 그립니다.

04 • 예각삼각형: 세 각이 모두 예각인 삼각형
• 둔각삼각형: 한 각이 둔각인 삼각형

05 이등변삼각형은 두 변의 길이가 같습니다.

06 정삼각형은 세 변의 길이가 같고, 세 각의 크기가 같습니다.

07 이등변삼각형은 두 변의 길이가 같아야 하므로 나머지 한 변의 길이는 $7\,cm$ 또는 $5\,cm$가 되어야 합니다.

08 • 이등변삼각형은 두 변의 길이가 같습니다.
➜ 두 변의 길이가 같은 삼각형을 찾아 선을 따라 그립니다.
• 정삼각형은 세 변의 길이가 같습니다.
➜ 세 변의 길이가 같은 삼각형을 찾아 색칠합니다.

09 • 예각삼각형: 세 각의 크기가 모두 $0°$보다 크고 $90°$보다 작은 삼각형을 그립니다.
• 둔각삼각형: 한 각의 크기가 $90°$보다 크고 $180°$보다 작은 삼각형을 그립니다.

10 사각형의 네 각 중에서 한 각이 둔각이므로 삼각형 1개가 둔각을 포함하는 삼각형이 되도록 선분을 긋습니다.

참고 다른 두 꼭짓점을 지나는 선분을 그으면 예각삼각형 1개와 직각삼각형 1개가 만들어집니다.

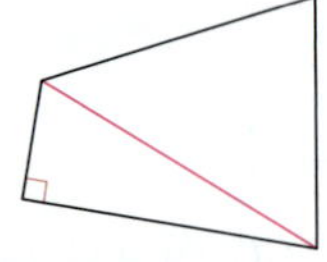

11

채점 기준	잘못된 곳을 찾아 바르게 고친 경우	4점

참고 예각삼각형은 세 각이 모두 예각인 삼각형입니다.
주어진 삼각형은 둔각이 1개, 예각이 2개이므로 둔각삼각형입니다.

12 이등변삼각형은 두 각의 크기가 같으므로
(각 ㄱㄴㄷ)=(각 ㄴㄱㄷ)=$50°$입니다.
삼각형의 세 각의 크기의 합은 $180°$이므로
(각 ㄱㄷㄴ)=$180°-50°-50°=80°$입니다.

13 이등변삼각형은 두 변의 길이가 같은 삼각형이므로 이등변삼각형이 그려지는 세 점을 찾으면 점 ㄱ, 점 ㄷ, 점 ㄹ입니다.

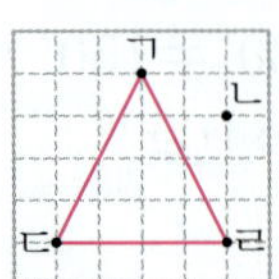

14

채점 기준	❶ 나머지 한 변의 길이를 구한 경우	2점	4점
	❷ 이등변삼각형의 세 변의 길이의 합을 구한 경우	2점	

15 정삼각형은 세 변의 길이가 같습니다.
➜ (정삼각형의 한 변의 길이)=$45÷3=15\,(cm)$

16 정삼각형의 한 각의 크기는 $60°$입니다.
➜ ㉠=$60°+60°=120°$

17 • 예각삼각형: 세 각이 모두 예각인 삼각형
➜ 나, 라, 바
• 둔각삼각형: 한 각이 둔각인 삼각형
➜ 다, 마, 사

참고 가는 직각삼각형입니다.

18 삼각형의 세 각의 크기의 합은 $180°$이므로
(나머지 한 각의 크기)=$180°-20°-60°=100°$입니다.
➜ 삼각형의 한 각이 $100°$로 둔각이므로 주어진 삼각형은 둔각삼각형입니다.

19 지수는 수아와 같은 길이의 리본을 가지고 있으므로 지수가 가지고 있는 리본의 길이는 $9\,cm$입니다.
➜ 길이가 같은 리본이 2개 있으므로 이등변삼각형을 만들 수 있습니다.

20 한 직선이 이루는 각의 크기는 $180°$이므로
(각 ㄱㄷㄴ)=$180°-80°=100°$입니다.
삼각형의 세 각의 크기의 합은 $180°$이므로
(각 ㄷㄱㄴ)+(각 ㄷㄴㄱ)=$180°-100°=80°$이고,
이등변삼각형은 두 각의 크기가 같으므로
(각 ㄷㄴㄱ)=$80°÷2=40°$입니다.

21

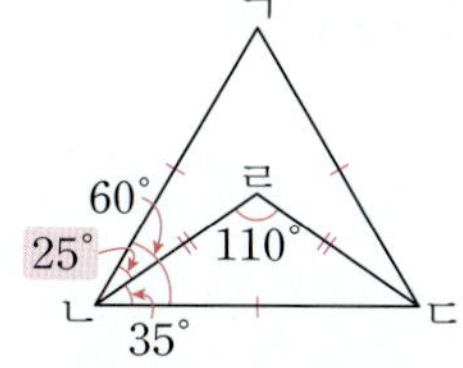

삼각형 ㄹㄴㄷ에서

(각 ㄹㄴㄷ)+(각 ㄹㄷㄴ)=180°−110°=70°입니다.

이등변삼각형은 두 각의 크기가 같으므로

(각 ㄹㄴㄷ)=70°÷2=35°입니다.

➔ 삼각형 ㄱㄴㄷ에서 (각 ㄱㄴㄷ)=60°이므로

  (각 ㄱㄴㄹ)=(각 ㄱㄴㄷ)−(각 ㄹㄴㄷ)

       =60°−35°=25°입니다.

22

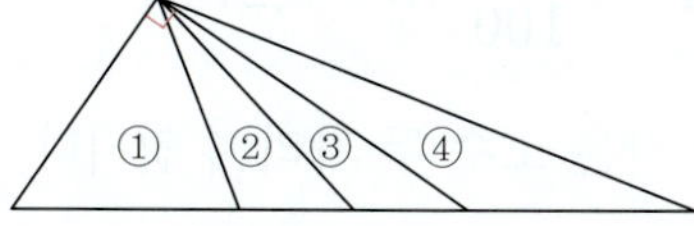

둔각삼각형은 한 각이 둔각인 삼각형입니다.

• 삼각형 1개로 이루어진 둔각삼각형:

  ②, ③, ④ → 3개

• 삼각형 2개로 이루어진 둔각삼각형:

  ②+③, ③+④ → 2개

• 삼각형 3개로 이루어진 둔각삼각형:

  ②+③+④ → 1개

• 삼각형 4개로 이루어진 둔각삼각형:

  ①+②+③+④ → 1개

➔ 크고 작은 둔각삼각형은 모두

  3+2+1+1=7(개)입니다.

참고 ①, ①+②는 예각삼각형, ①+②+③은 직각삼각형입니다.

23 정삼각형은 세 변의 길이가 같으므로 정삼각형을 한 개 만드는 데 필요한 철사의 길이는

12+12+12=36(cm)입니다.

따라서 90−36=54(cm), 54−36=18(cm)이므로 크기가 같은 정삼각형을 2개까지 만들 수 있습니다.

24 세 각의 크기가 모두 60°인 삼각형은 정삼각형입니다. 정삼각형은 세 변의 길이가 같으므로 이등변삼각형이라 할 수 있고, 세 각이 모두 예각이므로 예각삼각형입니다.

25

채점 기준	채아가 만든 삼각형이 이등변삼각형이 아닌 이유를 알맞게 쓴 경우	4점

3. 소수의 덧셈과 뺄셈

1회 개념 학습 62~63쪽

확인 (위에서부터) $\dfrac{4}{100}$ / 0.02, 0.06, 0.09

1 (1) 0.08　(2) 0.46　　**2** 0.01 / 43, 0.43

3 (1) 0.82, 영 점 팔이　(2) 1.73, 일 점 칠삼

4 (1) 2.61　(2) 529　(3) 3.15

5 (1) 9　(2) 0.5　(3) 0.04

6 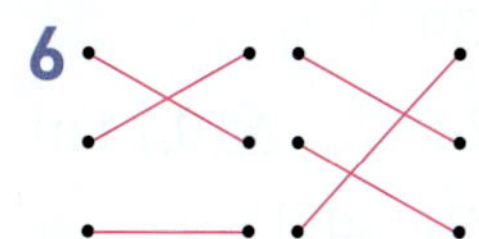

1 (1) 모눈 한 칸의 크기: 0.01

  ➔ 색칠된 부분은 8칸이므로 0.08입니다.

  (2) 모눈 한 칸의 크기: 0.01

  ➔ 색칠된 부분은 46칸이므로 0.46입니다.

2 1 cm=0.01 m입니다.

43 cm는 0.01 m가 43개이므로 0.43 m입니다.

3 (1)

0	.	8	2
영	점	팔	이

(2)

1	.	7	3
일	점	칠	삼

주의 소수를 읽을 때 자연수 부분은 숫자와 자릿값을 모두 읽고, 소수점 아래의 수는 숫자만 차례로 읽으므로 0.82를 '영 점 팔십이', 1.73을 '일 점 칠십삼'과 같이 읽지 않도록 주의합니다.

4 (1) ■, ▲, ●가 각각 한 자리 수일 때 1이 ■개, 0.1이 ▲개, 0.01이 ●개인 수는 ■.▲●입니다.

  (2) ■.▲●는 0.01이 ■▲●개입니다.

  (3) 0.01이 ■▲●개인 수는 ■.▲●입니다.

5 9 . 5 4

  → 일의 자리 숫자, 나타내는 수: 9

  → 소수 첫째 자리 숫자, 나타내는 수: 0.5

  → 소수 둘째 자리 숫자, 나타내는 수: 0.04

6 • $\dfrac{24}{100}$=0.24 ➔ 영 점 이사

  • $\dfrac{8}{100}$=0.08 ➔ 영 점 영팔

  • $2\dfrac{28}{100}$=2.28 ➔ 이 점 이팔

1회 문제 학습   64~65쪽

01 ⑤

02 예 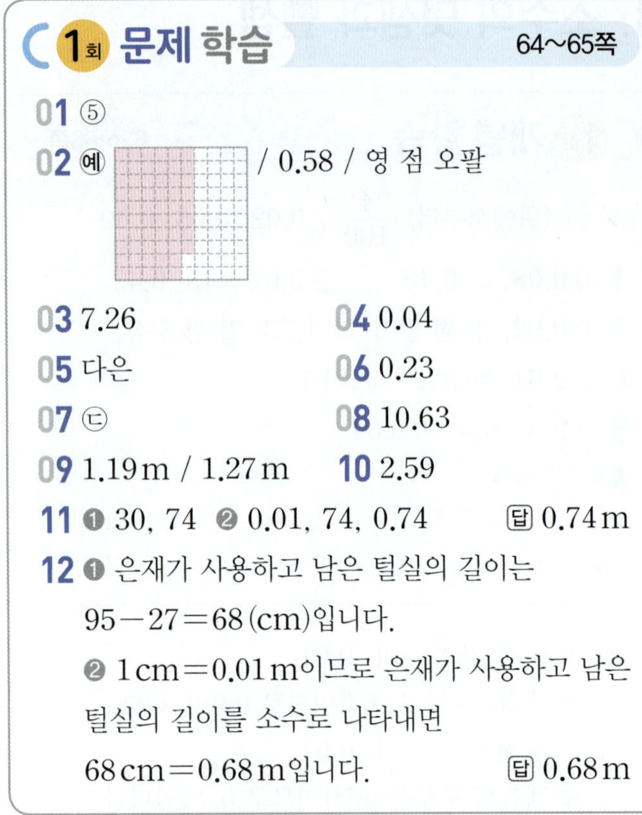 / 0.58 / 영 점 오팔

03 7.26   **04** 0.04
05 다은   **06** 0.23
07 ㉢   **08** 10.63
09 1.19 m / 1.27 m   **10** 2.59
11 ❶ 30, 74 ❷ 0.01, 74, 0.74   답 0.74 m
12 ❶ 은재가 사용하고 남은 털실의 길이는
　　95−27=68(cm)입니다.
　　❷ 1 cm=0.01 m이므로 은재가 사용하고 남은
　　털실의 길이를 소수로 나타내면
　　68 cm=0.68 m입니다.　　답 0.68 m

01 ⑤ $12\frac{5}{100}=12.05$

02 모눈 한 칸의 크기는 0.01이므로 ▲●칸을 색칠하면
색칠된 부분의 크기는 0.▲●입니다.
　　평가 기준 색칠한 칸 수만큼 소수로 나타내고 바르게 읽은 경우
정답으로 인정합니다.

03 0.1을 똑같이 10칸으로 나누었으므로 작은 눈금 한
칸의 크기는 0.01입니다.
　　따라서 ㉠에 알맞은 수는 7.2에서 0.01씩 6칸만큼
더 간 수이므로 7.26입니다.

04 5.24에서 4는 소수 둘째 자리 숫자이고, 0.04를 나
타냅니다.

05 • 예나: 0.01이 439개인 수는 4.39입니다. (×)
　　• 유준: $2\frac{3}{100}$ 은 2.03과 같습니다. (×)
　　• 다은: 0.26에서 6은 소수 둘째 자리 숫자이고,
　　　　　0.06을 나타냅니다. (○)

06 태민이가 먹은 초콜릿은 100개 중의 23개이므로
　　전체의 $\frac{23}{100}$ 입니다. ➔ $\frac{23}{100}=0.23$

07 소수 둘째 자리 숫자를 각각 알아봅니다.
　　㉠ 7　　㉡ 5　　㉢ 8　　㉣ 4

08 　1　이 8개 ➔　8
　　0.1　이 25개 ➔　2.5
　　0.01이 13개 ➔　0.13
　　─────────────
　　　　　　　　 10.63

09 100 cm=1 m이므로 1 cm=$\frac{1}{100}$ m=0.01 m입
니다.
　　• 지혜: 119 cm=$\frac{119}{100}$ m=1.19 m
　　• 강우: 1 m 27 cm=$1\frac{27}{100}$ m=1.27 m

10 • 2보다 크고 3보다 작은 소수 두 자리 수입니다.
　　➔ 2.□□
　　• 소수 첫째 자리 숫자는 0.5를 나타내므로 소수 첫
　　째 자리 숫자는 5입니다. ➔ 2.5□
　　• 소수 둘째 자리 숫자는 0.09를 나타내므로 소수 둘
　　째 자리 숫자는 9입니다. ➔ 2.59
　　따라서 조건을 모두 만족하는 소수는 2.59입니다.

11

채점 기준	❶ 윤진이가 사용한 리본의 길이는 모두 몇 cm인지 구한 경우	2점	5점
	❷ 윤진이가 사용한 리본의 길이는 모두 몇 m인지 소수로 나타낸 경우	3점	

12

채점 기준	❶ 은재가 사용하고 남은 털실의 길이는 몇 cm인지 구한 경우	2점	5점
	❷ 은재가 사용하고 남은 털실의 길이는 몇 m인지 소수로 나타낸 경우	3점	

2회 개념 학습   66~67쪽

확인 0.001, 영 점 영영일

1 0.01, 0.001

2 (1) 0.251, 영 점 이오일 (2) 6.308, 육 점 삼영팔

3 4.931

4 (위에서부터) 5 / 0.02 / 7, 0.007

5 (1) 0.096 (2) 5.614　　**6** (　　) (○) (　　)

2 (1)
0	.	2	5	1
영	점	이	오	일

(2)
6	.	3	0	8
육	점	삼	영	팔

3 1이 4개이면 4, 0.1이 9개이면 0.9, 0.01이 3개이면 0.03, 0.001이 1개이면 0.001이므로 4.931입니다.

4 3 . 5 2 7
→ 일의 자리 숫자, 나타내는 수: 3
→ 소수 첫째 자리 숫자, 나타내는 수: 0.5
→ 소수 둘째 자리 숫자, 나타내는 수: 0.02
→ 소수 셋째 자리 숫자, 나타내는 수: 0.007

5 (1) 0.001이 ■▲개인 수는 0.0■▲입니다.

(2) 0.001이 ■▲●★개인 수는 ■.▲●★입니다.

6 • 4.027　　　• 사 점 이칠 ➜ 4.27

• $4\frac{27}{1000}=4.027$

---

01 0.075　　　**02** ④

03 예 2, 5, 6, 8 / 이 점 오육팔

04 2.809　　　**05** (　) (　) (◯)

06 2.846　　　**07** 9.385

08 (위에서부터) 0.587, 0.589 / 0.578, 0.598 / 0.488, 0.688

09 2.805 km / 1.145 km

10 41

11 ❶ 0.04, 0.004, 4

❷ 0.004, 0.04, 4, ⓒ, ⓛ, ㉠, ㉣

답 ⓒ, ⓛ, ㉠, ㉣

12 ❶ 숫자 7이 나타내는 수를 각각 알아봅니다.

㉠ 6.173 ➜ 0.07, ㉡ 0.729 ➜ 0.7,

ⓒ 4.587 ➜ 0.007, ㉣ 7.106 ➜ 7

❷ 7>0.7>0.07>0.007이므로 숫자 7이 나타내는 수가 큰 수부터 차례로 기호를 쓰면 ㉣, ⓛ, ㉠, ⓒ입니다.

답 ㉣, ⓛ, ㉠, ⓒ

---

01 0.01을 똑같이 10칸으로 나누었으므로 작은 눈금 한 칸의 크기는 0.001입니다.

따라서 0.07에서 0.001씩 5칸만큼 더 간 곳이 나타내는 수는 0.075입니다.

02 ④ 0.924는 '영 점 구이사'라고 읽습니다.

03 2.568, 2.658, 5.862, … 등으로 만들 수 있습니다.

소수를 읽을 때 소수점 아래의 수는 숫자만 차례로 읽습니다.

04

일의 자리		소수 첫째 자리	소수 둘째 자리	소수 셋째 자리
2	.	8	0	9

05 소수를 읽을 때 소수점 아래의 수는 숫자만 차례로 읽습니다. 이때 0도 읽어야 합니다.

• 예나: 26.304 ➜ 이십육 점 삼영사

• 시우: 11.902 ➜ 십일 점 구영이

06 1이 2개, 0.1이 8개, 0.01이 4개, 0.001이 6개인 수와 같으므로 2.846입니다.

07 숫자 5가 나타내는 수를 각각 알아봅니다.

• 3.502 ➜ 0.5　　　• 0.156 ➜ 0.05

• 9.385 ➜ 0.005　　• 5.407 ➜ 5

08 • 소수 셋째 자리 숫자가 8이므로 0.588보다 0.001만큼 더 작은 수는 0.587이고, 0.001만큼 더 큰 수는 0.589입니다.

• 소수 둘째 자리 숫자가 8이므로 0.588보다 0.01만큼 더 작은 수는 0.578이고, 0.01만큼 더 큰 수는 0.598입니다.

• 소수 첫째 자리 숫자가 5이므로 0.588보다 0.1만큼 더 작은 수는 0.488이고, 0.1만큼 더 큰 수는 0.688입니다.

09 1000 m=1 km이므로 1 m=0.001 km입니다.

• 토요일: 2805 m ➜ 2.805 km

• 일요일: 1145 m ➜ 1.145 km

10 • 0.017은 0.001이 17개입니다. ➜ ㉠=17

• 0.024는 0.001이 24개입니다. ➜ ㉡=24

따라서 ㉠과 ㉡에 알맞은 수의 합은 17+24=41입니다.

11	채점 기준	❶ 숫자 4가 나타내는 수를 각각 알아본 경우	3점	5점
		❷ 숫자 4가 나타내는 수가 작은 수부터 차례로 기호를 쓴 경우	2점	

12	채점 기준	❶ 숫자 7이 나타내는 수를 각각 알아본 경우	3점	5점
		❷ 숫자 7이 나타내는 수가 큰 수부터 차례로 기호를 쓴 경우	2점	

5 소수의 $\frac{1}{10}$ 은 소수점을 기준으로 수가 오른쪽으로 한 자리씩 이동합니다.
소수를 10배 하면 소수점을 기준으로 수가 왼쪽으로 한 자리씩 이동합니다.

6 자연수는 가장 오른쪽 끝에 소수점이 있다고 생각하고 자리를 이동합니다.

7 (1) 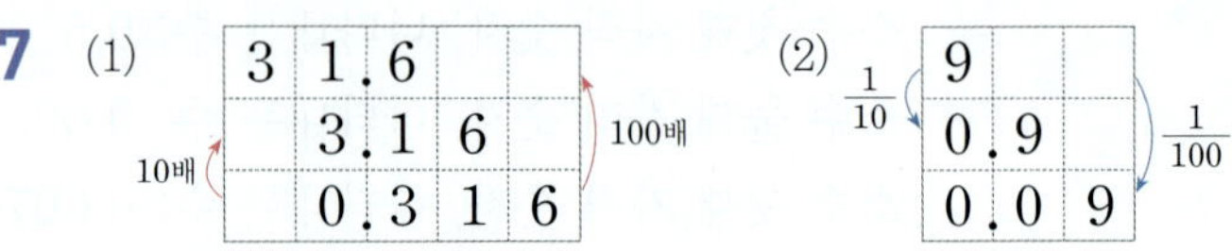 (2)

3회 개념 학습 70~71쪽

(확인) 왼쪽

1 (1) 0.70 (2) 1.050

2 (예)
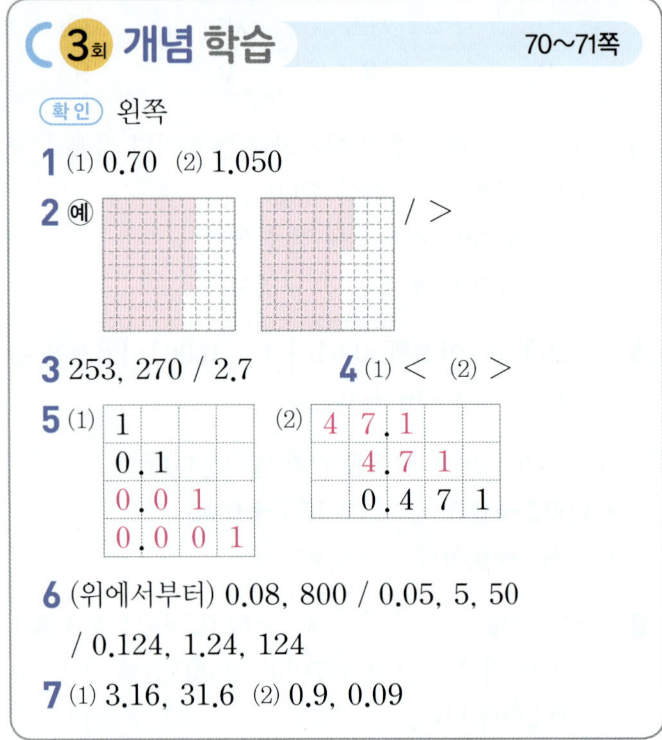
 / >

3 253, 270 / 2.7   4 (1) < (2) >

5 (1)
	1		
	0	1	
0	0	1	
0	0	0	1

(2)
4	7	1	
	4	7	1
	0	4	7	1

6 (위에서부터) 0.08, 800 / 0.05, 5, 50
 / 0.124, 1.24, 124

7 (1) 3.16, 31.6 (2) 0.9, 0.09

1 소수의 오른쪽 끝자리에 있는 0은 생략할 수 있습니다.
(1) 0.7＝0.70
(2) 1.05＝1.050

2 모눈 한 칸의 크기는 0.01이므로 0.67은 67칸을, 0.64는 64칸을 색칠합니다.
→ 색칠한 부분이 더 넓은 0.67이 0.64보다 더 큽니다.

3 0.01의 개수가 더 많은 수가 더 큰 수입니다.

4 일의 자리, 소수 첫째 자리, 소수 둘째 자리, 소수 셋째 자리 순서로 비교합니다.
(1) 4.13＜5.629
　　└4＜5┘
(2) 7.082＞7.081
　　　　└2＞1┘

3회 문제 학습 72~73쪽

01
0.016	2.087	3.090	40.78
10.08	30.930	1.805	2.700

02 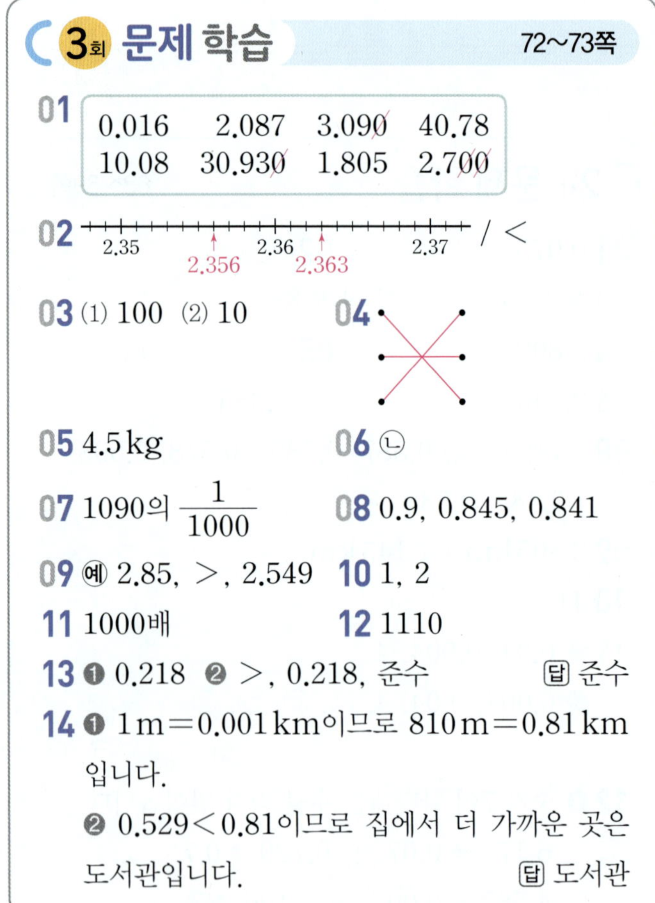 / <

03 (1) 100 (2) 10   04

05 4.5 kg   06 ㉡

07 1090의 $\frac{1}{1000}$ 08 0.9, 0.845, 0.841

09 (예) 2.85, >, 2.549   10 1, 2

11 1000배   12 1110

13 ❶ 0.218 ❷ >, 0.218, 준수   달 준수

14 ❶ 1 m＝0.001 km이므로 810 m＝0.81 km 입니다.
❷ 0.529＜0.81이므로 집에서 더 가까운 곳은 도서관입니다.   달 도서관

01 소수의 오른쪽 끝자리에 있는 0은 생략하여 나타낼 수 있습니다.

02 수직선에서 오른쪽에 있는 수가 더 큰 수입니다.

03 (1) 33.8은 0.338에서 소수점을 기준으로 수가 왼쪽으로 두 자리 이동했으므로 0.338의 100배입니다.

(2) 4.25는 42.5에서 소수점을 기준으로 수가 오른쪽으로 한 자리 이동했으므로 42.5의 $\frac{1}{10}$입니다.

04

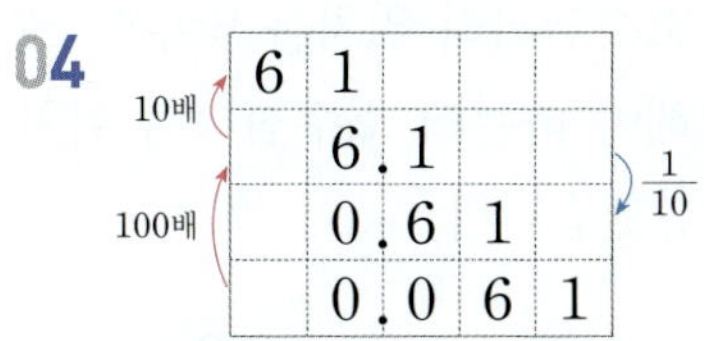

05 0.45의 10배는 4.5이므로 설탕 10봉지의 무게는 4.5 kg입니다.

06 ㉠ 0.022 ㉡ 0.22

➡ ㉠ 0.022 < ㉡ 0.22

07 • 1.09의 10배: 1.09 ➡ 10.9

• 1090의 $\frac{1}{1000}$: 1090 ➡ 1.090 = 1.09

• 109의 $\frac{1}{10}$: 109 ➡ 10.9

• 0.109의 100배: 0.109 ➡ 10.9

08 소수 첫째 자리 수를 비교하면 9 > 8이므로 0.9가 가장 큽니다.

0.845와 0.841은 소수 둘째 자리 수까지 같으므로 소수 셋째 자리 수를 비교하면 5 > 1로 0.845가 0.841보다 큽니다.

➡ 0.9 > 0.845 > 0.841

09 두 소수를 골라 쓰고 일의 자리, 소수 첫째 자리, 소수 둘째 자리, 소수 셋째 자리 순서로 비교합니다.

➡ 2.85 > 2.549, 2.549 < 3.006, 2.85 < 3.006

10 세 소수의 일의 자리 수가 같으므로 소수 첫째 자리 수와 소수 둘째 자리 수를 각각 비교합니다.

소수 둘째 자리 수가 8 > 5 > 0이므로 □ 안에는 0보다 크고 3보다 작은 수가 들어갈 수 있습니다.

➡ □ 안에 들어갈 수 있는 수는 1, 2입니다.

11 ㉠이 나타내는 수는 2, ㉡이 나타내는 수는 0.002입니다.

2는 0.002의 1000배이므로 ㉠이 나타내는 수는 ㉡이 나타내는 수의 1000배입니다.

참고 소수점을 기준으로 수가 어느 쪽으로 몇 자리 이동했는지 알아봅니다. 0.002에서 소수점을 기준으로 2가 왼쪽으로 세 자리 이동하면 2이므로 2는 0.002의 1000배입니다.

12 • 2.8은 0.028의 100배입니다. → ㉠ = 100

• 40은 0.04의 1000배입니다. → ㉡ = 1000

• 45.89는 4.589의 10배입니다. → ㉢ = 10

➡ ㉠ + ㉡ + ㉢ = 100 + 1000 + 10 = 1110

13

채점 기준			
❶ 민호가 마신 우유는 몇 L인지 소수로 나타낸 경우	2점	5점
❷ 우유를 더 많이 마신 사람은 누구인지 구한 경우	3점	

14

채점 기준			
❶ 집에서 놀이터까지의 거리는 몇 km인지 소수로 나타낸 경우	2점	5점
❷ 집에서 더 가까운 곳은 어디인지 구한 경우	3점	

4회 개념 학습   74~75쪽

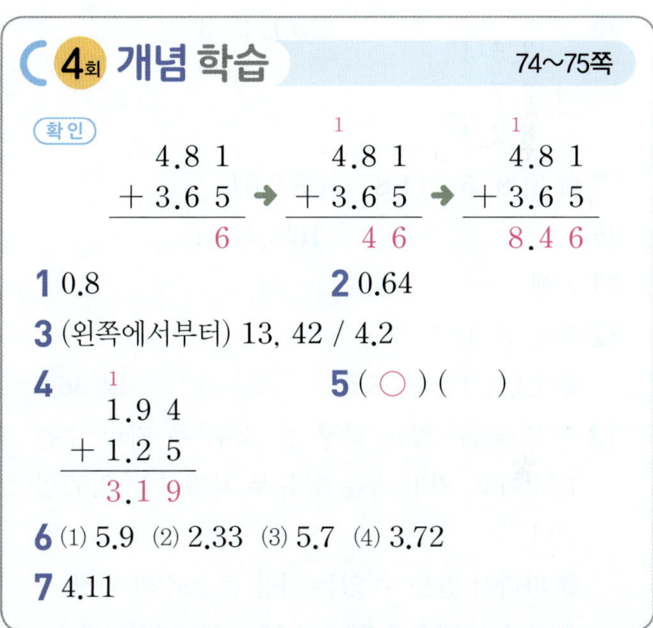

1 0.8 **2** 0.64

3 (왼쪽에서부터) 13, 42 / 4.2

4 **5** (○) ( )

6 (1) 5.9 (2) 2.33 (3) 5.7 (4) 3.72

7 4.11

1 0.2만큼 색칠한 것에 0.6만큼 이어서 색칠하면 0.8입니다. ➡ 0.2 + 0.6 = 0.8

2 0.35만큼 색칠한 것에 0.29만큼 이어서 색칠하면 0.64입니다. ➡ 0.35 + 0.29 = 0.64

3 2.9 + 1.3은 0.1이 29 + 13 = 42(개)입니다.

➡ 2.9 + 1.3 = 4.2

5 소수의 덧셈을 할 때는 소수점끼리 위치를 맞추어 써야 합니다.

6 (3)

$$
\begin{array}{r}
\overset{1}{2}.8 \\
+\ 2.9 \\
\hline
5.7
\end{array}
$$

(4)

$$
\begin{array}{r}
\overset{1}{1}.5\ 8 \\
+\ 2.1\ 4 \\
\hline
3.7\ 2
\end{array}
$$

7
$$
\begin{array}{r}
\overset{1\ \ 1}{1.6\,3} \\
+\ 2.4\,8 \\
\hline
4.1\,1
\end{array}
$$

4회 문제 학습 76~77쪽

01 0.3, 0.8 **02** 1.7, 3.7

03 ( ) (○) **04** 5.75

05
$$
\begin{array}{r}
\overset{1}{3.5\,4} \\
+\ 2.7\ \ \\
\hline
6.2\,4
\end{array}
$$

06 1, 2, 3

07 ㉠ 3, 8, 5 / 11.8 **08** 2.8 L

09 5.7 **10** 4.47 m

11 은행

12 ❶ 4, 3, 1, 1, 3, 4

 ❷ 43.1, 13.4, 56.5 답 56.5

13 ❶ 만들 수 있는 가장 큰 소수 두 자리 수는 7.52이고, 가장 작은 소수 두 자리 수는 2.57입니다.

 ❷ 따라서 만들 수 있는 가장 큰 소수와 가장 작은 소수의 합은 $7.52+2.57=10.09$입니다.

 답 10.09

---

01 작은 눈금 한 칸의 크기는 0.1입니다.
0에서 5칸만큼 간 다음 3칸만큼 더 가면 8칸만큼 간 것과 같으므로 $0.5+0.3=0.8$입니다.

02
$$
\begin{array}{r}
1.2 \\
+\ 0.5 \\
\hline
1.7
\end{array}
\qquad
\begin{array}{r}
2.3 \\
+\ 1.4 \\
\hline
3.7
\end{array}
$$

03
$$
\begin{array}{r}
\overset{1}{0.4\,5} \\
+\ 0.2\,9 \\
\hline
0.7\,4
\end{array}
\qquad
\begin{array}{r}
0.3\,1 \\
+\ 0.4\,1 \\
\hline
0.7\,2
\end{array}
$$
➜ $0.74>0.72$

---

04 1 이 4개 → 4
0.1 이 2개 → 0.2
0.01이 5개 → 0.05
 $\underline{}$
 4.25 ➜ $4.25+1.5=5.75$

05 소수의 덧셈을 할 때는 소수점끼리 위치를 맞추어 쓰고 같은 자리 수끼리 더해야 하는데 소수점끼리 위치를 맞추지 않아 잘못 계산했습니다.

06 • $2.8+0.3=3.1$ • $1.25+1.65=2.9$
• $0.92+1.74=2.66$
➜ $3.1>2.9>2.66$

07 일의 자리와 소수 첫째 자리에 넣을 수를 고른 다음 계산 결과가 9보다 큰지 확인합니다.

 평가 기준 □ 안에 서로 다른 수를 써넣어 계산 결과가 9보다 큰 덧셈식을 만들고 계산을 바르게 했으면 정답으로 인정합니다.

08 (현수가 마신 물의 양)
 $=$(진영이가 마신 물의 양)$+0.6$
 $=1.1+0.6=1.7\,(\text{L})$
➜ (진영이와 현수가 마신 물의 양)
 $=1.1+1.7=2.8\,(\text{L})$

09 • 유준이가 말하는 소수: 1.4
• 소율이가 말하는 소수: 4.3
➜ $1.4+4.3=5.7$

10 $1\,\text{cm}=0.01\,\text{m}$이므로 $327\,\text{cm}=3.27\,\text{m}$입니다.
➜ (이어 붙인 막대의 전체 길이)
 $=3.27+1.2=4.47\,(\text{m})$

11 • (집~은행~학교)$=2.33+3.45=5.78\,(\text{km})$
• (집~우체국~학교)$=3.38+3.44=6.82\,(\text{km})$
➜ $5.78<6.82$이므로 은행을 지나서 가는 길이 더 가깝습니다.

12

채점 기준	❶ 만들 수 있는 가장 큰 소수 한 자리 수와 가장 작은 소수 한 자리 수를 각각 구한 경우	3점	5점
	❷ 만들 수 있는 가장 큰 소수와 가장 작은 소수의 합을 구한 경우	2점	

13

채점 기준	❶ 만들 수 있는 가장 큰 소수 두 자리 수와 가장 작은 소수 두 자리 수를 각각 구한 경우	3점	5점
	❷ 만들 수 있는 가장 큰 소수와 가장 작은 소수의 합을 구한 경우	2점	

확인

$$5.\overset{2}{\cancel{3}}\,\overset{10}{4} \\ -\,2.1\ 7 \\ \hline 7$$ → $$5.\overset{2}{\cancel{3}}\,\overset{10}{4} \\ -\,2.1\ 7 \\ \hline 1\ 7$$ → $$5.\overset{2}{\cancel{3}}\,\overset{10}{4} \\ -\,2.1\ 7 \\ \hline 3.1\ 7$$

1 0.3

2 0.13 / 0.13

3
$$\overset{5}{\cancel{6}}.\overset{10}{1} \\ -\,2.5 \\ \hline 3.6$$

4 792, 683, 109, 1.09

5
	$\overset{3}{\cancel{5}}$	$.\overset{10}{\cancel{4}}$	
−	2	. 2	6
	3	. 1	4

6 (1) 2.2 (2) 4.73 (3) 2.4 (4) 1.42

7 (1) ○ (2) ×

1 0.7만큼 색칠한 것 중에서 0.4만큼 ×표 하면 0.3만큼 남습니다. → $0.7-0.4=0.3$

2 작은 눈금 한 칸의 크기는 0.01입니다.
0.82와 0.95 사이의 작은 눈금은 13칸으로 0.01이 13개입니다. → $0.95-0.82=0.13$

4 7.92는 0.01이 792개, 6.83은 0.01이 683개이므로 7.92−6.83은 0.01이 $792-683=109$(개)입니다.
→ $7.92-6.83=1.09$

5 소수점의 위치에 맞추어 두 소수를 세로로로 쓴 다음 5.4의 끝자리 뒤에 0이 있다고 생각하고 계산합니다.
$$5.4\ 0 \\ -\,2.2\ 6 \\ \hline 3.1\ 4$$

6 (1)
$$6.9 \\ -\,4.7 \\ \hline 2.2$$
(2)
$$\overset{5}{\cancel{6}}.5\ \overset{10}{\cancel{7}} \\ -\,1.8\ 4 \\ \hline 4.7\ 3$$
(3)
$$\overset{4}{\cancel{5}}.\overset{10}{\cancel{3}} \\ -\,2.9 \\ \hline 2.4$$
(4)
$$\overset{2}{\cancel{3}}.\overset{10}{\cancel{1}}\ \overset{10}{\cancel{1}} \\ -\,1.6\ 9 \\ \hline 1.4\ 2$$

7 (1)
$$\overset{2}{\cancel{3}}.\overset{10}{\cancel{6}} \\ -\,2.7 \\ \hline 0.9$$
(2)
$$\overset{6}{\cancel{7}}.\overset{10}{\cancel{8}}\ 3 \\ -\,4.9 \\ \hline 2.9\ 3$$

01 2.7

02 ㉡

03 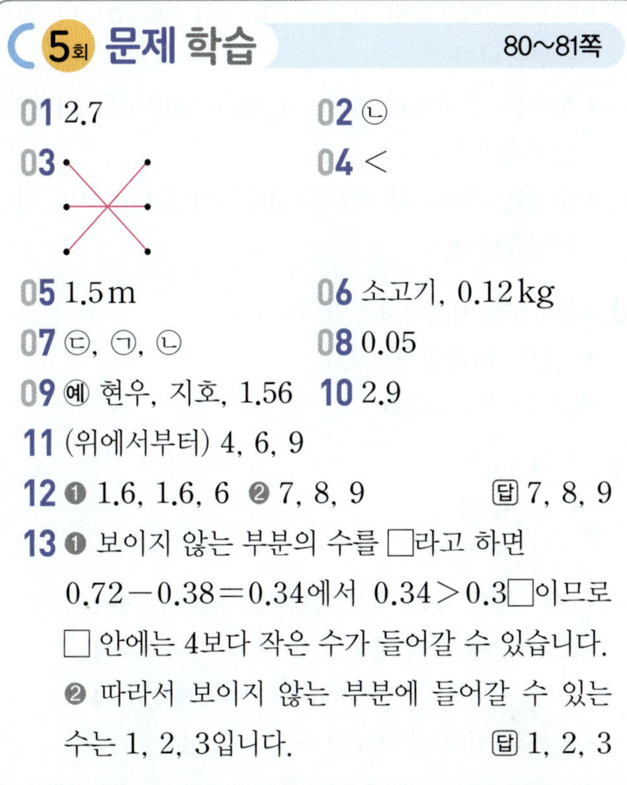

04 <

05 1.5 m

06 소고기, 0.12 kg

07 ㉢, ㉠, ㉡

08 0.05

09 예 현우, 지호, 1.56

10 2.9

11 (위에서부터) 4, 6, 9

12 ❶ 1.6, 1.6, 6 ❷ 7, 8, 9   답 7, 8, 9

13 ❶ 보이지 않는 부분의 수를 □라고 하면
$0.72-0.38=0.34$에서 $0.34>0.3□$이므로
□ 안에는 4보다 작은 수가 들어갈 수 있습니다.
❷ 따라서 보이지 않는 부분에 들어갈 수 있는 수는 1, 2, 3입니다.   답 1, 2, 3

01 $8.6-5.9=2.7$

02 ㉠ $10.72-8.19=2.53$ ㉡ $7.45-5.02=2.43$
→ 계산 결과가 2.43인 것은 ㉡입니다.

03 • $0.9-0.5=0.4$ • $0.79-0.48=0.31$
• $0.5-0.3=0.2$ • $0.93-0.73=0.2$
• $0.83-0.52=0.31$ • $0.7-0.3=0.4$

04 $2.5-0.7=1.8$, $3.1-1.2=1.9$ → $1.8<1.9$

05 (남은 철사의 길이)
=(처음 철사의 길이)−(동생에게 준 철사의 길이)
=$2.75-1.25=1.5$(m)

06 $0.7>0.58$이므로 소고기를 $0.7-0.58=0.12$(kg) 더 많이 사셨습니다.

07 ㉠ $4.62-1.35=3.27$ ㉡ $9.1-5.9=3.2$
㉢ $6.87-3.5=3.37$
→ ㉢ 3.37 > ㉠ 3.27 > ㉡ 3.2

08 눈금 한 칸의 크기는 0.01입니다.
㉠은 3.2에서 8칸만큼 더 간 곳이므로 3.28이고,
㉡은 3.3에서 3칸만큼 더 간 곳이므로 3.33입니다.
→ $3.33-3.28=0.05$

09 • 현우는 지호보다 $5.2-3.64=1.56\,(\text{m})$ 더 멀리 날렸습니다.
• 현우는 수아보다 $5.2-4.18=1.02\,(\text{m})$ 더 멀리 날렸습니다.
• 수아는 지호보다 $4.18-3.64=0.54\,(\text{m})$ 더 멀리 날렸습니다.

10 • 1이 5개, 0.1이 4개인 수: 5.4
• 0.1이 25개인 수: 2.5
➡ $5.4-2.5=2.9$

11
$$\begin{array}{r} 9.\text{㉠}\,2 \\ -\;\text{㉡}.5\;3 \\ \hline 2.8\;\text{㉢} \end{array}$$
• 소수 둘째 자리 계산: $10+2-3=\text{㉢}$ ➡ ㉢$=9$
• 소수 첫째 자리 계산: $10+\text{㉠}-1-5=8$, $4+\text{㉠}=8$ ➡ ㉠$=4$
• 일의 자리 계산: $9-1-\text{㉡}=2$, $8-\text{㉡}=2$ ➡ ㉡$=6$

12

채점 기준	❶ ■에 들어갈 수 있는 수의 조건을 구한 경우	4점	5점
	❷ ■에 들어갈 수 있는 수를 모두 구한 경우	1점	

13

채점 기준	❶ 보이지 않는 부분에 들어갈 수 있는 수의 조건을 구한 경우	4점	5점
	❷ 보이지 않는 부분에 들어갈 수 있는 수를 모두 구한 경우	1점	

⟨6회⟩ 응용 학습　　82~85쪽

1 1단계 15.64		2단계 1564	
1-1 6.284		**1-2** 1000배	
2 1단계 1.96 kg		2단계 0.55 kg	
2-1 0.35 kg		**2-2** 0.97 kg	
3 1단계 0.83 km		2단계 1.13 km	
3-1 4.2 km		**3-2** 5.9 km	
4 1단계 5.51		2단계 2.81	
4-1 9.92		**4-2** 13.1	

---

1 1단계 어떤 수의 $\dfrac{1}{10}$ 이 1.564이므로 어떤 수는 1.564의 10배인 15.64입니다.
2단계 15.64의 100배는 1564입니다.

1-1 어떤 수의 10배가 6284이므로 어떤 수는 6284의 $\dfrac{1}{10}$ 인 628.4입니다.
➡ 628.4의 $\dfrac{1}{100}$ 은 6.284입니다.

1-2 • ㉠의 $\dfrac{1}{100}$ 이 2.71이므로 ㉠은 2.71의 100배인 271입니다.
　→ ㉠$=271$
• 2.14보다 0.57만큼 더 큰 수는 $2.14+0.57=2.71$입니다.
㉡의 10배가 2.71이므로 ㉡은 2.71의 $\dfrac{1}{10}$ 인 0.271입니다.
　→ ㉡$=0.271$
➡ ㉠ 271은 ㉡ 0.271의 1000배입니다.

2 1단계 (인형 7개의 무게)
$=$(인형 14개가 들어 있는 상자의 무게)$-$(인형 7개를 뺀 상자의 무게)
$=4.47-2.51=1.96\,(\text{kg})$
2단계 (빈 상자의 무게)
$=$(인형 14개가 들어 있는 상자의 무게)$-$(인형 7개의 무게)$-$(인형 7개의 무게)
$=4.47-1.96-1.96$
$=2.51-1.96=0.55\,(\text{kg})$

2-1 (동화책 6권의 무게)
$=$(동화책 12권이 들어 있는 상자의 무게)$-$(동화책 6권을 뺀 상자의 무게)
$=6.83-3.59=3.24\,(\text{kg})$
➡ (빈 상자의 무게)
$=$(동화책 12권이 들어 있는 상자의 무게)$-$(동화책 6권의 무게)$-$(동화책 6권의 무게)
$=6.83-3.24-3.24$
$=3.59-3.24=0.35\,(\text{kg})$

2-2 (축구공 5개의 무게)

　＝(축구공 15개가 들어 있는 상자의 무게)

　　－(축구공 5개를 뺀 상자의 무게)

　＝$7.27-5.17=2.1$ (kg)

　➡ (빈 상자의 무게)

　　＝(축구공 15개가 들어 있는 상자의 무게)

　　　－(축구공 5개의 무게)－(축구공 5개의 무게)

　　　－(축구공 5개의 무게)

　　＝$7.27-2.1-2.1-2.1$

　　＝$5.17-2.1-2.1$

　　＝$3.07-2.1=0.97$ (kg)

3　**1단계** (집~문구점)＝(집~공원)－(공원~문구점)

　　　　　　＝$1.35-0.52=0.83$ (km)

　2단계 (집~병원)＝(집~문구점)＋0.3

　　　　　＝$0.83+0.3=1.13$ (km)

3-1 (㉮~㉯)＝(㉮~㉰)－(㉯~㉰)

　　　　＝$8.5-3.4=5.1$ (km)

　➡ (㉯~㉱)＝(㉮~㉯)－0.9

　　　　＝$5.1-0.9=4.2$ (km)

3-2 (학교~도서관)

　＝(학교~우체국)＋(서점~도서관)－(서점~우체국)

　＝$3.2+4.5-1.8=7.7-1.8=5.9$ (km)

　다른 풀이 (학교~도서관)

　＝(학교~우체국)＋(우체국~도서관)이고,

　(우체국~도서관)＝$4.5-1.8=2.7$ (km)입니다.

　➡ (학교~도서관)＝$3.2+2.7=5.9$ (km)

4　**1단계** 어떤 수를 □라고 하면 □＋2.7＝8.21,

　□＝$8.21-2.7=5.51$입니다.

　2단계 어떤 수가 5.51이므로 바르게 계산하면

　$5.51-2.7=2.81$입니다.

4-1 어떤 수를 □라고 하면 □＋5.2＝10.1,

　□＝$10.1-5.2=4.9$이므로

　바르게 계산하면 $4.9+5.02=9.92$입니다.

4-2 어떤 수를 □라고 하면 □＋6.73＝19.48,

　□＝$19.48-6.73=12.75$이므로

　바르게 계산하면 $12.75-6.37=6.38$입니다.

　➡ $19.48-6.38=13.1$

---

01 0.47, 영 점 사칠　　**02** 2.576

03 0.4, 0.7　　**04** 0.83

05 1.76　　**06** 2.8

07 ②

08 (위에서부터) 0.25, 2.5, 250, 2500

　/ 0.176, 1.76, 176, 1760

09 <

10 (위에서부터) 8.9 / 4.1 / 3.2, 1.6

11 (　)　　**12** 4.3 L

　(○)

　(　)

13 (위에서부터) 1.49, 1.42, 1.7 / 2, 1, 3

14 ❶ 예 소수의 뺄셈을 할 때는 소수점끼리 위치를 맞추어 쓰고 같은 자리 수끼리 빼야 하는데 소수점끼리 위치를 맞추지 않아 잘못 계산했습니다.

❷
$$\begin{array}{r} \overset{3\ \ 10}{4}.1\ 7 \\ -\ 0.5\quad \\ \hline 3.6\ 7 \end{array}$$

15 ㉠, ㉣　　**16** 100배

17 ❶ $1\,g=0.001\,kg$ ➡ $1700\,g=1.7\,kg$

❷ 따라서 두 사람이 딴 방울토마토의 무게를 비교하면 $1.59<1.7$이므로 은수가 방울토마토를 더 많이 땄습니다.　　답 은수

18 도서관, 공원, 수영장　　**19** 10.9

20 4.95　　**21** (위에서부터) 5, 7, 6

22 29.9 cm　　**23** 10.92

24 예술 / 기술

25 ❶ A 선수의 쇼트 프로그램 점수는 $36.32+36.49=72.81$ (점), B 선수의 쇼트 프로그램 점수는 $37.18+37.15=74.33$ (점)입니다.

❷ 따라서 A 선수와 B 선수의 쇼트 프로그램 점수의 차는 $74.33-72.81=1.52$ (점)입니다.

답 1.52점

01 모눈 한 칸의 크기: 0.01
→ 색칠된 부분은 47칸이므로 0.47이고, '영 점 사칠'
이라고 읽습니다.

02 1이 2개이면 2, 0.1이 5개이면 0.5, 0.01이 7개이면
0.07, 0.001이 6개이면 0.006이므로 2.576입니다.

03 0에서 3칸만큼 간 다음 4칸만큼 더 가면 7칸만큼 간
것과 같으므로 0.3+0.4=0.7입니다.

04 0.72+0.11=0.83

06 □=10.1−7.3=2.8

07 숫자 6이 나타내는 수를 각각 알아봅니다.
① 6 ② 0.06 ③ 0.6 ④ 0.6 ⑤ 0.006

08 소수의 $\frac{1}{10}$ 은 소수점을 기준으로 수가 오른쪽으로
한 자리씩 이동합니다.
소수를 10배 하면 소수점을 기준으로 수가 왼쪽으로
한 자리씩 이동합니다.
자연수는 가장 오른쪽 끝에 소수점이 있다고 생각하
고 자리를 이동합니다.

09 13.2−6.8=6.4, 4.7+2.35=7.05
→ 6.4<7.05

10 • 5.4+3.5=8.9 • 2.2+1.9=4.1
• 5.4−2.2=3.2 • 3.5−1.9=1.6

11 • 1 cm=0.01 m이므로 83 cm=0.83 m입니다.
• 1 m=0.001 km이므로 12 m=0.012 km입니다.
• 1 mm=0.1 cm이므로 99 mm=9.9 cm입니다.

12 (어제 마신 물의 양)+(오늘 마신 물의 양)
=1.8+2.5=4.3(L)

13 1.42<1.49<1.7

14
채점 기준	❶ 이유를 알맞게 쓴 경우	2점	4점
	❷ 바르게 계산한 경우	2점	

15 ㉠ 26의 $\frac{1}{10}$: 2.6 ㉡ 2.6의 $\frac{1}{100}$: 0.026
㉢ 2.6의 10배: 26 ㉣ 0.026의 100배: 2.6

16 ㉠이 나타내는 수는 1, ㉡이 나타내는 수는 0.01입니다.
1은 0.01의 100배이므로 ㉠이 나타내는 수는 ㉡이
나타내는 수의 100배입니다.

17
채점 기준	❶ 은수가 딴 방울토마토의 무게는 몇 kg인지 소수로 나타낸 경우	2점	4점
	❷ 누가 방울토마토를 더 많이 땄는지 구한 경우	2점	

18 1 m=0.001 km이므로 132 m=0.132 km입니다.
따라서 0.132<0.587<1.05이므로 현태네 집에서
가까운 곳부터 차례로 쓰면 도서관, 공원, 수영장입
니다.

19 • 수진: 3.4 • 준호: 7.5
→ 3.4+7.5=10.9

20 • 만들 수 있는 가장 큰 소수 두 자리 수: 8.43
• 만들 수 있는 가장 작은 소수 두 자리 수: 3.48
→ (만들 수 있는 가장 큰 소수와 가장 작은 소수의 차)
=8.43−3.48=4.95

21
$$\begin{array}{r} ㉠.8\ 2 \\ +\ 3.㉡\ 4 \\ \hline 9.5\ ㉢ \end{array}$$
• 소수 둘째 자리 계산: 2+4=6 → ㉢=6
• 소수 첫째 자리 계산: 8+㉡=15 → ㉡=7
• 일의 자리 계산: 1+㉠+3=9, ㉠+4=9
→ ㉠=5

22 (색 테이프 2장의 길이의 합)
=16.7+16.7=33.4(cm)
→ (이어 붙인 색 테이프의 전체 길이)
=(색 테이프 2장의 길이의 합)
−(겹쳐진 부분의 길이)
=33.4−3.5=29.9(cm)

23 어떤 수를 □라고 하면 □−2.78=5.36,
□=5.36+2.78=8.14입니다.
어떤 수가 8.14이므로 바르게 계산하면
8.14+2.78=10.92입니다.

24 • A 선수: 36.32<36.49로 예술 점수를 더 높게 받
았습니다.
• B 선수: 37.18>37.15로 기술 점수를 더 높게 받
았습니다.

25
채점 기준	❶ A 선수와 B 선수의 쇼트 프로그램 점수를 각각 구한 경우	2점	4점
	❷ A 선수와 B 선수의 쇼트 프로그램 점수의 차를 구한 경우	2점	

4. 사각형

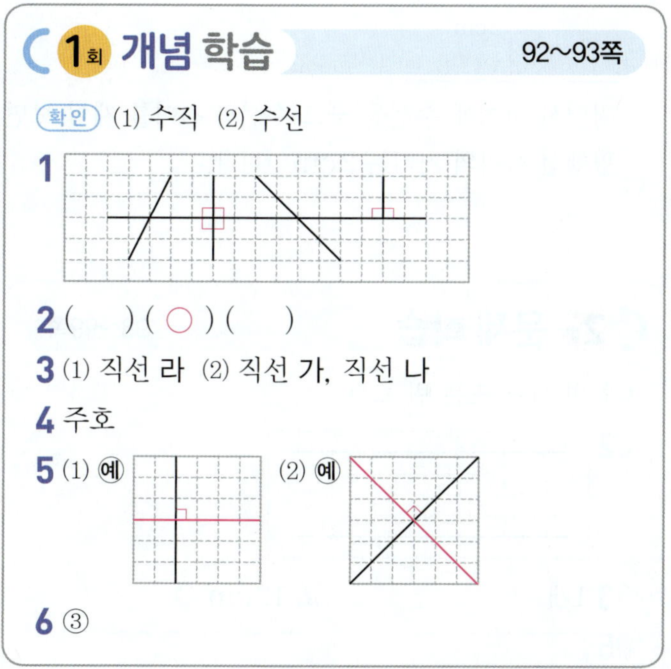

확인 (1) 수직　(2) 수선

2 (　　) (○) (　　)

3 (1) 직선 라　(2) 직선 가, 직선 나

4 주호

5 (1) 예　(2) 예

6 ③

---

1 모눈종이의 가로선과 세로선은 직각으로 만납니다. 가로선과 세로선이 만나는 두 직선을 찾아봅니다.

2 두 직선이 만나서 이루는 각이 직각인 것을 찾습니다.

3 (1) 직선 가와 수직으로 만나는 직선은 직선 라입니다.
　(2) 직선 라와 수직으로 만나는 직선은 직선 가와 직선 나입니다.
　➡ 직선 라에 대한 수선은 직선 가와 직선 나입니다.

4 삼각자의 직각을 낀 변을 따라 수선을 그어야 하므로 바르게 그은 사람은 주호입니다.

5 (1) 모눈종이의 가로선과 세로선은 직각으로 만납니다. 직선이 세로로 그어져 있으므로 가로로 수선을 긋습니다.
　(2) 오른쪽과 같이 모눈종이에서 찾을 수 있는 직각을 생각하여 주어진 직선과 직각으로 만나는 수선을 긋습니다.

6 직선 가에 대한 수선은 직선 가에 수직인 직선입니다. 점 ㄱ과 ③을 잇는 직선을 그으면 직선 가에 수직이 되므로 점 ㄱ과 ③을 이어야 합니다.
　참고 한 직선에 수직인 직선은 셀 수 없이 많이 그을 수 있지만 한 점을 지나고 한 직선에 수직인 직선은 1개만 그을 수 있습니다.

---

01 다, 라　　**02** 직선 나, 직선 다

03 예 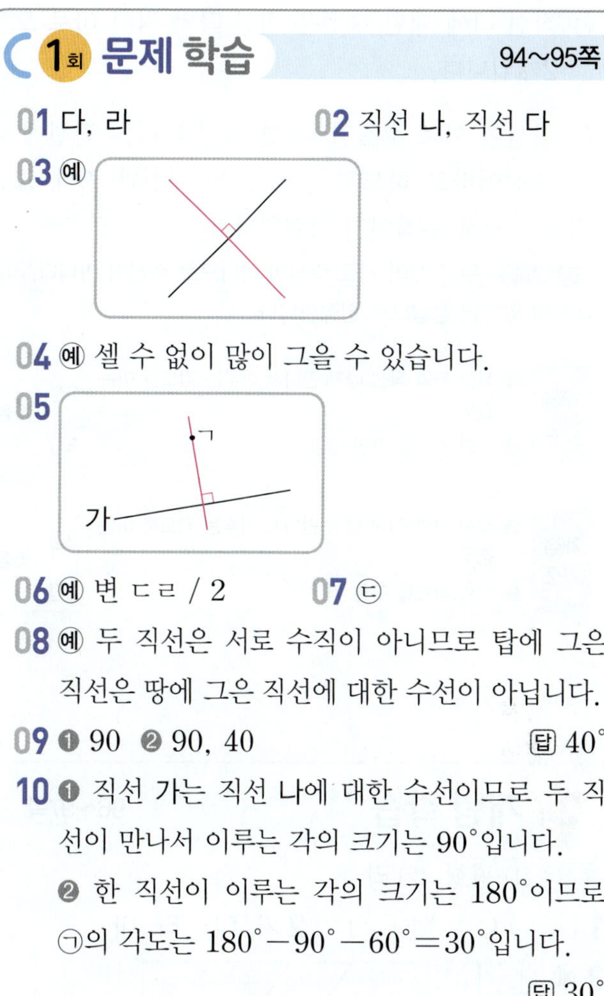

04 예 셀 수 없이 많이 그을 수 있습니다.

05

06 예 변 ㄷㄹ / 2　　**07** ㉢

08 예 두 직선은 서로 수직이 아니므로 탑에 그은 직선은 땅에 그은 직선에 대한 수선이 아닙니다.

09 ❶ 90　❷ 90, 40　　답 40°

10 ❶ 직선 가는 직선 나에 대한 수선이므로 두 직선이 만나서 이루는 각의 크기는 90°입니다.
　❷ 한 직선이 이루는 각의 크기는 180°이므로 ㉠의 각도는 180°-90°-60°=30°입니다.
　답 30°

---

01 두 변이 만나서 이루는 각이 직각인 곳이 있는 도형을 찾으면 다와 라입니다.

02 직선 가와 수직으로 만나는 직선은 직선 나와 직선 다입니다.

03 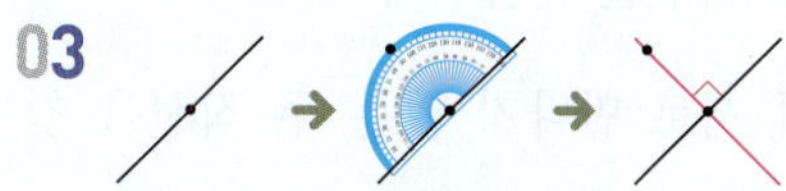

04 한 직선에 수직인 직선은 셀 수 없이 많으므로 직선 가에 대한 수선은 셀 수 없이 많이 그을 수 있습니다.

05 삼각자의 직각을 낀 한 변을 직선 가에 맞추고, 직각을 낀 다른 한 변이 점 ㄱ을 지나도록 놓은 후 직선을 긋습니다.

06 • 변 ㄴㄷ에 대한 수선은 변 ㄷㄹ로 1개입니다.
　• 변 ㄷㄹ에 대한 수선은 변 ㄴㄷ과 변 ㅁㄹ로 모두 2개입니다.
　• 변 ㅁㄹ에 대한 수선은 변 ㄷㄹ로 1개입니다.

07 ㉢ 직선 나에 대한 수선은 직선 다와 직선 마로 모두 2개입니다.

08 두 직선이 서로 수직일 때 한 직선을 다른 직선에 대한 수선이라고 하므로 탑에 그은 직선과 땅에 그은 직선이 서로 수직인지 확인합니다.

> **평가 기준** '두 직선이 서로 수직이 아니므로 수선이 아니다.'라는 내용이 있으면 정답으로 인정합니다.

09

채점 기준	❶ 직선 가와 직선 나가 만나서 이루는 각도를 아는 경우	2점	5점
	❷ ㉠의 각도를 구한 경우	3점	

10

채점 기준	❶ 직선 가와 직선 나가 만나서 이루는 각도를 아는 경우	2점	5점
	❷ ㉠의 각도를 구한 경우	3점	

(2회 개념 학습　　　96~97쪽

> **확인** (1) 평행　(2) 라

1 (○) (　) (○)　　**2** 가, 다 / 라, 마

3 예

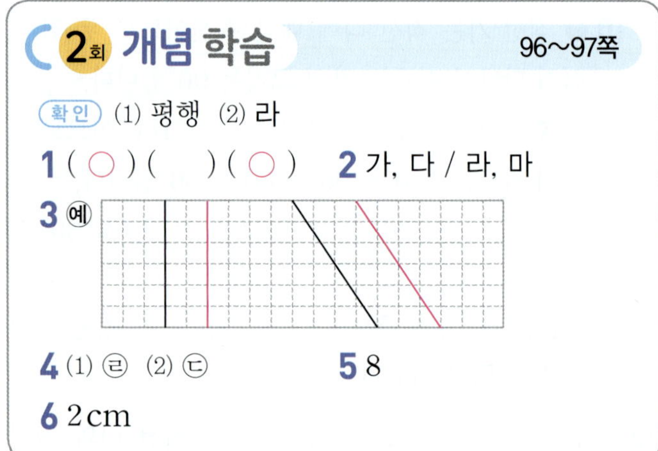

4 (1) ㉣　(2) ㉢　　**5** 8

6 2 cm

1 서로 만나지 않는 두 직선을 찾습니다.

2 모눈 선을 참고하여 서로 만나지 않는 두 직선을 찾습니다.

> **참고** 직선 가와 직선 다는 기울어진 가로 칸 수와 세로 칸 수가 각각 같으므로 기울어진 정도가 같아 서로 만나지 않습니다.

3 • 왼쪽 직선은 모눈종이의 세로선을 따라 그어져 있으므로 세로선을 따라 평행한 직선을 긋습니다.
　• 오른쪽 직선은 기울어진 가로 칸 수와 세로 칸 수를 세고 기울어진 정도를 같게 하여 평행한 직선을 긋습니다.

4 평행선 사이의 거리는 평행선에 수직인 선분의 길이이므로 평행선에 수직인 선분을 찾습니다.

5 평행선에 수직인 선분의 길이는 8 cm입니다.

6

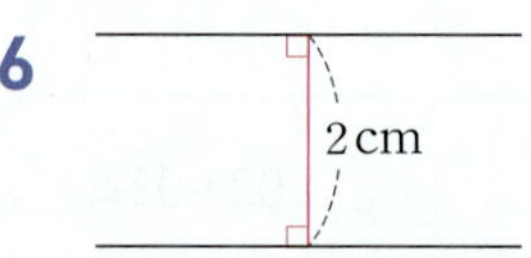

평행선 사이에 수선을 긋고 수선의 길이를 재어 보면 평행선 사이의 거리는 2 cm입니다.

(2회 문제 학습　　　98~99쪽

01 변 ㄱㄹ 또는 변 ㄹㄱ

02

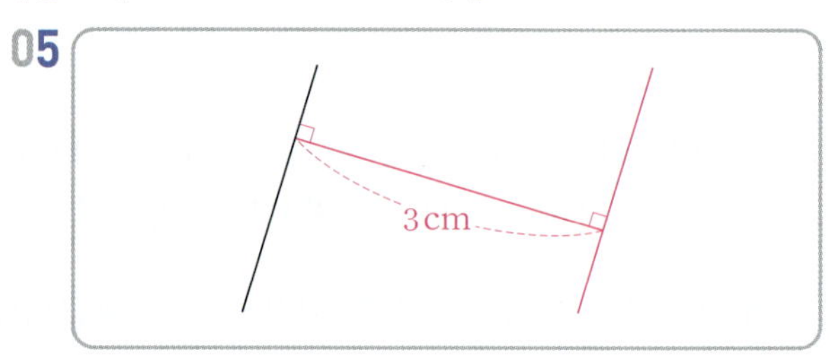

03 1개　　　　**04** 12 cm

05

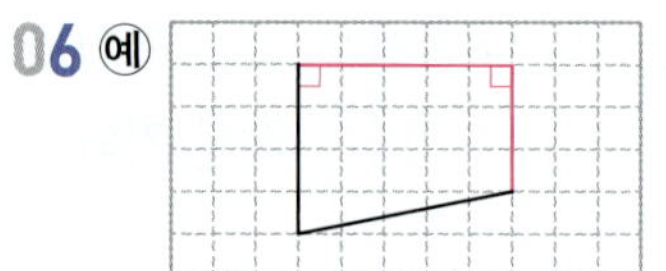

06 예

07 4 cm

08 변 ㄷㄴ 또는 변 ㄴㄷ, 변 ㄹㅁ 또는 변 ㅁㄹ

09 시우

10 예 평행선 사이의 거리는 평행선에 수직인 선분의 길이인데 평행선에 수직이 아닌 선분의 길이를 재었습니다.

11 3개

12 ❶ 2, 4　❷ 2, 4, 6　　　　답 6 cm

13 ❶ (직선 가와 직선 나 사이의 거리)＝5 cm,
　　(직선 가와 직선 다 사이의 거리)＝8 cm
　❷ (직선 나와 직선 다 사이의 거리)
　　　＝(직선 가와 직선 다 사이의 거리)
　　　　－(직선 가와 직선 나 사이의 거리)
　　　＝8－5＝3 (cm)　　　　답 3 cm

01 변 ㄴㄷ과 변 ㄱㄹ은 변 ㄱㄴ에 각각 수직이므로
변 ㄴㄷ과 변 ㄱㄹ은 서로 평행합니다.

02 평행선 사이의 거리는 평행선에 수직인 선분의 길이
입니다.
두 점을 이었을 때 평행선에 수직인 선분이 되는 경
우를 찾아 이어 봅니다.

03 점 ㄱ을 지나고 직선 가와 평행한 직선은 1개만 그을
수 있습니다.

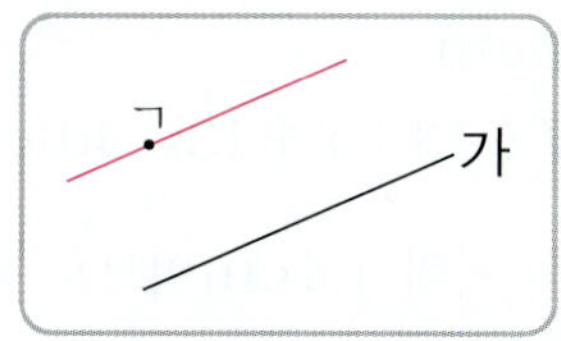

04 평행선은 변 ㄱㄴ과 변 ㄹㄷ이므로 평행선 사이의 거
리는 두 변에 수직인 변 ㄴㄷ의 길이입니다.
➡ (평행선 사이의 거리)=(변 ㄴㄷ)=12 cm

05 주어진 직선에 수직인 선분을 긋고, 수선의 길이가
3 cm가 되는 점을 지나는 평행선을 긋습니다.

06 주어진 선분에 평행한 선분을 그어 평행선이 있는 사
각형을 그립니다.
평행선이 한 쌍 또는 두 쌍이 있는 사각형을 그릴 수
있습니다.

07 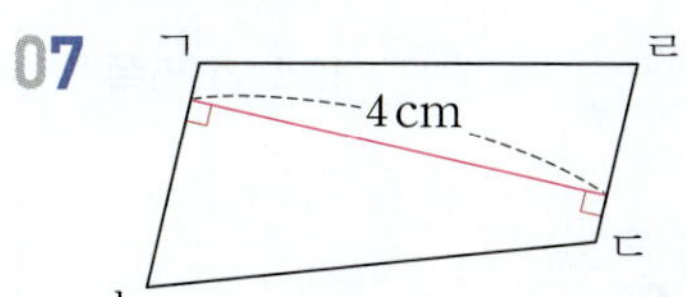

변 ㄱㄴ과 변 ㄹㄷ이 서로 평행하므로 두 변 사이에
수선을 긋고 수선의 길이를 재어 봅니다.
➡ 평행선 사이의 거리는 4 cm입니다.

08 • 변 ㄱㅂ과 변 ㄹㅁ은 변 ㅂㅁ에 각각 수직이므로
변 ㄱㅂ과 변 ㄹㅁ은 서로 평행합니다.
• 변 ㄷㄴ과 변 ㄹㅁ은 변 ㄷㄹ에 각각 수직이므로
변 ㄷㄴ과 변 ㄹㅁ은 서로 평행합니다.
➡ 변 ㄱㅂ과 평행한 변은 변 ㄷㄴ, 변 ㄹㅁ입니다.

09 시우: 한 직선과 평행한 직선은 셀 수 없이 많이 그을
수 있습니다.

10 평행선에 수직인 선분을 긋고 평행선 사이의 거리를
재어 보면 4 cm입니다.

11 주어진 글자에서 평행한 선분을 모두 찾아봅니다.

ㄱ ㄷ ㅂ ㅇ ㅋ

➡ 평행선이 있는 글자는 ㄷ, ㅂ, ㅋ으로 모두 3개입
니다.

12

채점 기준	❶ 직선 가와 직선 나, 직선 나와 직선 다 사이의 거리를 각각 구한 경우	3점	5점
	❷ 직선 가와 직선 다 사이의 거리를 구한 경우	2점	

13

채점 기준	❶ 직선 가와 직선 나, 직선 가와 직선 다 사이의 거리를 각각 구한 경우	3점	5점
	❷ 직선 나와 직선 다 사이의 거리를 구한 경우	2점	

◖3회 개념 학습   100~101쪽

확인 (1) 사다리꼴 (2) 평행사변형

1 (1) ◯ (2) ✕

2 ㄱㄹ 또는 ㄹㄱ, ㄴㄷ 또는 ㄷㄴ

3 가, 다

4 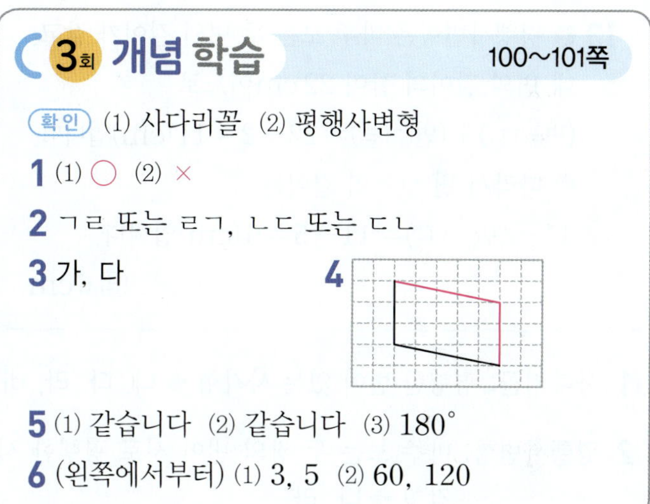

5 (1) 같습니다 (2) 같습니다 (3) 180˚

6 (왼쪽에서부터) (1) 3, 5 (2) 60, 120

1 평행한 변이 한 쌍이라도 있으면 사다리꼴입니다.
(1) 평행한 변이 한 쌍 있으므로 사다리꼴입니다.
(2) 평행한 변이 없으므로 사다리꼴이 아닙니다.

2 서로 만나지 않는 두 변을 찾으면 변 ㄱㄹ과 변 ㄴㄷ
입니다.

3 마주 보는 두 쌍의 변이 서로 평행한 사각형을 찾으
면 가, 다입니다.
나는 마주 보는 한 쌍의 변이 서로 평행하므로 평행
사변형이 아닙니다.

4 주어진 두 선분과 각각 평행하도록 나머지 두 변을
그립니다.

6 (1) 평행사변형은 마주 보는 두 변의 길이가 같습니다.
(2) 평행사변형은 마주 보는 두 각의 크기가 같습니다.

3회 문제 학습
102~103쪽

01 나, 다, 라, 바　　**02** 나, 라

03 ㉢　　**04** ㉣

05 20°　　**06** 사다리꼴

07 예
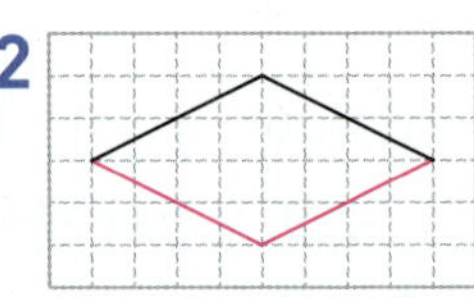

08 4개

09 맞습니다 / 예 평행한 변이 있는 사각형이므로
사다리꼴이 맞습니다.

10 40 cm　　**11** 다

12 ❶ 18, 18, 9　❷ 9, 9, 5　　답 5 cm

13 ❶ 평행사변형은 마주 보는 두 변의 길이가 같고,
네 변의 길이의 합이 22 cm이므로
(변 ㄱㄴ)＋(변 ㄱㄹ)＝22÷2＝11 (cm)입니다.
❷ 따라서 변 ㄱㄹ의 길이는
11－(변 ㄱㄴ)＝11－5＝6 (cm)입니다.
답 6 cm

---

01 사다리꼴: 평행한 변이 있는 사각형 ➡ 나, 다, 라, 바

02 평행사변형: 마주 보는 두 쌍의 변이 서로 평행한 사각형 ➡ 나, 라

03 ㉢ 평행사변형에서 이웃하는 두 각의 크기가 항상 같지는 않습니다.
참고 평행사변형은 이웃하는 두 각의 크기의 합이 180°입니다.

04 마주 보는 두 쌍의 변이 서로 평행해야 하므로 나머지 한 꼭짓점으로 알맞은 점은 ㉣입니다.

05 평행사변형은 이웃하는 두 각의 크기의 합이 180°입니다.
➡ ㉠＝180°－160°＝20°

06 빗금 친 부분을 펼쳤을 때 만들어지는 사각형은 오른쪽과 같고, 평행한 변이 한 쌍 있으므로 사다리꼴입니다.

07 꼭짓점을 한 개만 옮겨서 평행한 변이 있도록 사각형을 만듭니다.

---

08 직사각형은 네 각이 모두 직각이므로 위와 아래의 변이 서로 평행합니다. 따라서 직사각형 모양의 종이를 선을 따라 모두 잘랐을 때 만들어지는 사각형은 모두 위와 아래의 변이 서로 평행한 사다리꼴입니다. ➡ 4개

09 사다리꼴은 평행한 변이 있는 사각형이므로 주어진 사각형에 평행한 변이 있는지 살펴봅니다.

10 평행사변형은 마주 보는 두 변의 길이가 같습니다.
(변 ㄱㄴ)＝(변 ㄹㄷ)＝7 cm,
(변 ㄱㄹ)＝(변 ㄴㄷ)＝13 cm
➡ (네 변의 길이의 합)＝7＋13＋7＋13＝40 (cm)

11 • 가는 평행한 두 변 사이의 거리가 4 cm이므로 설명하는 사다리꼴이 아닙니다.
• 나는 평행한 두 변의 길이가 각각 5 cm, 3 cm이므로 설명하는 사다리꼴이 아닙니다.

12

채점기준			
❶ 변 ㄱㄴ과 변 ㄴㄷ의 길이의 합을 구한 경우	3점	5점
❷ 변 ㄱㄴ의 길이를 구한 경우	2점	

13

채점기준			
❶ 변 ㄱㄴ과 변 ㄱㄹ의 길이의 합을 구한 경우	3점	5점
❷ 변 ㄱㄹ의 길이를 구한 경우	2점	

4회 개념 학습
104~105쪽

확인 마름모

1 (1) 가, 라　(2) 가, 라

2

3 (위에서부터) (1) 80, 5　(2) 90, 6

4 (1) 가, 라　(2) 가, 다　(3) 가

5 (위에서부터) 8, 5, 90

6 (위에서부터) 6, 90, 6

---

1 (2) 마름모는 네 변의 길이가 모두 같은 사각형이므로 가, 라입니다.

2 마름모는 네 변의 길이가 모두 같은 사각형이므로 주어진 두 선분과 길이가 같도록 나머지 두 변을 그립니다.

3 (1) 마름모는 네 변의 길이가 모두 같고, 마주 보는 두 각의 크기가 같습니다.

(2) 마름모는 마주 보는 꼭짓점끼리 이은 두 선분이 서로 수직으로 만나고, 서로를 똑같이 둘로 나눕니다.

4 (1) 마름모: 네 변의 길이가 모두 같은 사각형 ➡ 가, 라

(2) 직사각형: 네 각이 모두 직각인 사각형 ➡ 가, 다

(3) 정사각형: 네 각이 모두 직각이고, 네 변의 길이가 모두 같은 사각형 ➡ 가

5 직사각형은 네 각이 모두 직각이고, 마주 보는 두 변의 길이가 같습니다.

6 정사각형은 네 각이 모두 직각이고, 네 변의 길이가 모두 같습니다.

⟨ 4회 문제 학습

106~107쪽

01 ( ) (○)

02 (1) 15 cm (2) 12 cm (3) 9 cm (4) 90°

03

04 ①

05 사다리꼴, 평행사변형, 마름모

06 예 9 / 36 cm   **07** 14 cm

08

사다리꼴	가, 나, 다, 라, 마, 바
평행사변형	가, 다, 바
마름모	가
직사각형	가, 바
정사각형	가

09 220°

10 ❶ 3, 24 ❷ 24, 6   답 6 cm

11 ❶ 이등변삼각형은 두 변의 길이가 같으므로 (철사의 길이)=11+6+11=28 (cm)입니다.

❷ 마름모는 네 변의 길이가 모두 같으므로 만든 마름모의 한 변의 길이는 28÷4=7 (cm)입니다.

답 7 cm

01 네 변의 길이가 모두 같게 그린 것에 ○표 합니다.

---

02 (1) 마름모는 네 변의 길이가 모두 같습니다.

(2), (3) 마름모에서 마주 보는 꼭짓점끼리 이은 두 선분은 서로를 똑같이 둘로 나눕니다.

(4) 마름모에서 마주 보는 꼭짓점끼리 이은 두 선분은 서로 수직으로 만납니다.

03 • 정사각형과 직사각형은 마주 보는 두 변의 길이가 같고, 네 각의 크기가 모두 직각으로 같습니다.

• 평행사변형은 마주 보는 두 변의 길이가 같습니다.

04 ① 마름모 중에는 오른쪽과 같이 네 각의 크기가 같지 않은 것도 있습니다. 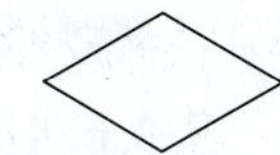

05 • 평행한 변이 있는 사각형이므로 사다리꼴입니다.

• 마주 보는 두 쌍의 변이 서로 평행한 사각형이므로 평행사변형입니다.

• 네 변의 길이가 모두 같은 사각형이므로 마름모입니다.

06 마름모는 네 변의 길이가 모두 같은 사각형이므로 마름모의 네 변의 길이의 합은 한 변의 길이의 4배가 됩니다.

07 마름모는 네 변의 길이가 모두 같으므로 한 변의 길이는 56÷4=14 (cm)입니다.

08 • 사다리꼴: 평행한 변이 있는 사각형 ➡ 가, 나, 다, 라, 마, 바

• 평행사변형: 마주 보는 두 쌍의 변이 서로 평행한 사각형 ➡ 가, 다, 바

• 마름모: 네 변의 길이가 모두 같은 사각형 ➡ 가

• 직사각형: 네 각이 모두 직각인 사각형 ➡ 가, 바

• 정사각형: 네 각이 모두 직각이고, 네 변의 길이가 모두 같은 사각형 ➡ 가

09 마름모는 이웃하는 두 각의 크기의 합이 180°이므로 ㉠=180°−70°=110°입니다.

마름모는 마주 보는 두 각의 크기가 같으므로 ㉡=㉠=110°입니다.

➡ ㉠+㉡=110°+110°=220°

10

채점 기준	❶ 철사의 길이를 구한 경우	2점	5점
	❷ 마름모의 한 변의 길이를 구한 경우	3점	

11

채점 기준	❶ 철사의 길이를 구한 경우	2점	5점
	❷ 마름모의 한 변의 길이를 구한 경우	3점	

5회 응용 학습 · 108~111쪽

1 1단계 ㅂㅁ 또는 ㅁㅂ, ㄹㄷ 또는 ㄷㄹ
　　2단계 13 cm

1-1 12 cm　　　　**1-2** 7 cm

2 1단계 10 cm　　　2단계 54 cm

2-1 50 cm　　　　**2-2** 102 cm

3 1단계 4개 / 4개 / 1개
　　2단계 9개

3-1 6개　　　　　**3-2** 14개

4 1단계
　　2단계 110°　　　3단계 70°

4-1 30°　　　　　**4-2** 115°

---

1 1단계 변 ㄱㅇ과 변 ㄴㄷ 사이의 거리는 변 ㄱㅇ과
변 ㅂㅅ 사이의 거리, 변 ㅂㅅ과 변 ㅁㄹ 사이의 거리,
변 ㅁㄹ과 변 ㄴㄷ 사이의 거리를 모두 더한 것과
같습니다.
　2단계 (변 ㄱㅇ과 변 ㄴㄷ 사이의 거리)
　　　＝(변 ㅇㅅ)＋(변 ㅂㅁ)＋(변 ㄹㄷ)
　　　＝5＋4＋4＝13 (cm)

1-1 (변 ㄱㄴ과 변 ㄹㄷ 사이의 거리)
　　＝(변 ㄱㅇ)＋(변 ㅅㅂ)＋(변 ㅁㄹ)
　　＝3＋6＋3＝12 (cm)

1-2 (변 ㄱㅌ과 변 ㅂㅅ 사이의 거리)
　　＝(변 ㄱㄴ)＋(변 ㄷㄹ)＋(변 ㅁㅂ)
　　＝(변 ㅌㅋ)＋(변 ㅊㅈ)＋(변 ㅇㅅ)
　　＝6＋5＋3＝14 (cm)
　　➜ (변 ㅁㅂ)＝14－2－5＝7 (cm)

2 1단계 정삼각형은 세 변의 길이가 같으므로
　　(변 ㄱㄷ)＝10 cm입니다.
　　직사각형은 마주 보는 두 변의 길이가 같으므로
　　(변 ㅁㄹ)＝(변 ㄱㄷ)＝10 cm입니다.
　2단계 빨간색 선의 길이는
　　10＋10＋12＋10＋12＝54 (cm)입니다.

2-1 마름모는 네 변의 길이가 모두 같으므로
　　(변 ㅂㄷ)＝(변 ㄷㄹ)＝(변 ㅁㄹ)＝(변 ㅂㅁ)
　　　　　　＝7 cm입니다.
　　평행사변형은 마주 보는 두 변의 길이가 같으므로
　　(변 ㄱㄴ)＝(변 ㅂㄷ)＝7 cm,
　　(변 ㄴㄷ)＝(변 ㄱㅂ)＝11 cm입니다.
　　➜ (빨간색 선의 길이)
　　　＝7＋11＋7＋7＋7＋11＝50 (cm)

2-2 마름모는 네 변의 길이가 모두 같고, 네 변의 길이의
　　합이 52 cm이므로 마름모의 한 변의 길이는
　　52÷4＝13 (cm)입니다.
　　평행사변형은 마주 보는 두 변의 길이가 같으므로
　　(변 ㄹㅁ)＝(변 ㄱㅂ)＝25 cm,
　　(변 ㅂㅁ)＝(변 ㄱㄹ)＝13 cm입니다.
　　➜ (빨간색 선의 길이)
　　　＝13＋13＋13＋25＋13＋25＝102 (cm)
　　(다른 풀이) (변 ㅂㅁ)＝(변 ㄱㄹ)이므로
　　(빨간색 선의 길이)
　　＝(마름모의 네 변의 길이의 합)＋25＋25
　　＝52＋50＝102 (cm)입니다.

3 1단계

　• 도형 1개로 이루어진 사다리꼴:
　　①, ②, ③, ④ → 4개
　• 도형 2개로 이루어진 사다리꼴:
　　①＋②, ③＋④, ①＋③, ②＋④ → 4개
　• 도형 4개로 이루어진 사다리꼴:
　　①＋②＋③＋④ → 1개
　2단계 4＋4＋1＝9(개)

3-1

　• 도형 1개로 이루어진 평행사변형: ①, ④ → 2개
　• 도형 2개로 이루어진 평행사변형: ②＋③ → 1개
　• 도형 3개로 이루어진 평행사변형:
　　①＋②＋③, ②＋③＋④ → 2개
　• 도형 4개로 이루어진 평행사변형:
　　①＋②＋③＋④ → 1개
　➜ 모두 2＋1＋2＋1＝6(개)입니다.

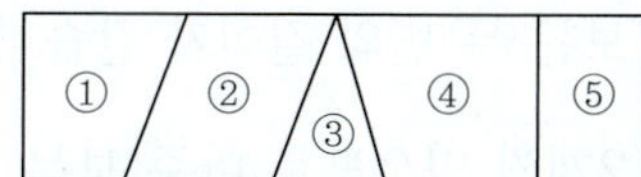

- 도형 1개로 이루어진 사다리꼴:
  ①, ②, ④, ⑤ → 4개
- 도형 2개로 이루어진 사다리꼴:
  ①＋②, ②＋③, ③＋④, ④＋⑤ → 4개
- 도형 3개로 이루어진 사다리꼴:
  ①＋②＋③, ②＋③＋④, ③＋④＋⑤ → 3개
- 도형 4개로 이루어진 사다리꼴:
  ①＋②＋③＋④, ②＋③＋④＋⑤ → 2개
- 도형 5개로 이루어진 사다리꼴:
  ①＋②＋③＋④＋⑤ → 1개
➜ 모두 4＋4＋3＋2＋1＝14(개)입니다.

4 2단계

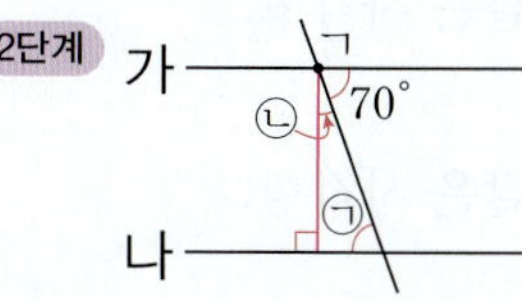

평행선과 수선이 만나서 이루는 각의 크기는 90°이
므로 ⓒ＝90°－70°＝20°입니다.
만들어진 삼각형에서 ㉠을 제외한 두 각의 크기의
합은 20°＋90°＝110°입니다.
3단계 삼각형의 세 각의 크기의 합은 180°입니다.
➜ ㉠＝180°－110°＝70°

4-1 평행선 사이에 오른쪽 그림
과 같이 수선을 긋습니다.

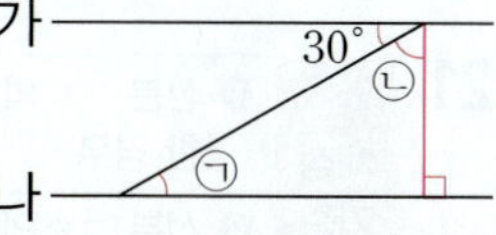

평행선과 수선이 만나서 이루는 각의 크기는 90°이
므로 ⓒ＝90°－30°＝60°입니다.
삼각형의 세 각의 크기의 합은 180°이므로
㉠＝180°－60°－90°＝30°입니다.

4-2 평행선 사이에 오른쪽 그림과
같이 수선을 긋습니다.

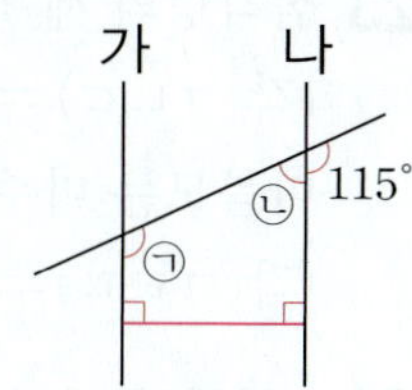

한 직선이 이루는 각의 크기는 180°이므로
ⓒ＝180°－115°＝65°입니다.
평행선과 수선이 만나서 이루는 각의 크기는 90°이
고, 사각형의 네 각의 크기의 합은 360°이므로
㉠＝360°－65°－90°－90°＝115°입니다.

6회 마무리 평가　　112～115쪽

01 직선 가, 직선 다　　**02** 직선 다

03 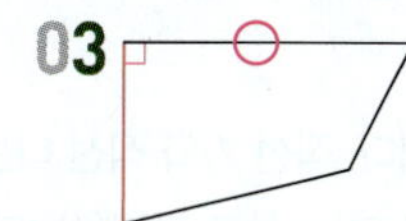　　**04** 5 cm

05 예 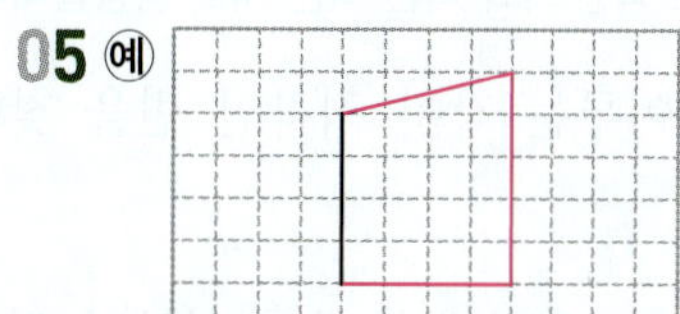

06 (위에서부터) 7, 6, 60

07 ⑤

08 변 ㄱㄹ 또는 변 ㄹㄱ, 변 ㄴㄷ 또는 변 ㄷㄴ

09 예 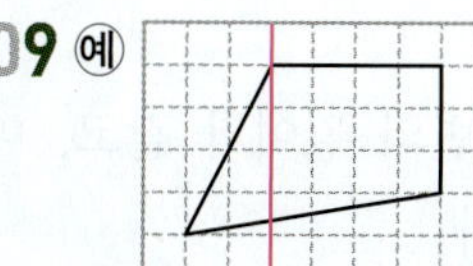　　**10** 소영

11 38 cm

12 ❶ 평행한 변을 각각 찾아보면 가는 0쌍, 나는
1쌍, 다는 2쌍, 라는 0쌍입니다.
❷ 따라서 평행한 변이 가장 많은 도형은 다입
니다.　　　　　　　　　　　　　　답 다

13 45°　　**14** 6 cm

15 12 cm　　**16** ㉠

17 사다리꼴, 직사각형, 평행사변형

18 35°　　**19** 정사각형

20 8 cm

21 ❶ 마름모에서 마주 보는 꼭짓점끼리 이은 두 선
분이 서로를 똑같이 둘로 나누므로
(선분 ㄱㄷ)＝5＋5＝10 (cm),
(선분 ㄴㄹ)＝12＋12＝24 (cm)입니다.
❷ 따라서 (선분 ㄱㄷ)＋(선분 ㄴㄹ)
＝10＋24＝34 (cm)입니다.　　답 34 cm

22 10 cm　　**23** 50°

24 사다리꼴, 평행사변형

25 ❶ 겹쳐진 부분은 평행사변형이고, 평행사변형은
이웃하는 두 각의 크기의 합이 180°입니다.
❷ 따라서 ㉠＝180°－130°＝50°입니다.

　　　　　　　　　　　　　　답 50°

01 직선 라와 만나서 이루는 각이 직각인 직선은 직선 가와 직선 다입니다.

02 길게 늘여도 직선 가와 만나지 않는 직선은 직선 다입니다.

> **참고** 한 직선에 수직인 두 직선은 평행합니다. 직선 가와 직선 다는 직선 라에 각각 수직이므로 직선 가와 직선 다는 서로 평행합니다.

03 빨간색 변과 만나서 이루는 각이 직각인 변을 찾아 ○표 합니다.

04 평행선 사이의 거리는 평행선에 수직인 선분의 길이이므로 $5\,cm$입니다.

05 주어진 선분을 한 변으로 하고 평행한 변이 있도록 사각형을 그립니다.

06 평행사변형은 마주 보는 두 변의 길이가 같고, 마주 보는 두 각의 크기가 같습니다.

07 한 직선과 평행한 직선은 셀 수 없이 많이 그을 수 있습니다.

08 변 ㄱㄹ과 변 ㄴㄷ은 변 ㄱㄴ에 각각 수직이므로 변 ㄱㄹ과 변 ㄴㄷ은 서로 평행합니다.

09 평행한 변이 있도록 직선으로 자릅니다.

10 동준: 평행선 사이에 그은 선분 중에서 수선의 길이가 가장 짧습니다.

11 직사각형은 마주 보는 두 변의 길이가 같습니다.
➡ (직사각형의 네 변의 길이의 합)
  $=7+12+7+12=38\,(cm)$

12

채점 기준		
❶ 평행한 변이 몇 쌍인지 각각 구한 경우	3점	
❷ 평행한 변이 가장 많은 도형을 찾아 기호를 쓴 경우	1점	4점

13 마름모는 이웃하는 두 각의 크기의 합이 $180°$입니다.
➡ $\bigcirc=180°-135°=45°$

14 (직선 가와 직선 나 사이의 거리)$=2\,cm$,
  (직선 나와 직선 다 사이의 거리)$=4\,cm$
➡ (직선 가와 직선 다 사이의 거리)
  $=2+4=6\,(cm)$

15 마름모는 네 변의 길이가 모두 같습니다.
➡ (한 변의 길이)$=48\div4=12\,(cm)$

16 ㉠ 직사각형은 마주 보는 두 변의 길이가 같습니다.

17 같은 길이의 막대가 2개씩 있으므로 마주 보는 두 변의 길이가 같은 평행사변형과 직사각형을 만들 수 있습니다.
만든 평행사변형과 직사각형은 평행한 변이 있으므로 사다리꼴이라고 할 수 있습니다.

18 직선 가는 직선 나에 대한 수선이므로 직선 가와 직선 나가 만나서 이루는 각의 크기는 $90°$입니다.
한 직선이 이루는 각의 크기는 $180°$이므로
㉠$=180°-55°-90°=35°$입니다.

19 • 마주 보는 두 쌍의 변이 서로 평행한 사각형:
  평행사변형, 마름모, 직사각형, 정사각형
• 네 변의 길이가 모두 같은 사각형:
  마름모, 정사각형
• 네 각의 크기가 모두 같은 사각형:
  직사각형, 정사각형
➡ 주어진 조건을 모두 만족하는 사각형: 정사각형

20 평행사변형은 마주 보는 두 변의 길이가 같습니다.
평행사변형 ㄱㄴㄷㄹ의 네 변의 길이의 합이 $28\,cm$이므로
(변 ㄱㄹ)$+$(변 ㄹㄷ)$=28\div2=14\,(cm)$입니다.
➡ (변 ㄹㄷ)$=14-$(변 ㄱㄹ)$=14-6=8\,(cm)$

21

채점 기준		
❶ 선분 ㄱㄷ의 길이와 선분 ㄴㄹ의 길이를 각각 구한 경우	3점	
❷ 선분 ㄱㄷ의 길이와 선분 ㄴㄹ의 길이의 합을 구한 경우	1점	4점

22 (변 ㄱㅂ과 변 ㄴㄷ 사이의 거리)
  $=$(변 ㅂㅁ)$+$(변 ㄹㄷ)$=6+4=10\,(cm)$

23 삼각형의 세 각의 크기의 합은 $180°$이므로
(각 ㄱㄴㄷ)$=180°-65°-65°=50°$입니다.
마름모는 마주 보는 두 각의 크기가 같으므로
(각 ㄱㄹㄷ)$=$(각 ㄱㄴㄷ)$=50°$입니다.

24 • 평행한 변이 있는 사각형이므로 사다리꼴입니다.
• 마주 보는 두 쌍의 변이 서로 평행한 사각형이므로 평행사변형입니다.

25

채점 기준		
❶ 평행사변형의 성질을 아는 경우	2점	
❷ ㉠의 각도를 구한 경우	2점	4점

5. 꺾은선그래프

확인 (1) 꺾은선그래프 (2) 월, 무게

1 나이 / 기록   **2** 나이 / 기록

3 (1) 막대 (2) 점과 선분   **4** 나 그래프

5 1 cm

6 예 강낭콩 줄기의 키의 변화

7 (1) 나 (2) 나

3 (1) 막대그래프는 조사한 자료의 수량을 막대로 나타냅니다.

(2) 꺾은선그래프는 조사한 자료의 수량을 점으로 표시하고, 그 점들을 선분으로 이어 나타냅니다.

4 시간의 흐름에 따른 변화를 한눈에 알아보기 쉬운 그래프는 꺾은선그래프입니다.

5 세로 눈금 한 칸은 5÷5＝1(cm)를 나타냅니다.

7 (2) 나 그래프는 물결선을 사용하여 필요 없는 부분을 줄여 나타내었기 때문에 변화하는 모습이 더 뚜렷하게 나타납니다.

01 요일 / 쪽수   **02** 2쪽

03 32쪽   **04** 수요일

05 꺾은선그래프

06 예 가로는 월, 세로는 키를 나타냅니다.
/ 예 나무의 키를 막대그래프는 막대로 나타냈고, 꺾은선그래프는 점으로 표시하고 선분으로 이어서 나타냈습니다.

07 꺾은선그래프   **08** 1 ℃ / 0.1 ℃

09 나 그래프   **10** 도현

11 ❶ ㉠ ❷ 길이

12 ❶ ㉡
❷ 예 꺾은선은 적설량의 변화를 나타냅니다.

02 세로 눈금 5칸이 10쪽을 나타내므로 세로 눈금 한 칸은 10÷5＝2(쪽)을 나타냅니다.

04 세로 눈금 한 칸이 2쪽을 나타내므로 20쪽에서 세로 눈금 2칸만큼 높게 점을 표시한 요일을 찾으면 수요일입니다.

05 시간의 흐름에 따른 변화를 한눈에 알아보기 쉬운 그래프는 꺾은선그래프입니다.
꺾은선의 기울어진 방향과 기울어진 정도를 보며 변화를 한눈에 알아보기 쉽습니다.

06 • 두 그래프 모두 월별 나무의 키를 나타내며 가로는 월, 세로는 키를 나타냅니다.
• 나무의 키를 막대그래프는 막대로 나타내고, 꺾은선그래프는 점으로 표시하고 선분으로 이어서 나타냅니다.

07 꺾은선그래프는 조사하지 않은 자료의 값도 두 점 사이의 값을 이용하여 예상할 수 있어 더 편리합니다.

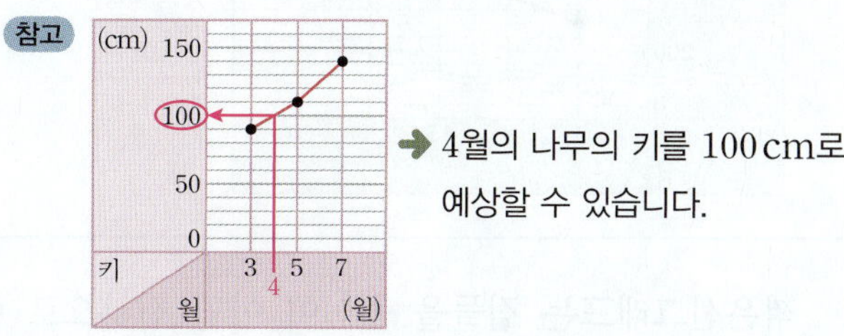

08 • 가 그래프: 세로 눈금 5칸이 5 ℃를 나타내므로 세로 눈금 한 칸은 1 ℃를 나타냅니다.
• 나 그래프: 세로 눈금 5칸이 0.5 ℃를 나타내므로 세로 눈금 한 칸은 0.1 ℃를 나타냅니다.

09 나 그래프는 물결선을 사용하여 필요 없는 부분을 줄여 나타내었기 때문에 변화하는 모습이 더 뚜렷하게 나타납니다.

10 시우: 나 그래프는 물결선을 사용하여 세로 눈금 한 칸의 크기가 가 그래프보다 더 작습니다.

11

채점 기준		
❶ 잘못 설명한 것의 기호를 쓴 경우	3점	5점
❷ 바르게 고쳐 쓴 경우	2점	

참고 꺾은선그래프의 가로는 날짜, 세로는 길이를 나타냅니다.

12

채점 기준		
❶ 잘못 설명한 것의 기호를 쓴 경우	3점	5점
❷ 바르게 고쳐 쓴 경우	2점	

참고 세로 눈금 5칸이 5 mm를 나타내므로 세로 눈금 한 칸은 5÷5＝1(mm)를 나타냅니다.

2회 개념 학습 122~123쪽

확인 (왼쪽에서부터) 물결선, 세로 / 선분

1 ( ) (○) **2** 동화책 수

3 예 1권

4

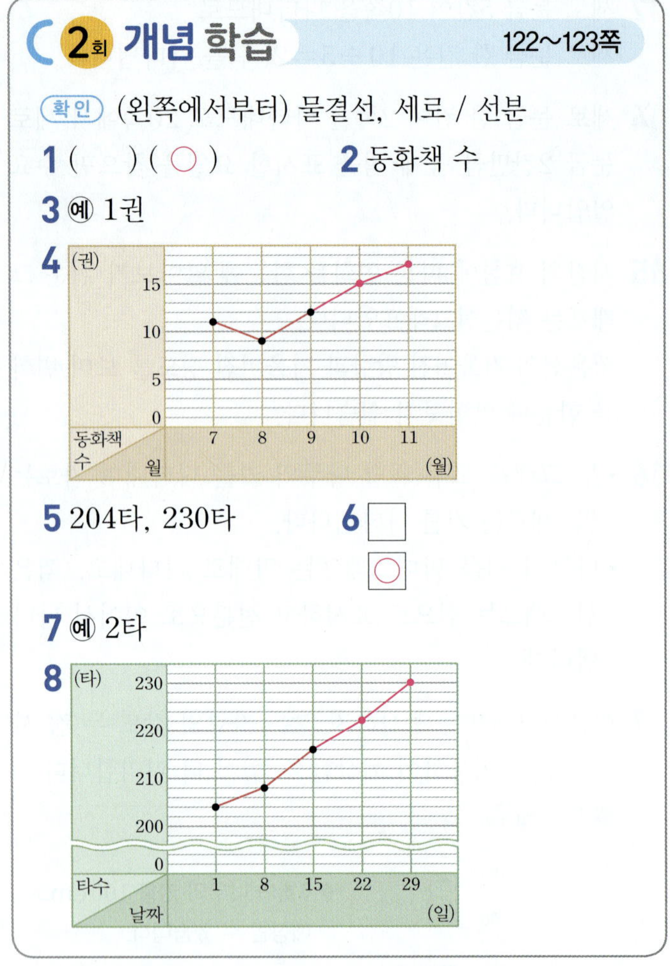

5 204타, 230타 **6** □ / ○

7 예 2타

8

---

1 꺾은선그래프는 점들을 곡선이 아닌 선분으로 이어야 합니다.

3 읽은 동화책 수가 9권부터 17권까지 있으므로 세로 눈금 한 칸은 1권을 나타내는 것이 좋을 것 같습니다.

4 10월은 15권, 11월은 17권에 맞게 점을 표시하고, 선분으로 잇습니다.

5 가장 적은 타수가 204타, 가장 많은 타수가 230타이므로 204타부터 230타까지 나타내야 합니다.

6 가장 적은 타수가 204타이므로 물결선을 0타와 200타 사이에 넣는 것이 좋을 것 같습니다.

참고 물결선을 사용한 꺾은선그래프로 나타낼 때는 자료의 값이 없는 부분에 물결선을 넣습니다.

7 타수가 모두 짝수이므로 세로 눈금 한 칸은 2타를 나타내는 것이 좋을 것 같습니다.

8 22일은 222타, 29일은 230타에 맞게 점을 표시하고, 선분으로 잇습니다.

2회 문제 학습 124~125쪽

01 연수 **02** 28 ℃

03 예

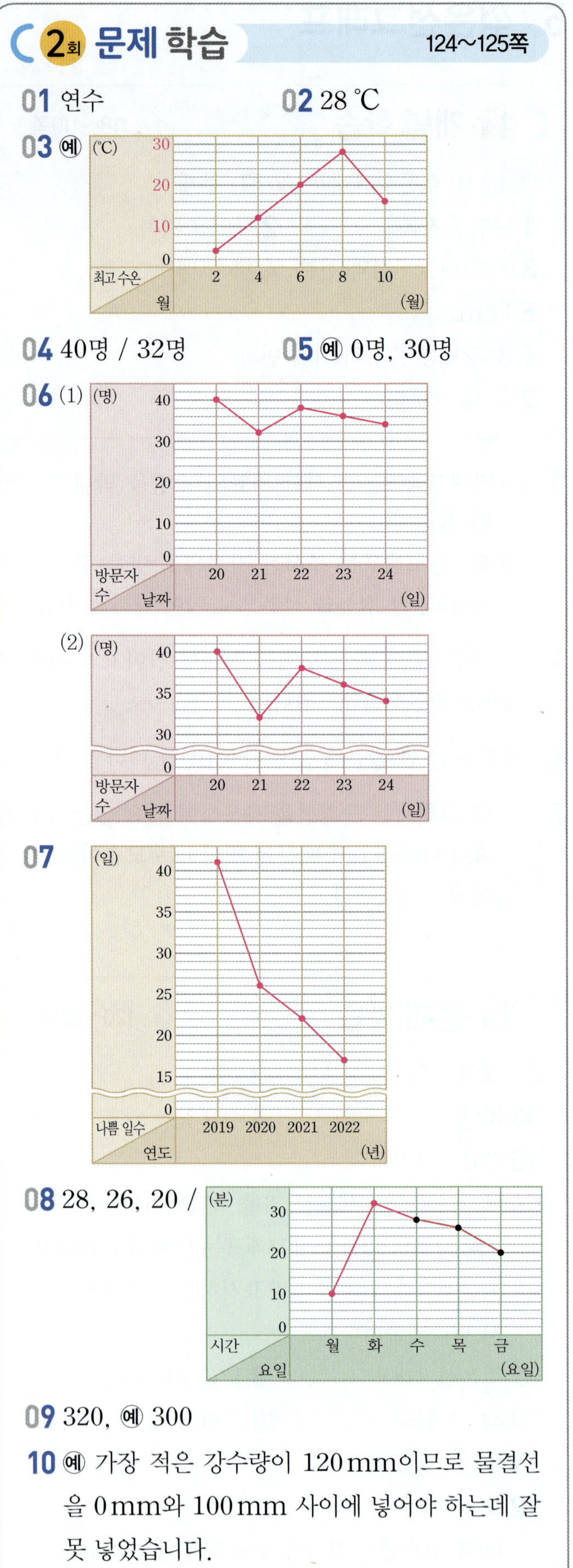

04 40명 / 32명 **05** 예 0명, 30명

06 (1)

(2)

07

08 28, 26, 20 /

09 320, 예 300

10 예 가장 적은 강수량이 120 mm이므로 물결선을 0 mm와 100 mm 사이에 넣어야 하는데 잘못 넣었습니다.

01 주호: 점을 이을 때는 시간의 흐름에 따라 순서대로 이어야 하므로 잘못 말했습니다.

02 가장 높은 수온이 28 ℃이므로 적어도 28 ℃까지 나타낼 수 있어야 합니다.

03 주어진 칸 수가 16칸이고 28 ℃까지 나타낼 수 있어야 하므로 세로 눈금 한 칸의 크기를 2 ℃ 또는 4 ℃로 정할 수 있습니다.

04 누리집 방문자 수가 가장 많은 때는 20일의 40명이고, 가장 적은 때는 21일의 32명입니다.

05 가장 적은 방문자 수가 32명이므로 물결선을 0명과 30명 사이에 넣는 것이 좋을 것 같습니다.

06 ⑴ 세로 눈금 한 칸의 크기가 2명인 꺾은선그래프로 나타냅니다.
⑵ 세로 눈금 한 칸의 크기가 1명인 물결선을 사용한 꺾은선그래프로 나타냅니다.

07 세로 눈금 한 칸의 크기가 1일인 물결선을 사용한 꺾은선그래프로 나타냅니다.

08 • 월요일은 10분, 화요일은 32분에 맞게 꺾은선그래프에 점을 표시하고, 선분으로 잇습니다.
• 꺾은선그래프를 보면 수요일은 28분, 목요일은 26분, 금요일은 20분 운동했습니다.

09

채점 기준	잘못된 곳을 찾아 이유를 알맞게 쓴 경우	5점

10

채점 기준	잘못된 곳을 찾아 이유를 알맞게 쓴 경우	5점

(3회 **개념 학습** 126~127쪽

(확인) ⑴ 높게, 8월 ⑵ 많이

1 ⑴ ○ ⑵ × ⑶ ○ ⑷ × ⑸ ○ ⑹ ○

2 ⑴ 95 ⑵ 금 ⑶ 화, 금 ⑷ 수, 토 ⑸ 토 ⑹ 7

1 ⑶ 점이 가장 높게 표시된 8월의 휴대 전화 판매량이 가장 많습니다.
⑷ 점이 가장 낮게 표시된 3월의 휴대 전화 판매량이 가장 적습니다.
⑸ 선분이 가장 많이 기울어진 때는 3월과 4월 사이입니다.
⑹ 전달에 비해 선분이 오른쪽 아래로 기울어진 때는 5월입니다.

2 ⑵ 점이 가장 높게 표시된 금요일의 최고 기록이 가장 좋습니다.
⑶ 점이 목요일보다 높게 표시된 때는 화요일과 금요일입니다.
⑷ 전날에 비해 선분이 오른쪽 아래로 기울어진 때는 수요일과 토요일입니다.
⑸ 전날에 비해 선분이 오른쪽 아래로 가장 많이 기울어진 때는 토요일입니다.
⑹ 목요일: 96회, 금요일: 103회
→ 103−96=7(회)

(3회 **문제 학습** 128~129쪽

01 12 ℃ **02** 오전 9시

03 7 ℃ **04** (예) 10 ℃

05 화요일 **06** 목요일, 금요일

07 10상자

08 (예) 배 수확량은 화요일에서 금요일까지 늘어났습니다.

09 사랑 마을 **10** ㉡

11 (예) 2024년보다 줄어들 것 같습니다.

12 ❶ 위, 적게, 13 ❷ 2, 2 (답) 13일, 2잔

13 ❶ 전날에 비해 녹차 음료 판매량이 가장 많이 늘어난 때는 전날에 비해 선분이 오른쪽 위로 가장 많이 기울어진 12일입니다.
❷ 세로 눈금 한 칸이 2잔을 나타내므로 판매량은 10잔 늘어났습니다. (답) 12일, 10잔

01 세로 눈금 한 칸이 1 ℃를 나타내고, 오전 11시의 기온은 10 ℃에서 세로 눈금 2칸만큼 높게 점을 표시했으므로 12 ℃입니다.

02 점이 가장 낮게 표시된 오전 9시의 기온이 가장 낮습니다.

03 오전 9시: 9 ℃, 오후 1시: 16 ℃ ➡ $16-9=7$ (℃)

04 오전 9시: 9 ℃, 오전 10시: 11 ℃
➡ 오전 9시 30분의 기온은 9 ℃와 11 ℃의 중간인 10 ℃였을 것 같습니다.
> 평가 기준 오전 9시 30분의 공원의 기온을 9 ℃와 11 ℃ 사이로 답했으면 정답으로 인정합니다.

05 전날에 비해 선분이 오른쪽 아래로 기울어진 때는 화요일입니다.

06 선분이 가장 많이 기울어진 때는 목요일과 금요일 사이입니다.

07 화요일: 46상자, 목요일: 56상자
➡ $56-46=10$ (상자)

08 꺾은선그래프를 보고 요일별 배 수확량을 알거나 꺾은선의 모양을 통해 배 수확량의 변화를 알 수 있습니다.

09 선분이 오른쪽 아래로 기울어졌다가 다시 오른쪽 위로 기울어진 그래프는 연도별 사랑 마을 인구수를 나타낸 그래프입니다.
> 참고 인구수가 줄어들면 선분이 오른쪽 아래로 기울어지고, 인구수가 늘어나면 선분이 오른쪽 위로 기울어집니다.

10 ㉠ 연도별 기쁨 마을 인구수를 나타낸 그래프에서 세로 눈금 한 칸이 20명을 나타내므로 2021년의 기쁨 마을 인구수는 760명입니다.
㉡ 2024년의 인구수는 사랑 마을이 578명, 기쁨 마을이 580명이므로 기쁨 마을 인구수가 더 많습니다.
㉢ 연도별 사랑 마을 인구수를 나타낸 그래프에서 선분이 오른쪽 위로 가장 많이 기울어진 때는 2023년과 2024년 사이입니다.

11 기쁨 마을 인구수는 2021년에서 2024년까지 계속 줄어들었으므로 2025년의 기쁨 마을 인구수는 2024년보다 줄어들 것이라고 예상할 수 있습니다.

12
| 채점 기준 | ❶ 전날에 비해 녹차 음료 판매량이 가장 적게 늘어난 때를 구한 경우 | 3점 | 5점 |
| | ❷ 늘어난 판매량을 구한 경우 | 2점 | |

13
| 채점 기준 | ❶ 전날에 비해 녹차 음료 판매량이 가장 많이 늘어난 때를 구한 경우 | 3점 | 5점 |
| | ❷ 늘어난 판매량을 구한 경우 | 2점 | |

4회 개념 학습 130~131쪽

확인 (1) 막대 (2) 꺾은선
1 424, 440, 380   **2** 배출량
3 사용하는
4

5 (1) 꺾 (2) 막 (3) 꺾   **6** 꺾은선그래프
7 2023년, 2024년

1 음식물 쓰레기 배출량을 찾아보면 2021년은 424 t, 2022년은 440 t, 2024년은 380 t입니다.

3 가장 적은 배출량이 380 t이므로 물결선을 0 t과 380 t 사이에 넣으면 좋습니다.

4 세로 눈금 한 칸이 4 t을 나타냅니다.
표를 보고 2022년, 2023년, 2024년의 배출량에 맞게 점을 표시하고, 점들을 선분으로 이어 꺾은선그래프를 완성합니다.

5 (1) 시간에 따른 자료의 변화를 알아볼 때는 꺾은선그래프로 나타내는 것이 알맞습니다.
(2) 항목별 수량의 많고 적음을 비교할 때는 막대그래프로 나타내는 것이 알맞습니다.
(3) 시간에 따른 자료의 변화를 알아볼 때는 꺾은선그래프로 나타내는 것이 알맞습니다.

6 시간에 따른 자료의 변화를 알아볼 때는 꺾은선그래 프로 나타내는 것이 알맞습니다.

7 꺾은선그래프에서 선분이 더 많이 기울어진 때는 2023년과 2024년 사이입니다.

01 9, 11, 12, 14, 15　　**02** 15초

03
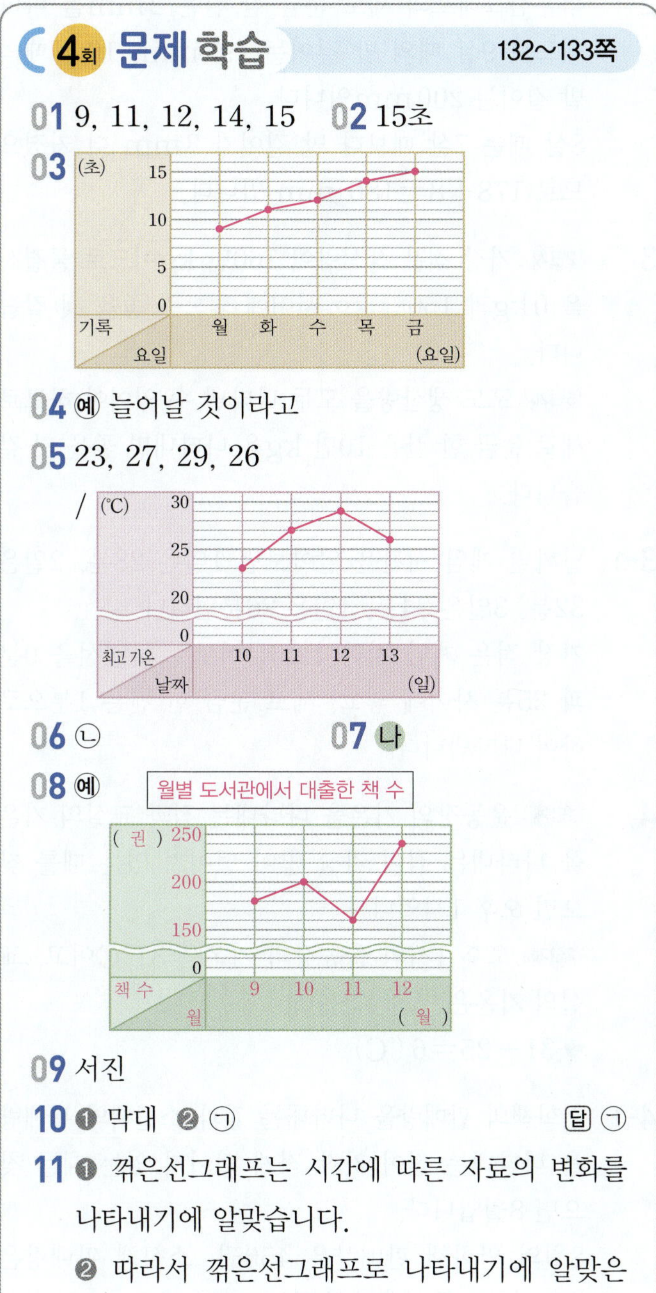

04 예 늘어날 것이라고

05 23, 27, 29, 26

06 ㉡　　　　　　　**07** 나

08 예

09 서진

10 ❶ 막대　❷ ㉠　　　　　　　　답 ㉠

11 ❶ 꺾은선그래프는 시간에 따른 자료의 변화를 나타내기에 알맞습니다.

　❷ 따라서 꺾은선그래프로 나타내기에 알맞은 주제는 ㉡입니다.　　　　　　답 ㉡

01 자료를 보고 요일별 오래 매달리기 기록을 씁니다.

02 가장 긴 기록이 15초이므로 적어도 15초까지 나타낼 수 있어야 합니다.

03 세로 눈금 한 칸의 크기가 1초인 꺾은선그래프로 나 타냅니다.
표를 보고 요일별 오래 매달리기 기록에 맞게 점을 표시하고, 선분으로 잇습니다.

04 오래 매달리기 기록이 계속 늘어났으므로 토요일의 오래 매달리기 기록은 금요일보다 늘어날 것이라고 예상할 수 있습니다.

05 뉴스 기사를 보고 날짜별 최고 기온을 표로 나타낸 후 표를 보고 세로 눈금 한 칸의 크기가 1 ℃인 물결 선을 사용한 꺾은선그래프로 나타냅니다.
주의 최저 기온을 표로 나타내지 않도록 주의합니다.

06 ㉠ 최고 기온이 가장 높은 날은 점이 가장 높게 표시 된 때인 12일입니다. (○)
㉡ 최고 기온은 10일에서 12일까지 높아졌고, 12일 에서 13일까지는 낮아졌습니다. (×)
㉢ 전날에 비해 최고 기온이 가장 많이 높아진 때는 전날에 비해 선분이 오른쪽 위로 가장 많이 기울 어진 11일입니다. (○)

07 꺾은선그래프는 시간에 따른 자료의 변화를 알아볼 때 편리하므로 꺾은선그래프로 나타내기에 알맞은 것은 월별 도서관에서 대출한 책 수입니다.

08 세로 눈금 한 칸의 크기를 정하여 물결선을 사용한 꺾은선그래프로 나타냅니다.

09 채아: '회별 우리나라 올림픽 메달 수의 변화'는 시간 에 따른 자료의 변화를 알아볼 때 편리한 꺾은 선그래프로 나타내는 것이 알맞습니다.

10

채점 기준	❶ 막대그래프로 나타내기에 알맞은 경우를 설명한 경우	2점	5점
	❷ 막대그래프로 나타내기에 알맞은 주제를 찾아 기호를 쓴 경우	3점	

11

채점 기준	❶ 꺾은선그래프로 나타내기에 알맞은 경우를 설명한 경우	2점	5점
	❷ 꺾은선그래프로 나타내기에 알맞은 주제를 찾아 기호를 쓴 경우	3점	

5회 응용 학습
134~137쪽

1 1단계 200명씩　　2단계 1700명

1-1 270개

2 1단계 9, 11, 14

2단계

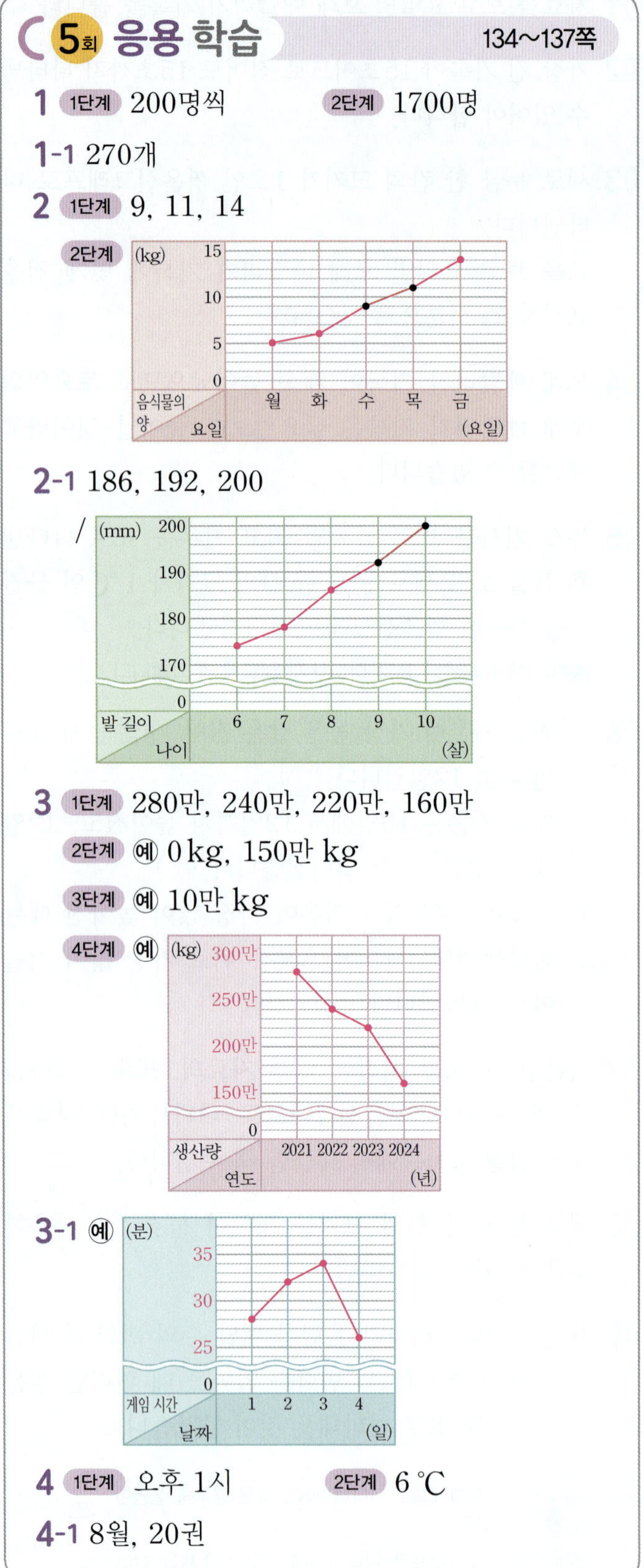

2-1 186, 192, 200

3 1단계 280만, 240만, 220만, 160만

2단계 예 0kg, 150만 kg

3단계 예 10만 kg

4단계 예

3-1 예

4 1단계 오후 1시　　2단계 6 ℃

4-1 8월, 20권

---

1 1단계 2020년: 1100명, 2021년: 1300명, 2022년: 1500명

➡ 전년에 비해 200명씩 늘어났습니다.

2단계 1500＋200＝1700(명)

1-1 세로 눈금 한 칸은 10개를 나타냅니다.

3월: 330개, 4월: 300개, 6월: 240개, 7월: 210개로 전달에 비해 30개씩 줄어들었습니다.

➡ 5월의 책상 판매량은 300－30＝270(개)입니다.

2 1단계 꺾은선그래프의 세로 눈금 한 칸은 1kg을 나타내므로 수요일에 남은 음식물의 양은 9kg, 목요일에 남은 음식물의 양은 11kg입니다.

금요일에는 목요일보다 남은 음식물의 양이 3kg 더 많으므로 11＋3＝14(kg)입니다.

2-1 꺾은선그래프의 세로 눈금 한 칸은 2mm를 나타내므로 9살 때의 발 길이는 192mm, 10살 때의 발 길이는 200mm입니다.

8살 때는 7살 때보다 발 길이가 8mm 더 커졌으므로 178＋8＝186(mm)입니다.

3 2단계 가장 적은 생산량이 160만 kg이므로 물결선을 0kg과 150만 kg 사이에 넣으면 좋을 것 같습니다.

3단계 포도 생산량을 모두 나타낼 수 있어야 하므로 세로 눈금 한 칸은 10만 kg을 나타내면 좋을 것 같습니다.

3-1 날짜별 게임 시간을 알아보면 1일은 28분, 2일은 32분, 3일은 34분, 4일은 26분입니다.

가장 적은 게임 시간이 26분이므로 물결선을 0분과 25분 사이에 넣고, 세로 눈금 한 칸은 1분으로 하여 나타냅니다.

4 1단계 운동장의 기온을 나타내는 점과 교실의 기온을 나타내는 점이 가장 많이 떨어져 있는 때를 찾으면 오후 1시입니다.

2단계 오후 1시의 운동장의 기온은 31 ℃이고, 교실의 기온은 25 ℃입니다.

➡ 31－25＝6 (℃)

4-1 만화책의 판매량을 나타내는 점과 소설책의 판매량을 나타내는 점이 가장 적게 떨어져 있는 때를 찾으면 8월입니다.

8월의 만화책 판매량은 450권, 소설책 판매량은 470권이므로 판매량의 차는 470－450＝20(권)입니다.

01 꺾은선그래프　　**02** 날짜 / 몸길이

03 1 mm　　**04** 21 mm

05 금액　　**06** (예) 100원

07 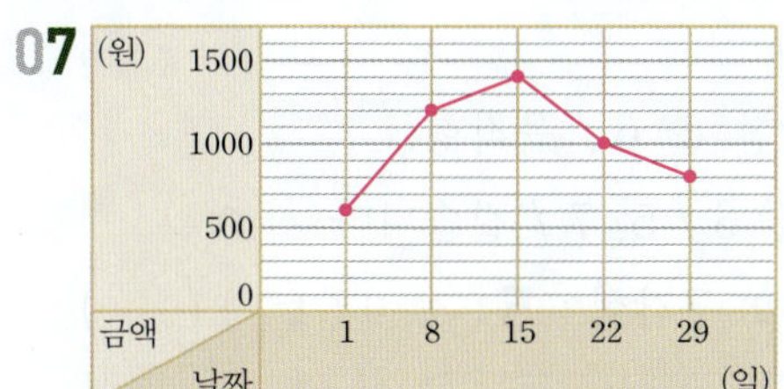

08 15일　　**09** 134 cm

10 ❶ 키가 가장 많이 자란 때는 선분이 오른쪽 위로 가장 많이 기울어진 때입니다.

❷ 따라서 혜나의 키가 가장 많이 자란 때는 2021년과 2022년 사이입니다.

답 2021년과 2022년 사이

11 ③, ⑤　　**12** 71, 74, 72, 76, 79

13 (예)

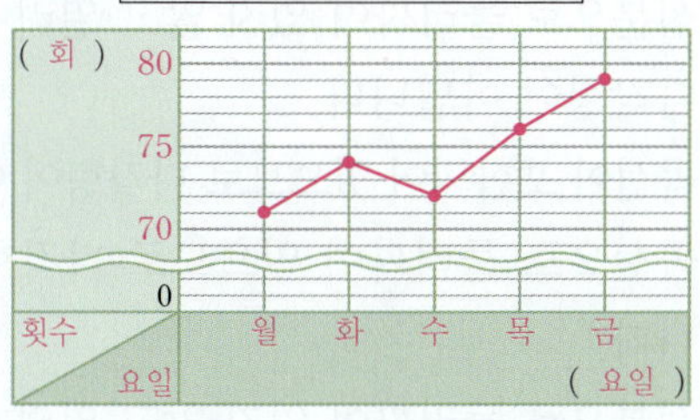

14 (예) 금요일보다 늘어날 것 같습니다.

15 12, 20, 22, 14, 28　　**16** 96명

17 ❶ 알맞지 않습니다

❷ (예) 좋아하는 계절별 학생 수를 비교하기에 알맞은 그래프는 막대그래프이기 때문입니다.

18 1 cm / 0.1 cm　　**19** 나 그래프

20 4일　　**21** 0.2 ℃

22 (예) 13 ℃　　**23** 120 m

24 4월, 106개

25 ❶ (예) 6월보다 늘어날 것 같습니다.

❷ (예) 미세 먼지 나쁨 일수가 많아지면 마스크 판매량도 늘어났기 때문입니다.

---

01 연속적으로 변화하는 양을 점으로 표시하고, 그 점들을 선분으로 이어 그린 그래프를 꺾은선그래프라고 합니다.

03 세로 눈금 5칸이 5 mm를 나타내므로 세로 눈금 한 칸은 5÷5＝1 (mm)를 나타냅니다.

04 세로 눈금 한 칸이 1 mm를 나타내고, 5일의 배추흰나비 애벌레의 몸길이는 20 mm에서 세로 눈금 1칸만큼 높게 점을 표시했으므로 21 mm입니다.

06 저금한 금액이 600원부터 1400원까지 있으므로 세로 눈금 한 칸은 100원을 나타내는 것이 좋을 것 같습니다.

07 세로 눈금 5칸이 500원을 나타내므로 세로 눈금 한 칸은 500÷5＝100(원)을 나타냅니다. 표를 보고 1일, 8일, 15일, 22일, 29일의 저금한 금액에 맞게 점을 표시하고, 선분으로 잇습니다.

08 점이 가장 높게 표시된 15일의 저금한 금액이 가장 많습니다.

09 세로 눈금 5칸이 10 cm를 나타내므로 세로 눈금 한 칸은 10÷5＝2 (cm)를 나타냅니다. 2023년의 혜나의 키는 130 cm에서 세로 눈금 2칸만큼 높게 점을 표시했으므로 134 cm입니다.

10

채점 기준	❶ 키가 가장 많이 자란 때의 선분의 모양을 설명한 경우	2점	4점
	❷ 혜나의 키가 가장 많이 자란 때를 구한 경우	2점	

11 꺾은선그래프로 나타내기에 알맞은 주제는 시간에 따른 자료의 변화를 알아보는 주제입니다.

→ ③, ⑤

참고 ①, ②, ④는 각 항목별 수량의 많고 적음을 비교하기 쉬운 막대그래프로 나타내는 것이 알맞습니다.

12 요일에 알맞은 횟수를 각각 표에 써넣습니다.

(금요일의 줄넘기 횟수)＝76＋3＝79(회)

13 표를 보고 세로 눈금 한 칸의 크기를 정합니다. 가로 눈금과 세로 눈금이 만나는 자리에 점을 표시하고, 점들을 선분으로 이어 꺾은선그래프로 나타냅니다.

14 수요일에서 금요일까지 줄넘기 횟수가 늘어났으므로 토요일의 줄넘기 횟수는 금요일보다 늘어날 것 같습니다.

15 세로 눈금 5칸이 10명을 나타내므로 세로 눈금 한 칸은 10÷5＝2(명)을 나타냅니다.

16 (1일부터 5일까지 전시회의 방문객 수)
$=12+20+22+14+28=96$(명)

17

채점 기준	❶ 알맞은 그래프로 나타냈는지 답한 경우	2점	4점
	❷ 이유를 알맞게 쓴 경우	2점	

참고 항목별 수량의 많고 적음을 비교하기에는 막대그래프로 나타내는 것이 좋기 때문에 주어진 그래프는 좋아하는 계절별 학생수를 비교하기에 알맞지 않습니다.

18 • **가** 그래프: 세로 눈금 5칸이 5 cm를 나타내므로
세로 눈금 한 칸은 1 cm를 나타냅니다.
• **나** 그래프: 세로 눈금 5칸이 0.5 cm를 나타내므로
세로 눈금 한 칸은 0.1 cm를 나타냅니다.

19 **나** 그래프는 물결선을 사용하여 필요 없는 부분을 줄여 나타내었기 때문에 변화하는 모습이 더 뚜렷하게 나타납니다.

20 전날에 비해 선분이 오른쪽 아래로 가장 적게 기울어진 때는 4일입니다.

21 세로 눈금 5칸이 0.5 ℃를 나타내므로
세로 눈금 한 칸은 0.1 ℃를 나타냅니다.
오후 1시: 13.3 ℃, 낮 12시: 13.1 ℃
➜ $13.3-13.1=0.2$ (℃)

22 • 오후 2시의 호수의 수온: 13.2 ℃
• 오후 4시의 호수의 수온: 12.8 ℃
➜ 오후 3시의 호수의 수온은 13.2 ℃와 12.8 ℃의 중간인 13 ℃였을 것 같습니다.
평가 기준 오후 3시의 호수의 수온을 13.2 ℃와 12.8 ℃ 사이로 답했으면 정답으로 인정합니다.

23 10초: 40 m, 20초: 80 m,
40초: 160 m, 50초: 200 m
이동한 거리는 10초 동안 40 m씩 늘어납니다.
➜ (30초 동안 이동한 거리)$=80+40=120$ (m)

24 • 월별 미세 먼지 나쁨 일수를 나타낸 그래프에서 미세 먼지 나쁨 일수가 7일인 때를 찾으면 4월입니다.
• 월별 마스크 판매량을 나타낸 그래프에서 4월의 마스크 판매량을 찾으면 106개입니다.

25

채점 기준	❶ 7월의 마스크 판매량이 어떻게 될지 예상한 경우	2점	4점
	❷ 이유를 알맞게 쓴 경우	2점	

6. 다각형

1회 개념 학습

확인 나, 라 / 가, 다 / 나, 라, 다각형

1 (1) 가 (2) 다

2 (1) 8 / 팔각형 (2) 6 / 육각형

3 (위에서부터) 6 / 5, 7 / 같습니다

4 (1) 칠각형 (2) 구각형   **5** (   ) (◯) (   )

6 (1) 예

(2) 예

1 (1) • 나: 선분으로 둘러싸여 있지 않고 열려 있으므로 다각형이 아닙니다.
• 다: 곡선이 포함되어 있으므로 다각형이 아닙니다.
(2) • 가: 곡선으로 둘러싸여 있으므로 다각형이 아닙니다.
• 나: 선분으로 둘러싸여 있지 않고 열려 있으므로 다각형이 아닙니다.

2 (1) 변이 8개인 다각형은 팔각형입니다.
(2) 변이 6개인 다각형은 육각형입니다.

3 ■각형에서 변의 수와 꼭짓점의 수는 ■개로 같습니다.

4 (1) 변이 7개인 다각형은 칠각형입니다.
(2) 변이 9개인 다각형은 구각형입니다.

5 변이 5개인 다각형을 찾습니다.
참고 • 가장 왼쪽은 변이 8개인 다각형이므로 팔각형입니다.
• 가장 오른쪽은 변이 4개인 다각형이므로 사각형입니다.

6 (1) 주어진 선분을 이용하여 변이 6개가 되도록 점과 점을 이어 다각형을 완성합니다.
(2) 주어진 선분을 이용하여 변이 7개가 되도록 점과 점을 이어 다각형을 완성합니다.

1회 문제 학습

01 가, 라

02 다, 라 / 가, 마 / 나, 바

03 육각형

04 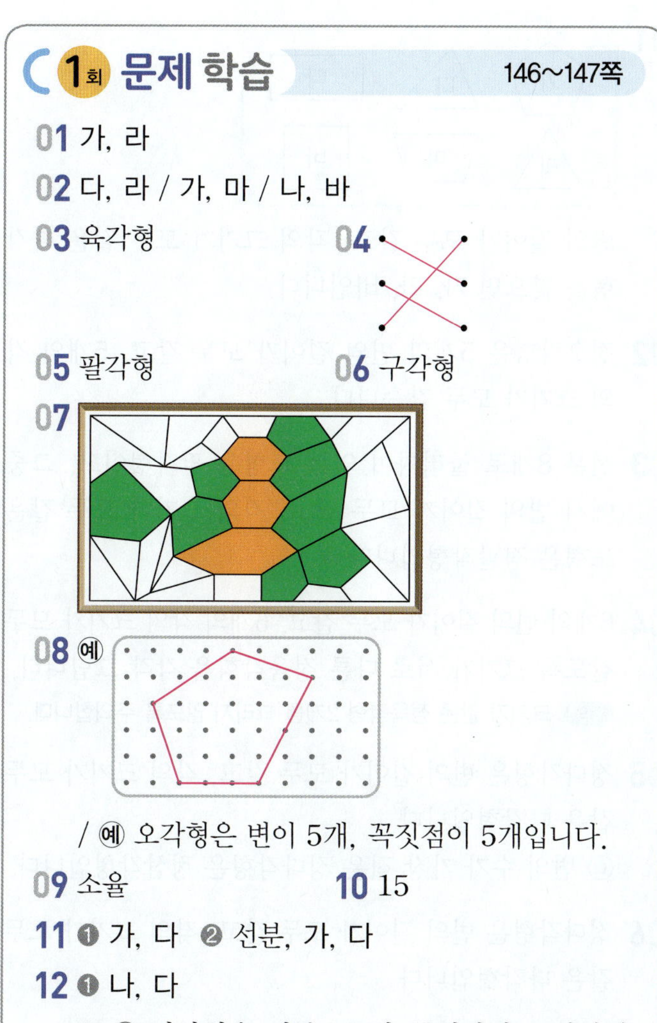

05 팔각형

06 구각형

07

08 (예)

/ (예) 오각형은 변이 5개, 꼭짓점이 5개입니다.

09 소율

10 15

11 ❶ 가, 다　❷ 선분, 가, 다

12 ❶ 나, 다

　❷ (예) 다각형은 선분으로만 둘러싸인 도형인데 나와 다는 선분으로 둘러싸여 있지 않고 열려 있으므로 다각형이 아닙니다.

---

01 선분으로만 둘러싸인 도형을 찾으면 가, 라입니다.
　（참고）　• 나: 곡선이 포함되어 있으므로 다각형이 아닙니다.
　　• 다: 선분으로 둘러싸여 있지 않고 열려 있으므로 다각형이 아닙니다.

02 다각형의 변의 수를 각각 세어 보면 가는 6개, 나는 7개, 다는 5개, 라는 5개, 마는 6개, 바는 7개입니다.

03 채아가 분류한 다각형은 변이 6개인 다각형이고, 변이 6개인 다각형은 육각형입니다.

04 • ⬠ : 변이 5개인 다각형 ➡ 오각형

　• ⬡ : 변이 9개인 다각형 ➡ 구각형

　• ◺ : 변이 3개인 다각형 ➡ 삼각형

05 변이 8개인 다각형이므로 팔각형입니다.

06 선분으로만 둘러싸인 도형은 다각형입니다.
다각형 중에서 변과 꼭짓점이 각각 9개인 도형은 구각형입니다.

07 변이 5개인 다각형은 초록색, 변이 6개인 다각형은 주황색으로 칠합니다.

08 （평가 기준） 그린 다각형이 ■각형일 때 '변이 ■개, 꼭짓점이 ■개'라는 내용이 있으면 정답으로 인정합니다.

09 소율: 다각형은 선분으로만 둘러싸인 도형입니다.

10 • 칠각형의 변의 수는 7개이므로 ㉠=7입니다.
　• 팔각형의 꼭짓점의 수는 8개이므로 ㉡=8입니다.
　➡ ㉠+㉡=7+8=15
　（참고） 다각형에서 변의 수와 꼭짓점의 수는 같습니다.

11

채점 기준	❶ 다각형이 아닌 것을 모두 찾아 기호를 쓴 경우	2점	5점
	❷ 다각형이 아닌 이유를 알맞게 쓴 경우	3점	

12

채점 기준	❶ 다각형이 아닌 것을 모두 찾아 기호를 쓴 경우	2점	5점
	❷ 다각형이 아닌 이유를 알맞게 쓴 경우	3점	

2회 개념 학습

（확인） 가, 나, 라 / 가, 다, 라 / 가, 라, 정다각형

1 ⑴ 가　⑵ 나

2 변의 길이, 각의 크기

3 (위에서부터) 4, 정사각형 / 5, 정오각형
　/ 6, 정육각형

4 (○) (　) (　)　**5** (　) (　) (×)

6 5

7 120

---

1 변의 길이가 모두 같고, 각의 크기가 모두 같은 다각형을 찾습니다.

2 정다각형은 변의 길이가 모두 같고, 각의 크기가 모두 같은 다각형입니다.
주어진 도형은 변의 길이는 모두 같지만 각의 크기가 모두 같지 않으므로 정다각형이 아닙니다.

3 정다각형의 이름은 변의 수에 따라 정해집니다.
변이 ■개인 정다각형은 정■각형입니다.

4 네 변의 길이가 모두 같고, 네 각의 크기가 모두 같은
사각형을 찾습니다.

5 8개의 변의 길이가 모두 같고, 8개의 각의 크기가 모
두 같은 팔각형이 아닌 것을 찾습니다.

6 정오각형은 5개의 변의 길이가 모두 같습니다.

7 정육각형은 6개의 각의 크기가 모두 같습니다.

2회 문제 학습
150~151쪽

01 가, 라, 바

02 (왼쪽에서부터) 7, 108

03 정팔각형

04 예
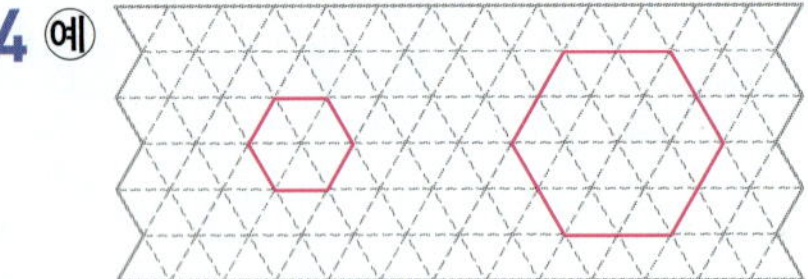

05 ㉣

06 정다각형이 아닙니다
/ 예 변의 길이는 모두 같지만 각의 크기가 모두
같지 않기 때문입니다.

07  / 정삼각형, 정육각형

08 30 cm　　　　**09** 12 cm

10 정육각형

11 ❶ 6, 같습니다　❷ 6, 720　　　　답 720°

12 ❶ 정팔각형은 8개의 각의 크기가 모두 같습니다.
　❷ (정팔각형의 모든 각의 크기의 합)
　　 $=135° \times 8 = 1080°$　　　답 1080°

---

01 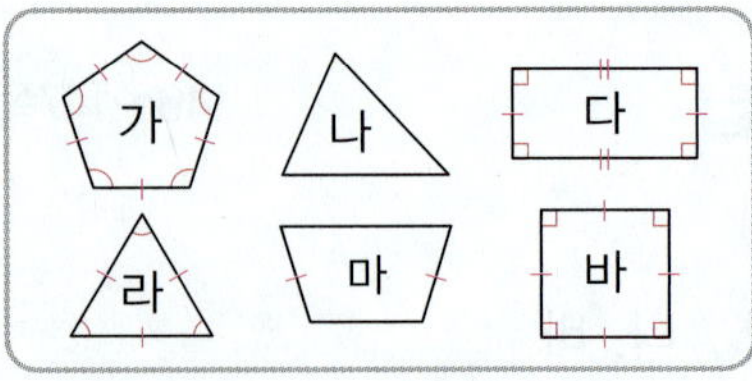

변의 길이가 모두 같고, 각의 크기가 모두 같은 다각
형을 찾으면 **가, 라, 바**입니다.

02 정오각형은 5개의 변의 길이가 모두 같고, 5개의 각
의 크기가 모두 같습니다.

03 선분 8개로 둘러싸여 있는 도형은 팔각형이고, 그중
에서 변의 길이가 모두 같고, 각의 크기가 모두 같은
도형은 정팔각형입니다.

04 6개의 변의 길이가 모두 같고, 6개의 각의 크기가 모두
같도록 크기가 서로 다른 정육각형을 각각 그립니다.
　주의 크기가 같은 정육각형 2개를 그리지 않도록 주의합니다.

05 정다각형은 변의 길이가 모두 같고, 각의 크기가 모두
같은 다각형입니다.
　㉣ 변의 수가 가장 적은 정다각형은 정삼각형입니다.

06 정다각형은 변의 길이가 모두 같고, 각의 크기가 모두
같은 다각형입니다.

07 변의 길이가 모두 같고, 각의 크기가 모두 같은 다각
형을 찾아 색칠합니다.
변이 3개인 정다각형은 정삼각형, 변이 6개인 정다각
형은 정육각형입니다.

08 정오각형은 5개의 변의 길이가 모두 같으므로 한 변
의 길이가 6 cm인 정오각형의 모든 변의 길이의 합은
$6 \times 5 = 30\,(cm)$입니다.

09 정칠각형은 7개의 변의 길이가 모두 같습니다.
정칠각형의 모든 변의 길이의 합이 84 cm이므로
(정칠각형의 한 변의 길이)$=84 \div 7 = 12\,(cm)$입니다.

10 정다각형은 변의 길이가 모두 같으므로 변의 수는
$42 \div 7 = 6\,(개)$입니다.
변이 6개인 정다각형은 정육각형이므로 시우가 설명
하는 정다각형은 정육각형입니다.

11

채점 기준		
❶ 정육각형은 6개의 각의 크기가 모두 같음을 설명한 경우	2점	5점
❷ 정육각형의 모든 각의 크기의 합을 구한 경우	3점	

12

채점 기준	❶ 정팔각형은 8개의 각의 크기가 모두 같음을 설명한 경우	2점	5점
	❷ 정팔각형의 모든 각의 크기의 합을 구한 경우	3점	

6

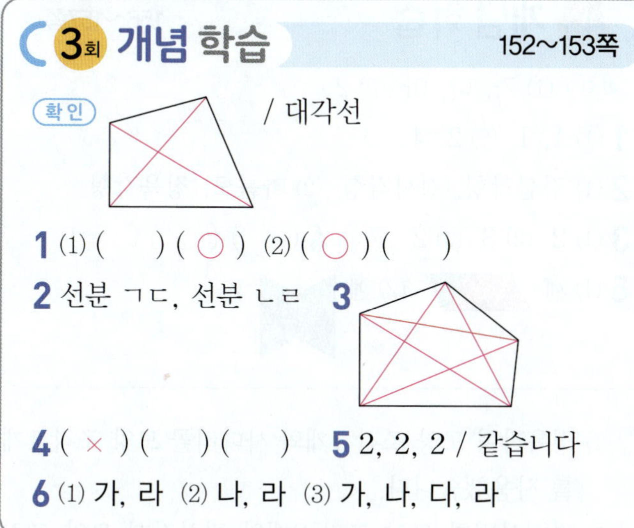

⑴ 두 대각선의 길이가 같은 사각형은 직사각형과 정사각형입니다. ➡ 가, 라

⑵ 두 대각선이 서로 수직으로 만나는 사각형은 마름모와 정사각형입니다. ➡ 나, 라

⑶ 한 대각선이 다른 대각선을 똑같이 둘로 나누는 사각형은 평행사변형, 마름모, 직사각형, 정사각형입니다. ➡ 가, 나, 다, 라

6

단원

개념북

◖ **3**회 개념 학습   152~153쪽

[확인]   / 대각선

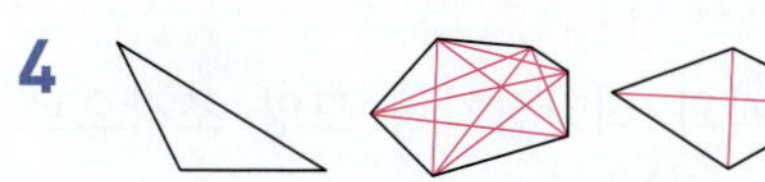

1 ⑴ (　) (○)　⑵ (○) (　)

2 선분 ㄱㄷ, 선분 ㄴㄹ   **3**

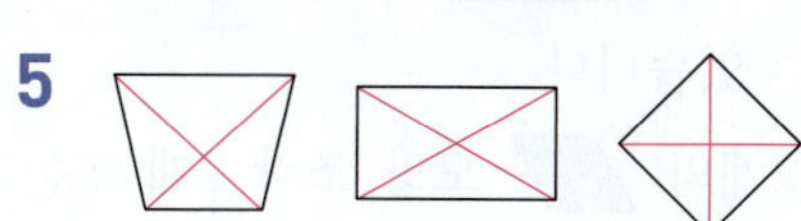

4 (×) (　) (　)   **5** 2, 2, 2 / 같습니다

6 ⑴ 가, 라 ⑵ 나, 라 ⑶ 가, 나, 다, 라

---

1 서로 이웃하지 않는 두 꼭짓점을 이은 다각형을 찾습니다.

[참고] 서로 이웃하지 않는 두 꼭짓점은 하나의 변을 이루고 있지 않는 두 꼭짓점을 말합니다.

2 대각선은 다각형에서 서로 이웃하지 않는 두 꼭짓점을 이은 선분이므로 선분 ㄱㄷ, 선분 ㄴㄹ입니다.

3 오각형에서 서로 이웃하지 않는 두 꼭짓점을 모두 찾아 선분으로 잇습니다.
오각형에는 대각선을 5개 그을 수 있습니다.

4 삼각형에는 이웃하지 않는 두 꼭짓점이 없으므로 대각선을 그을 수 없습니다.

5 사각형은 모양에 관계없이 2개의 대각선을 그을 수 있습니다.

◖ **3**회 문제 학습   154~155쪽

01 선분 ㄹㅅ

02 ⑴　　　/ 2개 ⑵　　　/ 5개

03 90   **04** ⓐ   / 4

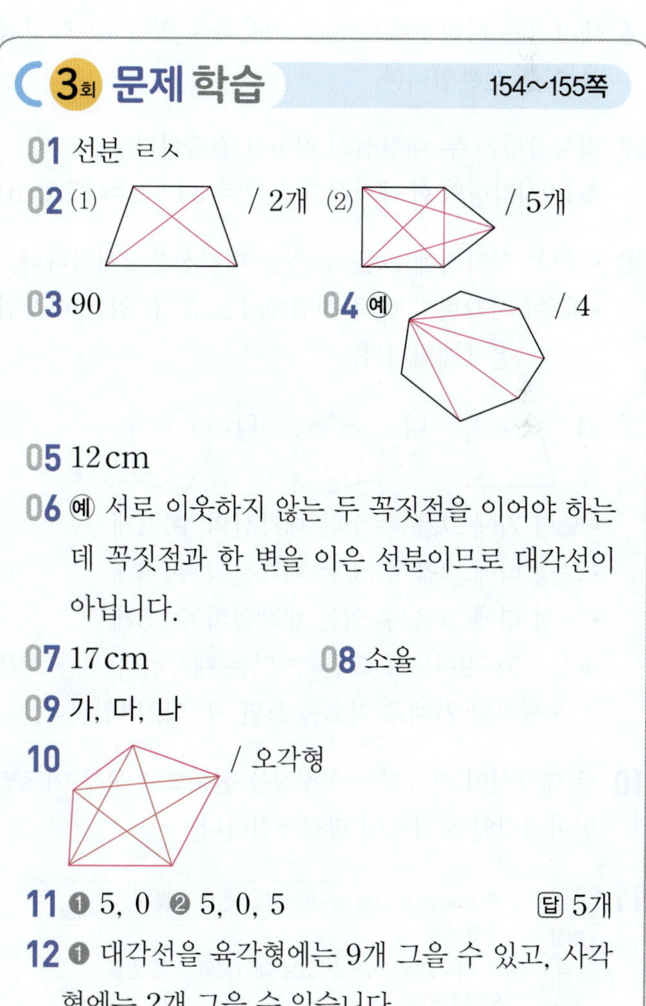

05 12 cm

06 ⓐ 서로 이웃하지 않는 두 꼭짓점을 이어야 하는데 꼭짓점과 한 변을 이은 선분이므로 대각선이 아닙니다.

07 17 cm   **08** 소율

09 가, 다, 나

10   / 오각형

11 ❶ 5, 0 ❷ 5, 0, 5   [답] 5개

12 ❶ 대각선을 육각형에는 9개 그을 수 있고, 사각형에는 2개 그을 수 있습니다.
❷ 따라서 두 다각형에 그을 수 있는 대각선의 수의 차는 9−2=7(개)입니다.   [답] 7개

01 대각선은 다각형에서 서로 이웃하지 않는 두 꼭짓점을 이은 선분입니다.
선분 ㄹㅅ은 꼭짓점과 한 변을 이은 선분이므로 대각선이 아닙니다.

02 (1) 사각형에는 대각선을 2개 그을 수 있습니다.
(2) 오각형에는 대각선을 5개 그을 수 있습니다.
주의 대각선의 수를 셀 때 여러 번 세거나 빠뜨리고 세지 않도록 주의합니다.

03 정사각형은 두 대각선이 서로 수직으로 만납니다.

04 칠각형의 한 꼭짓점에서 그을 수 있는 대각선은 4개입니다.

05 마름모는 한 대각선이 다른 대각선을 똑같이 둘로 나누므로 (선분 ㄱㄷ)=6×2=12(cm)입니다.

06 대각선은 다각형에서 서로 이웃하지 않는 두 꼭짓점을 이은 선분입니다.

07 직사각형은 두 대각선의 길이가 같습니다.
➡ (직사각형의 한 대각선의 길이)=34÷2=17(cm)

08 • 예나: 사각형에 그을 수 있는 대각선은 2개입니다.
• 유준: 사각형의 한 꼭짓점에서 그을 수 있는 대각선은 1개입니다.

09 가:　　　　나:　　　　다:

• 도형 가에 그을 수 있는 대각선의 수: 2개
• 도형 나에 그을 수 있는 대각선의 수: 9개
• 도형 다에 그을 수 있는 대각선의 수: 5개
➡ 2<5<9이므로 그을 수 있는 대각선의 수가 적은 도형부터 차례로 기호를 쓰면 가, 다, 나입니다.

10 두 대각선이 시작되는 꼭짓점을 선분으로 모두 이으면 변이 5개인 오각형이 만들어집니다.

11

채점 기준	❶ 두 다각형에 그을 수 있는 대각선의 수를 각각 구한 경우	4점	5점
	❷ 두 다각형에 그을 수 있는 대각선의 수의 합을 구한 경우	1점	

참고
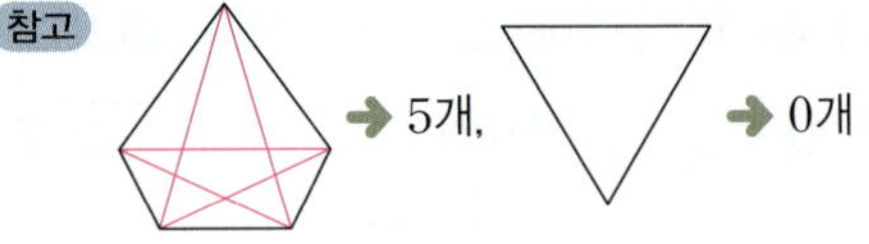
➡ 5개,　　➡ 0개

12

채점 기준	❶ 두 다각형에 그을 수 있는 대각선의 수를 각각 구한 경우	4점	5점
	❷ 두 다각형에 그을 수 있는 대각선의 수의 차를 구한 경우	1점	

참고
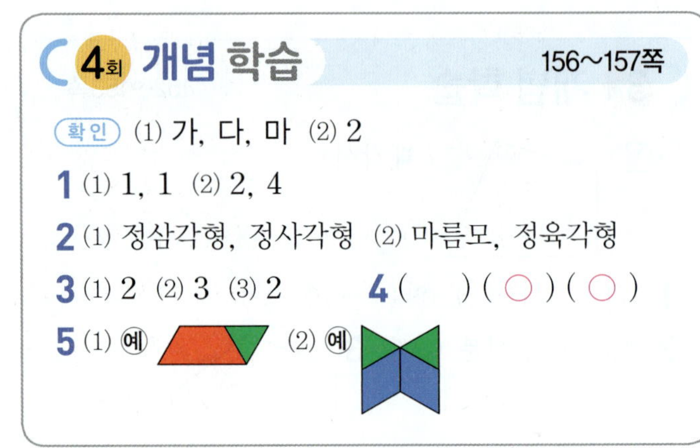
➡ 9개,　　➡ 2개

4회 개념 학습　　156~157쪽

확인 (1) 가, 다, 마　(2) 2
1 (1) 1, 1　(2) 2, 4
2 (1) 정삼각형, 정사각형　(2) 마름모, 정육각형
3 (1) 2　(2) 3　(3) 2　　**4** (　)(〇)(〇)
5 (1) 예 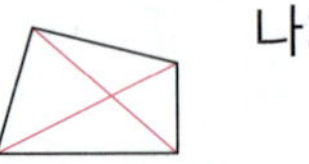　(2) 예 

1 (1) 정육각형 모양 조각 1개와 사다리꼴 모양 조각 1개를 사용했습니다.
(2) 평행사변형 모양 조각 2개와 정삼각형 모양 조각 4개를 사용했습니다.

2 (1) 정삼각형 모양 조각 4개와 정사각형 모양 조각 1개를 사용했습니다.
(2) 마름모 모양 조각 2개와 정육각형 모양 조각 1개를 사용했습니다.

3 (1) ▲ ➡ ▲ 모양 조각 2개
(2) ▲ ➡ ▲ 모양 조각 3개
(3) ⬡ ➡ ▱ 모양 조각 2개

4 평행사변형 모양 조각과 직각삼각형 모양 조각으로 바닥을 빈틈없이 채웠습니다.

5 (1) ▲ 모양 조각 1개와 ▱ 모양 조각 1개를 사용하여 채울 수 있습니다.
(2) ▲ 모양 조각 2개와 ◢ 모양 조각 2개 또는 ▲ 모양 조각 4개와 ◢ 모양 조각 1개를 사용하여 채울 수 있습니다.

4회 문제 학습

01 ⑩ 삼각형, 사각형, 육각형

02 6개

03 ⑩ 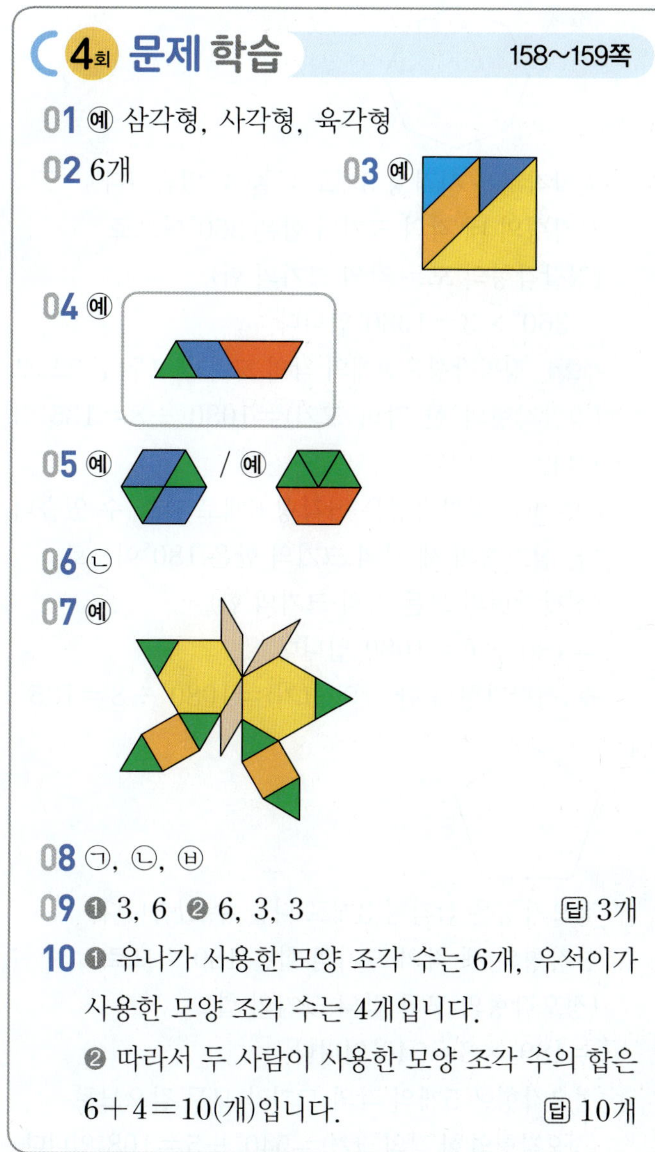

04 ⑩

05 ⑩ / ⑩

06 ㉡

07 ⑩

08 ㉠, ㉡, ㉣

09 ❶ 3, 6 ❷ 6, 3, 3 　　　답 3개

10 ❶ 유나가 사용한 모양 조각 수는 6개, 우석이가
사용한 모양 조각 수는 4개입니다.
❷ 따라서 두 사람이 사용한 모양 조각 수의 합은
6＋4＝10(개)입니다. 　　　답 10개

01 초록색 모양은 삼각형 또는 정삼각형, 빨간색 모양은
사각형 또는 사다리꼴, 노란색 모양은 육각형 또는
정육각형입니다.

02 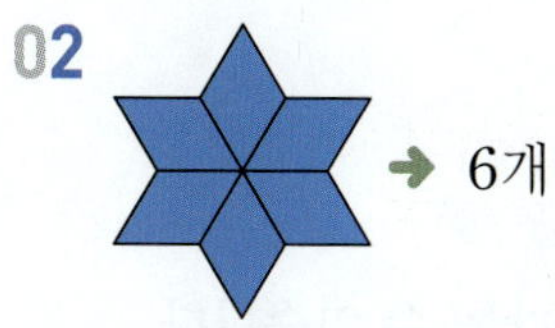 → 6개

04 마주 보는 두 쌍의 변이 서로 평행한 사각형을 만듭
니다. 이때 큰 모양 조각을 먼저 놓으면 쉽게 만들 수
있습니다.

05 ▲ 모양 조각과 ◆ 모양 조각, ▲ 모양 조각과
▰ 모양 조각을 사용하여 여러 가지 방법으로 채
웁니다.

---

06 ㉡ ▲ 모양 조각 6개, ▰ 모양 조각 6개,
⬡ 모양 조각 1개를 사용하여 모양을 만들었습니다.

07 한 가지 모양 조각만 놓을 수 있는 부분을 먼저 채운
다음 큰 모양 조각을 놓고, 나머지 모양 조각으로 빈
부분을 채웁니다.

08 · ◢ ➔ 사다리꼴, 마름모, 평행사변형
· ◣ ➔ 사다리꼴
· ◢◣ ➔ 사다리꼴, 평행사변형

09
채점 기준	❶ 재우와 연아가 사용한 모양 조각 수를 각각 구한 경우	4점	5점
	❷ 두 사람이 사용한 모양 조각 수의 차를 구한 경우	1점	

참고 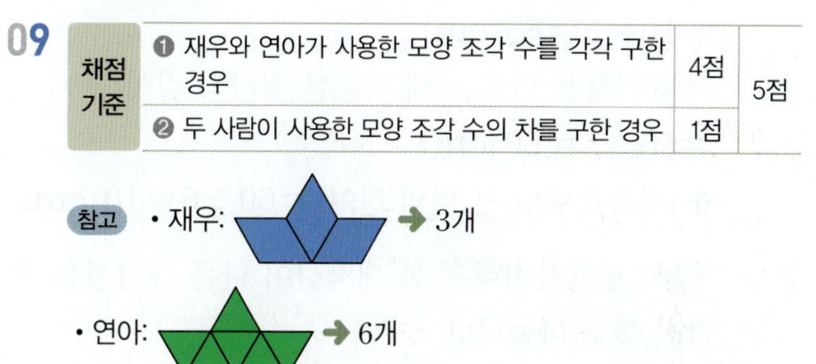
· 재우: ➔ 3개
· 연아: ➔ 6개

10
채점 기준	❶ 유나와 우석이가 사용한 모양 조각 수를 각각 구한 경우	4점	5점
	❷ 두 사람이 사용한 모양 조각 수의 합을 구한 경우	1점	

참고 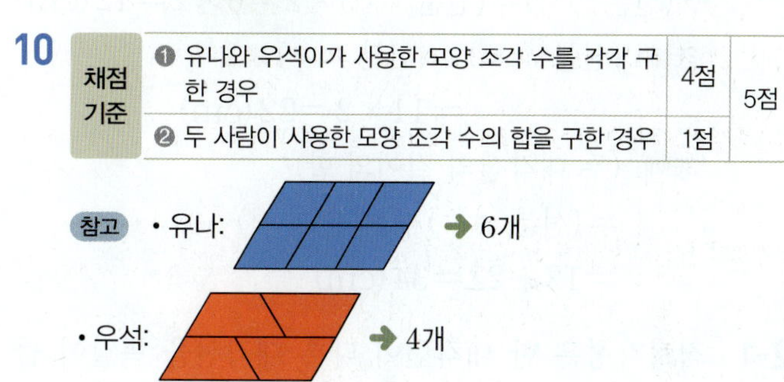
· 유나: ➔ 6개
· 우석: ➔ 4개

5회 응용 학습

1 1단계 54 cm　　2단계 6 cm

1-1 6 cm　　　　**1-2** 10 cm

2 1단계 12 cm　　2단계 22 cm
3단계 34 cm

2-1 32 cm　　　**2-2** 46 cm

3 1단계 1080°　　2단계 135°

3-1 108°　　　　**3-2** 140° / 40°

4 1단계 90°　　　2단계 35°

4-1 45°　　　　**4-2** 60°

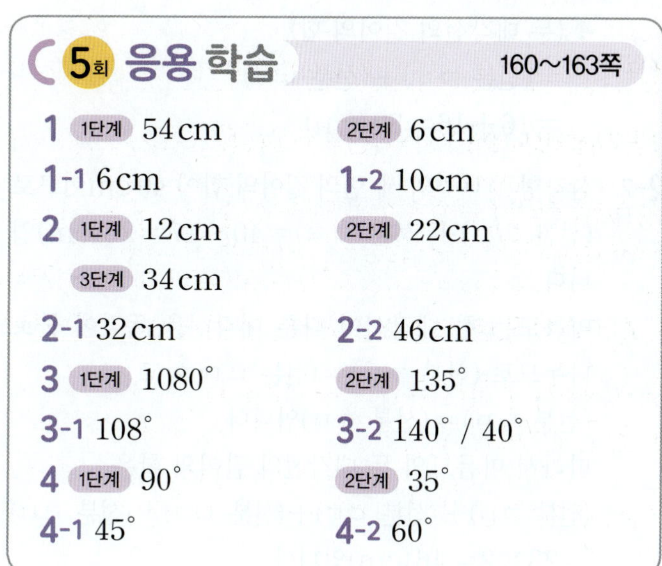

1 `1단계` 직사각형은 마주 보는 두 변의 길이가 같습니다.

➜ (직사각형의 모든 변의 길이의 합)
  $=17+10+17+10=54\,(cm)$

`2단계` 정구각형은 9개의 변의 길이가 모두 같습니다.

➜ (정구각형의 한 변의 길이)$=54÷9=6\,(cm)$

1-1 (정삼각형의 모든 변의 길이의 합)
  $=16×3=48\,(cm)$

➜ (정팔각형의 한 변의 길이)$=48÷8=6\,(cm)$

1-2 (정오각형을 만드는 데 사용한 철사의 길이)
  $=13×5=65\,(cm)$

(정육각형을 만드는 데 사용한 철사의 길이)
  $=65-5=60\,(cm)$

➜ (정육각형의 한 변의 길이)$=60÷6=10\,(cm)$

2 `1단계` 평행사변형은 한 대각선이 다른 대각선을 똑같이 둘로 나눕니다.

➜ (선분 ㄱㄷ)$=$(선분 ㄷㅁ)$×2=6×2=12\,(cm)$

`2단계` (선분 ㄴㄹ)$=$(선분 ㄴㅁ)$×2$
  $=11×2=22\,(cm)$

`3단계` (두 대각선의 길이의 합)
  $=$(선분 ㄱㄷ)$+$(선분 ㄴㄹ)
  $=12+22=34\,(cm)$

2-1 직사각형은 한 대각선이 다른 대각선을 똑같이 둘로 나누고, 두 대각선의 길이가 같습니다.

(선분 ㄱㄷ)$=$(선분 ㄱㅁ)$×2=8×2=16\,(cm)$,

(선분 ㄴㄹ)$=$(선분 ㄱㄷ)$=16\,cm$

➜ (두 대각선의 길이의 합)
  $=$(선분 ㄱㄷ)$+$(선분 ㄴㄹ)
  $=16+16=32\,(cm)$

2-2 삼각형 ㄱㅁㄹ의 세 변의 길이의 합이 $40\,cm$이므로
(선분 ㄱㅁ)$+$(선분 ㅁㄹ)$=40-17=23\,(cm)$입니다.

마름모는 한 대각선이 다른 대각선을 똑같이 둘로 나누므로 (선분 ㄱㅁ)$=$(선분 ㄷㅁ)이고,
(선분 ㄴㅁ)$=$(선분 ㄹㅁ)입니다.

따라서 마름모의 두 대각선의 길이의 합은
(선분 ㄱㅁ)$+$(선분 ㄷㅁ)$+$(선분 ㄴㅁ)$+$(선분 ㄹㅁ)
  $=23×2=46\,(cm)$입니다.

3 `1단계`

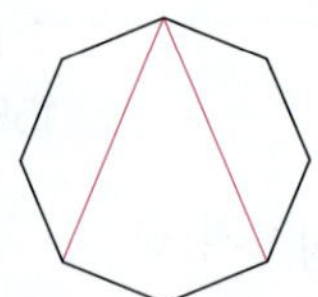

정팔각형은 사각형 3개로 나눌 수 있습니다.
사각형의 네 각의 크기의 합은 $360°$이므로
(정팔각형의 모든 각의 크기의 합)
$=360°×3=1080°$입니다.

`2단계` 정팔각형은 8개의 각의 크기가 모두 같으므로
(정팔각형의 한 각의 크기)$=1080°÷8=135°$입니다.

`다른 풀이` 정팔각형은 삼각형 6개로 나눌 수 있습니다. 삼각형의 세 각의 크기의 합은 $180°$이므로
(정팔각형의 모든 각의 크기의 합)
$=180°×6=1080°$입니다.

➜ (정팔각형의 한 각의 크기)$=1080°÷8=135°$

3-1

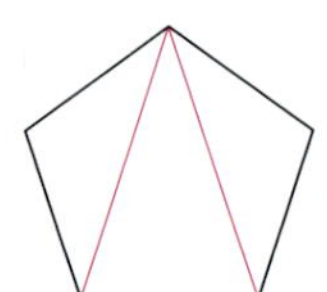

정오각형은 삼각형 3개로 나눌 수 있습니다.
삼각형의 세 각의 크기의 합은 $180°$이므로
(정오각형의 모든 각의 크기의 합)
$=180°×3=540°$입니다.

정오각형은 5개의 각의 크기가 모두 같으므로
(정오각형의 한 각의 크기)$=540°÷5=108°$입니다.

`참고` 정오각형을 삼각형 1개와 사각형 1개로 나누어 정오각형의 모든 각의 크기의 합을 구할 수도 있습니다.
(정오각형의 모든 각의 크기의 합)$=180°+360°=540°$

3-2

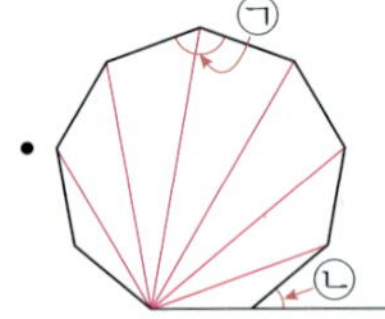

정구각형은 삼각형 7개로 나눌 수 있습니다.
삼각형의 세 각의 크기의 합은 $180°$이므로
(정구각형의 모든 각의 크기의 합)
$=180°×7=1260°$입니다.

➜ ㉠$=$(정구각형의 한 각의 크기)
  $=1260°÷9=140°$

• 한 직선이 이루는 각의 크기는 $180°$이므로
㉡$=180°-140°=40°$입니다.

4 <u>1단계</u> 마름모는 두 대각선이 서로 수직으로 만나므로
(각 ㄱㅁㄴ)=90°입니다.
<u>2단계</u> 삼각형의 세 각의 크기의 합은 180°이므로
삼각형 ㄱㄴㅁ에서
(각 ㄱㄴㅁ)=180°−55°−90°=35°입니다.

4-1 정사각형은 두 대각선이 서로 수직으로 만나므로
(각 ㄱㅁㄴ)=90°입니다.
정사각형은 두 대각선의 길이가 같고, 한 대각선이
다른 대각선을 똑같이 둘로 나누므로 삼각형 ㄱㄴㅁ
은 이등변삼각형입니다.
삼각형 ㄱㄴㅁ에서
(각 ㄱㄴㅁ)+(각 ㄴㄱㅁ)=180°−90°=90°이므로
(각 ㄱㄴㅁ)=90°÷2=45°입니다.

4-2 직사각형은 두 대각선의 길이가 같고, 한 대각선이
다른 대각선을 똑같이 둘로 나누므로 삼각형 ㄱㅁㄹ
은 이등변삼각형입니다.
삼각형 ㄱㅁㄹ에서
(각 ㄱㄹㅁ)=(각 ㄹㄱㅁ)=30°이므로
(각 ㄱㅁㄹ)=180°−30°−30°=120°입니다.
➜ 한 직선이 이루는 각의 크기는 180°이므로
(각 ㄹㅁㄷ)=180°−120°=60°입니다.

6회 마무리 평가
164~167쪽

01 나, 라 **02** 칠각형

03 예 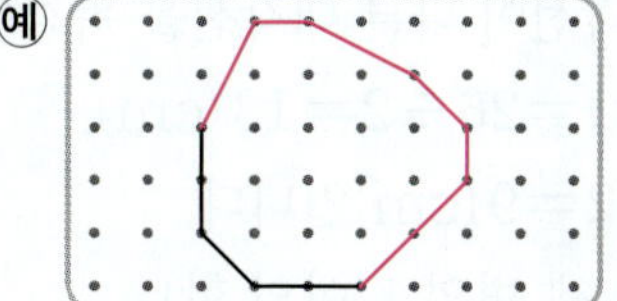

04 (○) (   ) (○) **05** ㉡

06 (○) (   )

07 예 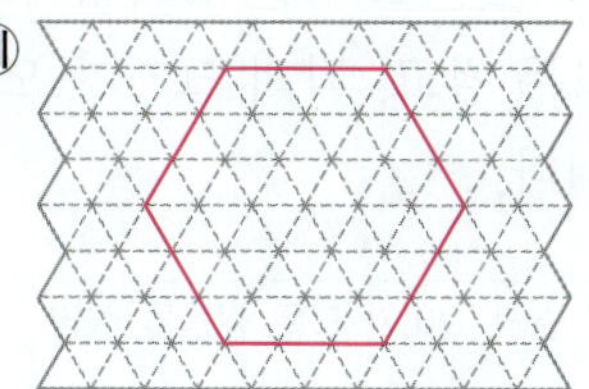

08 (왼쪽에서부터) 6, 135

---

09 ❶ 다
❷ 예 다각형은 선분으로만 둘러싸인 도형인데
다는 곡선으로 둘러싸여 있으므로 다각형이 아
닙니다.

10 예 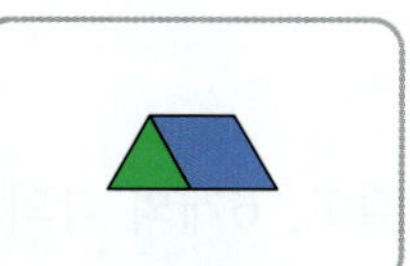

11 나, 라 **12** 가, 칠각형

13 예  **14** 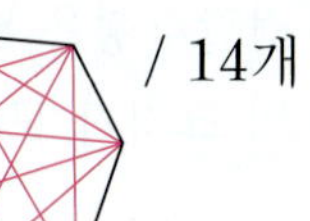 / 14개

15 ❶ 정다각형은 변의 길이가 모두 같으므로 변의
수는 81÷9=9(개)입니다.
❷ 따라서 변이 9개인 정다각형이므로 정구각형
입니다. 답 정구각형

16 정사각형 **17** 나

18 예  / 예

19 예

20 56 cm **21** 48 cm
22 120° **23** 36 cm
24 정팔각형

25 ❶ 울타리는 정팔각형 모양으로, 8개의 변의 길
이가 모두 같습니다.
❷ 울타리의 한 변의 길이가 5 m이므로 울타리
의 길이는 5×8=40 (m)입니다. 답 40 m

---

01 선분으로만 둘러싸인 도형을 찾으면 나, 라입니다.

02 변이 7개인 다각형은 칠각형입니다.

03 주어진 선분을 이용하여 변이 9개가 되도록 점과 점을
이어 다각형을 완성합니다.

04 5개의 변의 길이가 모두 같고, 5개의 각의 크기가 모
두 같은 오각형을 모두 찾습니다.

05 대각선은 다각형에서 서로 이웃하지 않는 두 꼭짓점을 이은 선분입니다. ⓒ은 두 꼭짓점을 이은 선분이 아니므로 대각선이 아닙니다.

06  모양 조각을 3개 사용하여 채울 수 있습니다.
➡ 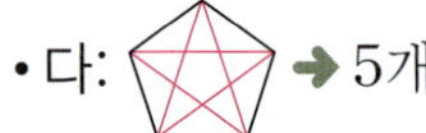

07 6개의 변의 길이가 모두 같고, 6개의 각의 크기가 모두 같도록 정육각형을 그립니다.

08 정팔각형은 8개의 변의 길이가 모두 같고, 8개의 각의 크기가 모두 같습니다.

09

채점기준	❶ 다각형이 아닌 것을 찾아 기호를 쓴 경우	2점	
	❷ 다각형이 아닌 이유를 알맞게 쓴 경우	2점	4점

10 모양 조각이 서로 겹치지 않게 길이가 같은 변끼리 이어 붙여 평행한 변이 있는 사각형을 만듭니다.

11 마름모와 정사각형은 두 대각선이 서로 수직으로 만납니다.

12 가: 7개, 나: 6개, 다: 5개
➡ 7>6>5이므로 변의 수가 가장 많은 다각형은 가이고, 변이 7개인 다각형이므로 칠각형입니다.

13 다음과 같은 방법으로 채울 수도 있습니다.

14 칠각형에서 서로 이웃하지 않는 두 꼭짓점을 이어 보면 대각선은 모두 14개입니다.

15

채점기준	❶ 정다각형의 변의 수를 구한 경우	2점	
	❷ 정다각형의 이름을 쓴 경우	2점	4점

16 • 두 대각선의 길이가 같은 사각형: 직사각형, 정사각형
• 두 대각선이 서로 수직으로 만나는 사각형:
마름모, 정사각형
➡ 다은이와 서진이가 말하는 사각형은 정사각형입니다.

17 • 가: ➡ 2개   • 나: ➡ 9개
• 다: ➡ 5개
따라서 9>5>2이므로 그을 수 있는 대각선의 수가 가장 많은 도형은 나입니다.

18 세 변의 길이가 모두 같고, 세 각의 크기가 모두 같은 삼각형을 만듭니다.
다음과 같은 방법으로 만들 수도 있습니다.
예 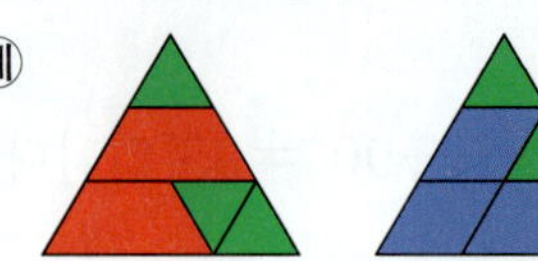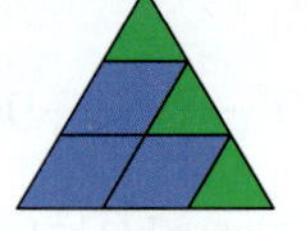

19 큰 모양 조각을 먼저 놓으면 모양을 쉽게 채울 수 있습니다.

20 (정육각형의 한 변의 길이)
=(정삼각형의 한 변의 길이)=8 cm
➡ 빨간색 선의 길이는 8 cm인 변 7개의 길이와 같으므로 $8 \times 7 = 56$ (cm)입니다.

21 마름모는 한 대각선이 다른 대각선을 똑같이 둘로 나눕니다.
(선분 ㄱㄷ)=(선분 ㄷㅁ)$\times 2 = 9 \times 2 = 18$ (cm),
(선분 ㄴㄹ)=(선분 ㄴㅁ)$\times 2 = 15 \times 2 = 30$ (cm)
➡ (두 대각선의 길이의 합)$= 18 + 30 = 48$ (cm)

22
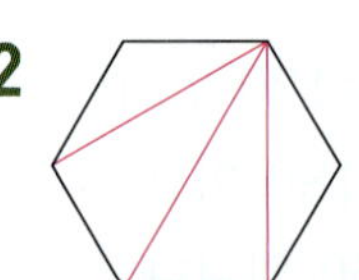
정육각형은 삼각형 4개로 나눌 수 있습니다.
삼각형의 세 각의 크기의 합은 $180°$이므로
(정육각형의 모든 각의 크기의 합)
$= 180° \times 4 = 720°$입니다.
정육각형은 6개의 각의 크기가 모두 같으므로
(정육각형의 한 각의 크기)$= 720° \div 6 = 120°$입니다.

23 평행사변형은 한 대각선이 다른 대각선을 똑같이 둘로 나누므로 (선분 ㄹㅁ)$= 26 \div 2 = 13$ (cm),
(선분 ㄷㅁ)$= 18 \div 2 = 9$ (cm)입니다.
➡ (삼각형 ㄹㅁㄷ의 세 변의 길이의 합)
$= 13 + 9 + 14 = 36$ (cm)

24 선분 8개로 둘러싸여 있는 도형은 팔각형이고, 그중에서 변의 길이가 모두 같고, 각의 크기가 모두 같은 도형은 정팔각형입니다.

25

채점기준	❶ 울타리의 8개의 변의 길이가 모두 같음을 설명한 경우	1점	
	❷ 울타리의 길이를 구한 경우	3점	4점

모바일 빠른 정답
QR코드를 찍으면 정답과 풀이를
쉽고 빠르게 확인할 수 있습니다.

1. 분수의 덧셈과 뺄셈

단원 평가 A단계   2~4쪽

01 5, 4, 9, 1, 2

02 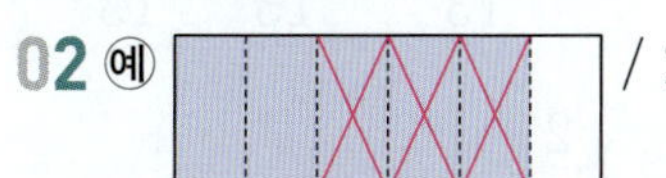 / 2

03 $3\dfrac{2}{3}\left(=\dfrac{11}{3}\right)$

04 17, 9, 8 / 8, 1, 3

05 $4\dfrac{6}{8}$

06 $3\dfrac{7}{9}$

07 ❶ 빨간색 페인트의 양과 흰색 페인트의 양을 더하면 되므로 $\dfrac{3}{10}+\dfrac{5}{10}$ 를 계산합니다.

❷ $\dfrac{3}{10}+\dfrac{5}{10}=\dfrac{3+5}{10}=\dfrac{8}{10}$ 이므로 만든 분홍색 페인트는 모두 $\dfrac{8}{10}$ L입니다.   답 $\dfrac{8}{10}$ L

08 $1-\dfrac{5}{9}$

09 >

10 $15\dfrac{4}{5}$ 시간

11 $4\dfrac{1}{8}$ km

12 $2\dfrac{4}{12}$

13 $4\dfrac{6}{20}-\dfrac{23}{20}=3\dfrac{3}{20}$ 또는 $4\dfrac{6}{20}-\dfrac{23}{20}$ / $3\dfrac{3}{20}$ kg

14 ❶ 예 $4\dfrac{3}{10}$ 의 자연수에서 1만큼을 $\dfrac{10}{10}$ 으로 바꾸어 $3\dfrac{13}{10}$ 으로 나타내야 하는데 $4\dfrac{13}{10}$ 으로 나타내어 잘못 계산했습니다.

❷ $4\dfrac{3}{10}-1\dfrac{5}{10}=3\dfrac{13}{10}-1\dfrac{5}{10}=2\dfrac{8}{10}$

15 현수, $1\dfrac{3}{4}$ m

16 $4\dfrac{3}{8}$, $\dfrac{14}{8}$, $2\dfrac{5}{8}$

17 $6\dfrac{4}{6}$

18 1, 2, 3

19 4, 3 / $1\dfrac{2}{5}$

20 $8\dfrac{5}{10}$

07

채점 기준		
❶ 만든 분홍색 페인트의 양을 구하는 덧셈식을 쓴 경우	2점	5점
❷ 만든 분홍색 페인트는 모두 몇 L인지 구한 경우	3점	

08 • $\dfrac{7}{9}-\dfrac{4}{9}=\dfrac{3}{9}$ • $1-\dfrac{5}{9}=\dfrac{4}{9}$ • $2\dfrac{2}{9}-1\dfrac{8}{9}=\dfrac{3}{9}$

09 $\dfrac{8}{13}-\dfrac{3}{13}=\dfrac{5}{13}$ ⟩ $\dfrac{9}{13}-\dfrac{5}{13}=\dfrac{4}{13}$

10 $7\dfrac{1}{5}+8\dfrac{3}{5}=15+\dfrac{4}{5}=15\dfrac{4}{5}$ (시간)

11 $2\dfrac{5}{8}+1\dfrac{4}{8}=3+\dfrac{9}{8}=3+1\dfrac{1}{8}=4\dfrac{1}{8}$ (km)

12 $\square=3\dfrac{9}{12}-1\dfrac{5}{12}=2+\dfrac{4}{12}=2\dfrac{4}{12}$

13 $4\dfrac{6}{20}-\dfrac{23}{20}=3\dfrac{26}{20}-\dfrac{23}{20}=3\dfrac{3}{20}$ (kg)

14

채점 기준		
❶ 이유를 알맞게 쓴 경우	3점	5점
❷ 바르게 계산한 경우	2점	

15 $4\dfrac{2}{4}\left(=\dfrac{18}{4}\right)>\dfrac{11}{4}$ 이므로 현수가 철사를

$4\dfrac{2}{4}-\dfrac{11}{4}=\dfrac{18}{4}-\dfrac{11}{4}=\dfrac{7}{4}=1\dfrac{3}{4}$ (m) 더 많이 가지고 있습니다.

16 가장 큰 수에서 가장 작은 수를 빼야 합니다.

$4\dfrac{3}{8}-\dfrac{14}{8}=\dfrac{35}{8}-\dfrac{14}{8}=\dfrac{21}{8}=2\dfrac{5}{8}$

17 $5\dfrac{5}{6}+3\dfrac{1}{6}=9$ ➡ $\square=9-2\dfrac{2}{6}=8\dfrac{6}{6}-2\dfrac{2}{6}=6\dfrac{4}{6}$

18 $\dfrac{5}{7}+\dfrac{\square}{7}=\dfrac{5+\square}{7}$, $1\dfrac{2}{7}=\dfrac{9}{7}$ ➡ $5+\square<9$ 이므로 $\square$ 안에 들어갈 수 있는 자연수는 1, 2, 3입니다.

19 차가 가장 작으려면 빼는 수가 가장 커야 합니다.

$6-4\dfrac{3}{5}=5\dfrac{5}{5}-4\dfrac{3}{5}=1\dfrac{2}{5}$

20 어떤 대분수를 $\square$ 라고 하면 $\square+2\dfrac{7}{10}=7\dfrac{3}{10}$,

$\square=7\dfrac{3}{10}-2\dfrac{7}{10}=6\dfrac{13}{10}-2\dfrac{7}{10}=4\dfrac{6}{10}$ 입니다.

➡ $4\dfrac{6}{10}+3\dfrac{9}{10}=7+\dfrac{15}{10}=7+1\dfrac{5}{10}=8\dfrac{5}{10}$

단원 **평가** Ⓑ 단계   5~7쪽

01 5, 7, 12 / 12, 1, 3

02 8, 11 / 8, 11, 19, 3, 4

03 23, 12, 11, 1, 4

04 $7-3\dfrac{7}{8}=6\dfrac{8}{8}-3\dfrac{7}{8}=3\dfrac{1}{8}$

05 $4\dfrac{5}{6}$

06 

07 $1\dfrac{7}{10}+2\dfrac{5}{10}=4\dfrac{2}{10}$ 또는 $1\dfrac{7}{10}+2\dfrac{5}{10}$

$/\ 4\dfrac{2}{10}$ L

08 $3\dfrac{5}{9}$

09 ㉮ $\dfrac{4}{7}+\dfrac{2}{7}$ 는 분모는 그대로 두고 분자끼리 더하면 되므로 $\dfrac{4}{7}+\dfrac{2}{7}=\dfrac{4+2}{7}=\dfrac{6}{7}$ 입니다.

10 $6\dfrac{4}{8}$ km   **11** $1\dfrac{11}{20}$ 시간

12 ㉠   **13** ㉡, ㉢

14 (○) (   ) (   )   **15** $7\dfrac{6}{7}$

16 $4\dfrac{12}{13}$ **17** $6\dfrac{2}{5}$ kg

18 $20\dfrac{4}{5}$ cm   **19** $2\dfrac{5}{11}$

20 ❶ $1\dfrac{9}{10}-\dfrac{4}{10}=1\dfrac{5}{10}$ (L),

$1\dfrac{5}{10}-\dfrac{4}{10}=1\dfrac{1}{10}$ (L),

$1\dfrac{1}{10}-\dfrac{4}{10}=\dfrac{7}{10}$ (L), $\dfrac{7}{10}-\dfrac{4}{10}=\dfrac{3}{10}$ (L)

❷ 우유 $\dfrac{3}{10}$ L로는 케이크를 더 만들 수 없으므로 케이크를 4개까지 만들 수 있고, $\dfrac{3}{10}$ L가 남습니다.   답 4개, $\dfrac{3}{10}$ L

08 $6\dfrac{7}{9}-3\dfrac{2}{9}=3+\dfrac{5}{9}=3\dfrac{5}{9}$

09

채점 기준	잘못된 곳을 찾아 바르게 고친 경우	5점

10 $9\dfrac{5}{8}-3\dfrac{1}{8}=6+\dfrac{4}{8}=6\dfrac{4}{8}$ (km)

11 $4-2\dfrac{9}{20}=3\dfrac{20}{20}-2\dfrac{9}{20}=1\dfrac{11}{20}$ (시간)

12 ㉠ $\dfrac{9}{13}-\dfrac{4}{13}=\boxed{\dfrac{5}{13}}$ ㉡ $3\dfrac{8}{13}-3\dfrac{5}{13}=\dfrac{3}{13}$

13 ㉠ $2\dfrac{3}{8}$ ㉡ $\boxed{1\dfrac{2}{3}}$ ㉢ $\boxed{1\dfrac{2}{5}}$

14 • $1\dfrac{3}{6}+2\dfrac{5}{6}=\boxed{4\dfrac{2}{6}}$ • $6-\dfrac{11}{6}=4\dfrac{1}{6}$

• $5\dfrac{2}{6}-1\dfrac{4}{6}=3\dfrac{4}{6}$

15 $\square-3\dfrac{5}{7}=4\dfrac{1}{7}$ ➜ $\square=4\dfrac{1}{7}+3\dfrac{5}{7}=7+\dfrac{6}{7}=7\dfrac{6}{7}$

16 $5\dfrac{10}{13}+1\dfrac{5}{13}=6+\dfrac{15}{13}=6+1\dfrac{2}{13}=7\dfrac{2}{13}$

➜ $2\dfrac{3}{13}+\square=7\dfrac{2}{13}$, $\square=7\dfrac{2}{13}-2\dfrac{3}{13}=4\dfrac{12}{13}$

17 (성규의 가방 무게)$=2\dfrac{3}{5}+\dfrac{6}{5}=\dfrac{19}{5}=3\dfrac{4}{5}$ (kg)

➜ (진우와 성규의 가방 무게의 합)

$=2\dfrac{3}{5}+3\dfrac{4}{5}=5+\dfrac{7}{5}=5+1\dfrac{2}{5}=6\dfrac{2}{5}$ (kg)

18 (색 테이프 3장의 길이의 합)$=8\times3=24$ (cm)

(겹쳐진 부분의 길이의 합)$=1\dfrac{3}{5}+1\dfrac{3}{5}=3\dfrac{1}{5}$ (cm)

➜ (이어 붙인 색 테이프의 전체 길이)

$=24-3\dfrac{1}{5}=23\dfrac{5}{5}-3\dfrac{1}{5}=20\dfrac{4}{5}$ (cm)

19 어떤 대분수를 $\square$ 라고 하면 $\square+1\dfrac{3}{11}=5$,

$\square=5-1\dfrac{3}{11}=4\dfrac{11}{11}-1\dfrac{3}{11}=3\dfrac{8}{11}$ 입니다.

따라서 바르게 계산하면 $3\dfrac{8}{11}-1\dfrac{3}{11}=2\dfrac{5}{11}$ 입니다.

20

채점 기준		
❶ 전체 우유의 양에서 케이크를 한 개 만드는 데 필요한 우유의 양을 뺄 수 있을 때까지 뺀 경우	4점	5점
❷ 만들 수 있는 케이크의 수와 남는 우유의 양을 구한 경우	1점	

2. 삼각형

01 가, 나, 라 / 나　　　　**02** 다, 라

03 나, 바　　　　**04** 마

05 7, 7　　　　**06** 80

07 ㉠, ㉣　　　　**08** 9

09 (예) 정삼각형　　　　**10** 15 cm

11 ❶ 종이를 반으로 접었을 때 완전히 겹쳐진 두 변의 길이가 같으므로 삼각형 ㄱㄴㄷ은 이등변삼각형입니다.

❷ (각 ㄱㄴㄷ)+(각 ㄱㄷㄴ)=180°−120°=60° 이고, 이등변삼각형은 두 각의 크기가 같으므로 (각 ㄱㄴㄷ)=60°÷2=30°입니다. **답** 30°

12 13 cm　　　　**13** ㉣

14 (위에서부터) 다, 가, 바 / 라, 마, 나

15 ❶ 예나

❷ (예) 정삼각형의 크기가 달라도 정삼각형의 세 각의 크기는 모두 60°로 같기 때문입니다.

16 이등변삼각형, 정삼각형, 예각삼각형

17 (예)

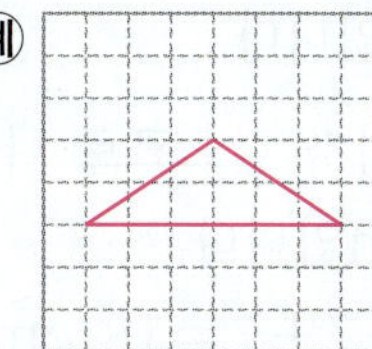

18 110°

19 14, 14

20 40 cm

02 예각삼각형: 세 각이 모두 예각인 삼각형 ➡ 다, 라

03 직각삼각형: 한 각이 직각인 삼각형 ➡ 나, 바

04 이등변삼각형은 다, 라, 마, 바이고, 이 중에서 둔각삼각형은 마입니다.

08 두 각의 크기가 50°로 같으므로 이등변삼각형입니다.
➡ 이등변삼각형은 두 변의 길이가 같습니다.

09 변과 꼭짓점이 각각 3개인 도형은 삼각형이고, 변의 길이가 4 cm로 모두 같으므로 정삼각형입니다.
> (참고) 두 변의 길이가 같은 삼각형이므로 이등변삼각형이라고 답해도 됩니다.

10 (나머지 한 각의 크기)=180°−60°−60°=60° 세 각의 크기가 모두 60°이므로 정삼각형입니다. 정삼각형은 세 변의 길이가 같으므로 (세 변의 길이의 합)=5+5+5=15 (cm)입니다.

11

채점 기준		
❶ 삼각형 ㄱㄴㄷ이 이등변삼각형임을 아는 경우	2점	5점
❷ 각 ㄱㄴㄷ의 크기를 구한 경우	3점	

12 (변 ㄱㄴ)+(변 ㄱㄷ)=34−8=26 (cm) 이등변삼각형은 두 변의 길이가 같으므로 (변 ㄱㄴ)=(변 ㄱㄷ)=26÷2=13 (cm)입니다.

13 나머지 한 각의 크기도 예각인 삼각형을 찾습니다.
㉠ 180°−20°−45°=115°
㉡ 180°−50°−40°=90°
㉢ 180°−55°−25°=100°
㉣ 180°−30°−65°=85°

15

채점 기준		
❶ 잘못 말한 사람의 이름을 쓴 경우	2점	5점
❷ 이유를 알맞게 쓴 경우	3점	

16 만들 수 있는 삼각형은 세 변의 길이가 같은 정삼각형입니다. 정삼각형은 이등변삼각형이라고 할 수 있고, 세 각의 크기가 모두 60°로 예각이므로 예각삼각형입니다.

17 • 두 변의 길이가 같으므로 이등변삼각형입니다.
• 한 각이 둔각이므로 둔각삼각형입니다.
➡ 이등변삼각형이면서 둔각삼각형이 되도록 그립니다.

18 이등변삼각형은 두 각의 크기가 같으므로 (각 ㄱㄴㄷ)=(각 ㄴㄱㄷ)=55°입니다. 삼각형의 세 각의 크기의 합은 180°이므로 (각 ㄱㄷㄴ)=180°−55°−55°=70°입니다. 한 직선이 이루는 각의 크기는 180°이므로 ㉠=180°−70°=110°입니다.

19 • 정삼각형은 세 변의 길이가 같으므로 (정삼각형의 세 변의 길이의 합) =12+12+12=36 (cm)입니다.
• 이등변삼각형은 두 변의 길이가 같으므로 8+□+□=36, □+□=28, □=28÷2=14 (cm)입니다.

20 빨간색 선의 길이는 정삼각형의 한 변의 길이의 8배입니다. ➡ 5×8=40 (cm)

단원 **평가** Ⓑ 단계   11~13쪽

01 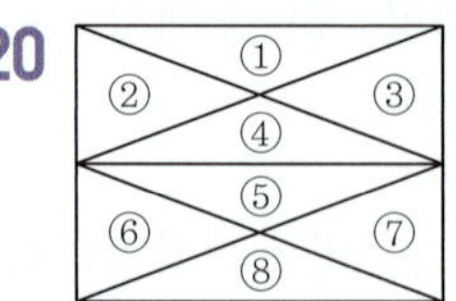
  5 cm   5 cm

02 다

03 50

04 (위에서부터) 60, 9

05 라

06 현수

07 예

08 45°

09 ㄹ

10 예 색종이에 그은 두 변의 길이는 색종이의 한 변의 길이와 같으므로 만든 삼각형은 세 변의 길이가 같기 때문입니다.

11 36 cm   **12** 2개

13 ❶ 틀립니다.

   ❷ 예 삼각형의 세 각의 크기의 합은 180°이므로 나머지 한 각의 크기는 180°−15°−35°=130° 입니다. 따라서 한 각이 둔각인 삼각형이므로 둔각삼각형입니다.

14 바   **15** 120

16 ㄴ

17 이등변삼각형, 예각삼각형

18 15 cm, 18 cm   **19** 30°

20 6개

---

05 라는 두 변의 길이가 같으므로 이등변삼각형입니다.

06 • 진아: 예각삼각형은 세 각이 모두 예각인 삼각형입니다.
   • 민규: 직각삼각형에는 직각이 1개, 예각이 2개 있습니다.

07 주어진 도형은 모든 각이 둔각이므로 둔각삼각형이 되도록 꼭짓점을 지나는 선분을 그어 둔각삼각형 2개를 먼저 만듭니다.

08 삼각형의 세 각의 크기의 합은 180°이므로
(각 ㄱㄴㄷ)+(각 ㄴㄱㄷ)=180°−90°=90°입니다.
이등변삼각형은 두 각의 크기가 같으므로
(각 ㄱㄴㄷ)=(각 ㄴㄱㄷ)=90°÷2=45°입니다.

---

09 세 변의 길이가 같은 삼각형이므로 정삼각형이고, 정삼각형은 이등변삼각형이라고 할 수 있습니다.
정삼각형은 세 각의 크기가 모두 60°로 예각이므로 예각삼각형입니다.

10

채점 기준		
만든 삼각형이 정삼각형인 이유를 알맞게 쓴 경우	5점

11 (세 변의 길이의 합)=12+12+12=36 (cm)

12 한 각이 둔각인 삼각형은 나, 바로 모두 2개입니다.

13

채점 기준		
❶ 서진이의 말이 옳은지 틀린지 답한 경우	2점	5점
❷ 이유를 알맞게 쓴 경우	3점	

14 이등변삼각형은 가, 라, 바이고, 이 중에서 세 각이 모두 예각인 삼각형은 바입니다.

15 (각 ㄱㄷㄴ)=60°이고, 한 직선이 이루는 각의 크기는 180°이므로 ☐°=180°−60°=120°입니다.

16 나머지 한 각의 크기를 각각 구하면 다음과 같습니다.
   ㄱ 180°−30°−110°=40°
   ㄴ 180°−65°−50°=65° ➡ 이등변삼각형
   ㄷ 180°−45°−100°=35°

17 (보이지 않는 한 각의 크기)
=180°−40°−70°=70°
두 각의 크기가 같으므로 이등변삼각형이고, 세 각이 모두 예각이므로 예각삼각형입니다.

18 이등변삼각형은 두 변의 길이가 같으므로 나머지 한 변의 길이는 4 cm 또는 7 cm입니다.
➡ 4+7+4=15 (cm), 4+7+7=18 (cm)

19 삼각형 ㄹㄴㄷ은 정삼각형이므로 (각 ㄹㄴㄷ)=60°, (각 ㄴㄷㄱ)=60°−30°=30°입니다.
삼각형 ㄱㄴㄷ은 이등변삼각형이므로
(각 ㄴㄱㄷ)=(각 ㄴㄷㄱ)=30°입니다.

20

• 작은 삼각형 1개로 이루어진 예각삼각형:
②, ③, ⑥, ⑦ → 4개

• 작은 삼각형 4개로 이루어진 예각삼각형:
②+④+⑤+⑥, ③+④+⑤+⑦ → 2개
➡ 모두 4+2=6(개)입니다.

3. 소수의 덧셈과 뺄셈

01 3.08 / 삼 점 영팔   **02** 0.743

03 1.70   **04** 0.62

05 3.9   **06** 0.48

07 7.025   **08** 지혜, 영민

09 ㉣   **10** ②

11 (선으로 잇기)

12 $0.72+0.14=0.86$ 또는 $0.72+0.14$ / 0.86 L

13 ❶ $5.09>4.32>2.85$이므로 가장 큰 수는 5.09이고, 가장 작은 수는 2.85입니다.

❷ 따라서 가장 큰 수와 가장 작은 수의 합은 $5.09+2.85=7.94$입니다.   답 7.94

14 박물관, 0.19 km   **15** 8.21

16 5.737   **17** ㉢, ㉡, ㉠

18 ❶ 만들 수 있는 가장 큰 소수 두 자리 수는 7.53이고, 가장 작은 소수 두 자리 수는 3.57입니다.

❷ 따라서 만들 수 있는 가장 큰 소수 두 자리 수와 가장 작은 소수 두 자리 수의 차는 $7.53-3.57=3.96$입니다.   답 3.96

19 2.95   **20** 4

---

03 소수의 오른쪽 끝자리에 있는 0은 생략할 수 있습니다.

➜ $1.70=1.7$

07 숫자 2가 나타내는 수를 각각 알아봅니다.

- 2.13 ➜ 2 7.025 ➜ 0.02
- 8.642 ➜ 0.002 4.271 ➜ 0.2

08 3.164는 0.001이 3164개인 수이고, '삼 점 일육사'라고 읽습니다.

09 ㉠ 128.5의 $\dfrac{1}{100}$: 1.285   ㉡ 12.85의 $\dfrac{1}{10}$: 1.285

㉢ 1.285   ㉣ 1.285의 100배: 128.5

10 ② $0.78<0.8$

$7<8$

11
- $0.5+2.3=2.8$ $4.7-3.1=1.6$
- $0.8+0.8=1.6$ $3.2-0.7=2.5$
- $1.6+0.9=2.5$ $5.4-2.6=2.8$

12 (포도주스의 양)

$=$(물의 양)$+$(포도 원액의 양)

$=0.72+0.14=0.86$ (L)

13

채점 기준	❶ 가장 큰 수와 가장 작은 수를 각각 찾은 경우	2점	5점
	❷ 가장 큰 수와 가장 작은 수의 합을 구한 경우	3점	

14 $1.9<2.09$이므로 시청에서 더 가까운 곳은 박물관이고, $2.09-1.9=0.19$ (km) 더 가깝습니다.

15 ㉠ 2.72   ㉡ 5.49

➜ ㉠$+$㉡$=2.72+5.49=8.21$

16
- 5.7보다 크고 5.8보다 작은 소수 세 자리 수입니다.

➜ 5.7□□
- 소수 둘째 자리 숫자는 0.03을 나타내므로 소수 둘째 자리 숫자는 3입니다. ➜ 5.73□
- 소수 셋째 자리 숫자는 0.007을 나타내므로 소수 셋째 자리 숫자는 7입니다. ➜ 5.737

따라서 조건을 모두 만족하는 소수는 5.737입니다.

17 ㉠ 32.57은 3.257의 10배입니다. → □$=10$

㉡ 1.9는 0.019의 100배입니다. → □$=100$

㉢ 40은 0.04의 1000배입니다. → □$=1000$

➜ ㉢ $1000>$ ㉡ $100>$ ㉠ 10

18

채점 기준	❶ 만들 수 있는 가장 큰 소수 두 자리 수와 가장 작은 소수 두 자리 수를 각각 구한 경우	2점	5점
	❷ 만들 수 있는 가장 큰 소수 두 자리 수와 가장 작은 소수 두 자리 수의 차를 구한 경우	3점	

19 어떤 수를 □라고 하면 □$+0.8=4.55$,

□$=4.55-0.8=3.75$입니다.

어떤 수가 3.75이므로 바르게 계산하면 $3.75-0.8=2.95$입니다.

20 $12.48+1.05=13.53$에서 $13.□67<13.53$이므로 □ 안에는 5보다 작은 수가 들어갈 수 있습니다.

따라서 □ 안에 들어갈 수 있는 수는 0, 1, 2, 3, 4이고, 이 중 가장 큰 수는 4입니다.

단원 **평가** Ⓑ 단계   17~19쪽

01 0.65 / 영 점 육오

02 (위에서부터) 0.04, 40, 400
     / 0.009, 0.09, 90 / 0.235, 2350

03 34, 18, 52 / 5.2   **04** 3.56

05 4.5   **06** 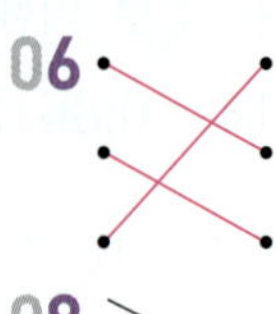

07 ②   **08** >

09 0.09 kg

10 ❶ 어떤 수의 10배가 15.7이므로 어떤 수는

15.7의 $\dfrac{1}{10}$입니다.

   ❷ 15.7의 $\dfrac{1}{10}$은 1.57이므로 어떤 수는 1.57

입니다.   답 1.57

11 0.21   **12** ㉣, ㉠, ㉢, ㉡

13 100배

14 65 kg / 8.7 kg / 20 kg

15 1110   **16** 3개

17 다은   **18** (위에서부터) 4, 9, 3

19 ❶ 학교에서 도서관까지의 거리는

1.38−0.59=0.79 (km)입니다.

   ❷ 따라서 집에서 학교를 지나 도서관까지 가는

거리는 1.38+0.79=2.17 (km)입니다.

답 2.17 km

20 0.075 m

---

07 숫자 8이 나타내는 수를 각각 알아봅니다.

   ① 8   ② 0.008   ③ 0.8   ④ 80   ⑤ 0.08

08 0.83 > 0.825
      └ 3 > 2 ┘

09 2.1−2.01=0.09 (kg)

10

채점 기준	❶ 어떤 수는 15.7의 $\dfrac{1}{10}$임을 설명한 경우	2점	5점
	❷ 어떤 수를 구한 경우	3점	

11 ㉠ 0.04, ㉡ 0.17 ➜ ㉠+㉡=0.04+0.17=0.21

---

12 ㉠ 0.46+2.3=2.76   ㉡ 1.22+0.96=2.18
   ㉢ 4.3−1.85=2.45   ㉣ 5.83−2.78=3.05
   ➜ ㉣ 3.05 > ㉠ 2.76 > ㉢ 2.45 > ㉡ 2.18

13 ㉠이 나타내는 수는 7, ㉡이 나타내는 수는 0.07입니다.
   ➜ 7은 0.07의 100배입니다.

14 • 밀가루: 0.65 kg의 100배 ➜ 65 kg
   • 버터: 0.087 kg의 100배 ➜ 8.7 kg
   • 설탕: 0.2 kg의 100배 ➜ 20 kg

15 • 3.5는 0.035의 100배입니다. → ㉠=100
   • 70은 0.07의 1000배입니다. → ㉡=1000
   • 1.286은 12.86의 $\dfrac{1}{10}$입니다. → ㉢=10
   ➜ ㉠+㉡+㉢=100+1000+10=1110

16 2.4+0.6=3이고 3>□.5이므로 □ 안에 들어갈
   수 있는 수는 3보다 작은 수인 0, 1, 2입니다. ➜ 3개

17 • 다은: 1이 4개, 0.1이 5개, 0.01이 2개인 수와 같
          으므로 4.52입니다.
   • 시우: 1이 4개, 0.01이 9개, 0.001이 6개인 수와
          같으므로 4.096입니다.
   ➜ 4.52 > 4.096

18   7 . 8 ㉠   • 소수 둘째 자리 계산:
   − 3 . ㉡ 5   10+㉠−5=9 ➜ ㉠=4
   ㉢ . 8 9
   • 소수 첫째 자리 계산: 8−1+10−㉡=8,
                  17−㉡=8 ➜ ㉡=9
   • 일의 자리 계산: 7−1−3=㉢ ➜ ㉢=3

19

채점 기준	❶ 학교에서 도서관까지의 거리를 구한 경우	2점	5점
	❷ 집에서 학교를 지나 도서관까지 가는 거리를 구한 경우	3점	

20 • 첫 번째로 튀어 오른 공의 높이:

     75 m의 $\dfrac{1}{10}$ ➜ 7.5 m

   • 두 번째로 튀어 오른 공의 높이:

     7.5 m의 $\dfrac{1}{10}$ ➜ 0.75 m

   • 세 번째로 튀어 오른 공의 높이:

     0.75 m의 $\dfrac{1}{10}$ ➜ 0.075 m

4. 사각형

01 (　) (○) (○)　**02** 직선 바

03 ②, ⑤　**04** 4 cm

05 <예>

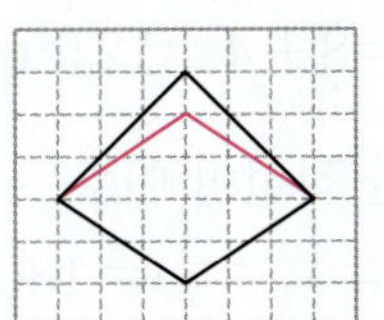

06

가

•ㄱ

07 3개

08 (왼쪽에서부터) 65, 115

09 ❶ 평행한 변은 변 ㄱㅁ과 변 ㄷㄹ, 변 ㄴㄷ과 변 ㅁㄹ입니다.
❷ 따라서 평행한 변은 모두 2쌍입니다. 　답 2쌍

10 24 cm　**11** <예>

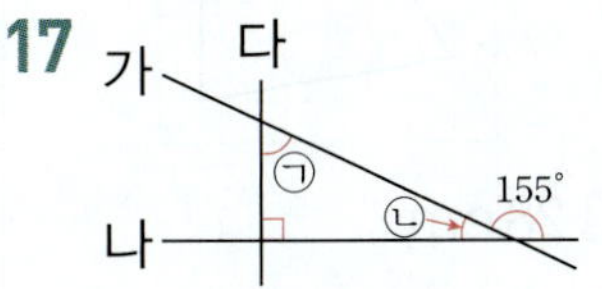

12 지우

13 사다리꼴, 평행사변형, 마름모, 정사각형

14 다, 마, 사

15 ❶ 마름모는 네 변의 길이가 모두 같습니다.
❷ 따라서 만든 마름모의 한 변의 길이는
$64 \div 4 = 16$ (cm)입니다. 　답 16 cm

16 마름모, 정사각형　**17** $65°$

18 9 cm　**19** 9개

20 $70°$

09	채점 기준	❶ 평행한 변을 모두 찾은 경우	4점	5점
		❷ 평행한 변은 모두 몇 쌍인지 구한 경우	1점	

10 변 ㄱㄴ과 변 ㄹㄷ이 서로 평행하므로 두 변에 수직인 변 ㄱㄹ의 길이가 평행선 사이의 거리입니다. ➔ 24 cm

11 꼭짓점을 한 개만 옮겨서 네 변의 길이가 모두 같은 사각형을 만듭니다.

12 • 유은: (각 ㄴㄱㄹ)$=180°-65°=115°$입니다.
• 현서: 마주 보는 꼭짓점을 이은 두 선분이 서로 수직으로 만나므로 (각 ㄱㅁㄹ)$=90°$입니다.

13 • 평행한 변이 있으므로 사다리꼴입니다.
• 마주 보는 두 쌍의 변이 서로 평행하므로 평행사변형입니다.
• 네 변의 길이가 모두 같으므로 마름모입니다.
• 네 변의 길이가 모두 같고, 네 각이 모두 직각이므로 정사각형입니다.

14 마주 보는 두 쌍의 변이 서로 평행한 사각형은 다, 마, 사입니다.

15	채점 기준	❶ 마름모는 네 변의 길이가 모두 같음을 설명한 경우	2점	5점
		❷ 마름모의 한 변의 길이를 구한 경우	3점	

16 마주 보는 두 쌍의 변이 서로 평행한 사각형은 평행사변형, 마름모, 직사각형, 정사각형입니다. 그중 네 변의 길이가 모두 같은 사각형은 마름모, 정사각형입니다.

17

한 직선이 이루는 각의 크기는 $180°$이므로
ⓛ$=180°-155°=25°$입니다.
삼각형의 세 각의 크기의 합은 $180°$이므로
㉠$=180°-90°-25°=65°$입니다.

18 평행사변형은 마주 보는 두 변의 길이가 같습니다.
네 변의 길이의 합이 46 cm이므로
(변 ㄱㄴ)+(변 ㄱㄹ)$=46 \div 2 = 23$ (cm)입니다.
➔ (변 ㄱㄴ)$=23-$(변 ㄱㄹ)$=23-14=9$ (cm)

19 • 도형 1개로 이루어진 사다리꼴: 4개
• 도형 2개로 이루어진 사다리꼴: 4개
• 도형 4개로 이루어진 사다리꼴: 1개
➔ 모두 $4+4+1=9$(개)입니다.

20 마름모는 네 변의 길이가 모두 같으므로 삼각형 ㄱㄷㄹ은 이등변삼각형입니다.
(각 ㄱㄷㄹ)$=$(각 ㄷㄱㄹ)$=55°$이고,
삼각형의 세 각의 크기의 합은 $180°$이므로
(각 ㄱㄹㄷ)$=180°-55°-55°=70°$입니다.

단원 평가 Ⓑ 단계   23~25쪽

01 라

02 ⑩ 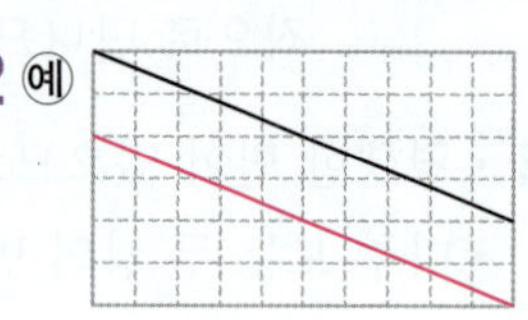

03 (위에서부터) 7, 9   **04** 가, 라

05 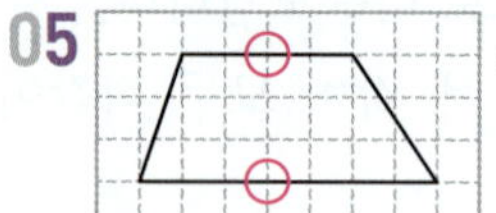 / 사다리꼴

06 소율

07 선분 ㄴㄹ 또는 선분 ㄹㄴ,
    선분 ㄷㅂ 또는 선분 ㅂㄷ

08 3 cm

09 ❶ ⑩ 네 변의 길이가 모두 같습니다.
   ❷ ⑩ 도형 가는 마주 보는 두 각의 크기가 같지
만 도형 나는 네 각의 크기가 모두 같습니다.

10 90°   **11** ⑩ 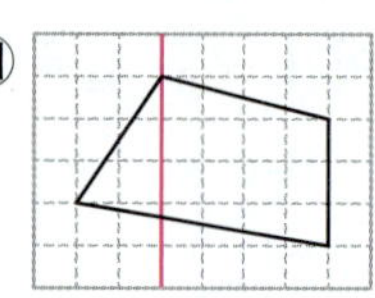

12 ①, ②   **13** 28 cm

14 ㉠, ㉡   **15** 12 cm

16 70°   **17** 2개

18 ❶ ⑩ 마주 보는 두 변의 길이가 같습니다.
   ❷ ⑩ 마주 보는 두 각의 크기가 같습니다.

19 48 cm   **20** 55°

02 주어진 직선은 기울어져 있으므로 기울어진 가로 칸
수와 세로 칸 수를 세고 기울어진 정도를 같게 하여
평행한 직선을 긋습니다.

03 평행사변형은 마주 보는 두 변의 길이가 같습니다.

04 네 변의 길이가 모두 같은 사각형은 가, 라입니다.

05 주어진 사각형은 위와 아래에 있는 변이 서로 평행하
므로 사다리꼴입니다.

06 직선 가에 대한 수선은 직선 라와 직선 바입니다.

08 변 ㄱㄴ과 변 ㅁㄹ이 서로 평행하므로 두 변 사이에
수선을 긋고 수선의 길이를 재어 봅니다.

09

채점 기준			
❶ 같은 점을 1가지 쓴 경우	2점	5점
❷ 다른 점을 1가지 쓴 경우	3점	

10 평행선 사이에 그은 선분 중에서 수직인 선분의 길이
가 가장 짧으므로 ㉠=90°입니다.

11 평행한 변이 있도록 직선으로 자릅니다.

12 마주 보는 두 쌍의 변이 서로 평행하므로 사다리꼴,
평행사변형이라고 할 수 있습니다.
> **참고** 네 변의 길이가 모두 같지 않고, 네 각이 모두 직각이 아니
므로 마름모, 직사각형, 정사각형이라고 할 수 없습니다.

13 마름모는 네 변의 길이가 모두 같습니다.
➜ (네 변의 길이의 합)=7+7+7+7=28 (cm)

14 ㉡ 직사각형은 마주 보는 두 변의 길이가 같습니다.
> **참고** 네 변의 길이가 모두 같은 사각형은 마름모와 정사각형입
니다.

15 (직선 가와 직선 다 사이의 거리)
 =(직선 가와 직선 나 사이의 거리)
   +(직선 나와 직선 다 사이의 거리)
 =8+4=12 (cm)

16 한 직선이 이루는 각의 크기는 180°이므로
(각 ㄴㄷㄹ)=180°-110°=70°입니다.
평행사변형은 마주 보는 두 각의 크기가 같으므로
(각 ㄹㄱㄴ)=(각 ㄴㄷㄹ)=70°입니다.

17 • 서로 수직인 변이 있는 도형: 다, 마
• 서로 평행한 변이 있는 도형: 가, 다, 라, 마, 바
➜ 수선도 있고 평행선도 있는 도형은 다, 마로 모두
2개입니다.

18

채점 기준			
❶ 만들어진 사각형의 성질을 1가지 쓴 경우	2점	5점
❷ 만들어진 사각형의 또 다른 성질을 1가지 쓴 경우	3점	

19 정사각형과 마름모는 네 변의 길이가 모두 같으므로
마름모의 한 변의 길이는 8 cm입니다.
➜ 빨간색 선의 길이는 8 cm인 변이 6개 있으므로
    8×6=48 (cm)입니다.

20 마름모는 마주 보는 꼭짓점끼리 이은 두 선분이 서로
수직으로 만나므로 (각 ㄱㅁㄹ)=90°입니다.
삼각형 ㄱㅁㄹ에서 세 각의 크기의 합은 180°이므로
(각 ㄱㄹㅁ)=180°-35°-90°=55°입니다.

5. 꺾은선그래프

단원 평가 Ⓐ 단계

01 날짜 / 키
02 예 식물의 키의 변화
03 6 cm
04 커지고
05 최저 기온
06 예 1 ℃

07 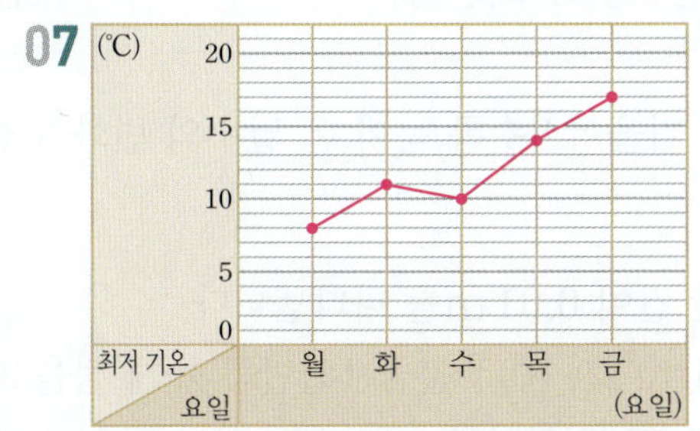

08 예 0 kg, 2500 kg
09 예 10 kg

10 예 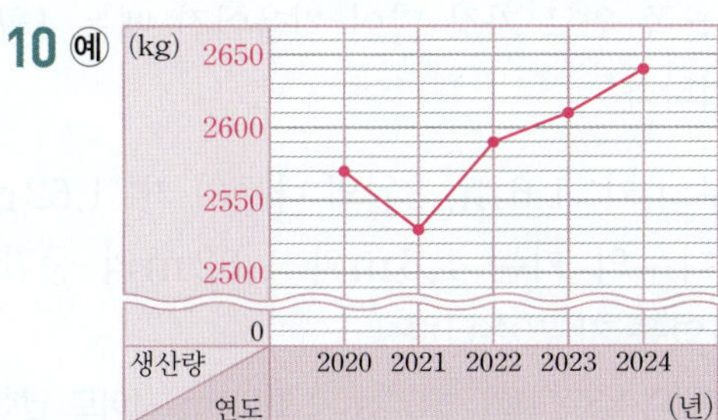

11 예 필요 없는 부분을 물결선으로 줄여서 나타내면 고구마 생산량의 변화를 더 뚜렷하게 잘 나타낼 수 있습니다.

12 0.1 kg
13 2020년
14 2.8 kg
15 13, 6, 9, 11

16 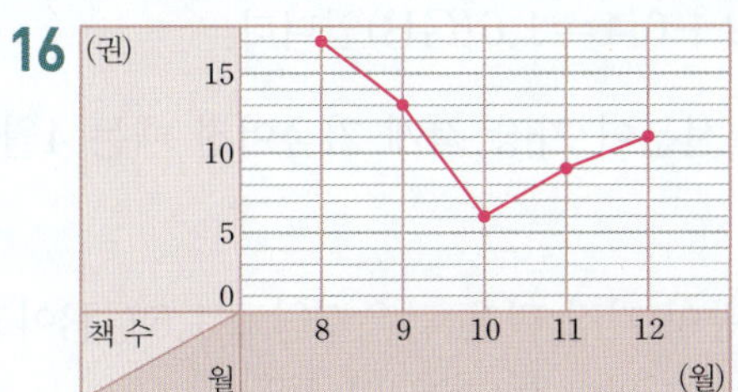

17 예 3400명

18 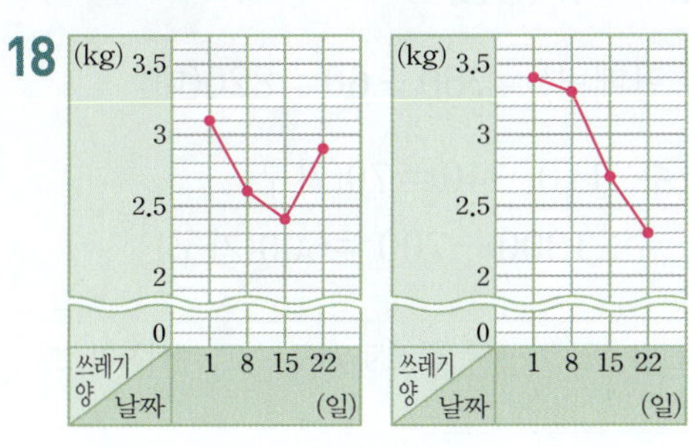

19 8일 / 15일
20 ❶ 2반

❷ 예 2반이 1반보다 1일에 비해 재활용 쓰레기 양이 더 많이 줄어들었습니다.

03 세로 눈금 한 칸이 1 cm를 나타내고, 3일의 식물의 키는 6칸이므로 6 cm입니다.

04 꺾은선그래프의 선분이 오른쪽 위로 기울어져 있으므로 식물의 키가 계속 커지고 있습니다.

06 최저 기온이 8 ℃부터 17 ℃까지 있으므로 세로 눈금 한 칸은 1 ℃를 나타내는 것이 좋을 것 같습니다.

08 가장 적은 생산량이 2530 kg이므로 물결선을 0 kg과 2500 kg 사이에 넣는 것이 좋을 것 같습니다.

09 고구마 생산량을 모두 나타내려면 세로 눈금 한 칸은 10 kg을 나타내는 것이 좋을 것 같습니다.

11

채점 기준	물결선을 사용한 꺾은선그래프로 나타내면 좋은 점을 알맞게 쓴 경우	5점

12 세로 눈금 5칸이 0.5 kg을 나타내므로 세로 눈금 한 칸은 0.1 kg을 나타냅니다.

13 전년에 비해 선분이 오른쪽 아래로 가장 많이 기울어진 때는 2020년입니다.

14 • 2019년의 1인당 연간 쌀 소비량: 59.2 kg
• 2023년의 1인당 연간 쌀 소비량: 56.4 kg
➜ 59.2 − 56.4 = 2.8 (kg) 줄어들었습니다.

17 2020년 인구수: 3600명, 2022년 인구수: 3200명
➜ 2021년 인구수는 3200명과 3600명의 중간인 3400명이었을 것 같습니다.

평가 기준 2021년 인구수를 3200명과 3600명 사이로 답했으면 정답으로 인정합니다.

19 • 1반: 일주일 전에 비해 선분이 오른쪽 아래로 가장 많이 기울어진 때는 8일입니다.
• 2반: 일주일 전에 비해 선분이 오른쪽 아래로 가장 많이 기울어진 때는 15일입니다.

20

채점 기준	❶ 성과가 더 좋은 반을 쓴 경우	3점	5점
	❷ 이유를 알맞게 쓴 경우	2점	

단원 **평가** Ⓑ 단계　　　29~31쪽

01 연도 / 학생 수

02 160명

03 꺾은선그래프

04 예 0분, 150분

05
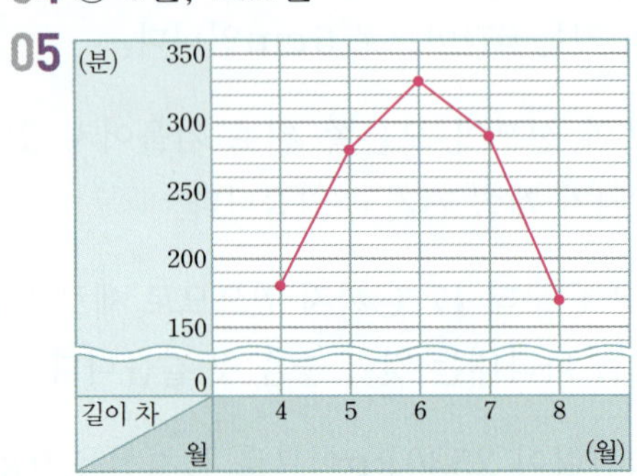

06 예 낮과 밤의 길이 차는 4월에서 6월까지는 커졌고, 6월에서 8월까지는 작아졌습니다.

07　　　　　　　　　**08** ㉠, ㉢, ㉡

09
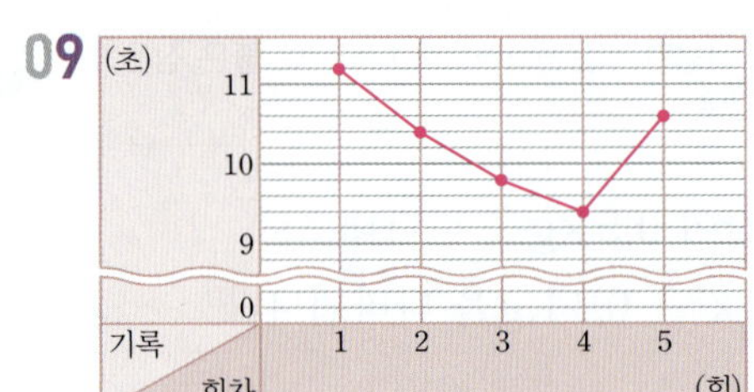

10 0.01 m　　　　　**11** 1.51 m

12 4월, 6월　　　　　**13** 예 1.61 m

14 4월

15
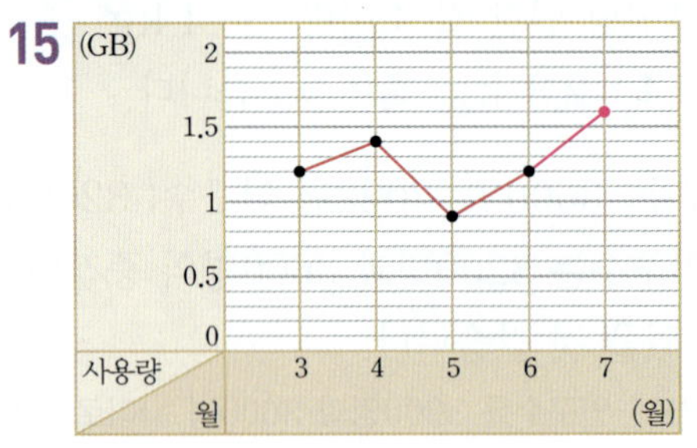

16 4월　　　　　　　**17** 0.7 GB

18 820, 780, 740

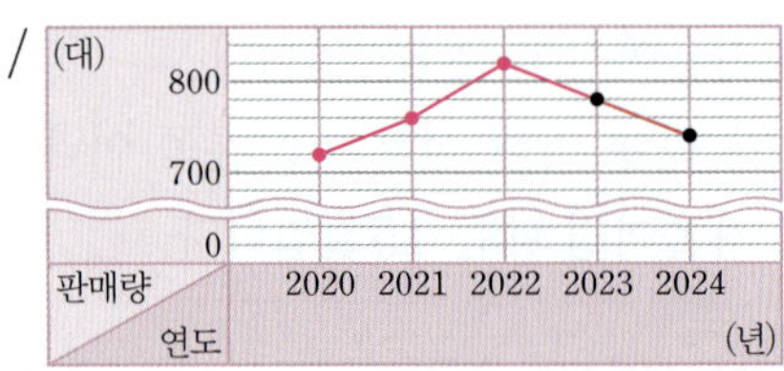

19 70가구 / 600가구

---

20 예 가구 수가 계속 늘어났으므로 2025년의 1인 가구 수와 전체 가구 수는 2024년보다 늘어날 것 같습니다.

04 길이 차가 가장 작을 때가 170분이므로 물결선을 0분과 150분 사이에 넣는 것이 좋을 것 같습니다.

06 | 채점 기준 | 알 수 있는 내용을 1가지 쓴 경우 | 5점 |
| --- | --- | --- |

08 선분이 많이 기울어질수록 눈이 온 날수의 변화가 큽니다.

11 세로 눈금 한 칸이 0.01 m를 나타냅니다.
2월에는 1.5 m에서 세로 눈금 1칸만큼 높게 점을 표시했으므로 1.51 m입니다.

12 선분이 오른쪽 위로 가장 많이 기울어진 때는 4월과 6월 사이입니다.

13 6월의 나무의 키: 1.6 m, 8월의 나무의 키: 1.62 m
➜ 7월의 나무의 키는 1.6 m와 1.62 m의 중간인 1.61 m였을 것 같습니다.
[평가 기준] 7월의 나무의 키를 1.6 m와 1.62 m 사이로 답했으면 정답으로 인정합니다.

14 세로 눈금 한 칸이 0.1 GB를 나타내므로 1 GB에서 세로 눈금 4칸만큼 높게 점을 표시한 때를 찾으면 4월입니다.

15 6월의 데이터 사용량은 1.2 GB이므로 7월의 데이터 사용량은 1.2+0.4=1.6(GB)입니다.

16 전달에 비해 선분이 가장 적게 기울어진 때는 4월입니다.

17 데이터 사용량이 가장 많은 달은 7월로 1.6 GB이고, 가장 적은 달은 5월로 0.9 GB입니다.
➜ 1.6-0.9=0.7(GB)

18 (2022년의 판매량)=760+60=820(대)

19 ・1인 가구 수: 110-40=70(가구)
・전체 가구 수: 1300-700=600(가구)

20 | 채점 기준 | 2025년의 1인 가구 수와 전체 가구 수를 예상하여 쓴 경우 | 5점 |
| --- | --- | --- |

6. 다각형

01 가, 라　　**02** 라

03 (　　) (　　) (○)　　**04** 준희

05 정삼각형, 사다리꼴, 정육각형

06 ⑩ 다각형은 선분으로만 둘러싸인 도형인데 곡선이 포함되어 있으므로 다각형이 아닙니다.

07 ⑩

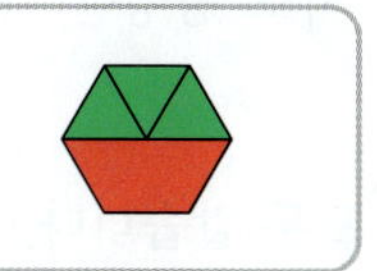

08 나, 라　　**09** 정오각형

10 9개　　**11** 다, 가, 나

12 ⑩

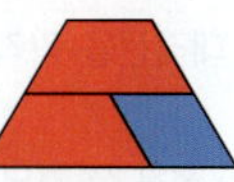

13 14개

14 ❶ 변이 8개인 정다각형이므로 정팔각형입니다.

❷ 정팔각형은 8개의 변의 길이가 모두 같으므로 모든 변의 길이의 합은 $13 \times 8 = 104 \, (\text{cm})$입니다.　　달 $104 \, \text{cm}$

15 $6 \, \text{cm} / 8 \, \text{cm}$

16 ⑩　　/　⑩

17 ⑩

18 $24 \, \text{cm}$　　**19** 상호

20 $108°$

---

04 대각선은 다각형에서 서로 이웃하지 않는 두 꼭짓점을 이은 선분이므로 대각선을 바르게 그은 사람은 준희입니다.

05 정삼각형 모양 조각 1개, 사다리꼴 모양 조각 1개, 정육각형 모양 조각 1개를 사용했습니다.

06

채점 기준	다각형이 아닌 이유를 알맞게 쓴 경우	5점

08 마름모와 정사각형은 두 대각선이 서로 수직으로 만납니다. ➡ 나, 라

10

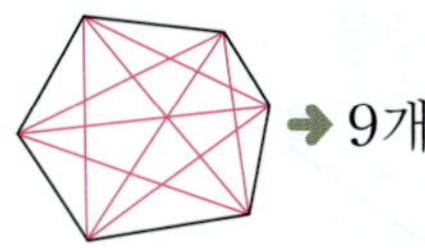 ➡ 9개

11 그을 수 있는 대각선의 수는 가가 2개, 나가 0개, 다가 5개입니다.

➡ $5 > 2 > 0$이므로 그을 수 있는 대각선의 수가 많은 도형부터 차례로 기호를 쓰면 다, 가, 나입니다.

12 다음과 같은 방법으로 채울 수도 있습니다.

⑩ 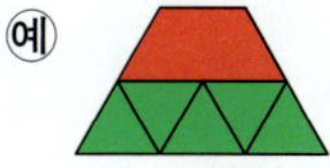 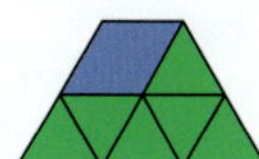 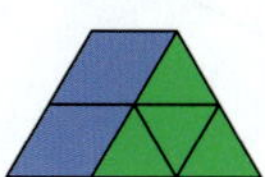 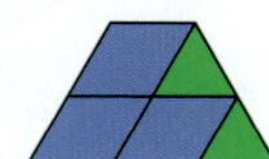

13 ㉠ 6개, ㉡ 8개

➡ ㉠＋㉡＝6＋8＝14(개)

14

채점 기준	❶ 정다각형의 이름을 쓴 경우	2점	5점
	❷ 정다각형의 모든 변의 길이의 합을 구한 경우	3점	

15 (선분 ㄱㅁ)＝(선분 ㄱㄷ)÷2＝12÷2＝6 (cm)

(선분 ㄴㅁ)＝(선분 ㄴㄹ)÷2＝16÷2＝8 (cm)

16 마주 보는 두 쌍의 변이 서로 평행한 사각형을 만듭니다.

18 (정삼각형의 한 변의 길이)

＝(정오각형의 한 변의 길이)＝4 cm

➡ 빨간색 선의 길이는 4 cm인 변 6개의 길이와 같으므로 $4 \times 6 = 24 \, (\text{cm})$입니다.

19 • 상호: 정사각형은 두 대각선이 서로 수직으로 만나므로 각 ㄱㅁㄹ의 크기는 90°입니다.

• 연우: 정사각형은 한 대각선이 다른 대각선을 똑같이 둘로 나누므로 한 대각선의 길이는 $6 \times 2 = 12 \, (\text{cm})$입니다.

➡ (두 대각선의 길이의 합)＝12＋12＝24 (cm)

20 정오각형은 삼각형 3개로 나눌 수 있습니다.

삼각형의 세 각의 크기의 합은 180°이므로

(정오각형의 모든 각의 크기의 합)

＝$180° \times 3 = 540°$입니다.

➡ (정오각형의 한 각의 크기)＝540°÷5＝108°

단원 **평가** Ⓑ 단계   35~37쪽

01 나, 다, 마   **02** 오각형

03 마   **04**
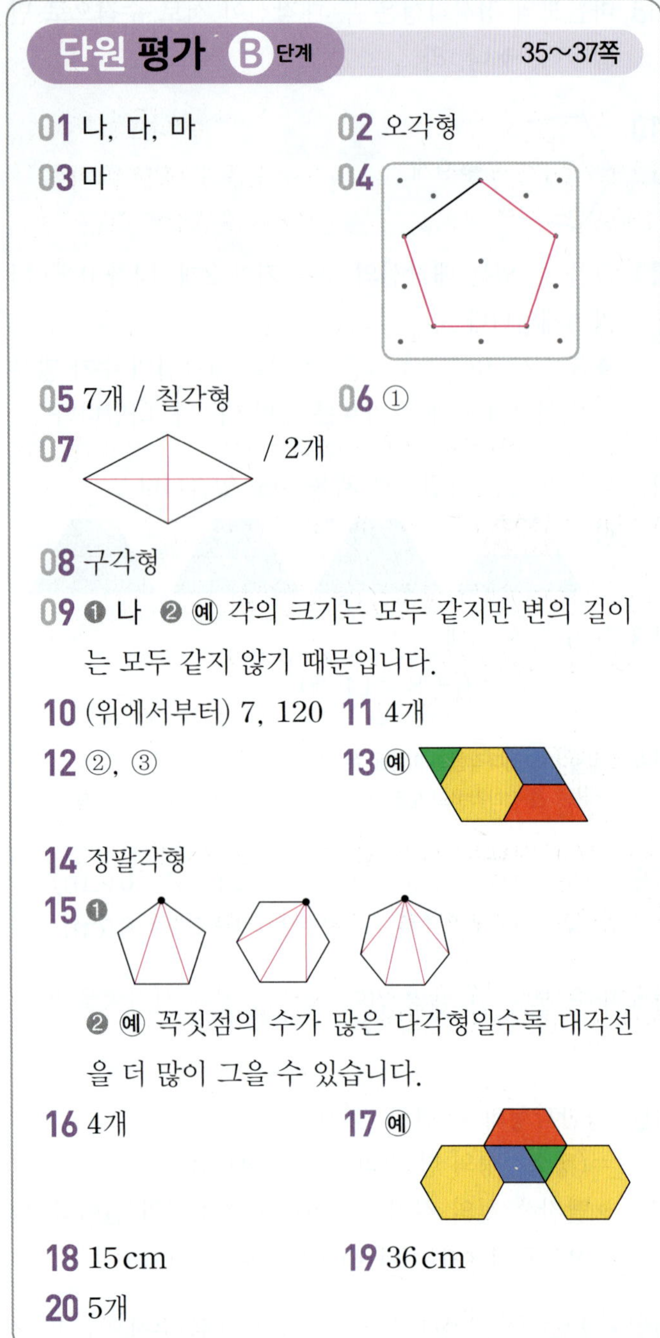

05 7개 / 칠각형   **06** ①

07 / 2개

08 구각형

09 ❶ 나 ❷ ⑳ 각의 크기는 모두 같지만 변의 길이는 모두 같지 않기 때문입니다.

10 (위에서부터) 7, 120   **11** 4개

12 ②, ③   **13** ⑳

14 정팔각형

15 ❶

❷ ⑳ 꼭짓점의 수가 많은 다각형일수록 대각선을 더 많이 그을 수 있습니다.

16 4개   **17** ⑳

18 15 cm   **19** 36 cm

20 5개

---

01 다각형: 선분으로만 둘러싸인 도형 ➜ 나, 다, 마

04 주어진 선분을 이용하여 5개의 변의 길이가 모두 같고, 5개의 각의 크기가 모두 같은 오각형을 완성합니다.

05 변의 수가 7개인 다각형이므로 칠각형입니다.

06 삼각형은 꼭짓점 3개가 서로 이웃하고 있으므로 대각선을 그을 수 없습니다.

08 선분으로만 둘러싸인 도형은 다각형이고, 그중에서 변이 9개인 다각형은 구각형입니다.

09

채점 기준		
❶ 정다각형이 아닌 것을 찾아 기호를 쓴 경우	2점	5점
❷ 정다각형이 아닌 이유를 알맞게 쓴 경우	3점	

10 정육각형은 6개의 변의 길이가 모두 같고, 6개의 각의 크기가 모두 같습니다.

11 ➜ 4개

12 직사각형과 정사각형은 두 대각선의 길이가 같고, 한 대각선이 다른 대각선을 똑같이 둘로 나눕니다.

13 마주 보는 두 쌍의 변이 서로 평행한 사각형을 만듭니다.

14 정다각형은 변의 길이가 모두 같습니다.
(변의 수)=40÷5=8(개)
➜ 변이 8개인 정다각형이므로 정팔각형입니다.

15

채점 기준		
❶ 표시된 꼭짓점에서 그을 수 있는 대각선을 각각 모두 그은 경우	2점	5점
❷ ❶에서 그은 대각선을 보고 알게 된 점을 쓴 경우	3점	

16 • 육각형에 그을 수 있는 대각선의 수: 9개
• 오각형에 그을 수 있는 대각선의 수: 5개
➜ 9-5=4(개)

17 모양 조각을 모두 사용해야 하므로 정삼각형 모양 조각 1개, 평행사변형 모양 조각 1개, 사다리꼴 모양 조각 1개를 이용하여 정육각형 모양 1개를 채우면 주어진 모양을 쉽게 채울 수 있습니다.

18 (정육각형의 모든 변의 길이의 합)
=20×6=120 (cm)
➜ (정팔각형의 한 변의 길이)=120÷8=15 (cm)

19 직사각형은 한 대각선이 다른 대각선을 똑같이 둘로 나누고, 두 대각선의 길이가 같습니다.
(선분 ㄱㄷ)=(선분 ㄱㅁ)×2=9×2=18 (cm),
(선분 ㄴㄹ)=(선분 ㄱㄷ)=18 cm
➜ (두 대각선의 길이의 합)
=(선분 ㄱㄷ)+(선분 ㄴㄹ)
=18+18=36 (cm)

20
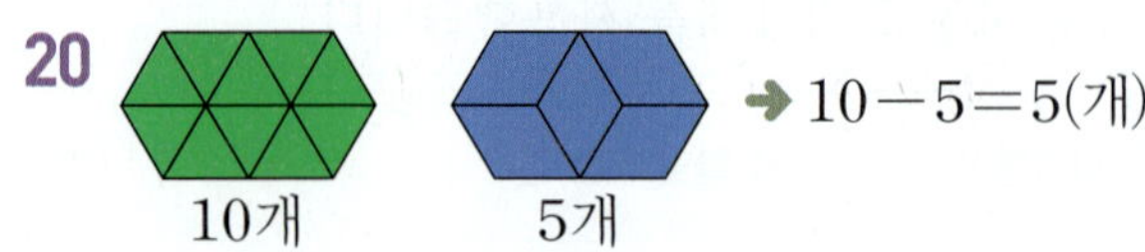
➜ 10-5=5(개)

10개   5개

실수를 줄이는 한 끗 차이!

빈틈없는 연산서

•교과서 전단원 연산 구성   •하루 4쪽, 4단계 학습   •실수 방지 팁 제공

수학의 기본

큐브

실력이 완성되는 강력한 차이!

새로워진
유형서

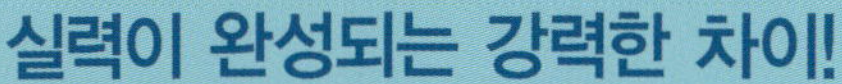

•기본부터 응용까지 모든 유형 구성
•대표 예제로 유형 해결 방법 학습
•서술형 강화책 제공

개념 이해가 실력의 차이!

대체불가
개념서

•교과서 개념 시각화 구성
•수학익힘 교과서 완벽 학습
•기본 강화책 제공

동아출판

믿고 보는 동아출판
초등 교재
기초학습서부터 교과서 개념 다지기, 과목별 전문서까지!
초등학교 입학 전부터, 예비 중등까지!
초등학생에게 꼭 필요한 영역을 빠짐없이! 동아출판 초등 교재 라인업
BEST
2022 개정 교육과정
초등 1~2학년 권장 단계
초능력
맞춤법 + 받아쓰기
쉽고 빠른 맞춤법 학습
받아쓰기 단계별 연습
국어 교과서 어휘 학습
초등 국어 1·2
초능력 비주얼씽킹 과학
초능력 비주얼씽킹 초등한국사
초능력 수학 연산
초능력 국어 독해
초능력 급수 한자
초등 영역별 기초학습서
초능력 국어 / 수학 / 과학 / 한국사 / 한자
초고필 비문학 독해 1
5-6학년 예비 중등
초고필 유리수의 사칙연산
초고필 지금 국어 문법을 해야 할 때
초고필 국어 어휘
초고필 지금 한국사를 해야 할 때
반편성 배치고사 + 진단평가
예비 중등
초고필 국어 / 수학 / 한국사
적중 반편성 배치고사 + 진단평가